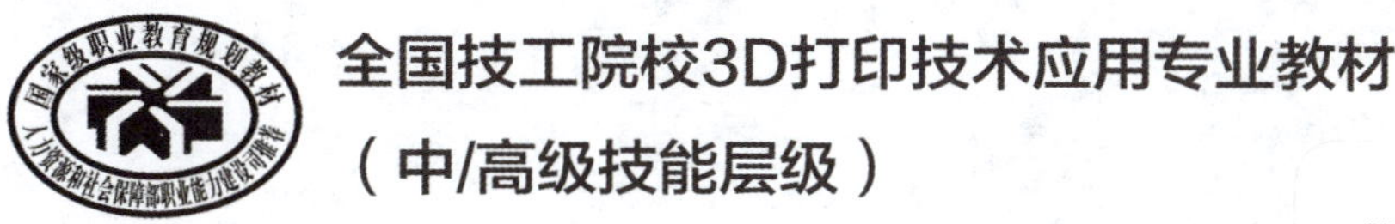

产品三维建模与结构设计（Creo）

人力资源社会保障部教材办公室　组织编写

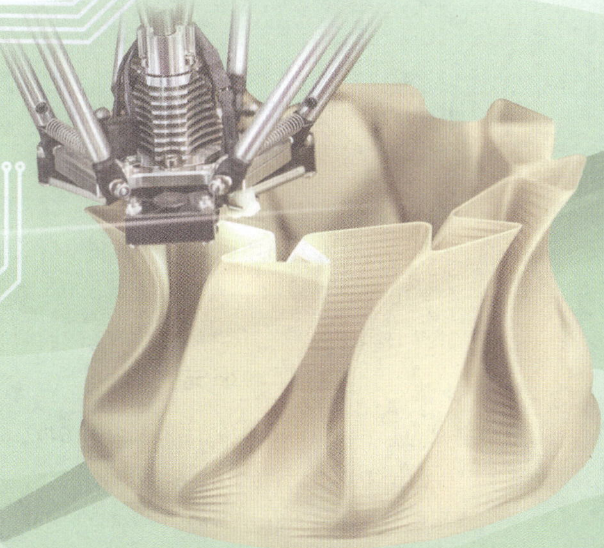

中国劳动社会保障出版社

简介

本书主要内容包括 Creo 入门、草图绘制、实体建模、一般曲面建模、高级曲面建模、组件装配与设计、机构的运动分析、工程图的创建等，内容涵盖产品三维建模与结构设计的大部分知识点和技能点。本书为国家级职业教育规划教材，供技工院校 3D 打印技术应用专业教学使用，也可作为职业培训用书，或供从事相关工作的有关人员参考。

图书在版编目（CIP）数据

产品三维建模与结构设计：Creo / 人力资源社会保障部教材办公室组织编写 . -- 北京：中国劳动社会保障出版社，2020

全国技工院校 3D 打印技术应用专业教材 . 中 / 高级技能层级

ISBN 978-7-5167-4262-4

Ⅰ. ①产…　Ⅱ. ①人…　Ⅲ. ①产品设计 – 计算机辅助设计 – 应用软件 – 技工学校 – 教材　Ⅳ. ①TB472-39

中国版本图书馆 CIP 数据核字（2020）第 113134 号

中国劳动社会保障出版社出版发行

（北京市惠新东街 1 号　邮政编码：100029）

*

北京市艺辉印刷有限公司印刷装订　新华书店经销

787 毫米 ×1092 毫米　16 开本　18 印张　382 千字

2020 年 7 月第 1 版　2020 年 7 月第 1 次印刷

定价：49.00 元

读者服务部电话：（010）64929211/84209101/64921644

营销中心电话：（010）64962347

出版社网址：http://www.class.com.cn

http://jg.class.com.cn

技工院校 3D 打印技术应用专业
教材编审委员会名单

本书编审人员

主　　编：王培荣

参　　编：荆　慧　王　晖　张会桥

主　　审：祝平蕾　刘文刚

前言
PREFACE

2015 年，国务院印发《中国制造 2025》行动纲领，部署全面推进实施制造强国战略，提出要坚持“创新驱动、质量为先、绿色发展、结构优化、人才为本”的基本方针，解决“核心基础零部件（元器件）、先进基础工艺、关键基础材料和产业技术基础”等问题，以 3D 打印为代表的先进制造技术产业应用和产业化势在必行。

增材制造（Additive Manufacturing）俗称 3D 打印，是融合了计算机辅助设计、材料加工与成形技术，以数字模型文件为基础，通过软件与数控系统将专用的金属材料、非金属材料以及医用生物材料，按照挤压、烧结、熔融、光固化、喷射等方式逐层堆积，制造出实体物品的制造技术。当前，3D 打印技术已经从研发转向产业化应用，其与信息网络技术的深度融合，将给传统制造业带来变革性影响，被称为新一轮工业革命的标志性技术之一。

随着产业的迅速发展，3D 打印技术应用人才的需求缺口日益凸显，迫切需要各地技工院校开设相关专业，培养符合市场需求的技能型人才。为了满足全国技工院校 3D 打印技术应用专业的教学要求，人力资源社会保障部教材办公室组织有关学校的骨干教师和行业、企业专家，开发了本套全国技工院校 3D 打印技术应用专业教材。

本次教材开发工作的重点主要体现在以下几个方面：

第一，通过行业、企业调研确定人才培养目标，构建课程体系。

通过行业、企业调研，掌握企业对 3D 打印技术应用专业人才的岗位需求和发展趋势，确定人才培养目标，构建科学合理的课程体系。根据课程的教学目标以及学生的认知规律，构建学生的知识和能力框架，在教材中展现新技术、新设备、新材料、新工艺，体现教材的先进性。

第二，坚持以能力为本位，突出职业教育特色。

教材采用项目—任务的模式编写，突出职业教育特色，项目选取企业的代表性工作任务进行教学转化，有机融入必要的基础知识，知识以够用、实用为原则，以满足社会对技能型人才的需要。同时，在教材中突出对学生创新意识和创新能力的培养。

第三，丰富教材表现形式，提升教学效果。

为了使教材内容更加直观、形象，教材中使用了大量的高质量照片，避免大段文字描述；精心设计栏目，以便学生更直观地理解和掌握所学内容，符合学生的认知规律；部分教材采用四色印刷，图文并茂，增强了教材内容的表现效果。

第四，开发多种教学资源，提供优质教学服务。

在教学服务方面，为方便教师教学和学生学习，配套提供了制作素材、电子课件、教案示例等教学资源，可通过技工教育网（http://jg.class.com.cn）下载使用。除此之外，在部分教材中还借助二维码技术，针对教材中的重点、难点内容，开发制作了微视频、动画等，可使用移动设备扫描书中二维码在线观看。

在教材的开发过程中，得到了快速制造国家工程研究中心的大力支持，保证了教材的编写质量和配套资源的顺利开发，在此表示感谢。此外，教材的编写工作还得到了河北、辽宁、江苏、山东、河南、广东、陕西等省人力资源社会保障厅及有关学校的大力支持，在此我们表示诚挚的谢意。

人力资源社会保障部教材办公室

2019 年 6 月

目录

CONTENTS

项目六 组件装配与设计

项目七 机构的运动分析

项目八 工程图的创建

项目一

Creo 入门

Creo 是美国参数技术公司（PTC 公司）旗下的集 CAD（计算机辅助设计）、CAM（计算机辅助制造）、CAE（计算机辅助工程）为一体的三维软件。它是最早应用参数化建模技术的软件，得到了业界的广泛认可和应用，特别是在产品设计领域占据重要位置。利用 Creo 进行建模设计，已成为业内技术人员的一项必备技能。

本项目通过具体任务的学习，熟悉软件界面的操作与文件管理方法，建立对软件的初步认识，为后续学习奠定基础。

任务　卡通企鹅模型的操作演示

学习目标

1. 熟悉 Creo 的用户界面，能准确描述设计环境的组成和功能。

2. 熟悉 Creo 设计环境中模型的基本操作，能对模型进行缩放、移动、旋转、几何对象选取等操作。

3. 熟悉文件管理命令的应用，能对模型文件进行操作管理。

任务描述

利用 Creo 进行产品结构设计，首先要熟悉软件的应用与特点，了解软件的操作界面、模型的操作方法，熟悉文件的管理命令。本任务通过完成如图 1-1 所示卡通企鹅模型的各种操作与演示，熟悉 Creo 的特点与用户界面，了解模型及文件管理的基本操作方法。

图 1-1　卡通企鹅模型

知识准备

一、Creo 简介

Creo 是美国参数技术公司于 2010 年 10 月推出的一套功能强大的三维 CAD/CAM 参数化设计软件包，它整合了 PTC 公司之前的 Pro/Engineer 的参数化技术、CoCreate 的直接建模技术和 ProductView 的三维可视化技术，内容涵盖了整个产品的设计与制造过程，可用于零件三维建模、产品三维建模、零件与产品的分析计算、动态模拟仿真、工程图输出、数控加工程序生成、产品的生产管理等产品设计与制造的各个环节。

Creo 是一个软件包，它集成了 Creo Parametric、Creo Direct、Creo Simulate 等多个可相互操作的应用程序。本书中的 Creo 指的是其中的 Creo Parametric 应用软件，其前身为 Pro/Engineer，是所有应用程序中的基础应用程序，具备了零件与产品设计的基本功能。

二、Creo 的建模特点

1. 3D（三维）实体模型

Creo 是一款 3D 设计软件，能将设计者的设计概念以最真实的三维模型在计算机上直观展现，不需要二维到三维的思维转换，还可以通过参数获得产品的物理及动力特性，通过仿真展示产品的真实性能。

2. 单一数据库

产品的各种设计信息保存于统一的数据库中，在零件设计、装配、仿真、分析及工程图的各个设计环节中，一个环节数据改变，其他环节数据也自动修改，以达到设计变更的一致性。

3. 以特征为设计单位

进行零件设计时，以零件上的基本体、孔、槽、筋（肋）等结构特征为设计单位，只要给出其形状尺寸参数就可以生成特征，并且可以将特征作为一个设计单位进行修改、编辑、删除、复制等操作，按照零件自然结构进行思考与设计。

4. 参数化模型

所有尺寸都存在于单一的数据库中，由尺寸驱动模型的形状与大小，并且可以通过关系式建立尺寸之间的联系。当修改尺寸参数时，与其相关的所有形状及尺寸在各个设计环节都跟着改变，减少了重复性设计，提高了设计效率。

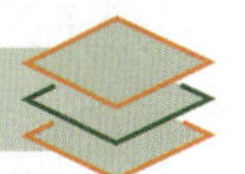

三、Creo 的设计环境

1. Creo 的启动

方法一：双击桌面上的“Creo Parametric 5.0.3.0”图标，或右击“Creo Parametric 5.0.3.0”图标选择“打开”命令。

方法二：在桌面“开始”菜单中选择“所有程序”，找到“PTC”程序集，展开后选择“Creo Parametric 5.0.3.0”命令。

小提示

软件名称后的数字会因版本不同而不同。

2. Creo 的基础界面

Creo 用户界面内容丰富、设计人性化。初次打开的 Creo 用户界面如图 1–2 所示，主要包括 5 个区域。

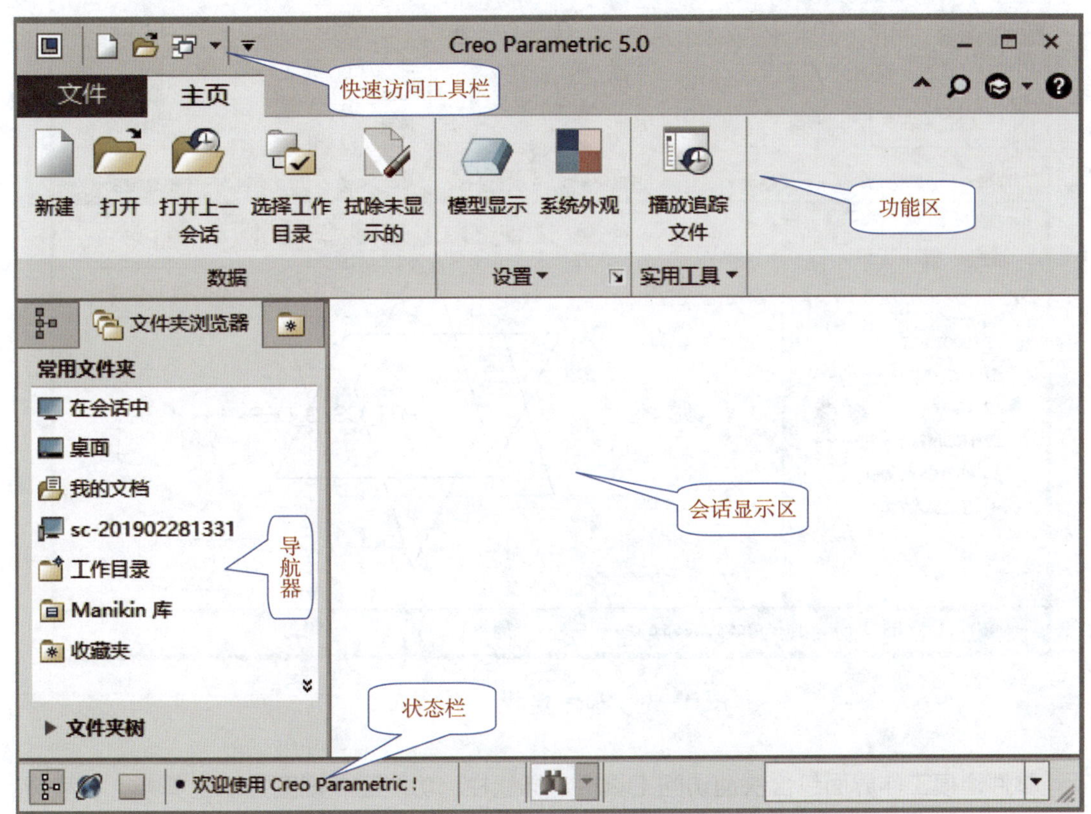

图 1–2　初次打开的 Creo 用户界面

（1）快速访问工具栏：主要用于新建文件、打开文件等。

（2）功能区：主要用于文件管理、显示设置、颜色设置等。

（3）导航区：即导航器，包括模型树、文件夹浏览器和收藏夹等，主要用于访问文件资源。

（4）会话显示区：显示在会话中搜索的文件或访问的网络。

（5）状态栏：显示系统当前状态，可以打开或关闭导航器与浏览器。

3. Creo 的工作界面

Creo 是多个应用模块集成的软件，不同的模块对应不同的界面，但其基本格局是类似的，下面以零件建模设计环境来介绍 Creo 设计环境的构成和功能。

在快速访问工具栏或功能区单击“新建”按钮，然后单击鼠标中键或在弹出的“新建”对话框中单击“确定”按钮，进入零件建模工作界面，如图 1-3 所示。

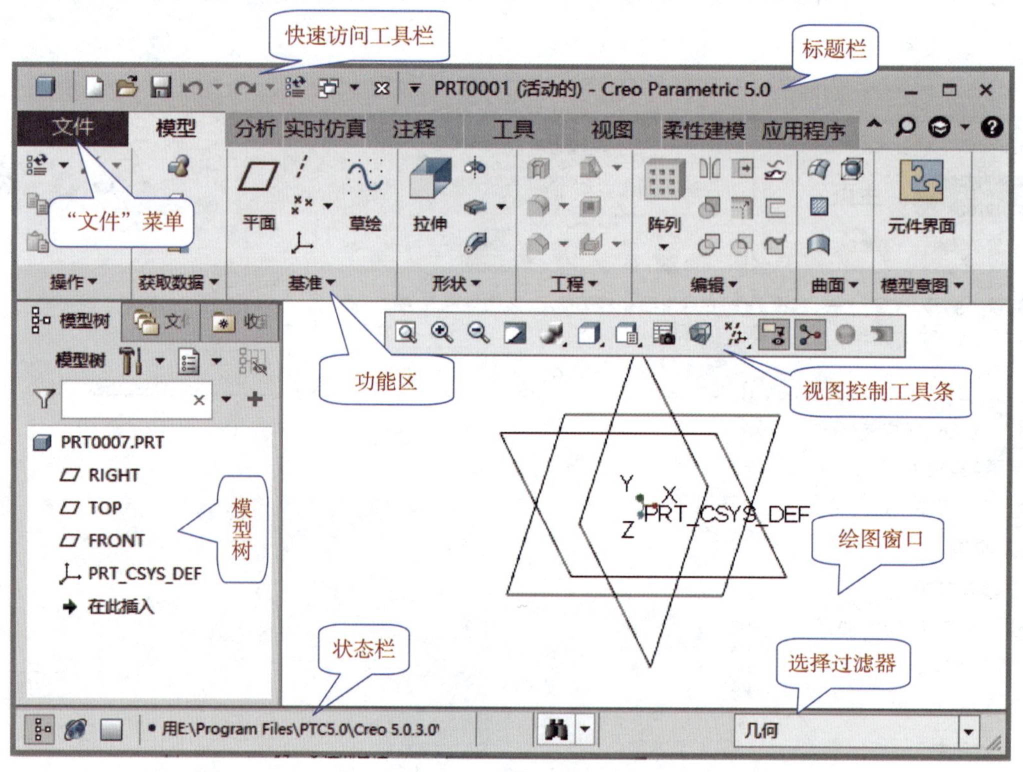

图 1-3　零件建模工作界面

零件建模工作界面包含快速访问工具栏、标题栏、功能区、视图控制工具条、模型树、绘图窗口、状态栏和选择过滤器等功能区域，如图 1-3 所示。

（1）快速访问工具栏：包含“新建”“保存”“撤销”“重做”等命令，用户可以根据需要自行定制。

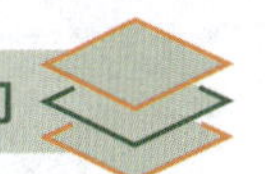

（2）标题栏：显示当前版本和激活的文件名称。

（3）“文件”菜单：包含“管理会话”“新建”“打开”“保存”等文件管理命令，用于文件的管理操作。

（4）功能区：包含“文件”“模型”“分析”“实时仿真”“注释”等若干个选项卡（显示的选项卡项目可以通过右键快捷菜单选择）。每个选项卡都是一个功能模块。单击选项卡标签后，下方对应的是实现该选项功能所需的若干个工具组，每个工具组又包含若干个工具命令。

（5）模型树：包含在导航器中，列出了当前活动文件的所有特征，是一个非常有用的特征“管家”。按照模型特征创建的先后顺序展示模型的特征构成，可以直接通过活动模型的模型树修改零件特征。

（6）视图控制工具条：包含“视图”选项卡中常用的工具，用于方便地调整模型的显示状态。工具条中部分工具按钮的名称及功能见表 1-1，表中未列的工具将在后面相关任务中详细介绍。

小提示

灰色按钮处于非激活状态，只有进入相关使用环境才会被激活。

▼ 表 1-1　视图控制工具条中部分工具按钮的名称及功能

按钮	名称	功能
	已保存方向	用于将模型视图调整到已保存方向，也可以重新定义方向
	视图管理器	用于打开视图管理器
	基准显示过滤器	用于打开或关闭某些类型的基准显示
	注释显示	在实体样式命令中，用于打开或关闭 3D 模型的注释

（7）绘图窗口：即绘图区，用于在建模过程中完成各种图形的创建、编辑、标注与显示，是软件建模的主要工作区域。

（8）状态栏：在设计过程中，系统通过状态栏为用户提示当前正在进行的操作以及需要用户继续执行的操作，以不同的图标代表不同的信息类别，见表 1-2。

▼ 表 1-2　状态栏中提示图标的含义

提示图标				
信息类别	系统提示	系统信息	错误信息	警告信息

（9）选择过滤器：也称选取栏，主要用于快速选取所需的某一类型的设计要素。

四、文件管理

1. 设置 Creo 工作目录

工作目录是自动打开和保存文件的指定位置，通常默认工作目录为 Creo Parametric 程序文件所在的文件夹。

因 Creo 只能自动检索工作目录下的文件，为了便于文件的管理，防止丢失（遗忘或难以找到存储位置），用户通常需要将指定文件夹设置为工作目录。

在系统功能区单击“选择工作目录”按钮或执行“文件”→“管理会话”→“选择工作目录”命令，系统弹出“选择工作目录”对话框，选择目标文件夹，单击“确定”按钮，所选文件夹即变成当前工作目录，文件的创建、保存、自动打开、删除等都在该目录中进行。

2. 新建文件

执行“文件”→“新建”命令，打开“新建”对话框（图 1-4），在该对话框中可选用不同类型的功能模块，从而建立不同类型的文件。

其他文件管理命令的应用，将在后面结合任务实施进行介绍。

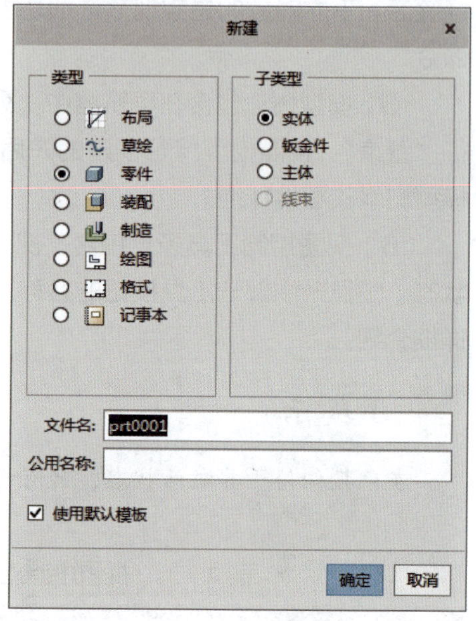

图 1-4 “新建”对话框

小提示

新建文件命名时，不能出现空格，一般用英文字母及数字命名。

五、模型基本操作

在 Creo 中，对模型的操作一般使用工具按钮、鼠标、快捷键来实现。这里主要介绍使用鼠标操作模型的方法（表 1-3），关于使用工具按钮及快捷键操作模型的方法将在后面有关任务中，结合建模过程具体讲解。

▼ 表 1-3 使用鼠标操作模型的方法

使用方式	使用方法及功能
单独使用	左键：单击选取模型或激活命令
	中键：按下拖动，旋转模型
	中键：滚动，缩放模型
	右键：单击弹出快捷菜单

续表

使用方式	使用方法及功能
与 <Ctrl> 键或 <Shift> 键配合使用	中键与 <Ctrl> 键并用，上下移动鼠标为缩放模型
	中键与 <Ctrl> 键并用，左右移动鼠标为旋转模型
	中键与 <Shift> 键并用，移动鼠标为平移模型

模型基本操作包括模型的显示、拖曳、特征的定义、特征或图元的选取与编辑等。在不同的应用程序模块，所需操作及方法有所不同。

任务实施

一、打开卡通企鹅文件

1. 设置工作目录

（1）在计算机本地磁盘（如 E 盘）上建立名为“Creo”的文件夹。

（2）在桌面双击“Creo Parametric 5.0.3.0”快捷图标，打开软件。

（3）单击功能区中的“选择工作目录”按钮或执行“文件”→“管理会话”→“选择工作目录”命令，在“选择工作目录”对话框中找到“Creo”文件夹，将其设置为当前工作目录。

（4）将素材文件“1/QQ.prt”复制到新设置的工作目录中。

2. 打开文件

执行“文件”→“打开”命令，进入“文件打开”对话框，系统自动导航到工作目录文件夹，在工作目录中找到“QQ.prt”文件，双击文件或单击对话框中的“打开”按钮，打开“QQ.prt”文件，如图 1-5 所示。在界面上指出各功能区域并说出其功能。

图 1-5 打开“QQ.prt”文件

二、模型显示的操作

1. 卡通企鹅模型的显示

在模型设计过程中，根据具体情况不同常需要模型以不同的样式显示。在视图控制工具条的“显示样式”工具下拉菜单中，有 6 种不同的显示样式按钮，选择不同选项，可使企鹅模型以 6 种不同的样式显示，见表 1–4。

▼ 表 1–4　企鹅模型的显示样式

按钮	示意图	模型特点
带反射着色		带反射着色模型，增加倒影效果
带边着色		带边着色模型，突出显示边线
着色		着色模型，立体感好
消隐		消隐模型，不显示被遮挡边线
隐藏线		隐藏线模型，被遮挡边线弱化
线框		模型以线框显示，轮廓线不区分可见与不可见，立体感较差

2. 模型的缩放与拖曳

（1）利用工具按钮缩放或拖曳模型

在“视图”选项卡的“方向”工具组中找到“放大”“平移”“平移缩放”等按钮或在视图控制工具条中找到相关工具按钮，分别对企鹅模型进行缩放、平移、旋转等操作，见表 1–5。

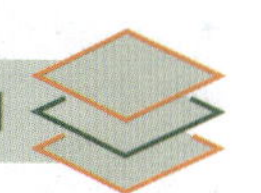

▼ 表 1-5　模型的缩放、平移与旋转

按钮	按钮名称	功能及操作方法	应用练习
	放大	单击“放大”按钮，按下鼠标左键，框选需要放大的矩形区域，再单击鼠标左键，所框选的区域将充满绘图区	单击“放大”按钮，框选企鹅左眼后，在绘图区观察其显示效果
	缩小	单击“缩小”按钮，模型将按比例缩小	缩放企鹅模型，观察视图效果
	平移	单击“平移”按钮，选择模型并按住鼠标左键进行拖动，可以将模型由一个位置移到另一个位置	在绘图区平移模型，观察操作结果
	平移缩放	单击“平移缩放”按钮，弹出“视图”对话框（图 1-6），对模型进行定量的平移、旋转或缩放。可以将定义的视图保存，并在“已保存方向”下拉菜单中找到定义的视图，选中后可以显示定义的视图	单击“平移缩放”按钮，在弹出的“视图”对话框（图 1-6）中输入相关数值或拖动滑块，对模型进行平移、缩放和旋转
	重新调整	将模型重新调整为合适大小与位置	单击“重新调整”按钮，使企鹅模型恢复初始大小并居于绘图区中央
	旋转中心	激活状态下，模型以该中心旋转；不激活状态下，模型以鼠标为中心旋转	在旋转中心激活与关闭状态下，旋转模型，观察模型旋转中心的变化

小提示

此处的模型缩放与拖动，只是视图显示的变化，不影响模型的真实尺寸及形状。

（2）利用鼠标缩放或拖曳模型

1）滚动鼠标中键，实时缩放企鹅模型。

2）按住鼠标中键拖动，实时旋转企鹅模型。

3）同时按下鼠标中键与 <Shift> 键，移动鼠标对企鹅模型进行平移。

4）同时按下鼠标中键与 <Ctrl> 键，左右移动鼠标，模型定向旋转，可以看到显示鼠标拖动方向的红线，其长度与旋转角度成正比，当旋转到 90° 的整倍数角度时，可以看到旋转中心与鼠标中心方框变为红色。

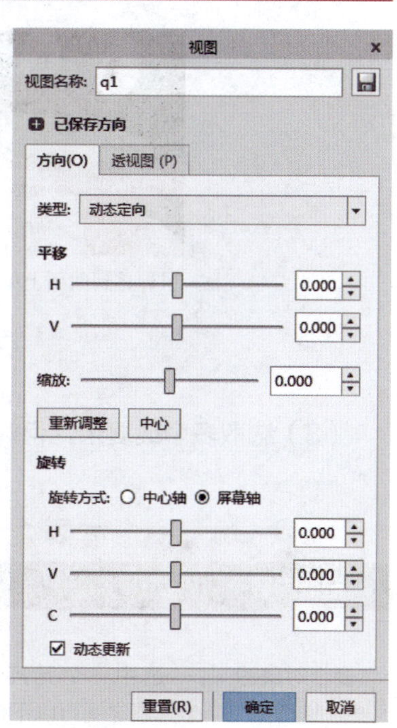

图 1-6　“视图”对话框

三、模型几何对象的选取

Creo 模型通常由点、曲线、曲面、基准、特征及零件等几何对象组成。在建模设计过程中，经常需要选取几何对象。例如，选中曲线后，可对其进行拖动修改或删除。快速有效地选取几何对象，可以提升建模效率。下面为选取几何对象的几种常用方法。

1. 直接智能选取

（1）可以在模型树中进行特征的选取，选取的特征在模型中突出显示，如图 1-7 所示。

a）在模型树中选取“扫描 3”特征

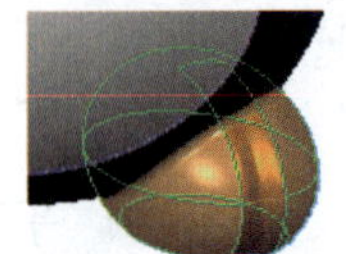

b）选中的“扫描 3”特征

图 1-7　在模型树中选取特征

（2）可以通过鼠标在模型上选取，当鼠标移动到模型表面上某一位置时，系统会智能判断所要选取的对象，并显示其名称，单击即可选中该几何对象。被选中的几何对象会加亮显示，如图 1-8 所示。

a）鼠标移到曲面上单击选中曲面

b）鼠标移到线上单击选中线

图 1-8　几何对象的直接选取

（3）选取多个或复杂几何对象，可借助鼠标及键盘完成，选取方法见表 1-6。

▼ 表 1-6　利用鼠标与键盘选取几何对象

选取内容	选取方法	应用实例
多个对象的选取	选中一个元素，然后按 <Ctrl> 键可添加其他元素（元素之间可以不相邻）	

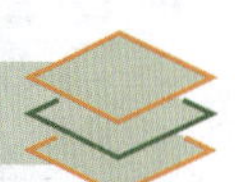

续表

选取内容	选取方法	应用实例
依次链的选取	选中一条边，然后按 <Shift> 键，可以依次选择其他边作为一条链	
目的链的选取	鼠标移到目的链的第一元素，显亮后单击右键，然后单击左键，会选中整条目的链	
完整环链的选取	任意选择一条边（加粗加亮），然后按 <Shift> 键选择与此边相邻的面，便选中此面的所有边（完整环链）	
相邻面的选取	先选中一曲面，然后按 <Shift> 键选择此面的任意一条边，便会选取所有与此面相邻的面	
种子边界面的选取	选择一曲面作为种子面，然后按 <Shift> 键再选择一个边界面，松开 <Shift> 键，便会选取种子面与边界面之间的所有曲面	边界面 种子面 绿色为选中面

小提示

当用鼠标在模型或特征上单击时，会弹出浮动工具栏（工具栏的内容取决于所选对象性质），利用浮动工具栏上的命令可以快捷地对选择对象进行操作。

2. 通过选择过滤器选取

当要求快速选取特定的单一类型对象，如边、曲面、基准或曲线时，可以借助 Creo 状态栏右侧的选择过滤器，选取需要的对象类型，如图 1-9 所示。

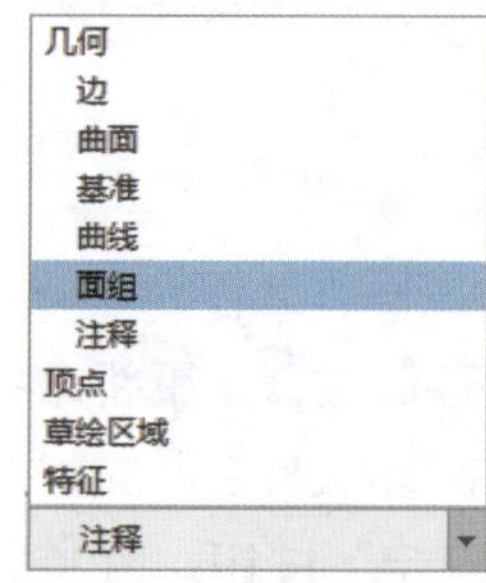

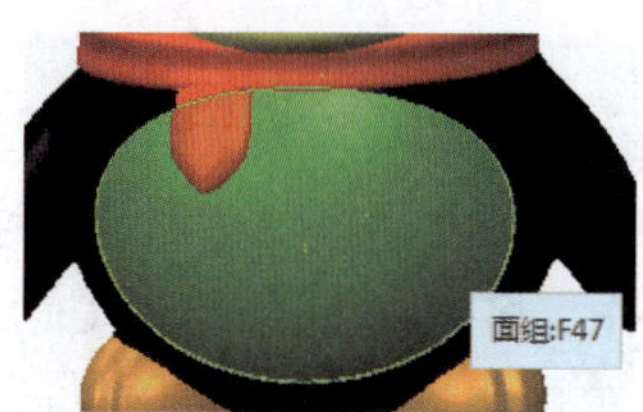

图 1-9　通过选择过滤器选取对象

3. 利用右键菜单选取

当直接选取的并非所需的几何对象时，可以在所选对象闪亮显示后，单击右键，在右键菜单中依次单击“上一个”按钮或“下一个”按钮，直至找到并选中所需的对象。也可以在右键菜单中单击“从列表中拾取”按钮，在弹出的列表中选中所需对象，如图 1-10 所示。

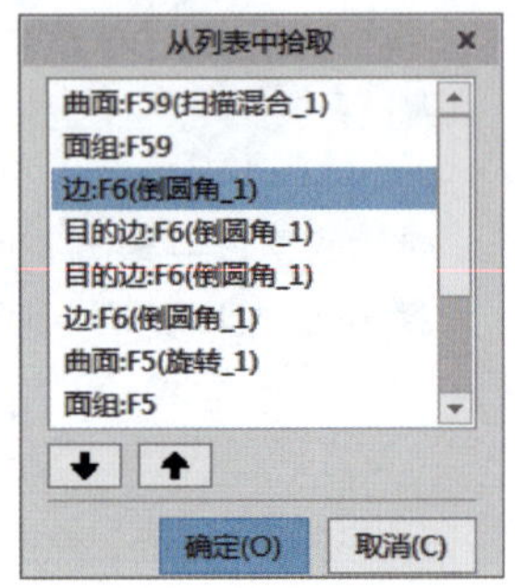

图 1-10　用右键菜单选择几何对象

四、文件的管理

1. 保存文件

执行“文件”→“保存”命令，或单击快速访问工具栏中的“保存”按钮，如果是打开文件后首次保存，会弹出“保存对象”对话框。该对话框显示默认保存路径，可以接受默认路径或浏览至新路径，或在“保存到”文本框内输入新保存路径，单击“确定”按钮，保存文件。再次保存时，不出现“保存对象”对话框。需要注意的是，在“保存对象”对话框中不能更改文件名。

默认保存路径不变，打开“Creo”工作目录，里面有两个“QQ.prt”文件，说明保存文件时，旧文件不会被覆盖。

小提示

Creo 每次保存操作并不是简单地用新文件覆盖原文件，而是在保留文件前期版本基础上新增一个文件，保存次数越多，文件数量越多。

2. 保存副本

在 E 盘新建一文件夹，取名为“QQ”，执行“文件”→“另存为”→“保存副本”命令，打开“保存副本”对话框，在对话框中可进行更改存储位置、重新命名文件、选择保存文件类型等操作。将存储路径改为“QQ”文件夹，在“新文件名”文本框内输入“qe”，在“类型”下拉菜单中选择“IGES（*.igs）”，单击“确定”按钮，以 IGES 格式存储到“QQ”文件夹中。打开“QQ”文件夹可以看到名为“qe.igs”的新文件。

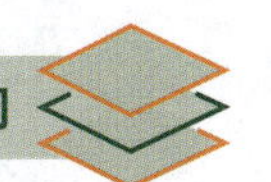

保存文件副本可以选取不同的输出文件格式进行文件格式转换，这是 Creo 与其他 CAD 系统文件交互的接口，如把文件保存为“qe.igs”，可以被其他三维 CAD 设计软件识别。

小提示

在“保存副本”对话框中，“文件名”一栏不能更改。

3. 备份文件

执行“文件”→“另存为”→“保存备份”命令，打开“备份”对话框，把文件“QQ.prt”另外存放到“QQ”文件夹中，可以作为文件的备份使用，保证设计成果的安全性。建议备份时不要改变文件名称，以便于查找。

4. 重命名文件

执行“文件”→“管理文件”→“重命名”命令，打开“重命名”对话框（图 1-11）。在“重命名”对话中有两个选项：“在磁盘上和会话中重命名”是指同时对进程和磁盘上的文件重命名，以前的名称将被覆盖；“在会话中重命名”是指对进程中的文件进行重命名，退出系统后磁盘上的文件依然保留修改前的名字。选择“在磁盘上和会话中重命名”选项，命名为“QQ_model”。在工作目录中可以发现，全部文件已经重命名为“QQ_model”。

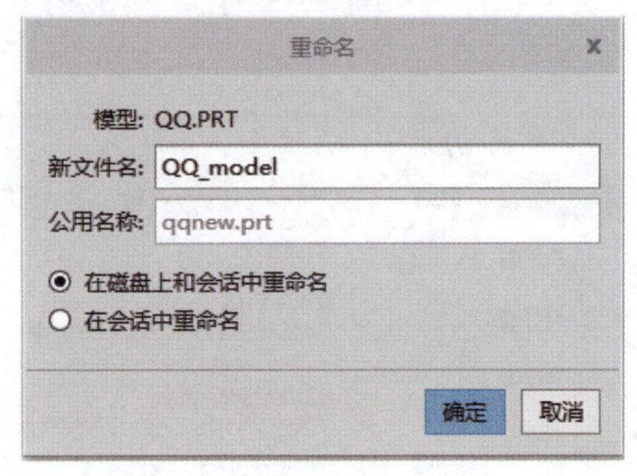

图 1-11 “重命名”对话框

5. 关闭文件

执行“文件”→“关闭”命令或在快速访问工具栏中单击“关闭”按钮，可以关闭该文件的设计界面。注意关闭后的文件仍然停留在设计进程中，占用计算机内存，只是不显示在窗口中，因此不能创建与之同名的新文件。

6. 删除旧文件

执行“文件”→“管理文件”→“删除旧版本”命令，如图 1-12 所示，将模型的所有旧版本文件删除。系统弹出“删除旧版本”提示框，单击“是”按钮即可删除旧文件。浏览工作目录，除了最新版本的“QQ_model”文件以外，所有同名文件都被从磁盘上彻底删除。一般不要选择“删除所有版本”，否则当前文件也会被删除。

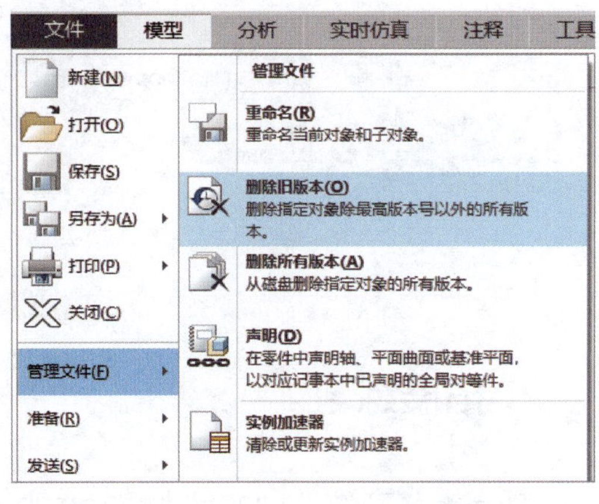

图 1-12 删除旧文件

小提示

“删除旧版本”命令只对直接放在当前工作目录下的旧版本文件有效，对子文件夹或其他文件夹中的文件无效。

7. 拭除文件

拭除文件也就是从当前进程中清除文件。执行“文件”→“管理会话”→“拭除未显示的”命令，如图 1-13a 所示，弹出“拭除未显示的”对话框（图 1-13b），单击“确定”按钮，可以清除系统曾经打开、现在已经关闭但仍然驻留在进程中的文件，即让关闭的文件真正停止运行，以释放计算机内存，加快运行速度。执行“文件”→“管理会话”→“拭除当前”命令，弹出“拭除确认”对话框，单击“是”按钮，将当前模型从进程中拭除，同时关闭当前设计界面。

小提示

拭除文件只是关闭文件的当前进程，减少内存占用，但是拭除后文件仍然保留在磁盘上，这是拭除与删除的区别。

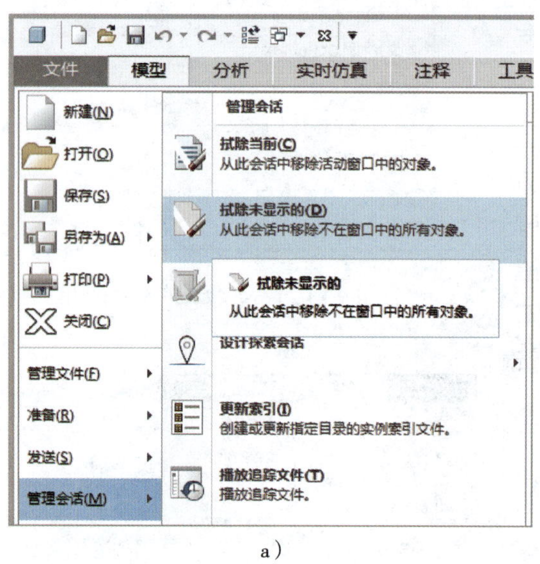

a）

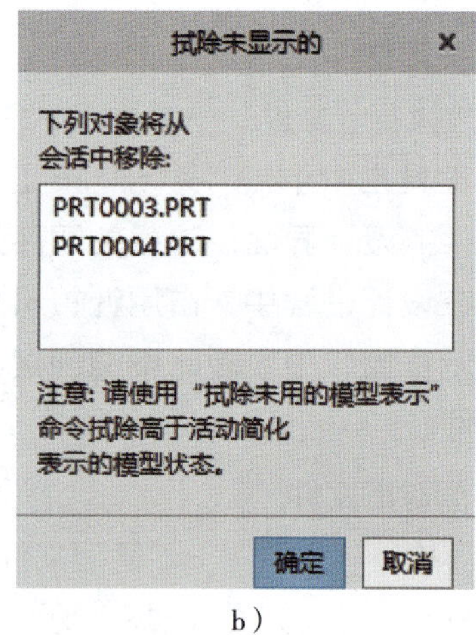

b）

图 1-13　拭除文件

拓展练习

打开素材文件“1/lianxi/duangai.prt”“1/lianxi/fati.prt”，分别如图 1-14 和图 1-15 所示，完成以下操作。

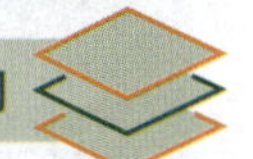

（1）对零件进行不同样式显示、缩放、平移、旋转等操作，说明零件由哪些特征组成，观察每个特征的结构特点，如有几个孔、几个通孔，孔是否倒角等。

（2）对零件进行特征、曲面、边线、顶点的选择。

（3）进行保存副本、备份文件、重命名文件、删除文件、拭除文件等文件管理操作。

图 1-14　端盖

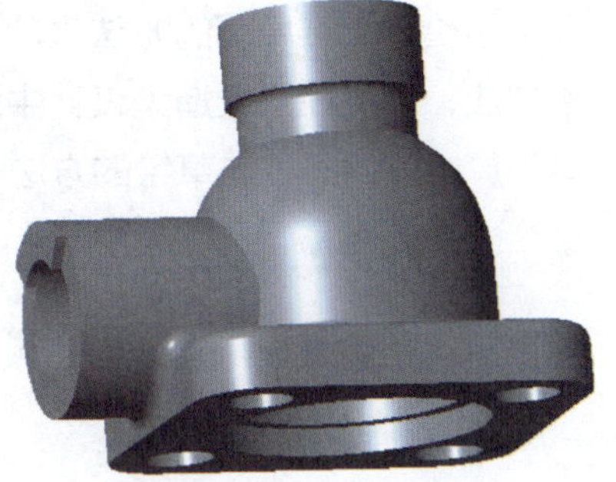

图 1-15　阀体

项目二

草图绘制

在 Creo 设计中，二维草绘是三维建模的基础。在三维建模中，很多命令都需要利用绘制二维草图的方法来创建三维特征的截面轮廓或轨迹线，只有熟练掌握草绘方法，才能在三维造型设计中游刃有余。本项目通过两个任务，学习二维草绘基本工具的使用方法与草绘的方法。

任务 1　阶梯轴轮廓草图的绘制

学习目标

1. 熟悉 Creo 草绘环境。
2. 通过阶梯轴二维轮廓草图的绘制，掌握 Creo 部分草绘工具的用法。
3. 理解尺寸驱动的含义，能正确标注草绘图形尺寸。

任务描述

如图 2-1-1 所示为在 Creo 中绘制的阶梯轴轮廓草图，该轮廓主要由直线、圆弧组成。通过完成本任务，掌握“草绘”选项卡中直线、圆弧、倒角、中心线等命令的用法，同时熟悉草绘环境界面，掌握二维图形的绘制步骤，为之后复杂二维图形的绘制打下基础。

小提示

草图不是二维工程图，只是用于三维建模的二维轮廓图形，其标注尺寸由系统自动生成，与工程图的尺寸注法略有不同。

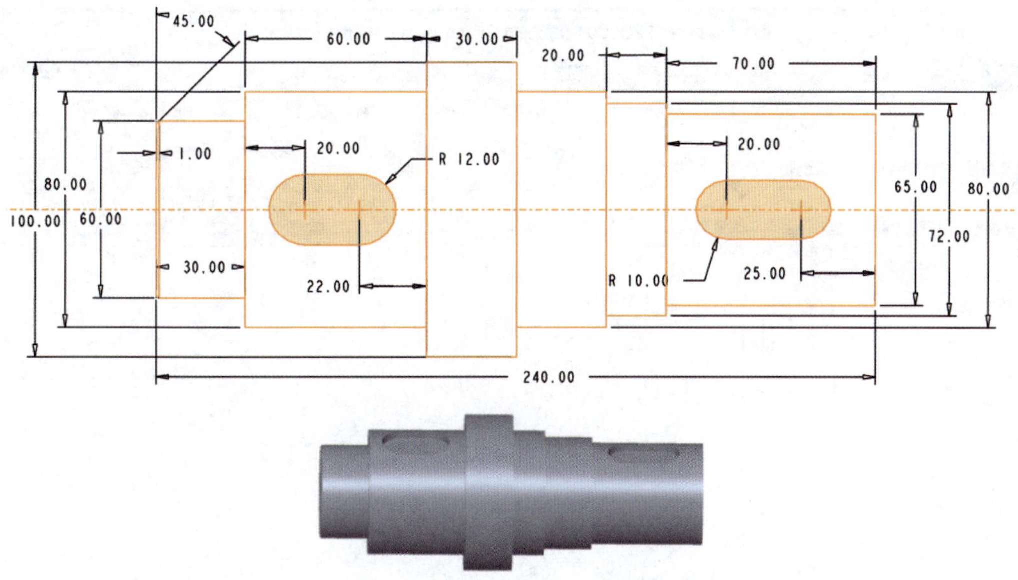

图 2-1-1　阶梯轴轮廓草图

知识准备

一、草绘环境界面

在快速访问工具栏中单击“新建”按钮，打开“新建”对话框，类型选择“草绘”，输入草绘文件名称，如图2-1-2所示。单击“确定”按钮，即可进入二维草绘环境，如图2-1-3所示。

在图2-1-3中可以看到，草绘环境界面主要包括5个区域。

（1）绘图功能区：分为若干个选项卡，包括草绘的主要工具。

（2）草绘窗口：显示与操作当前绘制的图形。

（3）状态栏：显示绘图过程中系统提示的信息。

（4）选择过滤器：选择时过滤图形上不同种类的图素。

（5）文件夹浏览器：位于导航区，用于访问本地文件资源。

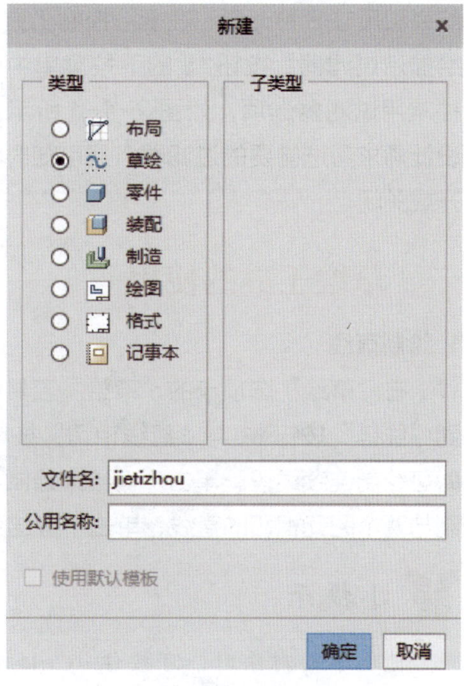

图 2-1-2　“新建”对话框

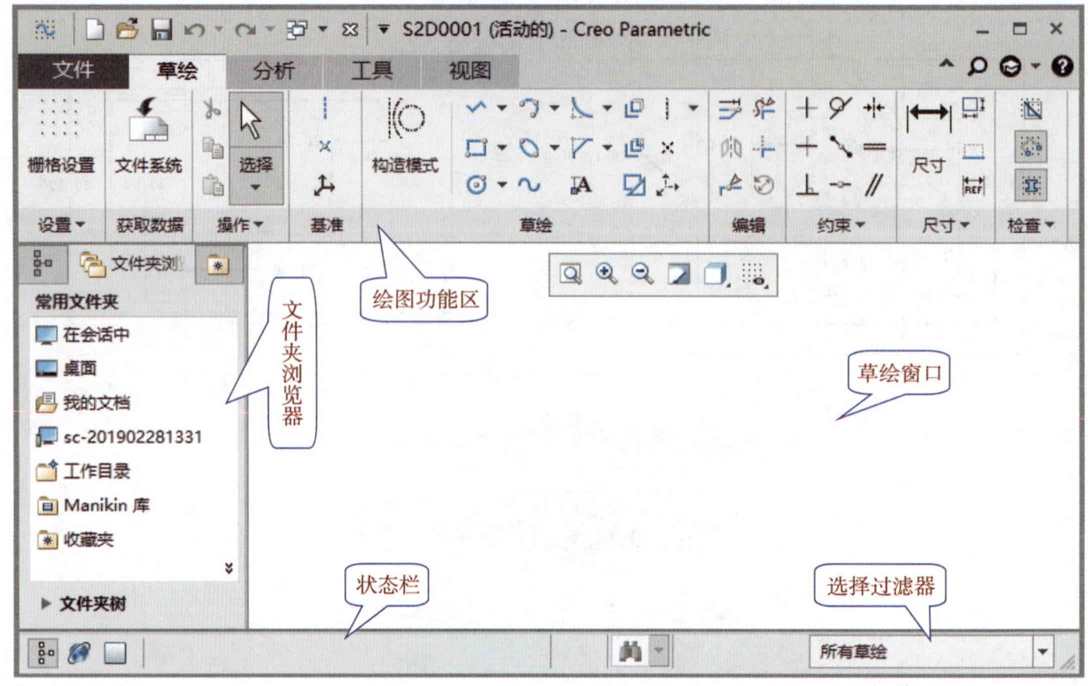

图 2-1-3　草绘环境界面

Creo 中完整的草绘图形主要包括几何要素、约束和尺寸 3 种元素。在视图控制工具条的“草绘显示过滤器”按钮的下拉菜单中，包括几种常用过滤器选项，如图 2-1-4 所示，可根据设计需求勾选需要的过滤器，且可随时将选项打开或关闭。

图 2-1-4　草绘显示过滤器

二、草绘工具的使用

1. 绘制直线

在“草绘”选项卡的“草绘”工具组中单击“线”按钮右侧的溢出按钮，可以看到“线链”按钮与“直线相切”按钮，选中前者，在草绘窗口中不同位置依次单击，即可绘制连续线段，单击中键结束绘制；选中后者，依次单击与直线相切的两个图元，可绘制与两个图元相切的直线，单击中键结束绘制，示例如图 2-1-5 所示。

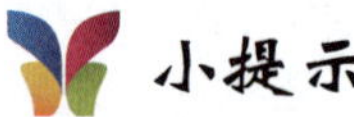
小提示

选取草绘对象时，可按住 <Ctrl> 键同时单击逐一选取，或用左键框选对象。在选项卡的“草绘”工具组中单击“构造模式”按钮，选中的线链显示虚线状态，称为“构造

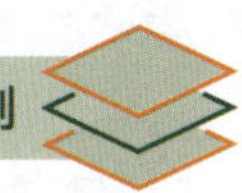

线”，一般用作草绘辅助线。

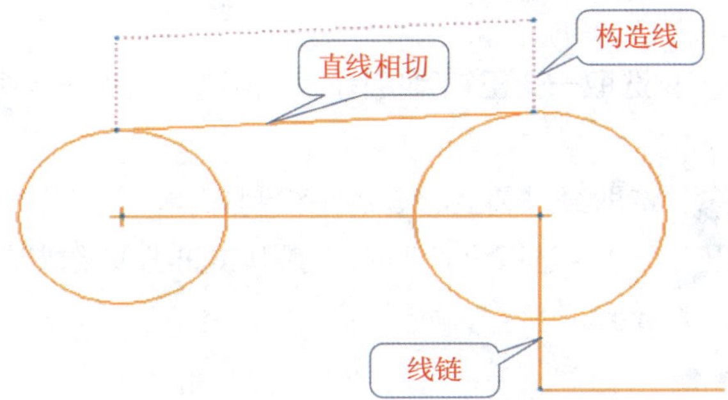

图 2-1-5　直线的绘制

2. 绘制矩形

在“草绘”选项卡的“草绘”工具组中单击“矩形”按钮右侧的溢出按钮，可以看到 4 个用于绘制矩形的按钮。

（1）“拐角矩形”按钮：通过选取矩形的两个对角点创建矩形。

（2）“斜矩形”按钮：通过选取矩形倾斜边的两点确定一条斜边，然后拖动鼠标到适当位置单击，创建倾斜的矩形。

（3）“中心矩形”按钮：通过依次选取矩形的中心点和一个顶点，创建矩形。

（4）“平行四边形”按钮：通过选取两点确定平行四边形的一个边长，再确定下一点创建平行四边形。

绘制示例如图 2-1-6 所示。

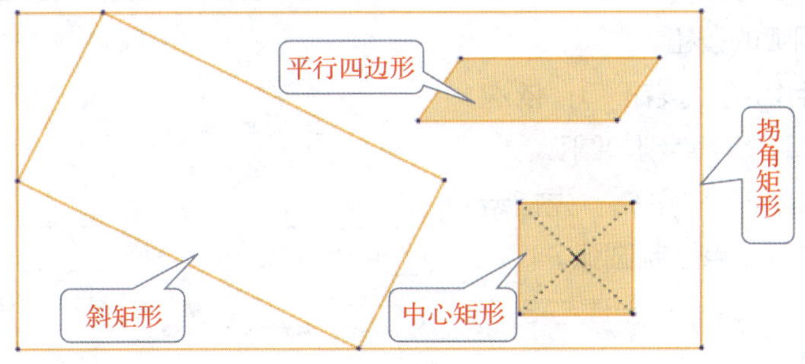

图 2-1-6　矩形的绘制

3. 绘制圆

一般可以通过圆心和半径确定一个圆，在绘图中也可以根据图形之间的关系绘制圆。

在“草绘”选项卡的“草绘”工具组中单击“圆”按钮右侧的溢出按钮，可以看到 4 个用于绘制圆的按钮。

（1）“圆心和点”按钮：已知圆心和圆半径画圆。选取一点作为圆心，再选取圆上一点确定圆的半径。

（2）“同心”按钮：选取一个已知圆的圆心，再选取一点作待画圆的半径，绘制与已知圆同心的圆。

（3）“3 点”按钮：选取经过圆上的 3 点来绘制圆。

（4）“3 相切”按钮：依次选取 3 个对象（圆弧或曲线），绘制与之相切的圆。

绘制示例如图 2-1-7 所示。

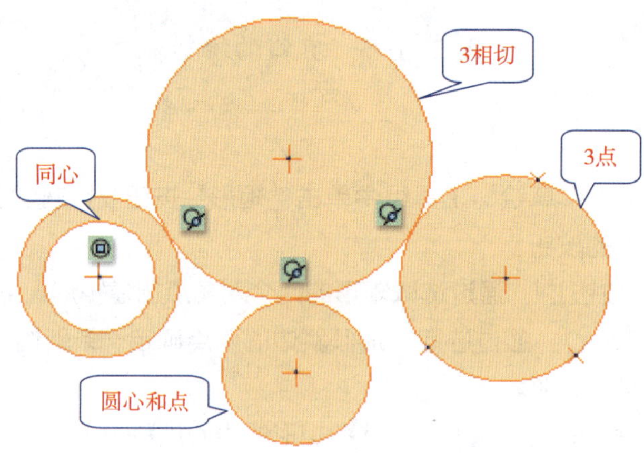

图 2-1-7　圆的绘制

4. 绘制圆弧

在“草绘”选项卡的“草绘”工具组中单击“弧”按钮右侧的溢出按钮，可以看到 5 个用于绘制圆弧的按钮。

（1）“3 点 / 相切端”按钮：依次指定起点、终点、弧上一点创建圆弧。

（2）“圆心和端点”按钮：先指定圆心后选择圆弧的两端点绘制圆弧。

（3）“3 相切”按钮：创建与 3 个图元均相切的圆弧。

（4）“同心”按钮：创建与已有圆弧同心的圆弧。

（5）“圆锥”按钮：指定两点和弧上一点创建锥圆弧。

绘制示例如图 2-1-8 所示。

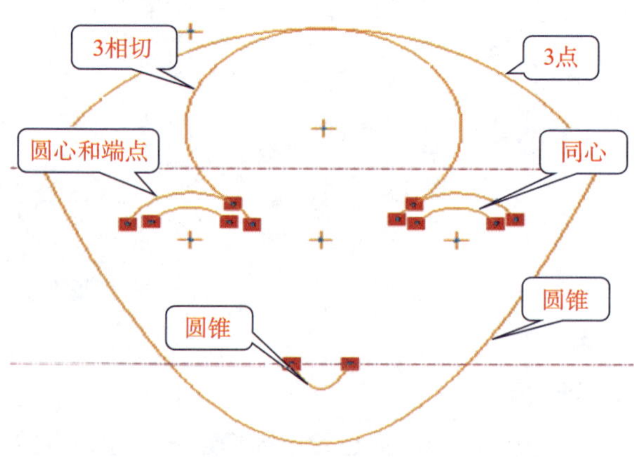

图 2-1-8　圆弧的绘制

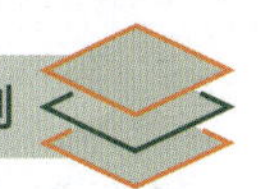

当圆弧的起点选在其他几何要素的端点时，会在端点出现符号，表示圆弧与已有几何要素在端点有相切过渡的关系，如图 2-1-9 所示。

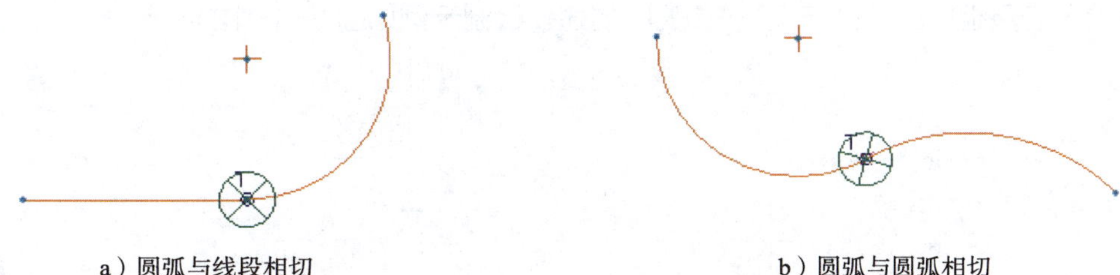

a）圆弧与线段相切　　b）圆弧与圆弧相切

图 2-1-9　圆弧与已有几何要素相切

5. 绘制圆角

在“草绘”选项卡的“草绘”工具组中单击“圆角”按钮右侧的溢出按钮，可以看到 4 个用于绘制圆角的按钮。

（1）“圆形”按钮：在两个相交图元上各选取一点，在相交处创建圆角。创建完成后，顶角处转换为构造线。

（2）“圆形修剪”按钮：在两个相交图元上各选取一点，在相交处创建圆角。创建完成后，顶角处多余线段将被删除。

（3）“椭圆形”按钮：在两个相交图元上各选取一点，在相交处创建椭圆角。创建完成后，顶角处转换为构造线。

（4）“椭圆形修剪”按钮：在两个相交图元上各选取一点，在相交处创建椭圆角。创建完成后，顶角处多余线段将被删除。

绘制示例如图 2-1-10 所示。

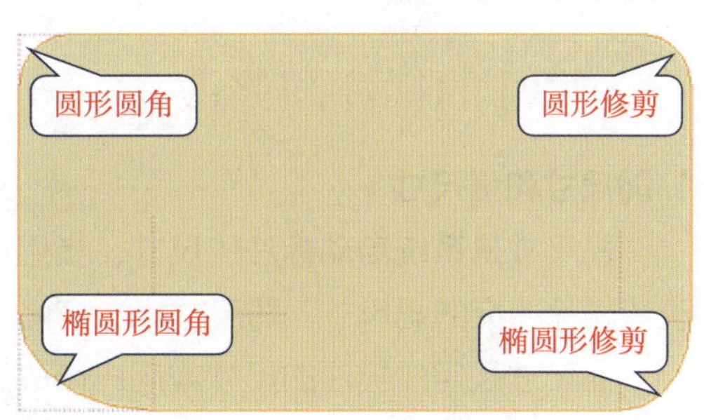

图 2-1-10　圆角的绘制

6. 绘制倒角

在“草绘”选项卡的“草绘”工具组中单击“倒角”按钮右侧的溢出按钮，可以看到 2 种用于绘制倒角的按钮。

（1）“倒角”按钮：在两个相交图元上各选取一点，在相交处创建切角。创建完成后，顶角处转换为构造线。

（2）“倒角修剪”按钮：在两个相交图元上各选取一点，在相交处创建切角。创建完成后，顶角处的多余线段将被删除。

绘制示例如图 2-1-11 所示。

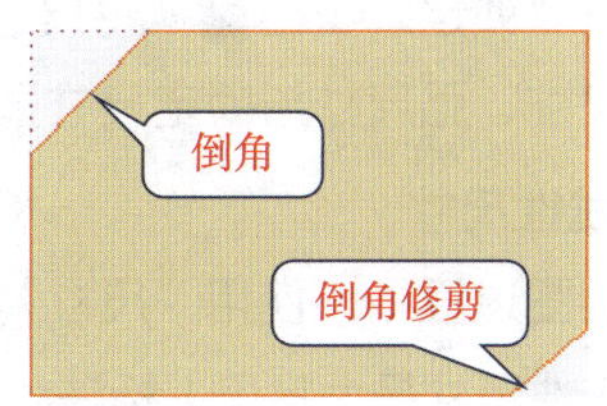

图 2-1-11　倒角的绘制

7. 创建中心线、点和坐标系

中心线通常用作对称基准线，用“草绘”工具组中的“中心线”按钮 创建；点可以作为曲线设计的参照，用“草绘”工具组中的“点”按钮 创建；坐标系可以作为定位参照，用“草绘”工具组中的“坐标系”按钮 创建。绘制示例如图 2-1-12 所示。

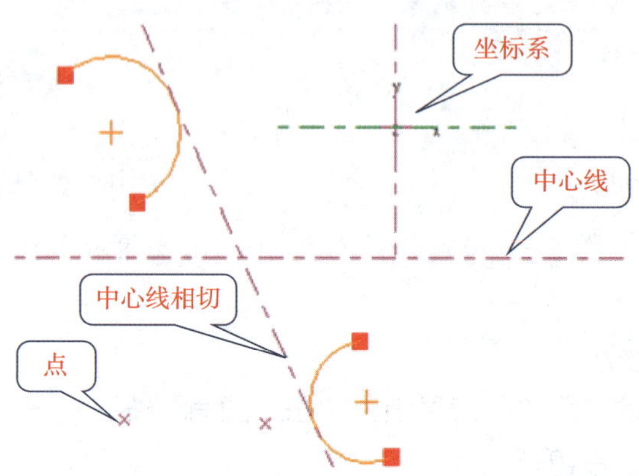

图 2-1-12　创建中心线、点和坐标系

中心线有几何中心线与构造中心线两种，前者在“基准”工具组，后者在“草绘”工具组。在三维建模时，几何中心线可以作为模型的基准轴线，构造中心线只能作为草绘参照，不能作为模型的基准轴线。

三、尺寸的标注与修改

1. 弱尺寸和强尺寸

弱尺寸是系统自动标注的尺寸。当用户创建的尺寸与弱尺寸发生冲突时，系统将自动修改或删除冲突的弱尺寸。弱尺寸标注变化时，系统不会给出任何提示信息。

强尺寸是用户标注的尺寸或用户修改过的弱尺寸。当用户修改其他尺寸时，系统会自动修改关联的强尺寸，但是不会自动删除；当因出现多余尺寸约束而引起冲突时，系统会提醒用户修改。在绘图过程中，如果不想让某个尺寸变化，可以单击该尺寸，在弹出的浮动工具栏中单击“锁定”按钮 ，将尺寸锁定。

弱尺寸、强尺寸与锁定尺寸显示为不同颜色，以便区分。

2. 标注线性尺寸

在绘图过程中，使用“尺寸”工具组中的按钮可以完成各种类型的尺寸标注。在这些尺寸中，线性尺寸最为常见。标注线性尺寸需要先在“尺寸”工具组中单击“尺寸”按钮 。

（1）标注线段长度

先单击标注线段，再在放置尺寸的位置单击鼠标中键，如图 2-1-13 所示的尺寸 35.00。

（2）标注两点间距离

先选中两点，再在放置尺寸的位置单击鼠标中键，如图 2-1-14 所示的尺寸 40.00。

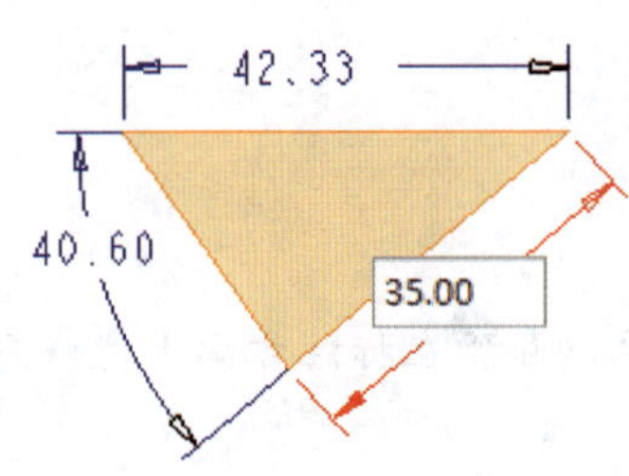

图 2-1-13　标注线段长度

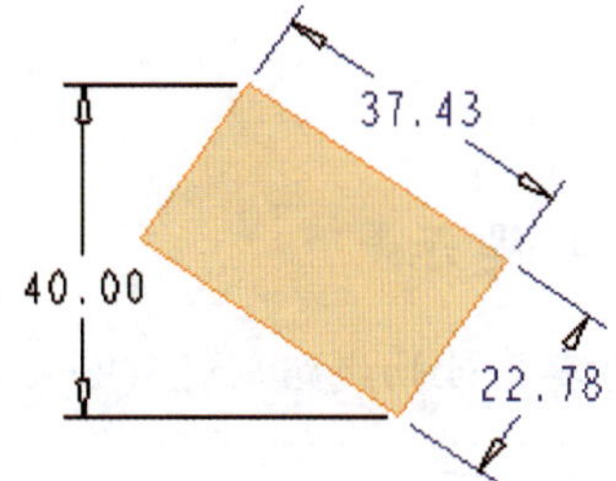

图 2-1-14　标注两点间距离

（3）标注平行线间距

先选中两条直线，再在放置尺寸的位置单击鼠标中键，如图 2-1-15 所示的尺寸 50.00。

（4）标注点到直线的距离

先选取点，再选中直线，然后在放置尺寸的位置单击鼠标中键，如图 2-1-16 所示的尺寸 10.00。

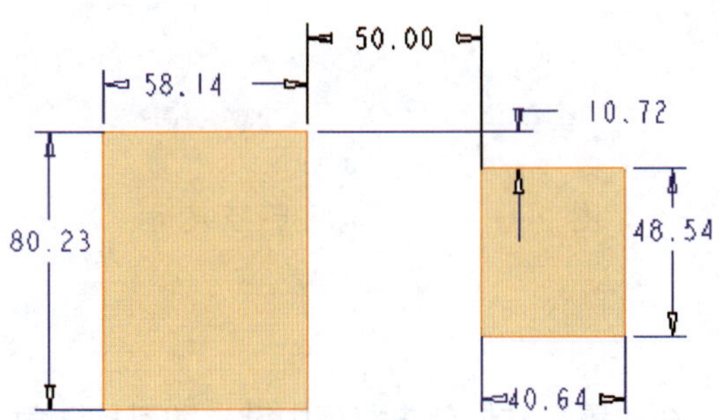

图 2-1-15　标注平行线间距

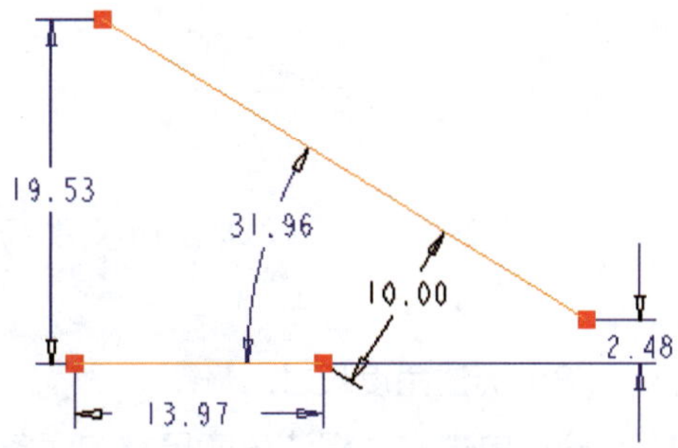

图 2-1-16　标注点到直线的距离

（5）标注圆或圆弧间的距离

分别单击要标注的圆或者圆弧，再将鼠标移到合适位置，单击鼠标中键，可标注圆或圆弧间的距离，如图 2-1-17 所示的尺寸 3.00 和 4.00。

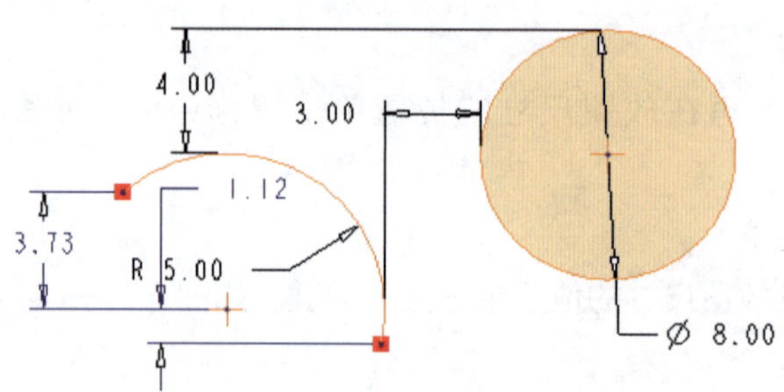

图 2-1-17　标注圆弧与圆间距离

小提示

当要标注切线距离时，如果其中一个是圆弧，则需要该圆弧在标注方向上能找到切点，否则无法标注。

（6）标注直径尺寸

在需要标注直径的圆或圆弧上双击，然后在放置尺寸处单击鼠标中键，可标注直径尺寸，如图 2-1-18 所示。

（7）标注半径尺寸

在需要标注半径的圆或圆弧上单击，然后在放置尺寸处单击鼠标中键，即可标注半径尺寸，如图 2-1-19 所示。

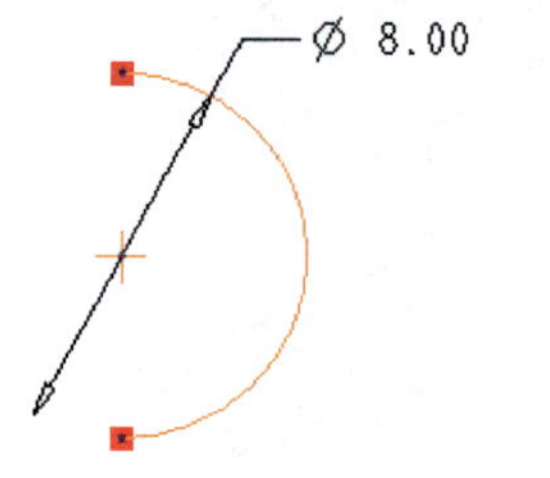

图 2-1-18　标注直径尺寸

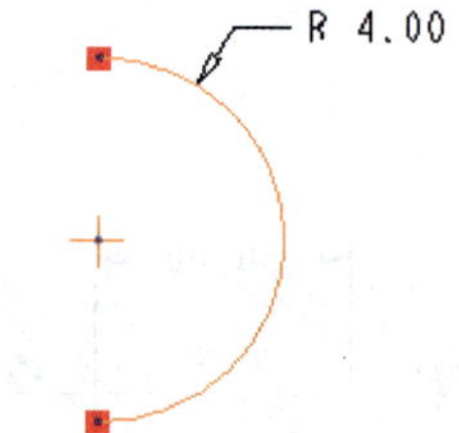

图 2-1-19　标注半径尺寸

（8）标注角度尺寸

分别单击需要标注角度尺寸的两条直线，然后在放置尺寸处单击鼠标中键，即可标注角度尺寸，如图 2-1-20 所示的角度 60.00（即 60°）。

（9）标注弧长

先单击圆弧一端点，再单击另外一端点，然后单击圆弧本身，在放置尺寸处单击鼠标中键，即可标注弧长，如图 2-1-21 所示。

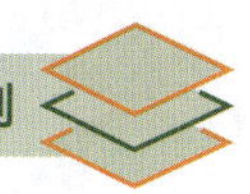

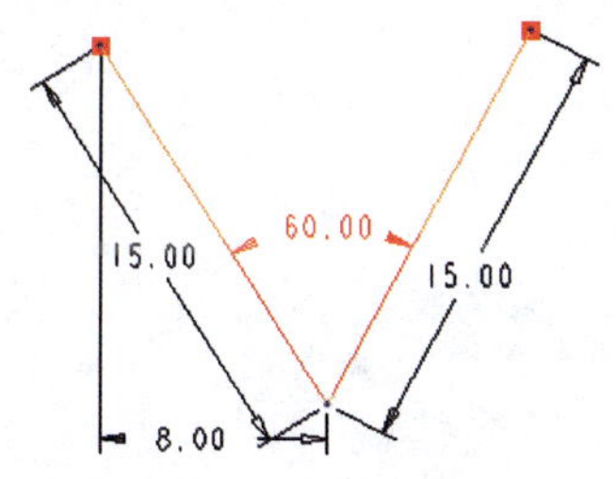

图 2-1-20　标注角度尺寸

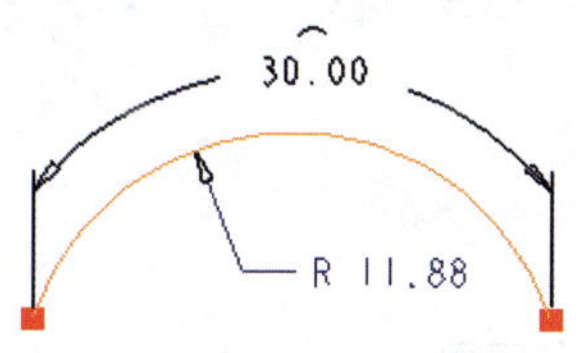

图 2-1-21　标注弧长

3. 修改尺寸

修改尺寸数值后，系统将根据新的尺寸再生图形，可达到准确表达设计意图的目的。

（1）单个尺寸的修改

直接双击要修改的尺寸（强尺寸或弱尺寸），在打开的尺寸数值文本框中输入新的尺寸数值后，系统将根据新输入数值再生图形，重新获得新的设计结果。

（2）批量尺寸的修改

使用第一种方法修改单个尺寸后，系统会立即再生图形。如果对尺寸的修改比例大，再生后的图形会严重变形，不便于对其进行进一步操作。这时可以用“修改”按钮来修改尺寸。

选中需要修改的一组尺寸（按住 <Ctrl> 键可选中不在同一位置的多个尺寸），然后在弹出的浮动工具栏或“编辑”工具组中，单击“修改”按钮，打开“修改尺寸”对话框，如图 2-1-22 所示。在对话框的尺寸列表框中依次修改选定的尺寸即可，用户也可以调节对话框中的旋钮来修改尺寸。在绘图区单击任意一个尺寸，可将该尺寸添加到尺寸列表框中，当前选定的尺寸在图形上会以突出颜色显示。勾选“重新生成”复选框，当尺寸变化时图形将实时变化；勾选“锁定比例”复选框，当修改一个尺寸时，尺寸列表框中其他尺寸会按比例变化。

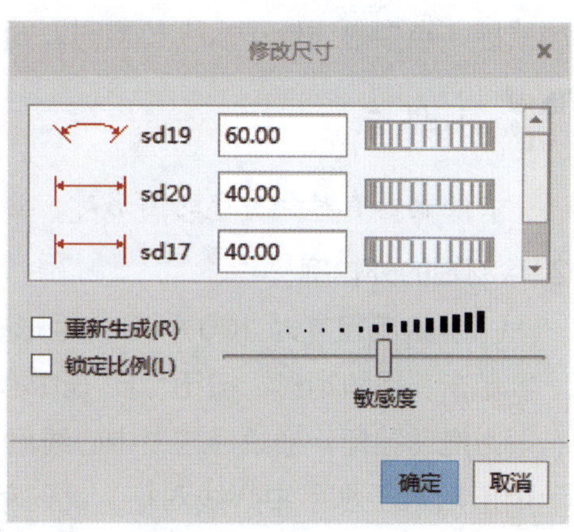

图 2-1-22　“修改尺寸”对话框

小提示

如果希望修改完所有尺寸后再再生图形，以避免在修改尺寸过程中图形严重变形甚至修改失败，可以在“修改尺寸”对话框中取消对“重新生成”复选框的勾选，等全部尺寸修改完成后，再单击“确定”按钮再生图形。

任务实施

一、新建文件

1. 设置工作目录

执行“文件”→“管理会话”→“选择工作目录”命令，在打开的“选择工作目录”对话框中找到创建的“Creo”文件夹，将其设置为工作目录。

2. 新建文件

（1）在快速访问工具栏中单击“新建”按钮，打开“新建”对话框。

（2）在对话框的“类型”选项中选择“草绘”，输入零件名称“jietizhou”，单击“确定”按钮，进入草绘环境。

二、绘制草图

1. 绘制中心线

（1）在视图控制工具条中，单击“草绘显示过滤器”按钮，在下拉菜单中勾选除“栅格显示”外的其他选项。

（2）单击“草绘”工具组中的“中心线”按钮，在绘图区单击选择中心线上一点，移动鼠标，当中心线处于水平位置时，再次单击，绘制一条水平中心线。

小提示

在绘制具有对称特性的图形时，要养成首先绘制中心线的习惯，作为后面草绘的基准。

2. 绘制轴的外轮廓

（1）绘制尺寸为 100×30 的矩形

单击“拐角矩形”按钮，在中心线上方单击选择一点，并向右下方拖动鼠标，当鼠标越过中心线后，线段上出现符号时，表示矩形相对于水平中心线对称，此时单击左键即可完成矩形绘制，然后按下中键退出“矩形”命令。绘制完毕后，在尺寸数字上双击，把尺寸值分别修改为 30 与 100，绘制的矩形如图 2-1-23 所示。

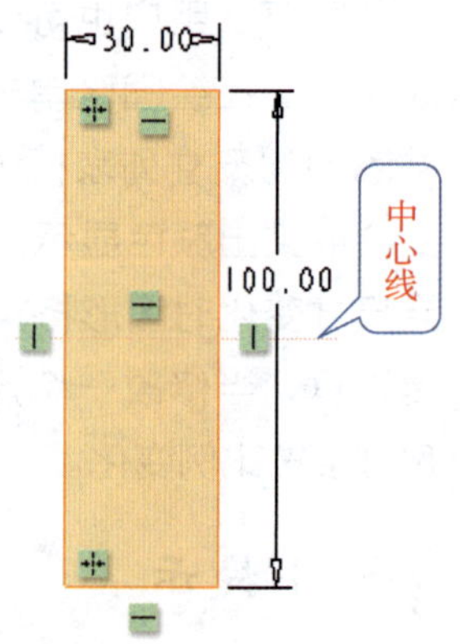

图 2-1-23 绘制中心线及矩形

小提示

绘图过程中，会出现水平、竖直、对称、重合等约束符号，有关内容将在下一任务中详细介绍。为使图面简洁，后面的一些图例中隐藏了约束符号。有时为了便于观察各图元之间的

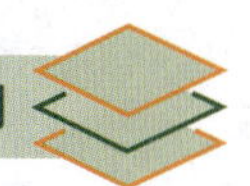

约束关系，也会选择隐藏尺寸显示。

（2）绘制其他矩形轮廓

利用“线链”按钮或“拐角矩形”按钮绘制阶梯轴外轮廓的其他线段。绘制时，先不考虑尺寸的准确性，通过目测使线段尺寸与任务中所给尺寸比例大体适当即可，如图 2-1-24 所示。在绘制过程中，注意要使竖直线的两端点相对于水平中心线对称。

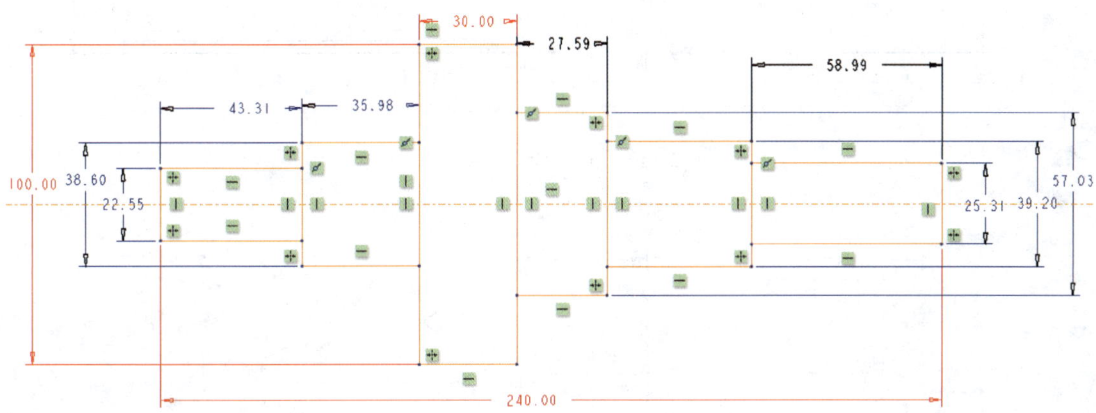

图 2-1-24　绘制其他矩形轮廓

（3）修改轮廓尺寸

将图中尺寸按照图 2-1-24 所示样式重新标注（尺寸值先不修改）。

1）单击任意尺寸，按住左键不放，将尺寸拖动到适当位置。

2）单击尺寸 30，在弹出的浮动工具栏中单击“切换锁定”按钮，则此尺寸被锁定，显示为红色，其数值不会因为其他尺寸的修改而发生变化。以同样方式，将另外两个尺寸 100、240 分别锁定。

3）单击任意尺寸，在“编辑”工具组或弹出的浮动工具栏中单击“修改”按钮，打开“修改尺寸”对话框，将草绘中需要修改的尺寸分别选中并添加到对话框的尺寸列表框中。将尺寸修改为图 2-1-25 所示数值，注意修改时不要勾选“重新生成”复选框，修改后单击“确定”按钮，退出对话框，观察修改后的图形及尺寸的变化。

小提示

在二维绘图时，通常首先绘制一两个基础图元后，修改到准确尺寸，后面图形按照近似尺寸绘制，然后再对尺寸进行批量修改。

3. 绘制键槽

（1）绘制键槽轮廓

1）利用“线”按钮或“矩形”按钮，根据目测大小，绘制左端键槽的矩形轮廓，如图 2-1-26 所示。

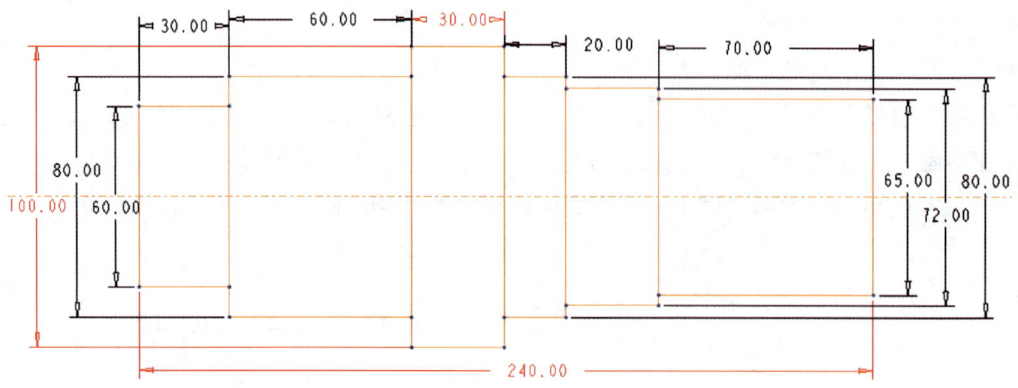

图 2-1-25　修改后的尺寸

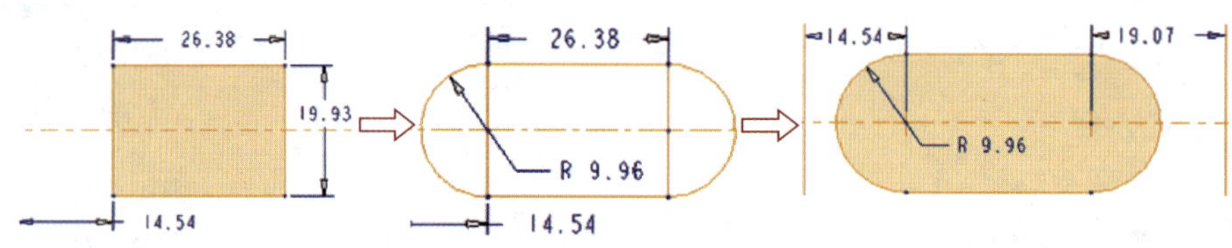

图 2-1-26　绘制键槽轮廓

2）单击“弧”按钮，选中竖直线段的端点作为圆弧的起点与终点，当圆弧中心落到竖直线段上时单击鼠标，绘制一端圆弧。用同样的方法绘制另一端圆弧，按下鼠标中键，退出圆弧绘制。

3）在“编辑”工具组中单击“删除段”按钮，选中并删除多余线段。

4）用同样方法绘制右端键槽。

（2）修改键槽尺寸

利用修改单个尺寸的方法，按照图 2-1-27 修改键槽尺寸，观察尺寸线修改前后的颜色变化。

4. 绘制左端倒角

单击“倒角”按钮，在靠近倒角的顶点处分别单击倒角的两条边，完成一处顶点倒角；用同样方法对另一顶点进行倒角。将倒角末端端点用直线连接。单击“约束”工具组中的“竖直”按钮，选中连线，使线竖直。单击“尺寸”按钮，选中倒角边与竖直边，将角度标注为 45°；选中倒角顶点与延伸顶点，标注尺寸为 1.00，如图 2-1-28 所示。按同样方法标注另一端倒角，单击“相等”按钮，选中标注的两角度尺寸“45°”，按中键，再选中两距离尺寸“1.00”，约束两倒角尺寸相等。

至此，阶梯轴轮廓草图绘制完成，效果如图 2-1-1 所示。

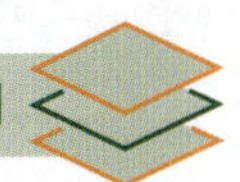

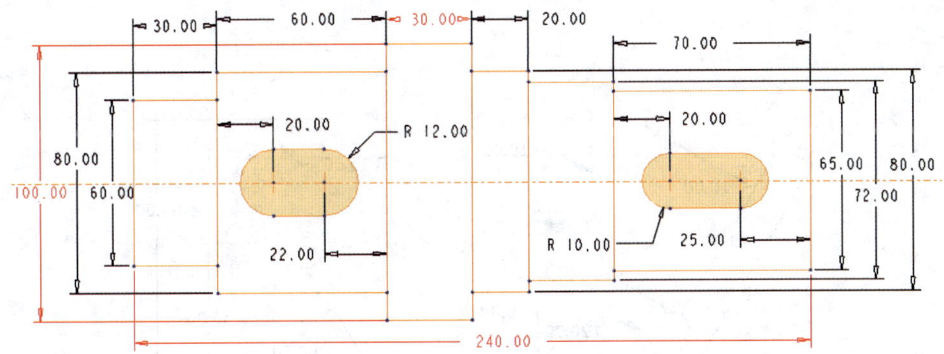

图 2-1-27　修改键槽尺寸

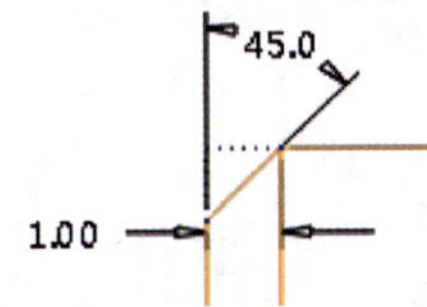

图 2-1-28　倒角及其尺寸标注

三、保存文件

在快速访问工具栏上单击“保存”按钮保存文件。打开工作目录，可看到名为“jietizhou.sec”的文件，其中“sec”为草绘文件格式的扩展名。

拓展练习

利用“线”命令及“圆角”命令绘制如图 2-1-29、图 2-1-30 所示的二维草图，正确标注尺寸，并将文件保存至工作目录。

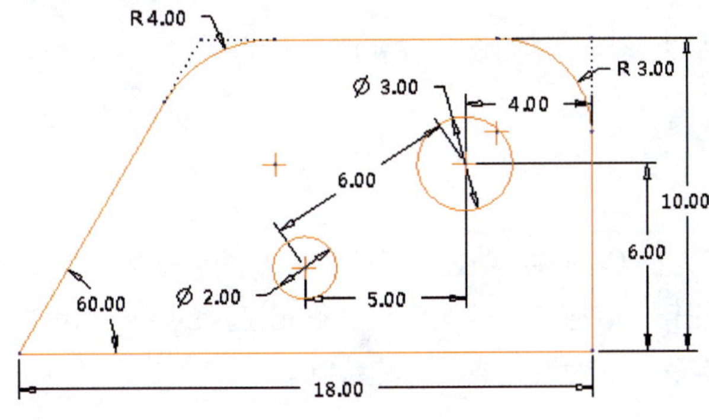

图 2-1-29　草绘练习一

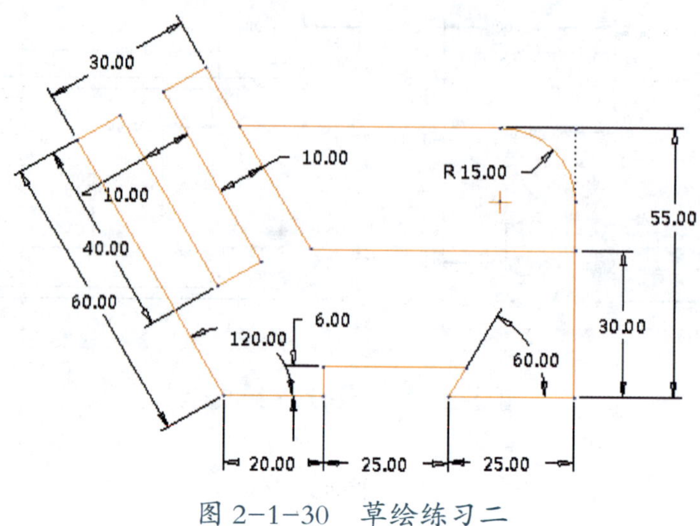

图 2-1-30　草绘练习二

任务 2　手柄轮廓草图的绘制

 学习目标

1. 能正确应用样条曲线、文字、选项板等绘图工具绘制草图。

2. 能熟练应用常用草图编辑工具进行图形的编辑与修改。

3. 理解常用约束工具的概念及应用，能在草绘中应用约束工具编辑几何图元的位置关系。

4. 能综合利用草绘工具与所学方法独立完成草图的绘制。

 任务描述

如图 2-2-1 所示为在 Creo 中绘制的手柄轮廓草图，要求在草绘环境中独立完成该图的绘制。通过完成本任务，掌握常用绘图工具、编辑工具的综合运用方法，同时学会如何应用绘图方法和技巧，准确、快速地完成图形的绘制。

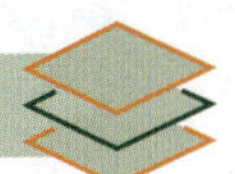

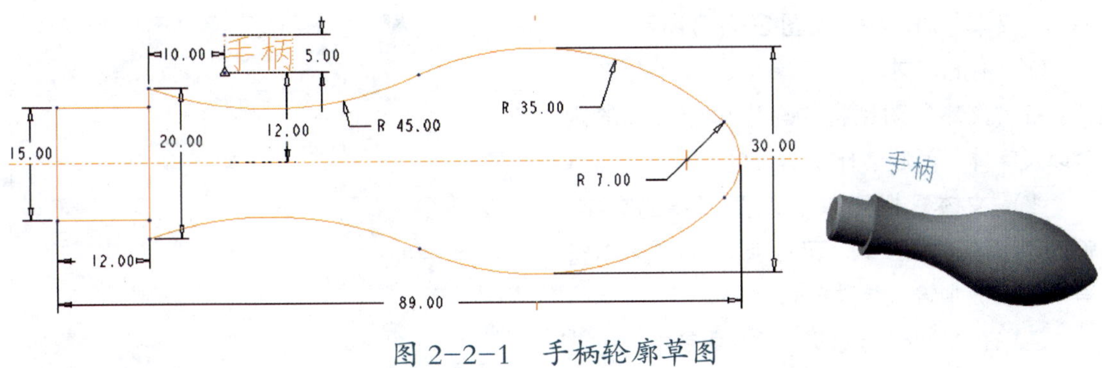

图 2-2-1　手柄轮廓草图

知识准备

一、草绘工具的使用

1. 样条曲线的绘制

在“草绘”选项卡的“草绘”工具组中单击“样条”按钮，在绘图区不同位置依次单击，选择样条曲线的插入点，然后单击鼠标中键，即可完成一条样条曲线的绘制。再次单击，绘制下一条样条曲线，双击鼠标中键，即可退出样条曲线的绘制。

绘制样条曲线时，选取的点称为插入点。选中插入点后按住左键不放，可以拖动插入点，改变样条曲线形状。通过对插入点进行尺寸标注，也可以修改样条曲线形状，如图 2-2-2 所示。

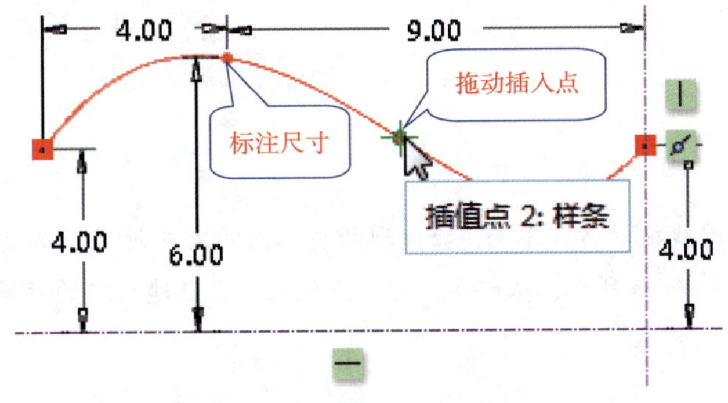

图 2-2-2　样条曲线

2. 文本的创建

单击“草绘”工具组中的“文本”按钮，在绘图区适当位置单击，确定文本的起点位置；然后拖动鼠标会出现一条构造线，其拖动方向与长度即文本的方向和高度；再次单击，弹出“文本”对话框，如图 2-2-3 所示。

（1）创建文本

在“文本”对话框中可以确定文本的内容以及字体、间距、比例等属性。

1）“文本”栏用来输入要创建的文字，单击其后的按钮 ，可在弹出的“文本符号”选项板中输入特殊符号。

2）在“字体”选项的下拉菜单中，可选择需要的字体类型。

3）“位置”选项组用于调整文字相对于构造线的位置。

4）在“选项”栏可以通过输入“长宽比”数值或拖动相应手柄来确定字体宽度；通过输入“斜角”与“间距”数值或拖动相应手柄来设置字体倾斜角度及字体间距的大小。

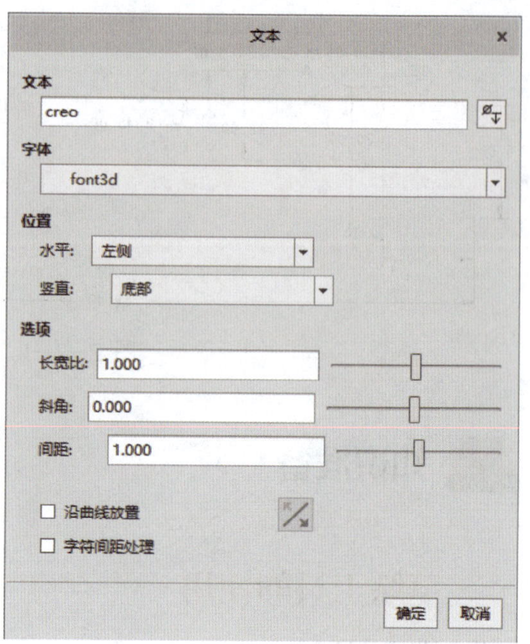

图 2-2-3 “文本”对话框

5）勾选“沿曲线放置”复选框可以使文本沿选定的曲线排列，单击后面的箭头可以改变文字在曲线上的方位，如图 2-2-4 所示。

图 2-2-4 文本沿曲线排列

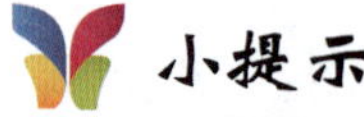

小提示

创建文本时，构造线拖动方向不同，会出现两种不同的文本效果。从起点开始向上拖动时，创建文本的效果如图 2-2-5a 所示；从起点开始向下拖动时，创建文本的效果如图 2-2-5b 所示。

a）起点在下

b）起点在上

图 2-2-5 构造线拖动方向对文本效果的影响

（2）修改文本

修改已创建的文本，一种方法是双击文本，打开“文本”对话框，重新设置文本参数；另一种方法是单击选中文本，然后单击“修改”按钮，打开“文本”对话框，重新设置文本参数。

3. 选项板的应用

在设计过程中，当需要一些常用形状的图形时，可以直接在选项板中调用，以提高绘图效率。

单击“草绘”工具组中的“选项板”按钮，打开“草绘器选项板”对话框，如图 2-2-6 所示。该对话框提供了一些常用形状的图形，利用它可以简单、快捷地绘图。

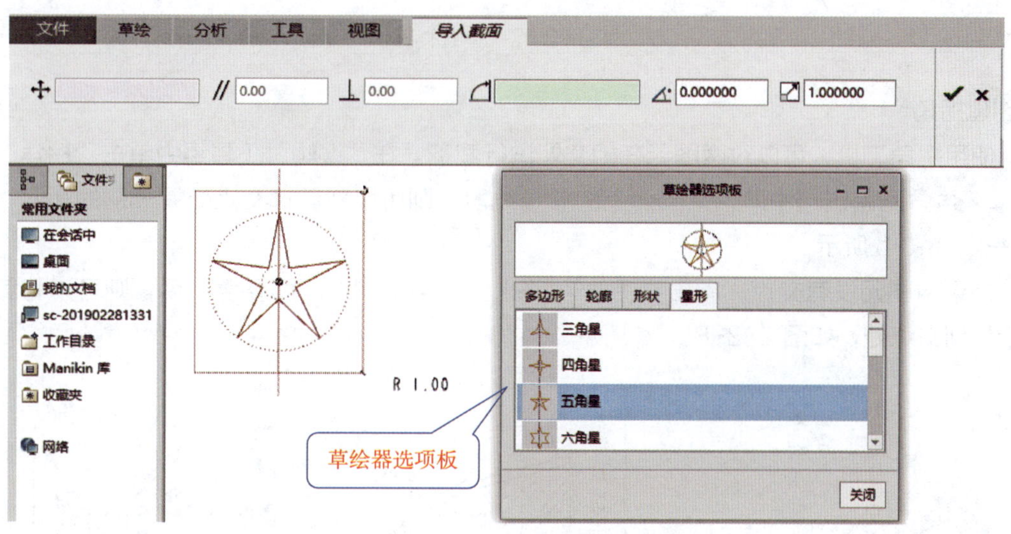

图 2-2-6　选项板的应用

在对话框中，找到并双击需要的图形，再在绘图区合适位置单击，即可得到所需形状图形，如图 2-2-6 所示。选择完图形后，用户可以在顶部弹出的“导入截面”操控面板中输入合适的参数来调整图形的位置与大小，也可以拖动图形上的调节柄，对图形进行拖动、缩放或旋转。

二、编辑工具的使用

利用“编辑”工具组中的工具，可以对所绘制的图元进行编辑，其中修改工具在本项目任务 1 中已经介绍，下面介绍其他常用编辑工具。

1. 删除段

在绘制二维图形时，所有图线均在相交处被截断。如果要删除某一线段，可在“编辑”工具组中激活“删除段”按钮，再单击要删除的线段将其删除，如图 2-2-7 所示。也可以在激活“删除段”按钮后，拖动鼠标画出轨迹线，凡与轨迹线相交的线段都会被删除。

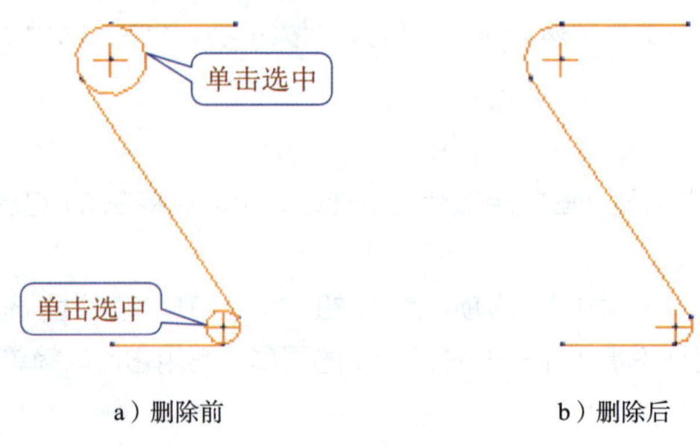

a）删除前　　b）删除后

图 2-2-7　删除段

2. 创建拐角

使用拐角工具，可以对两图元在相交处进行裁剪。在“编辑”工具组中单击“拐角”按钮 ，再分别单击选中两相交图元上的任意线段，则可以裁剪掉交点处另一侧的图元，如图 2-2-8a、b 所示。

如果两图元没有交点，单击“拐角”按钮 ，再依次选取两参照边后，则可以将其分别延伸到交点处，如图 2-2-8c、d 所示。

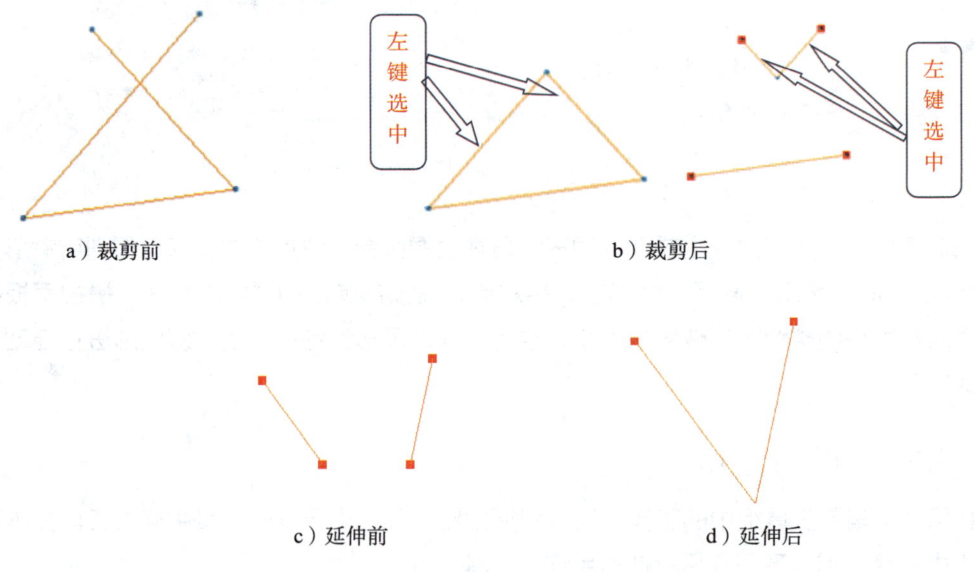

a）裁剪前　　b）裁剪后

c）延伸前　　d）延伸后

图 2-2-8　利用拐角工具进行裁剪

3. 镜像图形

在创建具有对称结构的二维图形时，可以先绘制图形的一半，然后通过镜像的方法创建

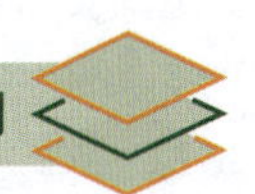

另一半。操作方法为：先选取镜像对象，再在“编辑”工具组中单击“镜像”按钮，然后单击选取一条中心线作为参照，即可得到镜像结果，如图 2-2-9 所示。

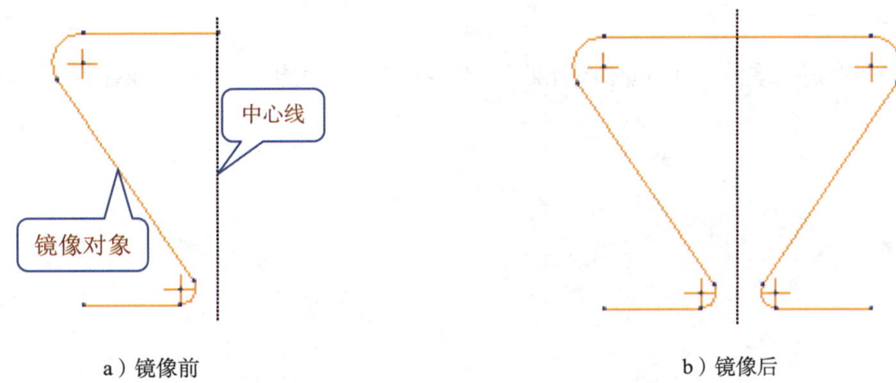

图 2-2-9　镜像工具的应用

小提示

选取镜像对象时，可按住 <Ctrl> 键，逐一单击或框选镜像对象。

4. 旋转与调整大小

选定图元后，在“编辑”工具组中单击“旋转调整大小”按钮，在弹出的“旋转调整大小”操控面板中输入移动、旋转、缩放等参数，即可调整对象的位置、大小和旋转角度，如图 2-2-10 所示。

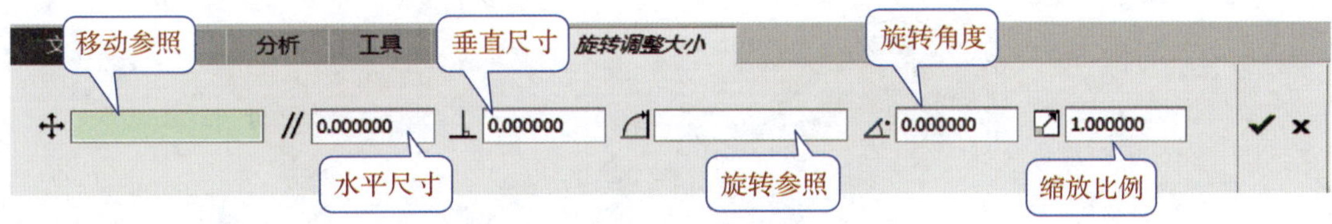

图 2-2-10　旋转调整大小

拖动图形中出现的 3 个调节柄，也可以实现移动、旋转和缩放图形的操作，如图 2-2-11 所示。

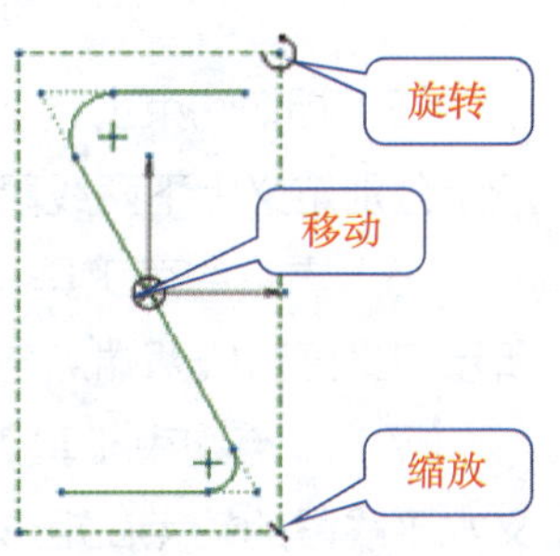

图 2-2-11　拖动图形

三、约束工具

选取某一约束工具后，再选取约束施加的对象，就可以在选取的对象间建立指定的约束关系。在视图控制工具条的“草绘显示过滤器”按钮下拉菜单中，勾选“约束显示”，绘图中的约束关系符号会显示在图形中；去掉勾选，则不显示约束符号。

1. 约束的种类

约束一般用于限制图元与图元之间的位置关系。Creo 常用约束工具有以下几种：

（1）竖直约束工具 ┼：使选中图元处于竖直状态。约束显示为 |，如图 2-2-12b 所示两侧边。

（2）水平约束工具 ┼：使选中图元处于水平状态。约束显示为 —，如图 2-2-12b 所示上下边。

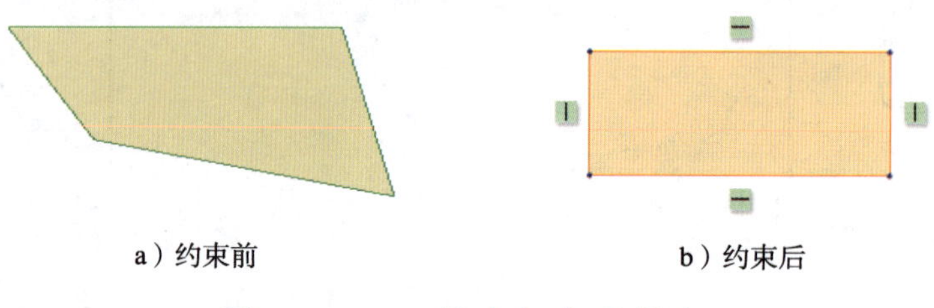

a）约束前　　b）约束后

图 2-2-12　竖直与水平约束

（3）垂直约束工具 ⊥：使选中的两个图元处于垂直状态。约束显示为 ⊥，如图 2-2-13b 所示左侧边与上边。

（4）平行约束工具 //：使选中的两个图元处于平行状态。约束显示为 //，如图 2-2-13b 所示左右两侧边。

a）约束前　　b）约束后

图 2-2-13　垂直与平行约束

（5）相切约束工具：使选中的两个图元处于相切状态。约束显示为，如图 2-2-14b 所示分别定义上下两线段与两个圆相切。

（6）重合约束工具：使选中的点或线处于重合状态。约束显示为，如图 2-2-14b 所示定义竖直线两端点与上下两线段重合，上下两线段端点与切点重合。

（7）中点约束工具：使点定位在线段中央。约束显示为，如图 2-2-15b 所示定义水平线段的端点在矩形两边的中点上。

（8）对称约束工具：使两图元关于中心线对称。约束显示为，如图 2-2-15b 所

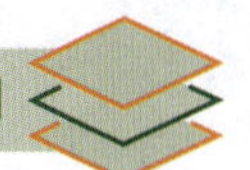

示定义矩形左右两顶点相对于中心线对称。

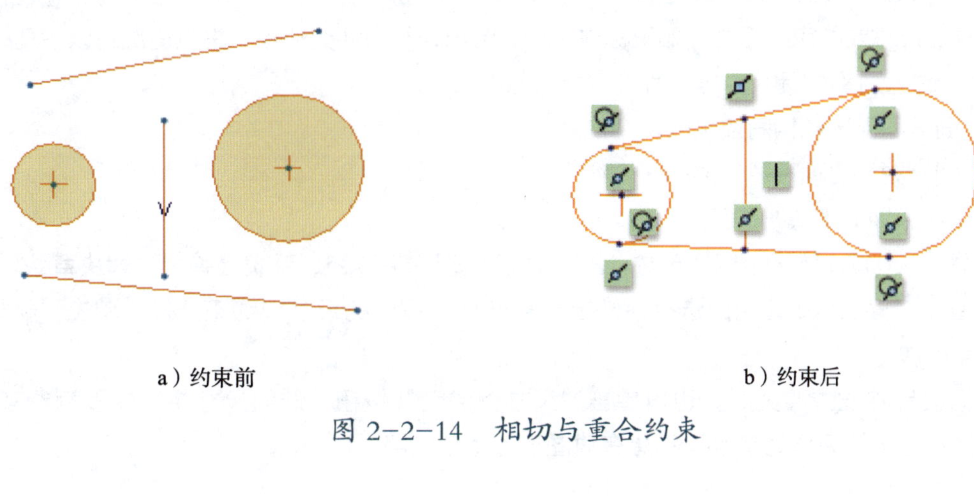

a）约束前　　b）约束后

图 2-2-14　相切与重合约束

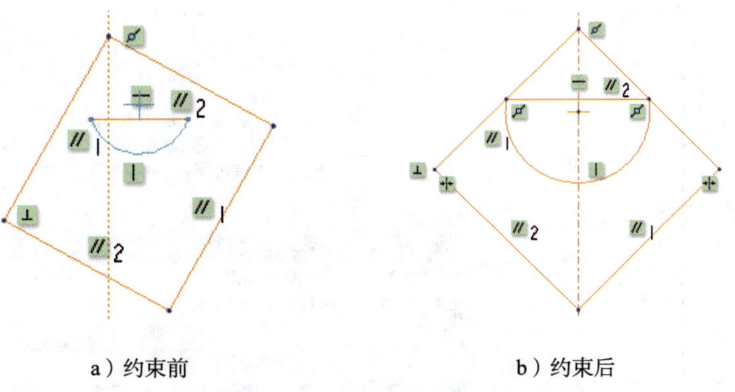

a）约束前　　b）约束后

图 2-2-15　中点与对称约束

（9）相等约束工具＝：创建等长、等半径或相同曲率的约束。约束显示为＝，如图 2-2-16b 所示定义四边形的各边相等。

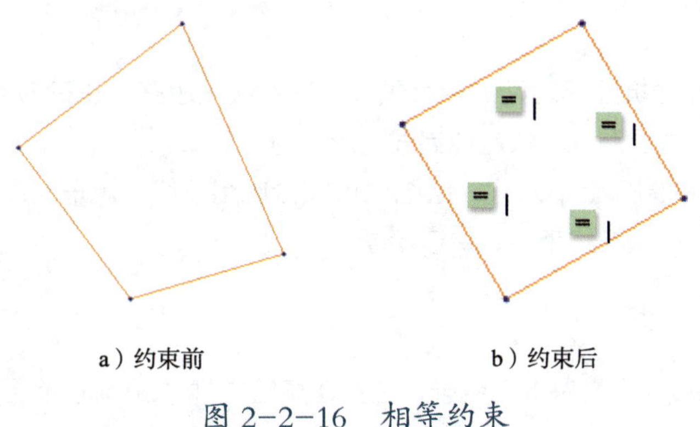

a）约束前　　b）约束后

图 2-2-16　相等约束

2. 约束冲突及其解决方法

（1）约束冲突类型

在标注尺寸或约束过程中，如果标注不当，会出现约束冲突现象。常见情况有以下几种：

1）标注尺寸有封闭尺寸链，即有多余尺寸存在。

2）同一图元出现相同效果的两个约束。

3）同一图元出现不同效果的多个约束。

（2）约束冲突解决方法

如图 2-2-17a 所示，标注尺寸 12.00 时，出现约束冲突，系统会弹出“解决草绘”对话框（图 2-2-17b），让用户选择解决。一般选择不需要的尺寸或约束条件，单击“删除”按钮即可解决。

当标注尺寸发生冲突时，也可单击“尺寸 > 参考”按钮，选取尺寸将其转换为参考尺寸。参考尺寸一般只作为参考，不具有对图形的驱动作用。

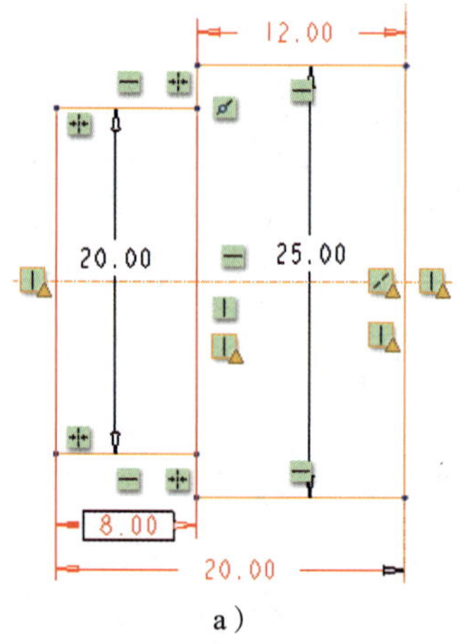

a）

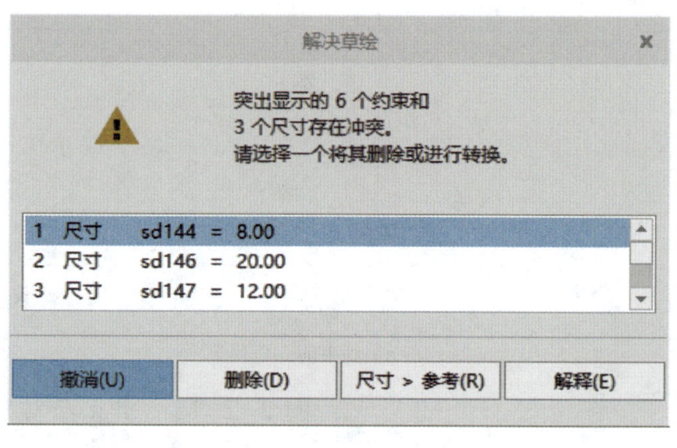

b）

图 2-2-17　约束冲突解决方法

任务实施

绘制草图前应先分析图元之间的相互关系，确定绘图思路，正确应用绘图方法和技巧，采取合理的绘图顺序才能准确、快速地完成图形绘制。

图 2-2-1 所示的图形上下对称，绘图时可综合应用直线、矩形、圆弧、圆、删除、镜像等工具，充分利用编辑与约束工具快速绘图。

一、新建草绘文件

将文件夹“Creo”设置为工作目录，并新建草绘文件“shoubing.sec”，单击“确定”

按钮进入草绘环境。

二、草图绘制

1. 在“草绘”工具组中单击“中心线”按钮 ，绘制如图 2-2-18 所示水平和竖直中心线，作为其他图元的绘图基准，将两竖直中心线之间的尺寸修改为 89.00。

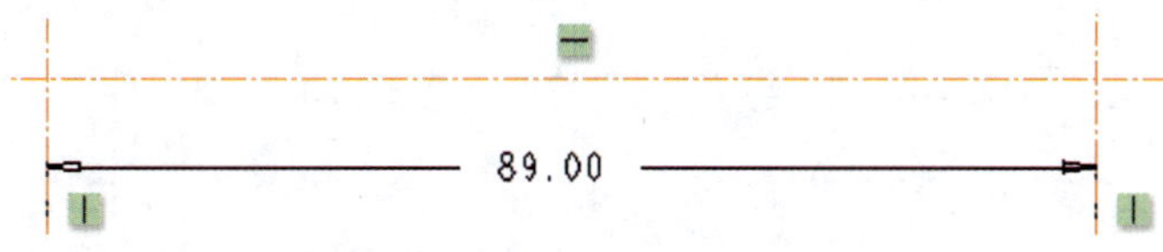

图 2-2-18 绘制中心线

2. 在“草绘”工具组中单击“拐角矩形”按钮 ，按图 2-2-1 所示图形的近似比例绘制如图 2-2-19 所示的 3 个矩形。

小提示

矩形应相对中心线上下对称，矩形相邻边要重合。

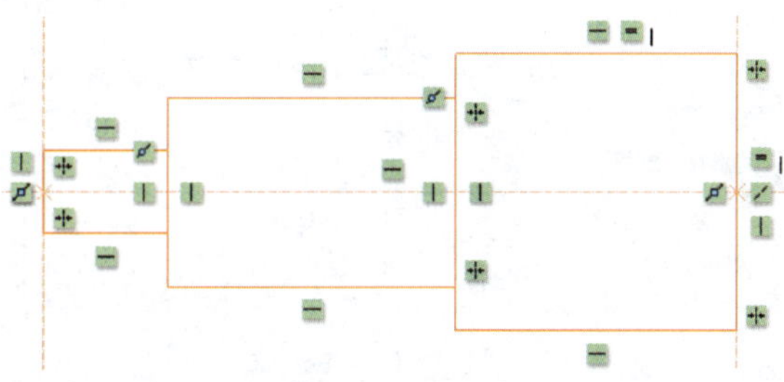

图 2-2-19 绘制矩形

3. 参照图 2-2-1 标注所需尺寸，并利用“修改”按钮 修改图形尺寸值，然后删除两侧竖直中心线，效果如图 2-2-20 所示。

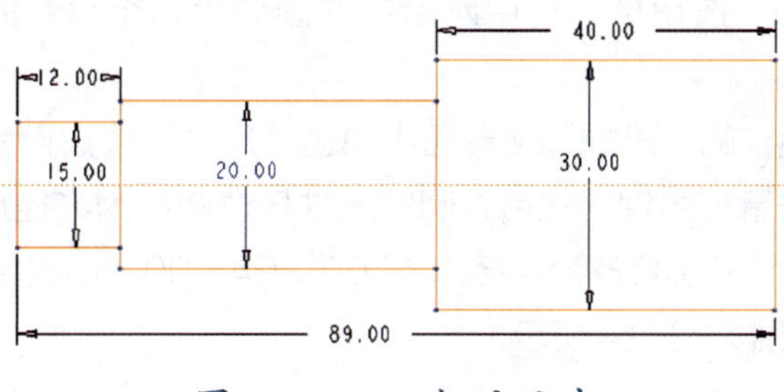

图 2-2-20 标注尺寸

4. 在“草绘”工具组中单击“圆”按钮，绘制与右侧边相切的小圆。在水平中心线上选取合适位置单击，选中圆心位置，沿中心线向右侧拖动鼠标，当图形显示相切符号时单击，完成小圆绘制。在小圆圆心左下方合适位置单击，移动鼠标，当图形与小圆出现相切符号时单击，完成与小圆相切圆的绘制，如图 2-2-21 所示。单击中键，退出圆的绘制。

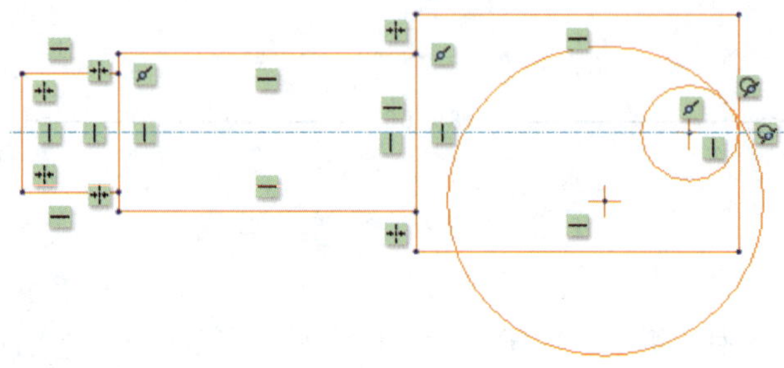

图 2-2-21　绘制两圆

5. 在“约束”工具组中单击“相切”按钮，单击大圆与右侧矩形的上边，使大圆与矩形上边相切，如图 2-2-22 所示。

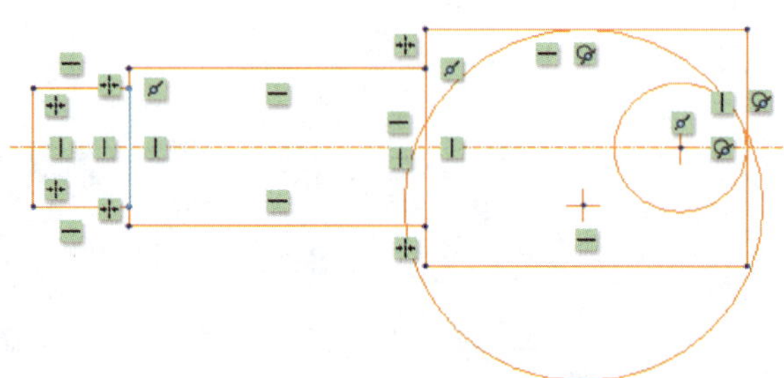

图 2-2-22　相切约束

6. 在“草绘”工具组中单击“圆”按钮，在图形左上方绘制第三个圆。在“约束”工具组中单击“重合”按钮，分别选中刚绘制的圆及中间矩形的左上方顶点，使圆通过该顶点。单击“相切”按钮，选中刚绘制的圆与第二个绘制的圆，使它们相切，如图 2-2-23 所示。

7. 在“草绘”选项卡的“尺寸”工具组中单击“尺寸”按钮，单击选中右端小圆，在放置尺寸的位置单击鼠标中键，然后将圆的尺寸标注修改为半径尺寸 *R*7.00。以同样方式，将另外两个圆的尺寸分别修改为半径 *R*35.00、*R*45.00，修改完毕后，双击鼠标中键，退出圆的尺寸标注，如图 2-2-24 所示。

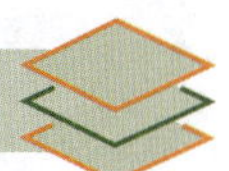

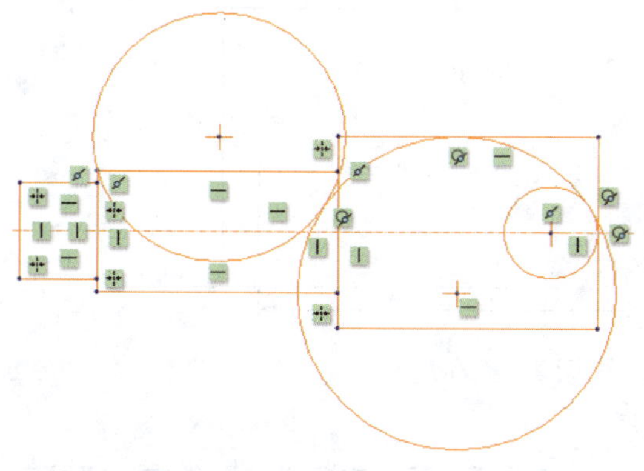

图 2-2-23 绘制第三个圆

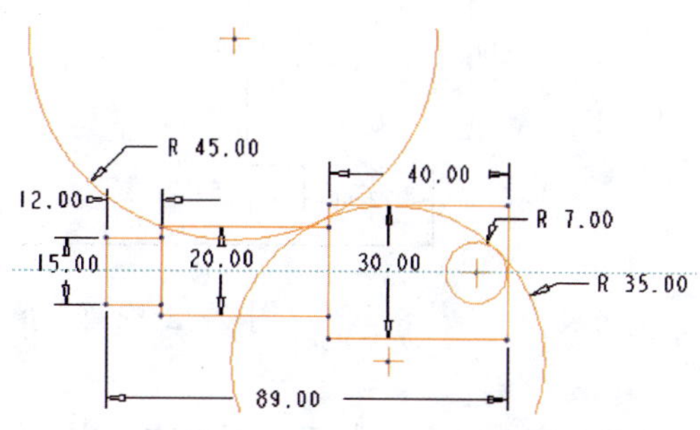

图 2-2-24 重新标注圆的尺寸

8. 在“编辑”工具组中单击“删除段”按钮，依次选取要删除的线段，结果如图 2-2-25 所示。

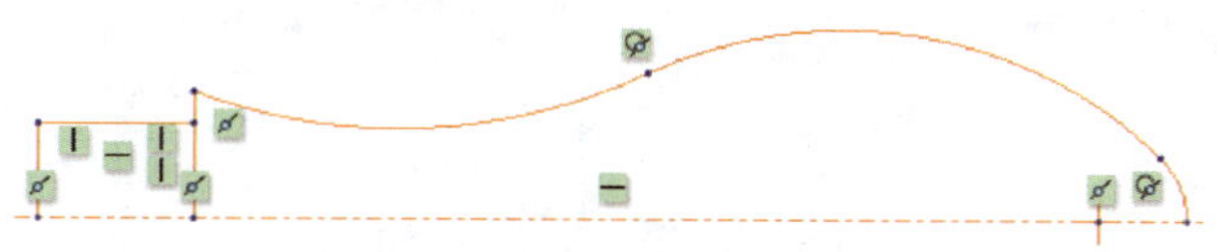

图 2-2-25 删除多余线段

9. 框选要镜像的线段，在“编辑”工具组中单击“镜像”按钮，选取水平中心线为镜像中心线进行镜像，镜像后图形如图 2-2-26 所示。

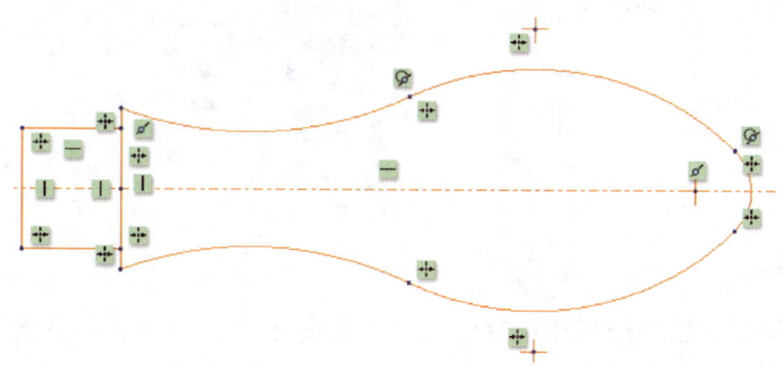

图 2-2-26 镜像图元

10. 重新标注尺寸 89.00、20.00 与 30.00，并将所有尺寸调整到合适位置，如图 2-2-27 所示。

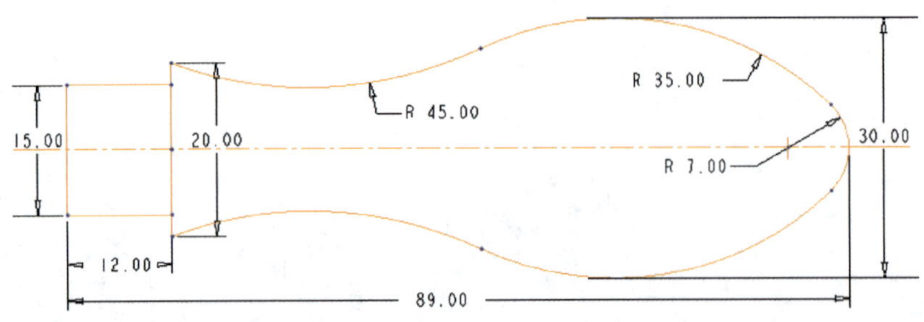

图 2-2-27　重新标注与调整后的尺寸

11. 单击“草绘”工具组中的“文本”按钮，在手柄轮廓上方适当位置单击，竖直向上拖动鼠标后单击，在弹出的“文本”对话框中输入“手柄”二字，在“字体”下拉菜单中选择“filled”，其他选项采用默认设置，单击“确定”按钮，退出“文本”对话框。修改文本尺寸如图 2-2-28 所示。

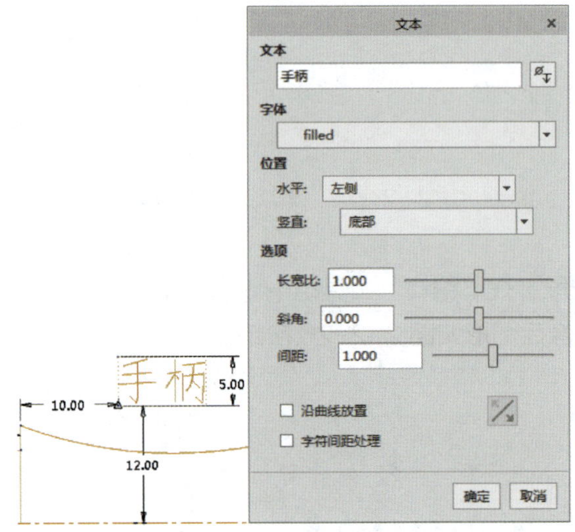

图 2-2-28　输入文本

三、保存文件

图形绘制完毕后，检查形状和尺寸标注是否与图 2-2-1 一致，确认无误后在快速访问工具栏上单击“保存”按钮保存文件。打开工作目录，可以看到名为“shoubing.sec”的文件。

拓展练习

1. 按表 2-2-1 所列提示步骤绘制如图 2-2-29 所示的滑块草图。

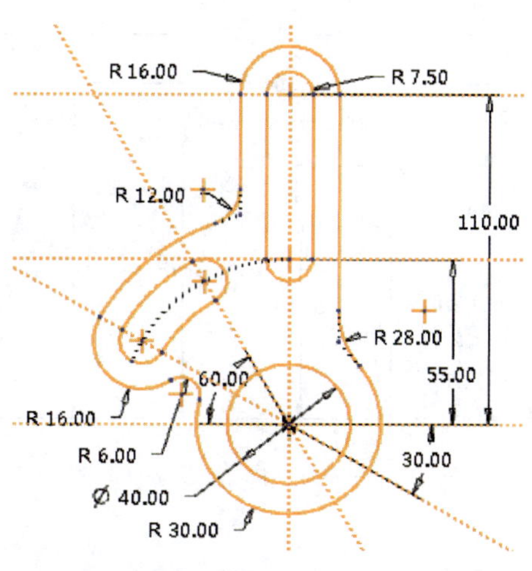

图 2-2-29　滑块草图

▼ 表 2-2-1　绘制滑块草图的提示步骤

步骤	图示	步骤	图示
（1）绘制中心线，并修改尺寸，对图形布局	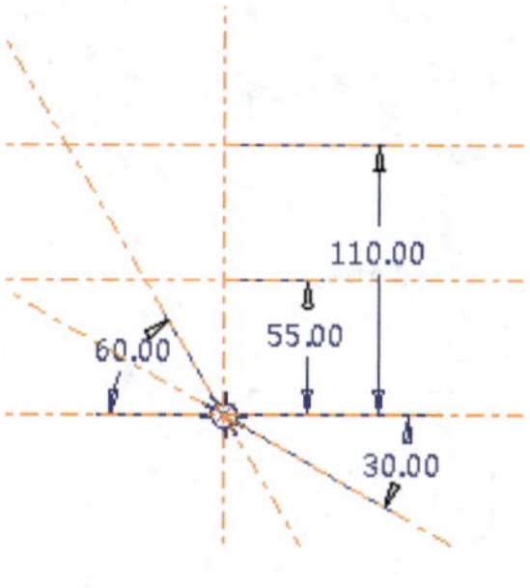	（3）绘制中间图元及连接图元，注意图元之间的约束关系	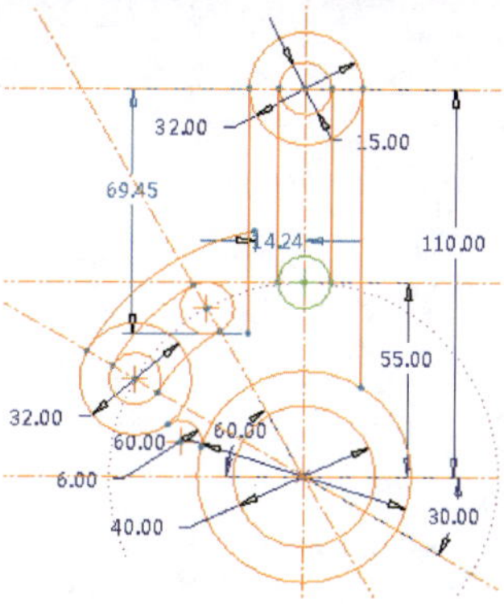
（2）绘制已知定位尺寸和定形尺寸的图元，并修改尺寸	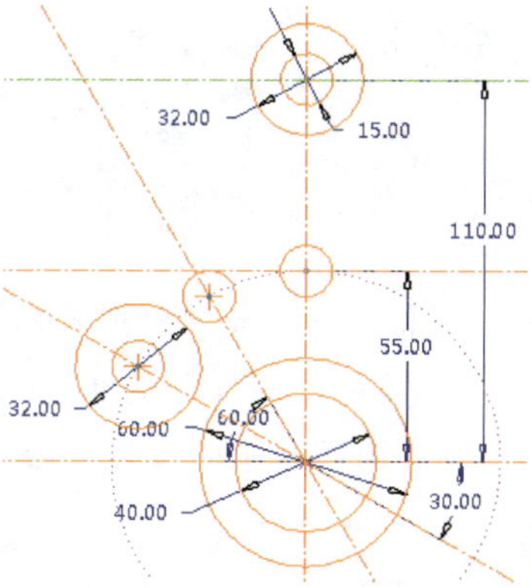	（4）利用圆角工具及删除段工具修剪图形，最后修改尺寸至图样要求，保存文件至工作目录	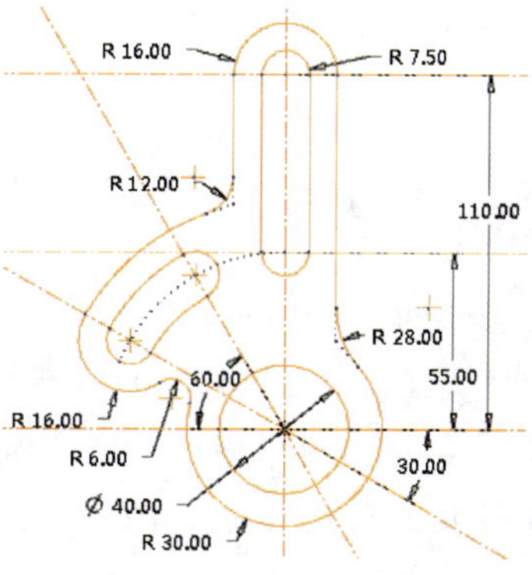

2. 绘制如图 2-2-30 所示样条曲线草图。

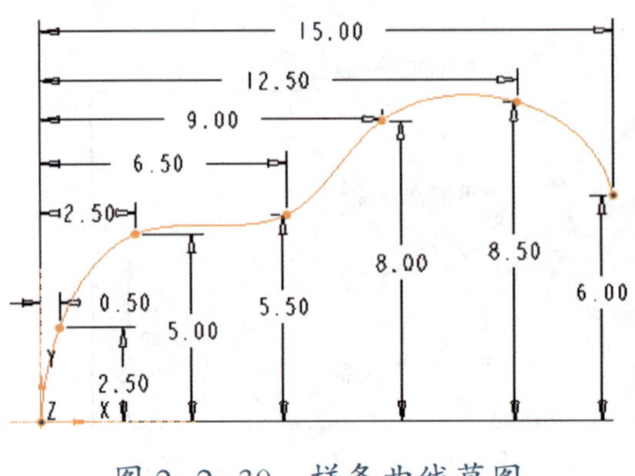

图 2-2-30　样条曲线草图

3. 绘制如图 2-2-31 所示吊钩草图，并正确标注尺寸，保存到文件目录中。

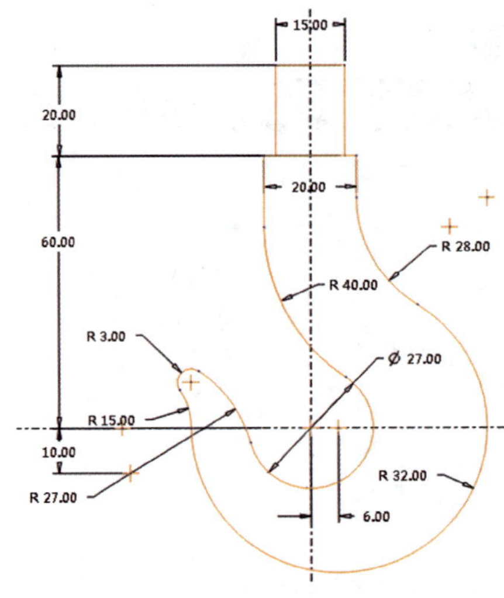

图 2-2-31　吊钩草图

小提示

此吊钩草图由直线和圆弧组成，直线和圆弧、圆弧和圆弧之间分别为相切连接。可先绘制中心线；再以 ϕ27.00 圆弧的圆心为尺寸基准，根据高度方向尺寸 60.00 确定轴的矩形轮廓位置并绘制矩形；然后根据尺寸 6.00，确定 R32.00 圆弧的中心位置并绘制圆弧；最后根据连接关系及已知尺寸绘制其他线段与圆弧。

项目三

实体建模

实体建模是 Creo 进行产品结构设计的基础功能，它是一种先定义一些基础实体特征，再通过实体特征的几何拓扑运算生成零件实体的建模技术。实体建模的特点在于三维模型的表面与其内部实体同时生成，能完整地定义三维物体的内部结构形状与物理信息。本项目通过 6 个典型任务，来学习实体建模的常用命令与基本方法。

任务 1　折板建模

学习目标

1. 能准确描述基准的概念和种类。
2. 能准确描述拉伸特征的基本原理，并演示创建拉伸特征的操作步骤。
3. 能在教师指导下完成折板模型的构建，并独立完成拓展练习中的零件建模。

任务描述

Creo 建模的基本思路是将零件结构形状看作是由一系列特征组成的，零件的建模过程就是特征生成的过程。拉伸、旋转、扫描及混合特征等是 Creo 基础特征生成的主要方法，其中拉伸特征是最基础、应用最广泛的特征造型方法。

本任务要求为某企业创建图 3-1-1 所示折板零件的 3D 模型，以便于后期的结构分析及制造。类似图 3-1-1 所示折板零件是常见的零件类型，本任务通过折板零件的创建，熟悉零件设计环境，学习基准特征与拉伸特征的创建方法与应用。

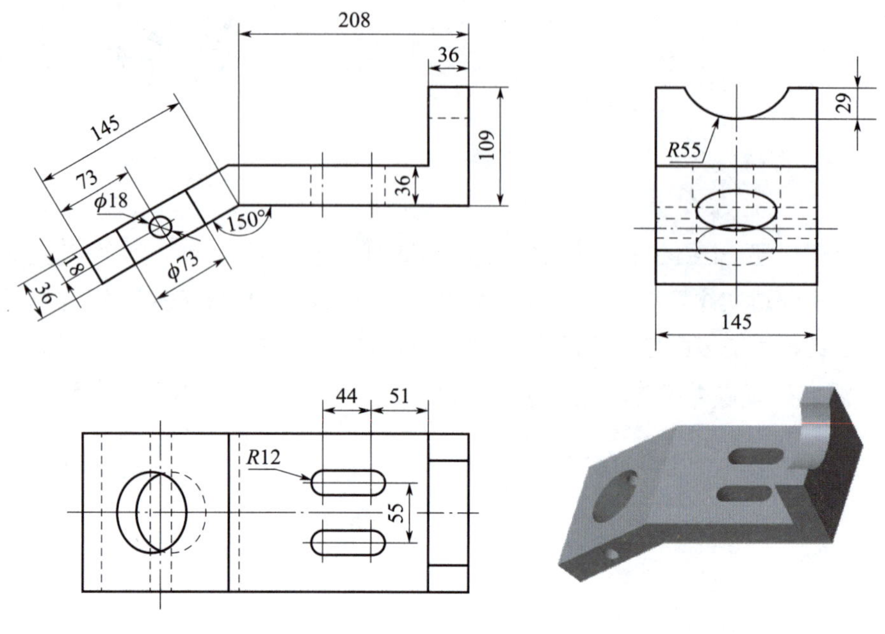

图 3-1-1　折板

知识准备

一、零件设计环境

在快速访问工具栏中单击“新建”按钮，打开“新建”对话框，在“类型”选项组中选择“零件”，在“子类型”选项组中选择“实体”，如图 3-1-2 所示，单击“确定”按钮即可进入零件设计环境，如图 3-1-3 所示。单击快速访问工具栏中的“打开”按钮，打开一个格式为“*.prt”的文件，也可进入零件设计环境。

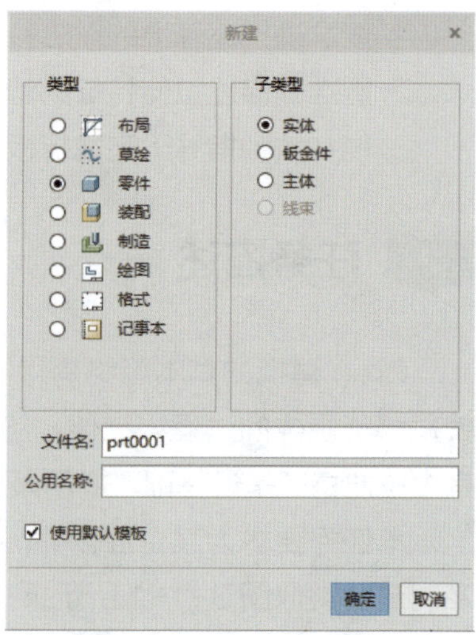

图 3-1-2　“新建”对话框

零件设计环境与草绘环境布局大体相同，主要由功能区、模型树、绘图窗口、状态栏和选择过滤器等组成，相比草绘环境，其导航器中多出了模型树。几个区域功能可以简单地描述为：做了什么（模型树）→做成什么样子（绘图窗口）→要做什么（功能区）→怎么做（状态栏）→外观打扮（视图控制工具条），其各项功能在前面项目中已有介绍，此处根据任务需要对工作环境做进一步说明。

在左侧的模型树中，用户可以清晰地了解到产品建模的顺序和特征之间的父子关系，也

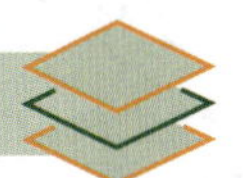

可以直接在模型树上选取特征进行编辑和操作。例如，在模型树中，选中“拉伸 1”特征，在绘图区的模型中相关特征也会被同时选中，选中的特征呈高亮色。

绘图窗口占据了整个界面的绝大部分面积。新建的零件文件，其绘图窗口显示的是基准平面、坐标系和旋转中心。绘图区上方有视图控制工具条，可以对视图中模型的显示状态进行设置。

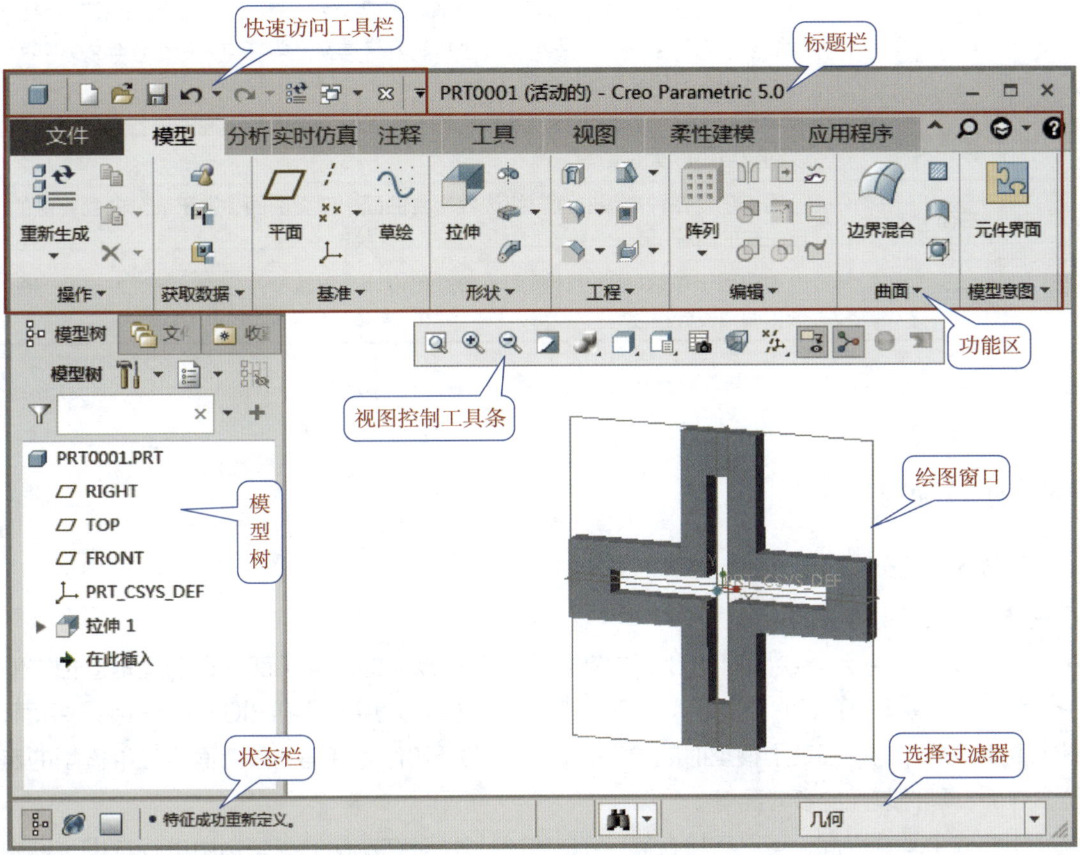

图 3-1-3　零件设计环境

零件建模主要是在“模型”选项卡下完成的。单击“模型”选项卡后，下面展开的功能区包含了建模过程中用到的最主要的工具命令，分为 8 个工具组，见表 3-1-1。

▼ 表 3-1-1　“模型”选项卡下各工具组的功能

工具组	功能
操作 ▾	用于针对某个特征的操作，如再生特征，复制、粘贴、删除特征等
获取数据 ▾	用于复制当前模型中的几何图形，使用用户自定义的特征，或从其他外部数据文件中调用特征与几何图形

续表

工具组	功能
基准 ▾	主要用于创建各种基准特征，基准特征在建模、装配和其他工程模块中起重要的辅助作用
形状 ▾	用于创建各种实体（如圆柱）、减材料实体（如在实体上挖孔）或普通曲面，是最常用的区域
工程 ▾	用于创建工程特征，一般建立在现有的实体特征基础上，例如倒圆角特征，必须针对实体的某个边来创建，不可能凭空建立，因此当实体不存在时，此命令呈灰色不可用状态
编辑 ▾	用于对现有的实体特征、基准特征、曲面以及其他几何图形进行编辑，也可以创建自由形状的实体
曲面 ▾	用于创建各种高级曲面，如边界混合曲面、造型曲面、基于细分曲面算法的自由式曲面等
模型意图 ▾	主要用于表达模型设计意图、参数化设计、创建零件族表、管理发布几何图形和编辑设计程序等

二、基准

想一想

绘图区有3个交叉的方框，其作用是什么？

1. 基准的定义

如图3-1-4所示，绘图区的3个交叉方框为系统默认的基准平面，它们是垂直相交的3个平面，分别称为TOP（顶视）平面、FRONT（前视）平面和RIGHT（右视）平面，其主要用途是作为创建三维模型时的参考及设计基准，如作为截面的参考面、三维模型的定位参考面、零件装配的参考面等。

如要选中基准平面，可以直接在其范围内单击，也可在左侧的模型树中进行选择。选中的平面在绘图区呈高亮显示，在模型树中同步突出颜色显示，如图3-1-4所示。若要取消选中，则在绘图区基准平面外的空白处单击一下即可。

基准平面是基准特征的一种，基准特征包括基准点、基准平面、基准轴、基准曲线和坐标系等。基准特征是创建模型的参考数据，是特征的一种。它不是实体特征，没有质量、体积和厚度，但在特征创建过程中却有着极为重要的用途。

例如，一个圆孔特征可以以一基准轴作为轴线，此基准轴可作为圆孔半径标注的基准，也可以它为基准创建与圆孔轴线位置相关的其他特征。当基准轴移动时，圆孔与其他相关特征也随之移动。在三维造型的设计中，基准特征是协助建模的最佳工具之一，也是一种很重要且很实用的特征。

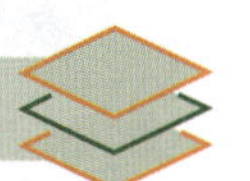

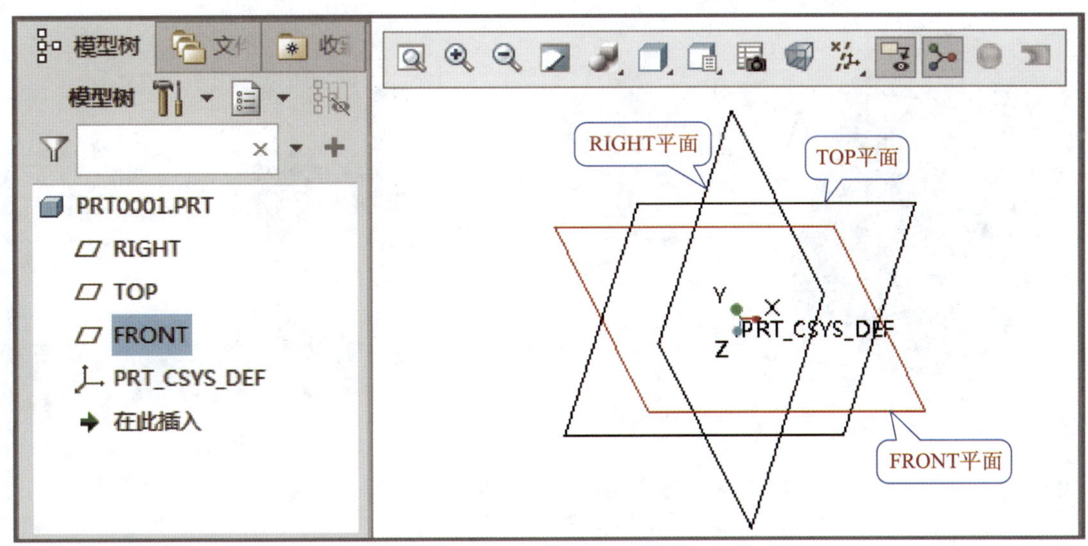

图 3-1-4　系统默认基准平面

2. 基准平面的创建

基准平面既可以作为特征的草绘平面或参照平面，也可以用作尺寸定位或约束的参照。一般情况下，可以直接选用系统默认的 3 个基准平面放置草绘图，也可以根据需要创建新的基准平面。在“基准”工具组中单击“平面”按钮▱，可激活基准平面创建工具。要创建一个基准平面，必须指定必要的放置参考和约束条件。创建基准平面时常用的约束及放置参考见表 3-1-2。

▼ 表 3-1-2　创建基准平面时常用的约束及放置参考

约束条件	用法	放置参考
穿过	基准平面通过选定放置参考	轴、边、曲线、点、平面及圆柱
垂直	基准平面与选定放置参考垂直	轴、边、曲线、平面
平行	基准平面与选定放置参考平行	平面
偏移	基准平面由选定放置参考偏移得来	平面、坐标系
相切	基准平面与选定放置参考相切	圆柱或圆锥面

（1）通过偏移创建基准平面

在“基准”工具组中单击“平面”按钮▱，打开“基准平面”对话框，如图 3-1-5b 所示。选取基准平面 TOP 面，TOP 面出现在“参考”收集框中，然后在下面的“偏移”文本框中输入 50.00，单击“确定”按钮，即可按指定距离平行于选定平面，创建新的基准平面，如图 3-1-5a 所示。

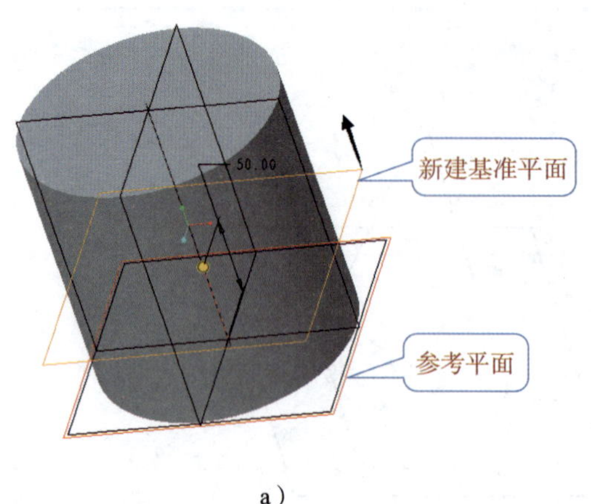

a）

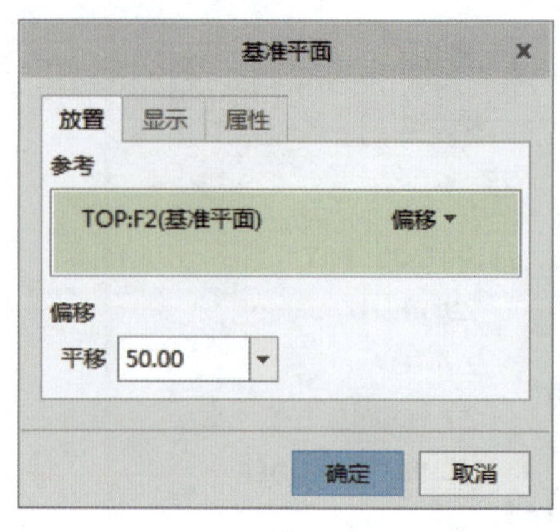

b）

图 3-1-5　通过偏移创建基准平面

（2）穿过轴线与指定平面成一定夹角创建基准平面

在“基准”工具组中单击“平面”按钮▱，打开“基准平面”对话框。在图 3-1-6a 所示模型上单击轴线 A1，使其出现在“参考”收集框中，并在右侧约束条件中选取“穿过”。按住 <Ctrl> 键，选取 FRONT 平面添加到“参考”收集框中。在“旋转”文本框中输入旋转角度 45.0，或在图形上直接选中旋转尺寸并修改为 45.0，如图 3-1-6 所示。单击“确定”按钮，即可创建经过选定轴并与 FRONT 平面呈 45° 的基准平面。

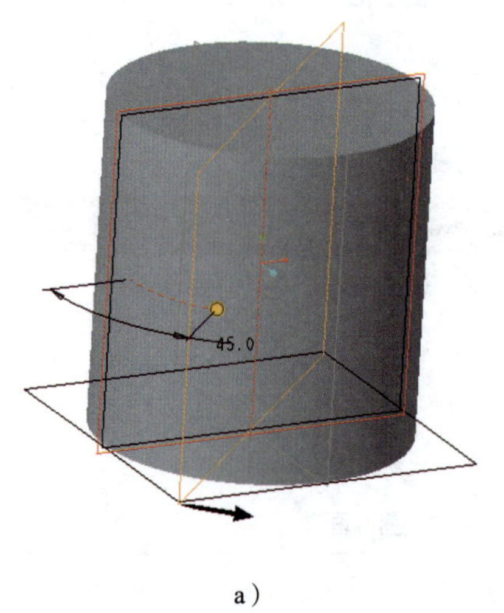

a）

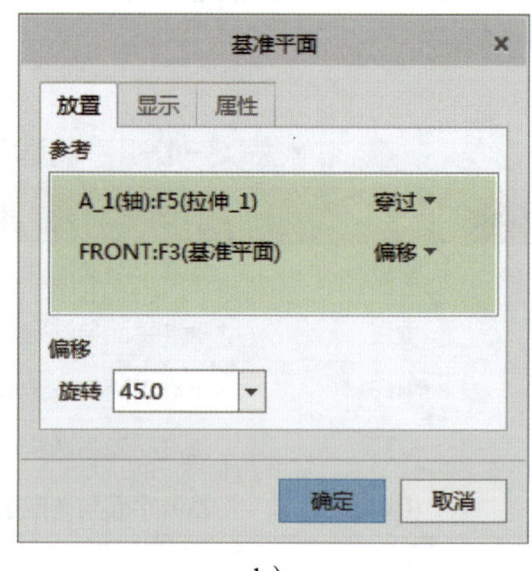

b）

图 3-1-6　穿过轴线与指定平面成一定夹角创建基准平面

给定条件不同，基准平面的创建方法与步骤也不同，可以参考上述基准平面的创建方法，在应用中根据具体条件选用合适的创建方法。

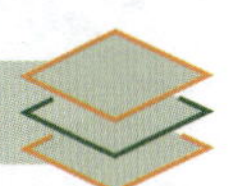

3. 基准轴与基准点的创建

基准轴主要作为旋转、螺旋扫描以及孔特征等的中心轴线，也可以作为创建特征时的定位参照、阵列操作中的中心参照等。基准点不但可以作为构成其他几何特征的要素，也可以作为创建拉伸、旋转等基础特征时的终止参照，以及创建孔特征、筋特征时放置和偏移的参照等。

创建基准轴与基准点的方法也有很多种，见表 3-1-3。除了创建的基准轴之外，回转体或曲面的轴线也可以作为基准轴应用，如圆柱的轴线。草绘点、线段的端点以及零件中的顶点也都可以作为基准点应用。

▼ 表 3-1-3　创建基准轴与基准点的方法

基准轴的创建方法	基准点的创建方法
（1）通过两点创建基准轴	（1）在曲线和边线上创建基准点
（2）通过一点与一个平面创建基准轴	（2）在曲线的交点处创建基准点
（3）通过两个不平行平面创建基准轴	（3）在曲线与曲面的交点处创建基准点
（4）通过曲线上一点并相切于曲线创建基准轴	（4）在圆的中心创建基准点
（5）通过垂直于曲面创建基准轴	（5）通过偏移点创建基准点

4. 基准的显示与关闭

有时为了保持设计界面清晰、整洁，需要将基准隐藏。在视图控制工具条中，单击“基准显示过滤器”按钮 ，弹出如图 3-1-7 所示下拉菜单，用户可在此选择基准轴、基准点、坐标系和基准平面的显示状态，勾选则处于显示状态，取消勾选则处于隐藏状态。

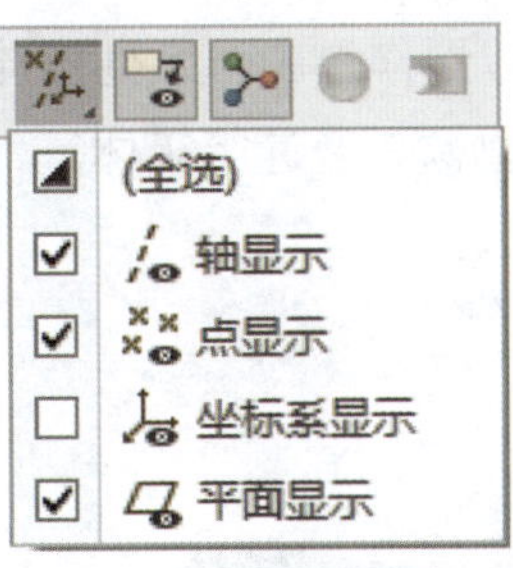

图 3-1-7　基准显示过滤器

三、拉伸特征

1. 拉伸的概念

创建三维模型时，通常先创建基础特征，然后在基础特征的基础上创建放置特征，如倒角、打孔、拉筋、抽壳等特征，如图 3-1-8 所示。

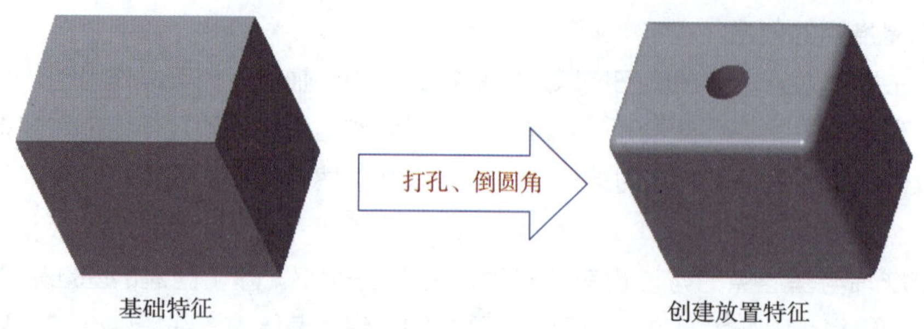

图 3-1-8　在基础特征上创建放置特征

拉伸是创建基础特征中最基本且最常用的特征命令，它是指在完成二维截面的绘制后，垂直于截面方向拉伸到指定深度创建特征，如图 3-1-9 所示。

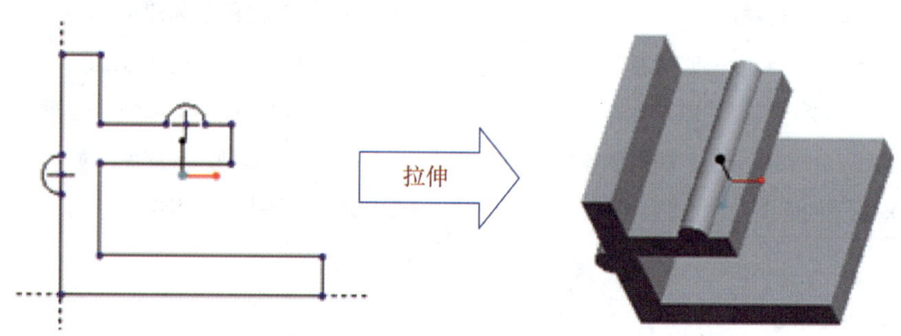

图 3-1-9　拉伸特征

拉伸的特点是在拉伸过程中实体或曲面的截面形状、方向均不发生变化，适用于截面形状不变的直廓实体或曲面成形。零件形体中，棱柱、圆柱体等很多基本形体都可以看作是拉伸特征。生产中的许多零件结构可以看作是由一系列拉伸特征经过叠加或切割形成的形体结构，如图 3-1-10 所示的椅子、储物盒、变速箱箱体等，因此拉伸特征是零件建模的基本工具之一。

图 3-1-10　拉伸特征组成的实体

2. “拉伸”操控面板

在“形状”工具组中单击“拉伸”按钮，便可进入“拉伸”操控面板，如图 3-1-11 所示。

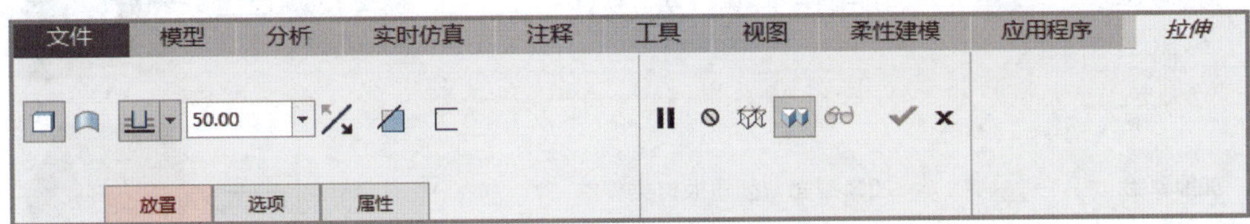

图 3-1-11 “拉伸”操控面板

面板中第一行的按钮分别用来定义拉伸的类型、深度、方向和显示拉伸预览效果等。

第二行为选项卡工具，单击会显示其选项卡，其中“放置”选项卡用来定义拉伸截面，“选项”选项卡用来定义拉伸的附加选项，“属性”选项卡用来定义拉伸特征的名称。

3. 创建拉伸特征的基本步骤

（1）选择拉伸类型

采用拉伸特征可以拉伸形成实体模型特征，也可以在已有实体上通过拉伸去除材料形成切口，还可以生成具有一定厚度的薄板材料或者曲面。如图 3-1-12 所示为同样的矩形轮廓采用不同拉伸类型，形成的不同拉伸效果。因此，进入“拉伸”操控面板后，首先要根据需要选择拉伸类型。不同类型拉伸特征及其含义见表 3-1-4。

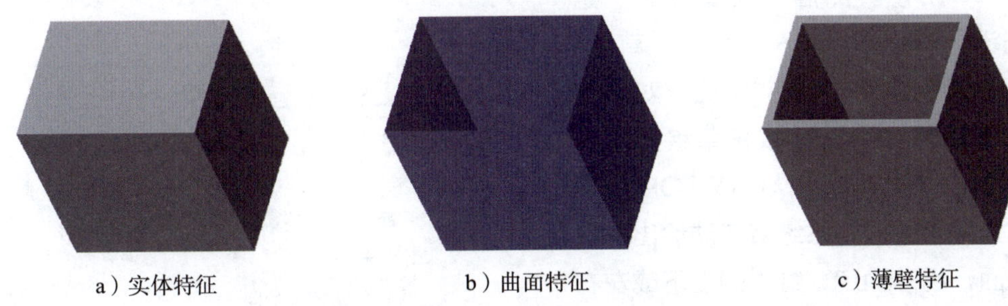

a）实体特征　　b）曲面特征　　c）薄壁特征

图 3-1-12 不同类型拉伸特征

▼ 表 3-1-4 不同类型拉伸特征及其含义

类型	符号	应用	示例
拉伸实体		重新创建或在已有零件基础上拉伸出新的实体	

续表

类型	符号	应用	示例
移除材料		在已有零件基础上去除材料	
加厚草绘		加厚截面，创建板材类零件	
拉伸曲面		拉伸为曲面特征，不属于实体特征	

（2）定义草绘平面

在三维建模中，草绘截面图形必须要确定其所在平面的空间位置。因此，构建拉伸实体首先要选择合适的草绘平面，可以选基准平面，也可以选模型中的其他平面。单击“拉伸”操控面板中的“放置”选项，可弹出“放置”选项卡，如图 3-1-13 所示。然后单击其中的“定义”按钮，弹出图 3-1-14 所示“草绘”对话框，设置草绘平面。“草绘”对话框的设置包括草绘平面选取和草绘方向设置。如图 3-1-14 所示，选取 TOP 基准平面作为草绘平面，系统将自动给出默认参考平面，用以确定草绘时的上下或左右方位。用户可以根据需要选择合适的参考平面，并设置方向。单击“反向”按钮，可以使草绘平面反向。

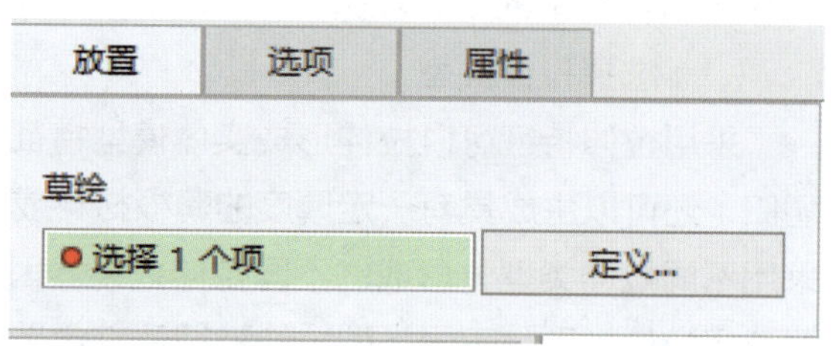

图 3-1-13 “放置”选项卡

图 3-1-14 “草绘”对话框

“参考”选项框用来选择一个平面作为草绘平面的方向参考，选择同一草绘平面，草绘参考方向不同，草绘面的视向也会有所不同。如图 3-1-15 所示为以 TOP 面为草绘平面，以 RIGHT 面为不同方向参考时的草绘效果。

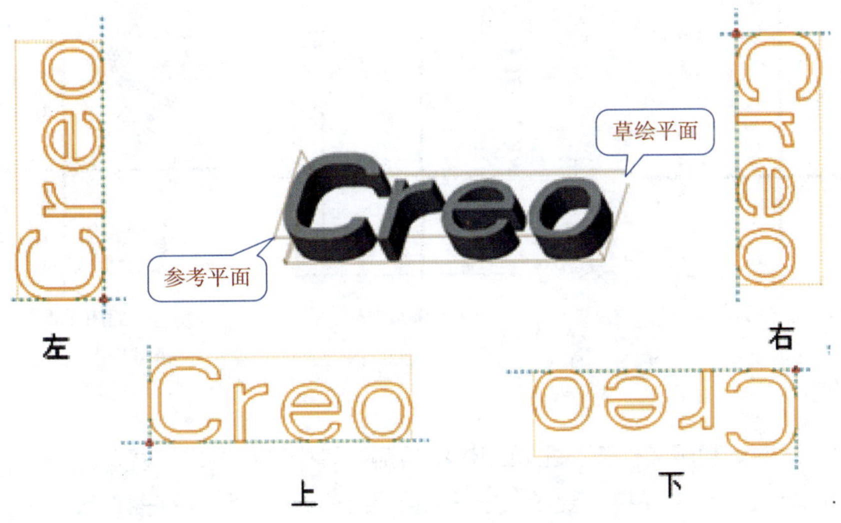

图 3-1-15　不同草绘参考方向的效果

草绘平面设置好后，单击“草绘”按钮便进入草绘环境，单击“草绘视图”按钮，可定向草绘平面使其与屏幕平行，如图 3-1-16 所示。图中另两个基准平面投影成了两条与坐标轴重合的相互垂直的直线，是草绘图形在平面内位置的参考，也是草绘尺寸标注的基准。

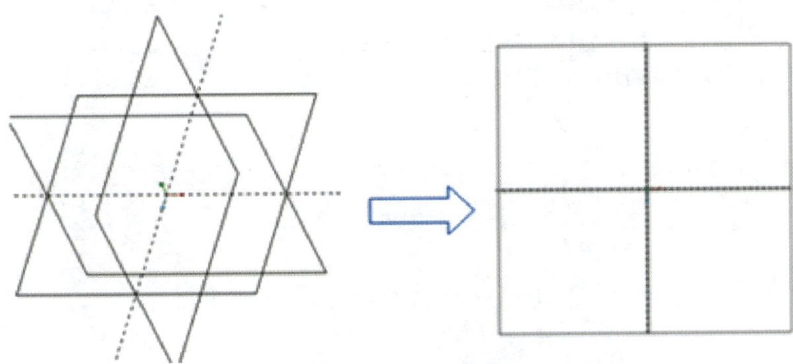

图 3-1-16　定向草绘平面

（3）绘制截面草图

草图绘制及编辑命令与前面所学草绘环境下的草图绘制及编辑命令基本相同，需要注意的是几何图线不得交叉与重叠，如图 3-1-17a 与图 3-1-17b 所示。如果拉伸类型是实体，草绘截面还必须是封闭的图形，不能有开放端点，如图 3-1-17c 所示。否则，草绘截面图形不能生成拉伸特征。

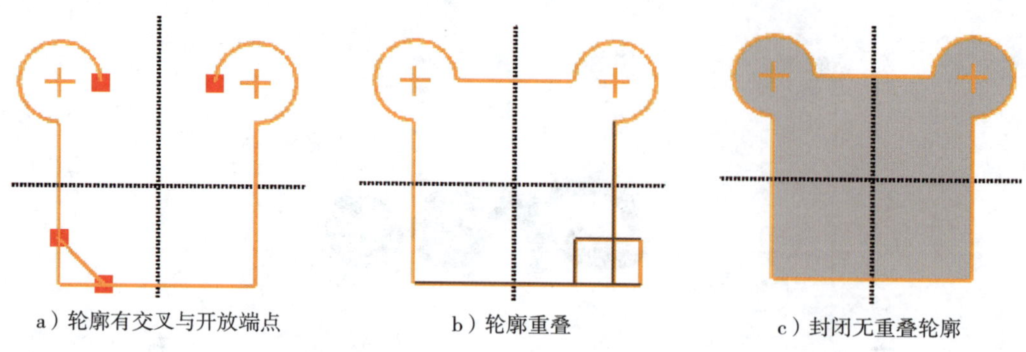

图 3-1-17　草绘轮廓要求

轮廓的合理性可利用“检查”工具组进行检测。其中特征要求工具，用于分析草绘是否适用于当前的特征。单击“特征要求”按钮，系统会弹出图 3-1-18 所示对话框，对话框中提示特征截面的要求以及当前截面存在的问题。

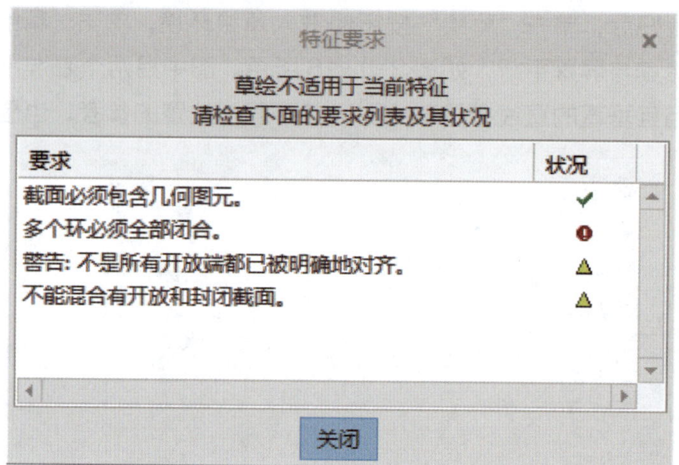

图 3-1-18　“特征要求”对话框

激活“检查”工具组中的“着色封闭环”按钮，图中符合要求的封闭图形会有填充色，如图 3-1-17c 所示。

激活“检查”工具组中的“突出显示开放端点”按钮，图中开放端点以红色实心方框突出显示，如图 3-1-17a 所示。

激活“检查”工具组中的“重叠几何”按钮，图中重叠交叉几何部分将改变颜色突出显示，如图 3-1-17b 所示。

当草图以已有实体轮廓作为边界时，可以选轮廓作为参考，此时只要轮廓与参考线能封闭，图形就被认为是合格的，如图 3-1-19 所示参考轮廓视为闭合截面。

若草绘时存在已有实体轮廓，可单击“草绘”工具组中的“投影”按钮，弹出“类型”对话框，选择单一线段、曲线链或者封闭的环轮廓线，将实体轮廓投影到草绘中，生成新的草绘图元，如图 3-1-20 所示。

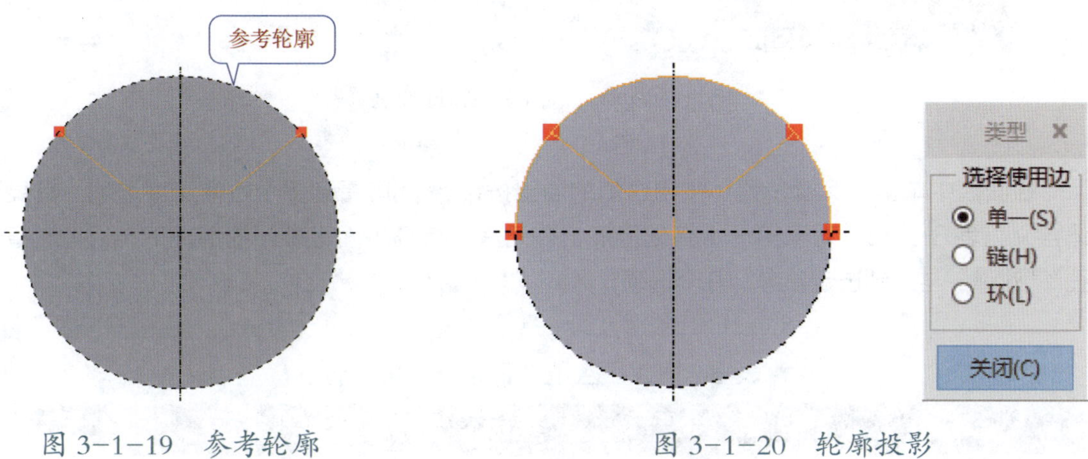

图 3-1-19　参考轮廓　　图 3-1-20　轮廓投影

如果拉伸特征为曲面或者加厚特征，则截面是否闭合无要求。如图 3-1-21 所示为拉伸开放截面形成的曲面特征。

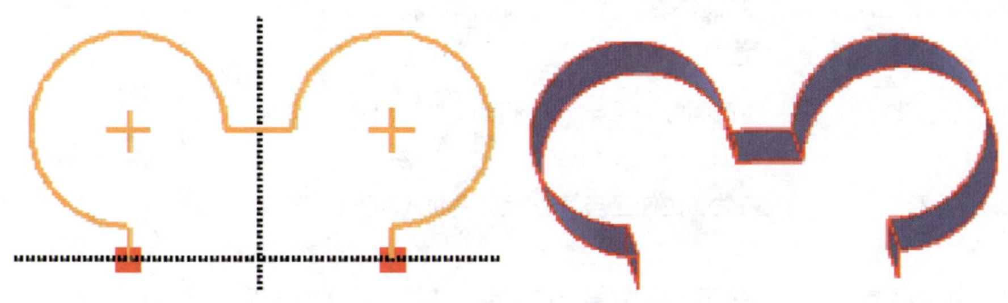

图 3-1-21　拉伸开放截面形成的曲面特征

（4）选择拉伸方向并设置拉伸深度

截面草图绘制完成后，单击“确定”按钮✔退出草绘，回到“拉伸”操控面板，选择拉伸方向并设置拉伸深度。

拉伸类型为“实体”时，默认特征生成方向指向实体外部；拉伸类型为“移除材料”时，默认特征生成方向指向已有实体内部。

要改变特征生成方向，可以在模型上直接单击拉伸方向的箭头，也可以在面板中单击“拉伸方向”按钮，如图 3-1-22 所示。

图 3-1-22　拉伸方向与深度

在面板中单击“深度设置”按钮右侧的溢出按钮 ▼，可看到多个拉伸深度选项，其具体含义见表 3-1-5。对于第一个基础特征，在无其他特征表面可参照的情况下，只有“盲孔”“对称”与“到选定参考”几个选项。

▼ 表 3-1-5　各拉伸深度选项的含义

命令按钮		说明
	盲孔	用于单向拉伸至某一固定深度
	对称	沿草绘面向两侧对称拉伸某一固定深度，输入深度值是两侧拉伸的总深度
	到下一个	拉伸截面直至与下一个平面或曲面相交
	穿透	将截面拉伸至与所有平面或曲面相交
	穿至	将截面拉伸至与某一指定平面或曲面相交
	到选定参考	将截面拉伸到某一选定点、曲线、平面或曲面

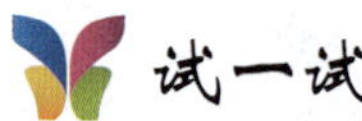

绘制矩形截面轮廓，分别将其拉伸为实体、曲面、薄壁实体，并观察拉伸生成的结果有何不同。

任务实施

图 3-1-1 所示折板零件可看作是一平面图形沿着垂直于其平面的方向拉伸形成的特征，然后在此基础特征上经过孔及槽的切割后形成的结构形状。这些孔及槽的形状也可看作是平

面图形沿着垂直于其截面方向拉伸去除基础结构材料形成的，如图 3-1-23 所示。因此，该零件各结构完全可以用拉伸特征构建。

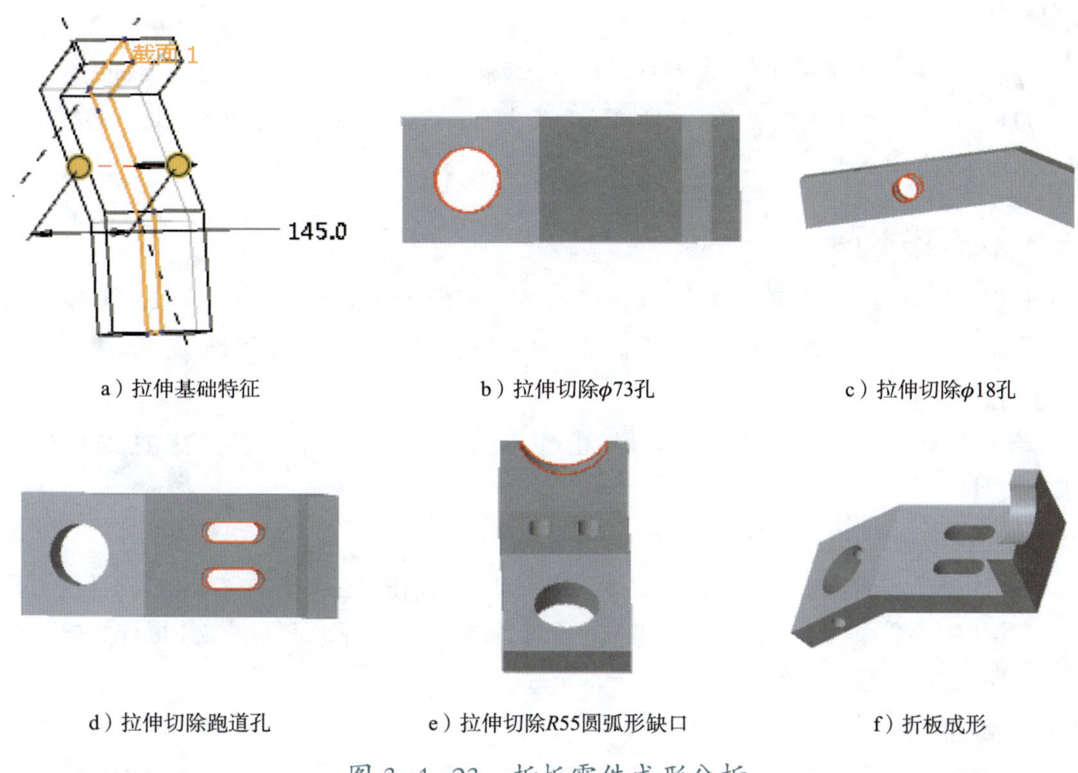

a）拉伸基础特征　b）拉伸切除ϕ73孔　c）拉伸切除ϕ18孔

d）拉伸切除跑道孔　e）拉伸切除R55圆弧形缺口　f）折板成形

图 3-1-23　折板零件成形分析

一、新建实体文件

1. 启动 Creo 后，单击“新建”按钮，弹出“新建”对话框（图 3-1-2），在对话框中选择类型为“零件”，子类型为“实体”，输入名称“zheban”。

小提示

文件名默认为“PRT0001”，之后再次创建零件文件，则文件名自动加 1，如 PRT0002、PRT0003 等，用户可以根据需要更改名称。

2. 取消勾选“使用默认模板”，单击“确定”按钮。

3. 系统弹出“新文件选项”对话框，如图 3-1-24 所示。在“模板”选项框中选取

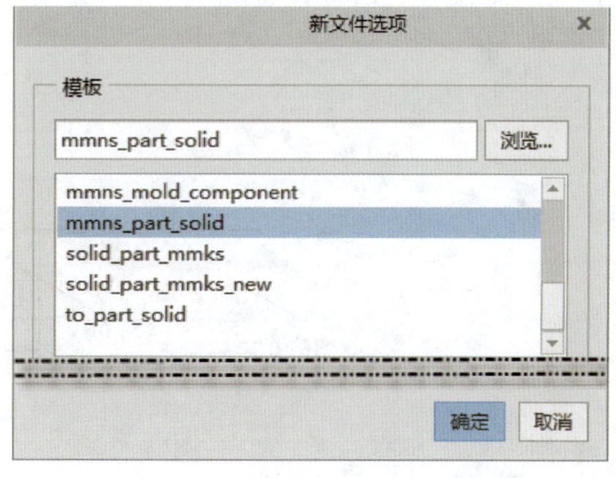

图 3-1-24　“新文件选项”对话框

预置的米制实体零件模型模板“mmns_part_solid”，也可根据需要，单击“浏览”按钮，选用其他已经建好的模板。然后单击“确定”按钮，进入零件设计环境。

小提示

“mmns”表示的是米制单位，模型中尺寸的单位是毫米（mm）；另一种单位制是英制单位，用“inlbs”来表示，模型中尺寸的单位为英寸（in）。本书后续任务中均采用米制单位模板，未注单位的线性尺寸均以 mm 为单位，角度尺寸均以度（°）为单位。

二、创建基本体

分析图样可知零件的基本体是一块弯折两次的宽为 145 的板材，用户可以以其主视图所显示的图形为草绘截面图，设置拉伸长度为 145 来创建零件的基础特征。

1. 启用拉伸特征

单击“形状”工具组中的“拉伸”按钮，进入“拉伸”操控面板，设置拉伸类型为“实体”。

2. 定义草绘平面

在“拉伸”操控面板中，单击“放置”→“定义”按钮，在弹出的“草绘”对话框（图 3-1-14）中，选择默认的 FRONT 基准平面作为草绘平面，RIGHT 基准平面作为参考平面，方向选为右，单击“草绘”按钮，进入草绘环境。

3. 绘制截面图形

在“设置”工具组或者视图控制工具条中单击“草绘视图”按钮，使草绘平面与屏幕相平行，以便于绘图。

利用草绘工具，绘制如图 3-1-25 所示基本体截面图形，图形绘制完毕，将尺寸标注完整、准确，然后单击“确定”按钮，退出草绘环境。

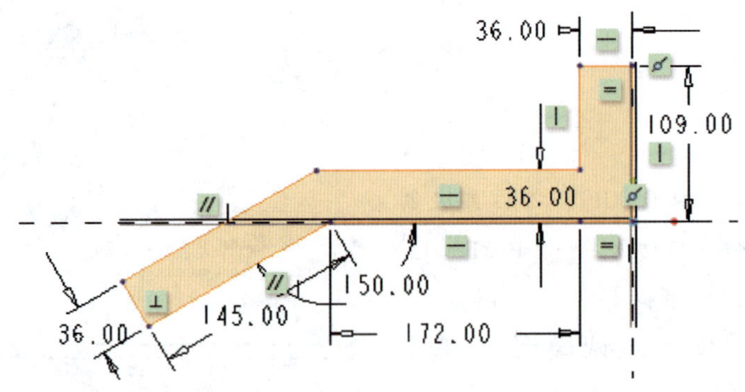

图 3-1-25　基本体截面图形

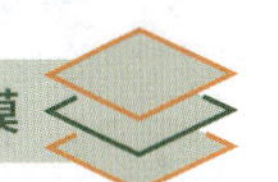

小提示

草绘过程中，可以利用“检查”工具组中的特征要求工具、着色封闭环工具、突出显示开放端点工具和重叠几何工具等，对草绘图形的合理性进行检查。

4. 设置拉伸方式及拉伸尺寸，完成特征创建

在“拉伸”操控面板中，将拉伸深度选项设置为对称模式，拉伸深度设置为 145，其余保留默认设置。

设置完成后，单击“确定”按钮，退出“拉伸”命令，完成基本拉伸体的构建，如图 3-1-26 所示。在模型树中出现名为“拉伸 1”的特征。

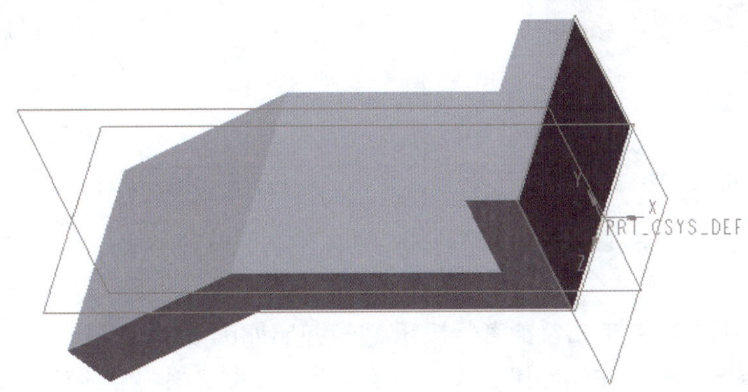

图 3-1-26　基本体拉伸特征

小提示

在生成的特征上单击，可弹出浮动工具栏，单击其上的“编辑尺寸”按钮，模型显示特征尺寸，单击尺寸可以进行修改；单击浮动工具栏上的“编辑定义”按钮，可以对特征进行重新编辑定义。

三、创建切割特征

折板上的 ϕ73 圆孔、ϕ18 圆孔、对称的跑道形孔以及圆弧形的缺口都属于切割特征，可以用拉伸去除材料构建，草绘平面可直接选择基础拉伸实体上的平面，如图 3-1-27 所示红色表示平面。因各切割特征没有继承关系，因此特征创建可以不考虑先后顺序。

1. 拉伸 ϕ73 的圆孔

单击“拉伸”按钮，进入“拉伸”操控面板，设置拉伸类型为“移除材料”，单击折板左上斜面作为草绘平面，如图 3-1-27a 所示，直接进入草绘环境。

a）ϕ73圆孔草绘平面

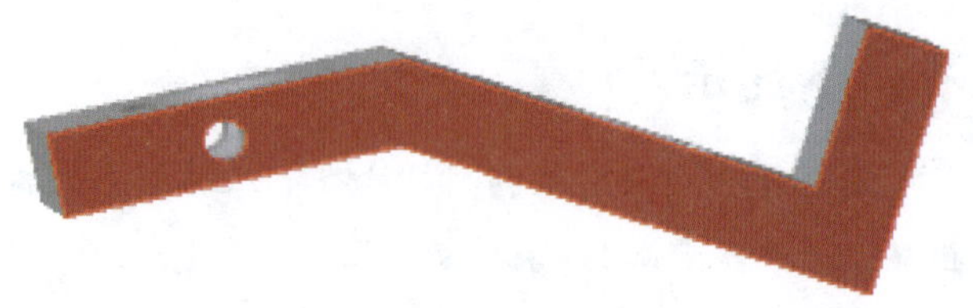

b）ϕ18圆孔草绘平面

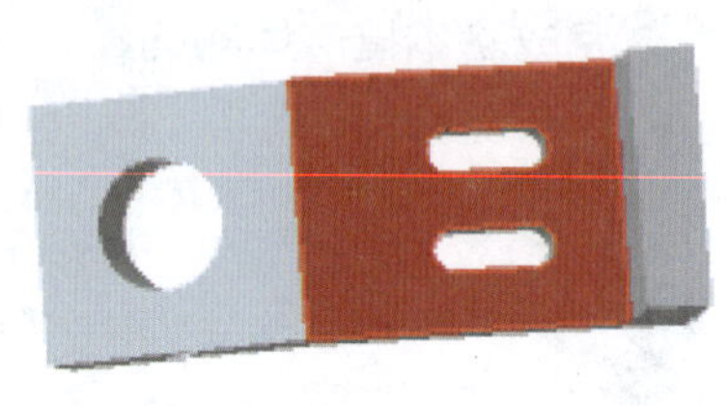

c）跑道形孔草绘平面

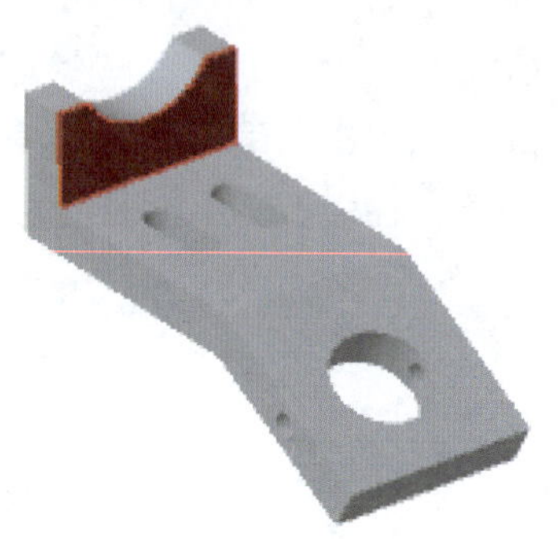

d）圆弧形缺口草绘平面

图 3-1-27　切割特征草绘平面选取

在“设置”工具组中单击“参考”按钮，弹出如图 3-1-28 所示“参考”对话框，选择 FRONT 基准平面及左端面投影作为草绘参考，如图 3-1-29 所示，单击“关闭”按钮，退出“参考”对话框。单击“草绘视图”按钮，使草绘平面与屏幕相平行，绘制 ϕ73 圆并标注尺寸。

绘制完毕，单击“确定”按钮，退出草绘环境。

在“拉伸”操控面板中，将拉伸深度选项设为穿透模式，单击“拉伸方向”按钮，调整拉伸方向，单击“确定”按钮，退出“拉伸”命令，完成 ϕ73 圆孔的拉伸。

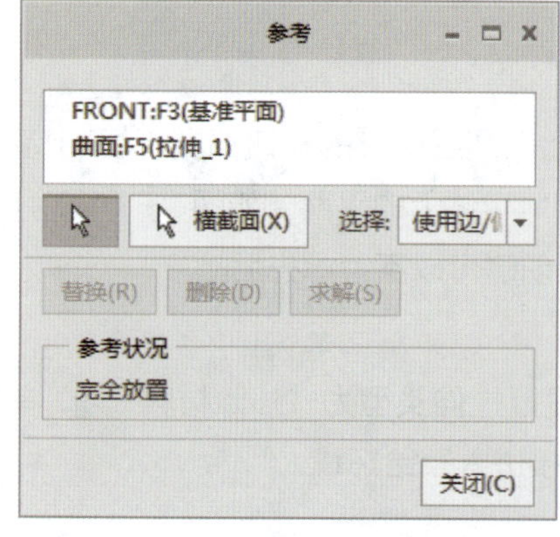

图 3-1-28　“参考”对话框

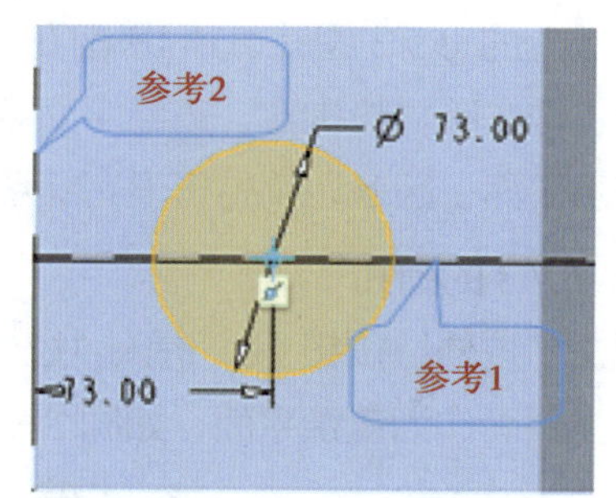

图 3-1-29　ϕ73 圆孔的草绘截面

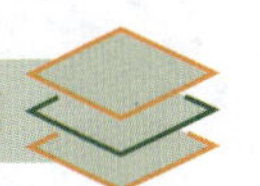

2. 拉伸 ϕ18 的圆孔

单击“拉伸”按钮，进入“拉伸”操控面板，选择拉伸类型为“移除材料”，单击折板的侧面作为草绘平面，如图 3-1-27b 所示，进入草绘环境。

在“设置”工具组中单击“参考”按钮，弹出“参考”对话框，选择 ϕ73 圆孔的轴线及上方斜面投影作为参考，绘制直径为 18 的圆，并标注尺寸，如图 3-1-30 所示。绘制完毕，在“草绘”操控面板中单击“确定”按钮，退出草绘环境。

在“拉伸”操控面板中，将拉伸深度选项设为穿透模式，单击“拉伸方向”按钮，调整拉伸方向，单击“确定”按钮，退出“拉伸”命令，完成 ϕ18 圆孔的拉伸。

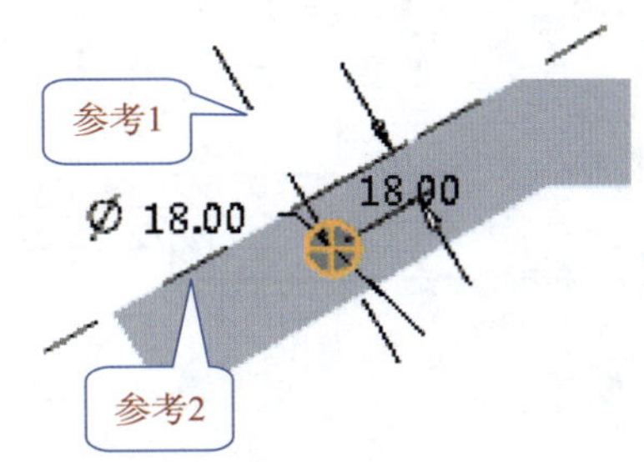

图 3-1-30　ϕ18 圆孔的草绘平面

3. 拉伸跑道形孔以及 *R*55 圆弧形缺口

以步骤 1、2 同样的方式拉伸跑道形孔以及 *R*55 圆弧形缺口，草绘平面如图 3-1-31 所示。

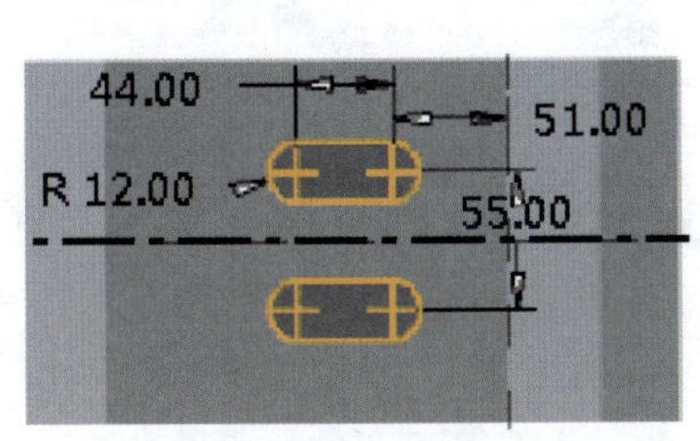

a）跑道形孔草绘平面

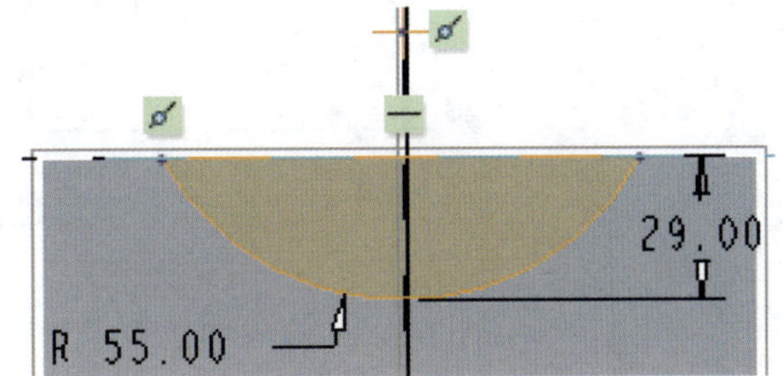

b）*R*55圆弧形缺口草绘平面

图 3-1-31　跑道形孔与 *R*55 圆弧形缺口草绘平面

四、保存文件

完成折板模型的创建后，单击“保存”按钮，保存模型文件至工作目录中，注意零件类型的文件保存后，其文件名后缀为“.prt”。

拓展练习

1. 利用拉伸工具创建如图 3-1-32 所示连杆零件的模型。

小提示

只有草绘在同一平面，且拉伸深度及方向要求相同的形体（比如任务中的两个跑道形孔），才可以拉伸为一个特征，否则需要创建不同的拉伸特征。

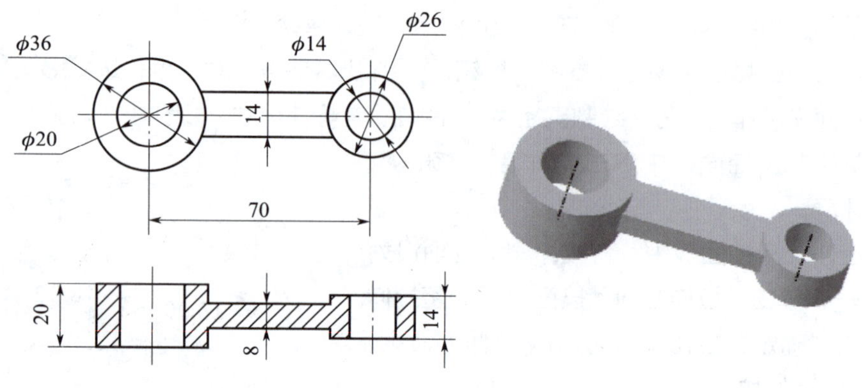

图 3-1-32　连杆零件模型

2. 利用拉伸工具绘制如图 3-1-10 所示零件模型，尺寸自拟。

任务 2　茶壶建模

学习目标

1. 能准确描述旋转、扫描和扫描混合建模的基本原理，并演示创建旋转、扫描和扫描混合特征的操作步骤。

2. 能正确描述和掌握壳及倒圆角特征的生成方法。

3. 能在教师指导下完成任务模型的构建，并能独立完成拓展训练中的建模任务。

任务描述

图 3-2-1 所示茶壶为日常生活用品，某公司现在根据生产需要，要求创建茶壶的 3D 实体模型。该模型壶身及壶盖为回转体，壶嘴与手柄为

图 3-2-1　茶壶造型

扫描体，同时茶壶本身属于空腔形体，边沿有圆角过渡。因此通过本模型的创建，可以学习旋转、扫描、扫描混合、壳及倒圆角等特征工具的应用。

知识准备

一、旋转特征

1. 概念

旋转特征是将绘制的二维截面，绕旋转中心线旋转而生成的特征。旋转常用于回转体特征的构建，其特点为在绕旋转中心线旋转过程中实体或曲面的截面形状和大小均保持不变，如图 3-2-2 所示。

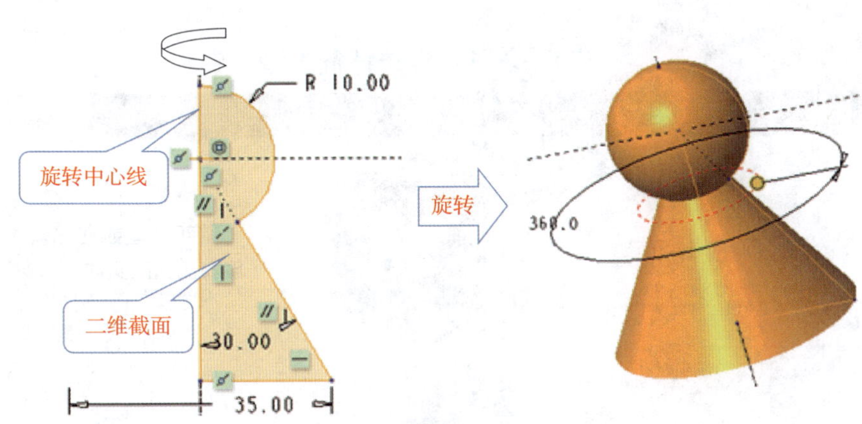

图 3-2-2　创建旋转特征

小提示

（1）旋转为实体特征的截面必须是封闭的，旋转为曲面、薄壁特征的截面可以是不封闭的。

（2）旋转必须要设置旋转中心线，且二维截面必须在旋转中心线的一侧。

（3）如果二维截面中包含多条中心线，则系统默认以第一条中心线为旋转中心线。

2. “旋转”操控面板

在“形状”工具组中单击“旋转”按钮，便可进入“旋转”操控面板，如图 3-2-3 所示。

“旋转”操控面板与“拉伸”操控面板的界面相似，其中第一行工具分别用来定义旋转的类型、深度、方向以及显示旋转预览效果等。第二行为选项卡工具，单击后会显示其选项卡，其中“放置”选项卡用来定义旋转截面，“选项”选项卡可以定义旋转的附加选项，“属性”选项卡用来定义旋转特征的名称。

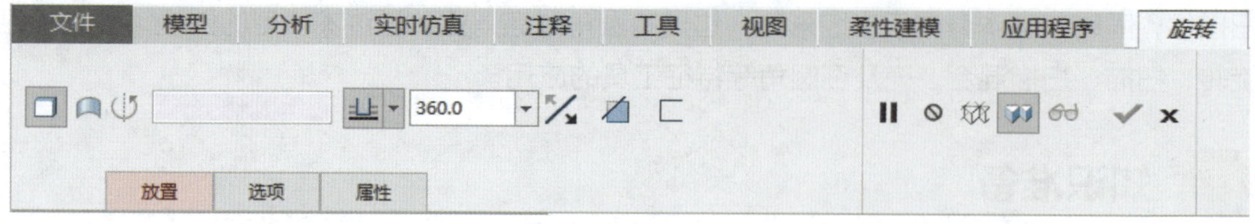

图 3-2-3 “旋转”操控面板

3. 旋转特征类型

与拉伸特征相似，旋转也可以生成不同的特征类型，见表 3-2-1。选择“实体”类型，可以构建实体，为初始默认的旋转类型；选择“移除材料”类型，可以在实体上切除多余材料；选择“加厚草绘”类型，可以形成加厚壳体；选择“曲面”类型，则可以旋转生成曲面。

▼ 表 3-2-1 旋转特征类型

旋转特征类型	截面图形要求	示例	注释
实体	封闭		重新创建或在已有零件基础上旋转出新的实体
移除材料	自行封闭或与参考边封闭		在已有的实体上移除材料，生成旋转内腔、孔、槽或缺口
加厚草绘	无须封闭		加厚截面，创建壳体类零件，需设置壳体厚度
曲面	无须封闭		曲面可认为厚度无限接近于零

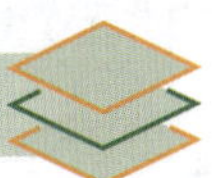

4. 草绘截面

如同拉伸实体一样，如需生成旋转实体，特征的草绘截面必须封闭。如图 3-2-4b 所示截面不能满足生成旋转实体的草绘要求，当退出草绘时，软件会自动弹出警示对话框，如图 3-2-5 所示。根据提示，用户可以单击“确定”按钮而继续，最终生成曲面造型，或者单击“取消”按钮，回到草绘环境去编辑截面图形。

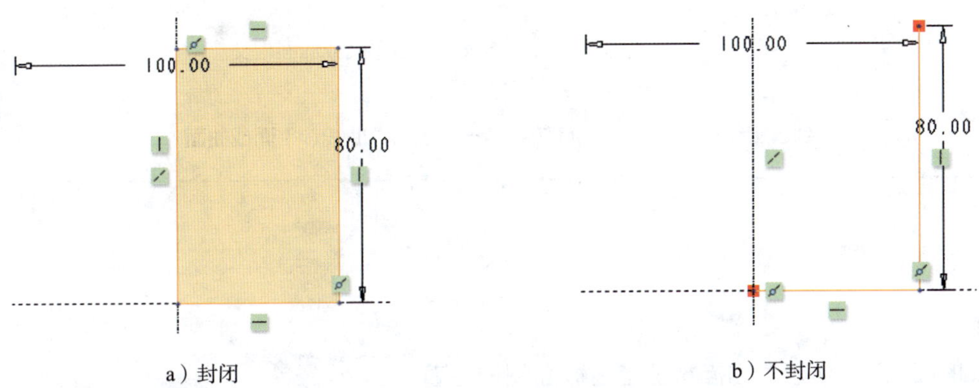

a）封闭　　b）不封闭

图 3-2-4　草绘截面封闭情况

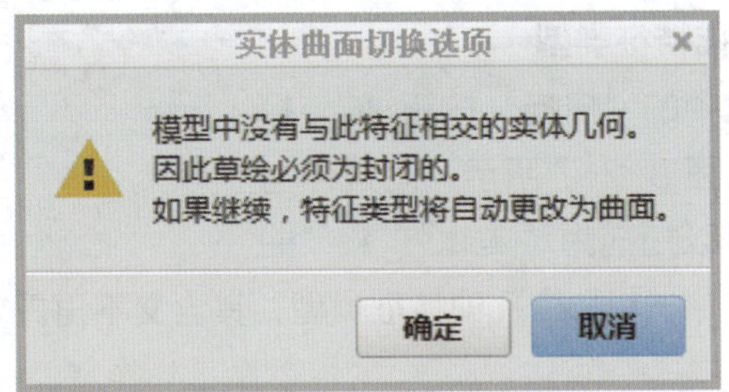

图 3-2-5　草绘截面不封闭时弹出的警示对话框

5. 旋转角度

在“旋转”操控面板中，可以设置旋转角度，默认旋转角度为 360°。旋转方向和角度的设置与拉伸特征相类似，旋转角度设置按钮的具体含义见表 3-2-2。

▼ 表 3-2-2　旋转角度设置按钮的具体含义

命令按钮		名称	含义
		指定角度	用于单向旋转一固定角度
		对称旋转	沿草绘截面向两侧对称旋转某一固定角度，输入角度值是两侧旋转的总角度

续表

命令按钮		名称	含义
		到下一个	旋转截面直至与下一个平面或曲面相交
		穿透所有	将截面旋转至与所有平面或曲面相交
		穿至	将截面旋转至与某一指定平面或曲面相交
		到选定参考	将截面旋转到某一选定点、曲线、平面或曲面

二、扫描特征

1. 概念

如图 3-2-6 所示，扫描特征是将截面图形沿着给定的轨迹扫描而生成的特征。因此，创建一个扫描特征需要两个要素：扫描轨迹和扫描截面。

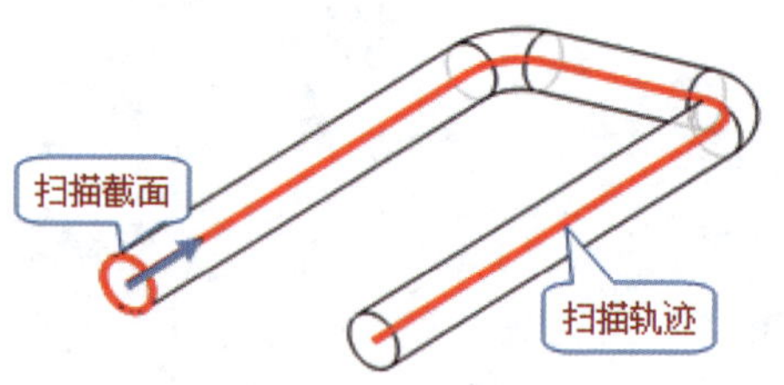

图 3-2-6　扫描特征基本原理

2.“扫描”操控面板及扫描特征类型

单击“形状”工具组中的“扫描”按钮，打开“扫描”操控面板，如图 3-2-7 所示。同拉伸与旋转一样，扫描命令也可以扫描为“实体”、“曲面”、“加厚”或“移除材料”几种特征类型，其含义不再重复。

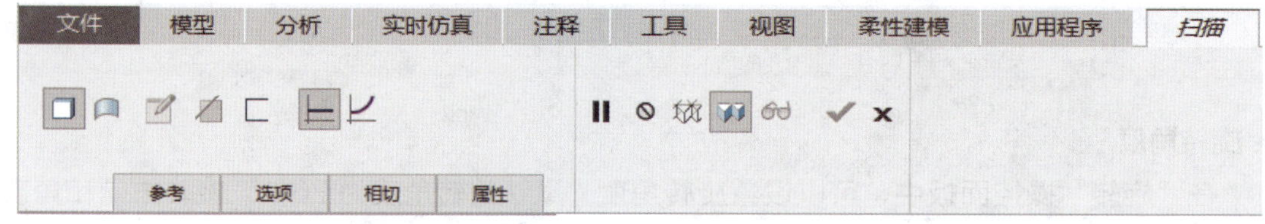

图 3-2-7　“扫描”操控面板

扫描过程中，截面形状与大小恒定不变的扫描特征，称为恒截面扫描特征，用符号表示；扫描过程中，截面形状与大小变化的，称为可变截面扫描，用符号表示。

3. 创建扫描特征的方法

进入“扫描”操控面板，选择扫描类型后，单击“参考”选项卡可选择扫描轨迹，如图 3-2-8 所示。扫描轨迹可以是一条，也可以是多条，选中的第一条轨迹称为原点轨迹，

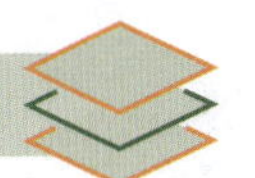

其余轨迹称为链轨迹。扫描过程中，截面是沿原点轨迹移动的，原点轨迹只能有一条，且不能更改或移除，其余链轨迹可以增加或移除。

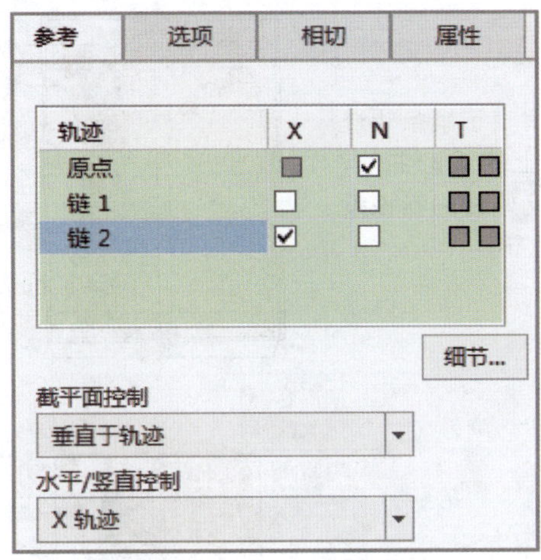

图 3-2-8 “参考”选项卡

可以预先通过草绘命令绘制出二维曲线来作为扫描轨迹，也可以选取已有的二维或三维曲线作为扫描轨迹。例如，实体特征的边线或者空间三维曲线，都可以作为扫描轨迹。

扫描截面在扫描过程中的空间位置由其空间位置坐标系确定。扫描过程中，扫描截面所在平面与原点轨迹的交点为扫描截面空间位置坐标系的原点（这就是原点轨迹名称的由来）。扫描截面的法向方向称为 Z 方向，其控制方式有垂直于轨迹、垂直于投影、恒定法向 3 类，具体含义及示例见表 3-2-3。

▼ 表 3-2-3 扫描截面法向控制方式的含义及示例

控制方式	含义	示例	说明
垂直于轨迹	截面在扫描过程中与法向轨迹保持垂直，即截面的 Z（法向）方向始终沿着法向轨迹的切线方向	原点 链1 链2 0.00	图中选原点轨迹为法向轨迹，截面扫描过程中始终与该轨迹垂直

续表

控制方式	含义	示例	说明
垂直于投影	截面始终垂直于某条轨迹在投影参照上的投影曲线，截面的 Z 方向始终沿着该投影曲线的切向方向	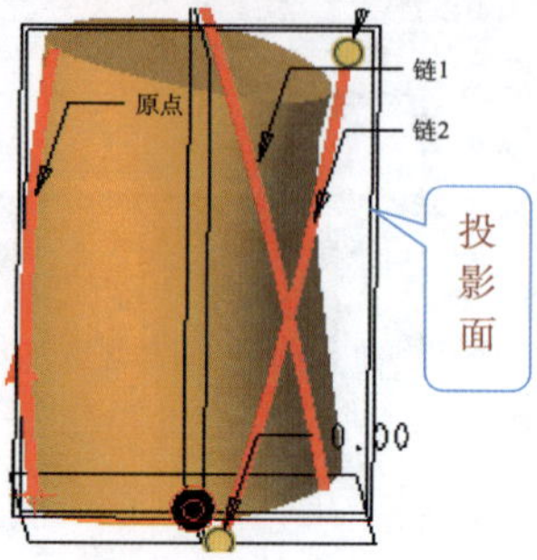 原点 链1 链2 投影面	截面扫描过程中始终与指定轨迹在投影面中的投影曲线垂直
恒定法向	截面的 Z 方向始终沿着指定的参照方向不变	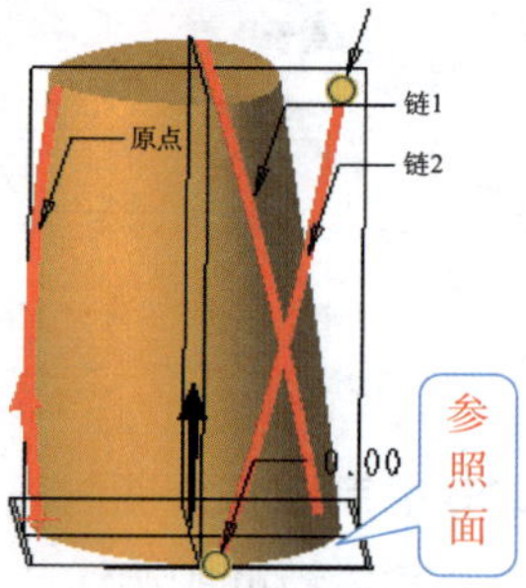 原点 链1 链2 参照面	截面扫描过程中始终与该参照面垂直

系统默认垂直于轨迹，且自动选中原点轨迹为法向轨迹，如需要选其他链轨迹为法向轨迹，需要在图 3-2-8 中轨迹列表的符号“N”下面对应链的位置打钩。

图 3-2-8 中的“水平 / 竖直控制”选项框用来控制截面 X 方向，当选中一条轨迹为 X 轨迹时，截面与原点轨迹及 X 轨迹交点的连线方向为截面 X 方向，如果不定义 X 轨迹，则由系统默认截面 X 方向。

当采用垂直于投影或恒定法向控制方式时，会弹出“方向参考”选项框，以选择参照面。采用垂直于投影控制方式时，X 方向由投影面与原点轨迹确定，无须定义 X 方向。

轨迹列表中的符号“T”为切向轨迹，当某一轨迹与其他面有相切关系时，选中该链为切向链，可使扫描截面与对应的面相切。

“参考”选项卡设置好以后，单击操控面板中的“截面”按钮，即可进入草绘环境。在草绘环境中，原点轨迹与草绘平面交点（扫描起点）出现两条垂直构造线，所有扫描轨迹与草绘平面的交点闪亮显示，作为草绘参考点。扫描截面图形要求与拉伸截面图形要求类似，此处不再重复。草绘完毕后，退出草绘环境，单击“扫描”操控面板的“确定”按钮，即可完成扫描特征的创建。

4. 多轨迹情况下的可变截面扫描与恒截面扫描

图 3-2-9a 所示为可变截面扫描，扫描截面通过轨迹与草绘平面的交点，在扫描过程中

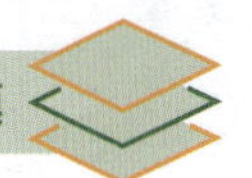

扫描截面轮廓始终在 4 条轨迹上，受轨迹形状影响，截面形状是可变的。图 3-2-9b 中扫描截面与扫描轨迹没有尺寸约束关系，截面沿原点轨迹扫描，轨迹只是控制截面方向而不影响截面在扫描过程中的形状与尺寸，属于恒截面扫描。

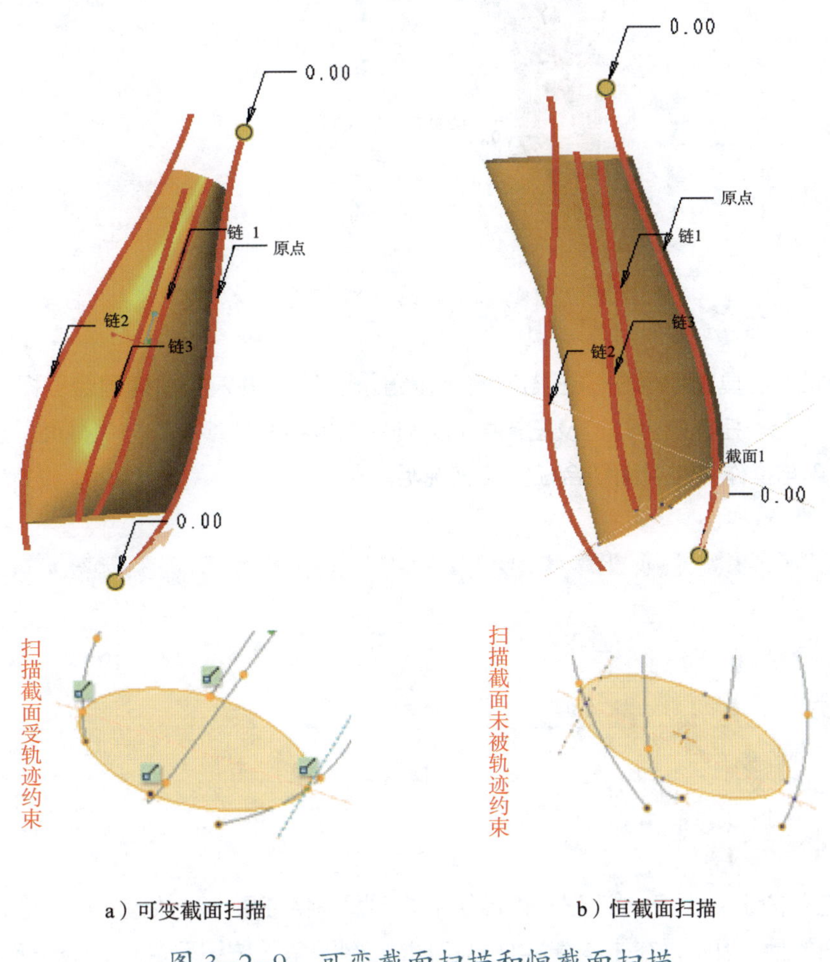

a）可变截面扫描　　b）恒截面扫描

图 3-2-9　可变截面扫描和恒截面扫描

选用多轨迹扫描时，扫描截面必须与所选轨迹之间有尺寸约束，在扫描过程中，截面才会受轨迹的形状影响而变化，否则截面形状不受轨迹影响。

三、扫描混合特征

扫描特征是使单一截面沿着指定的轨迹运动而生成的特征，而扫描混合特征是使不同的截面沿着指定轨迹运动而生成的特征。扫描混合特征的创建方法与扫描特征相似，不同的是创建扫描混合特征需要在扫描轨迹的不同位置定义多个截面图形，如图 3-2-10 所示。

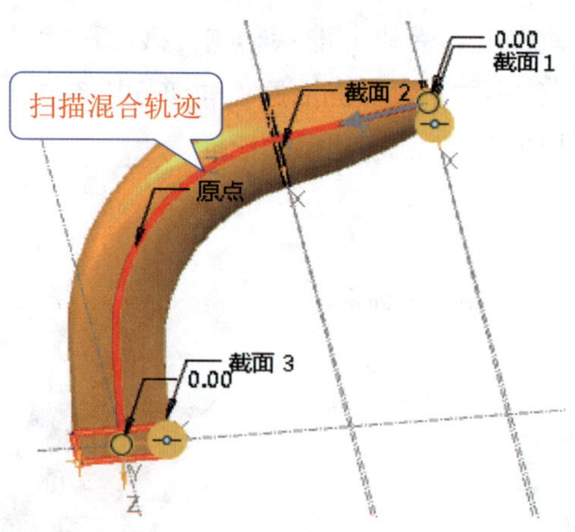

图 3-2-10　扫描混合特征基本原理

在“形状”工具组中单击“扫描混合”按钮，即可进入“扫描混合”操控面板，如图 3-2-11 所示。扫描混合轨迹及扫描截面分别由面板中的“参考”与“截面”选项卡来定义，具体应用与操作将在后面结合任务实施说明。

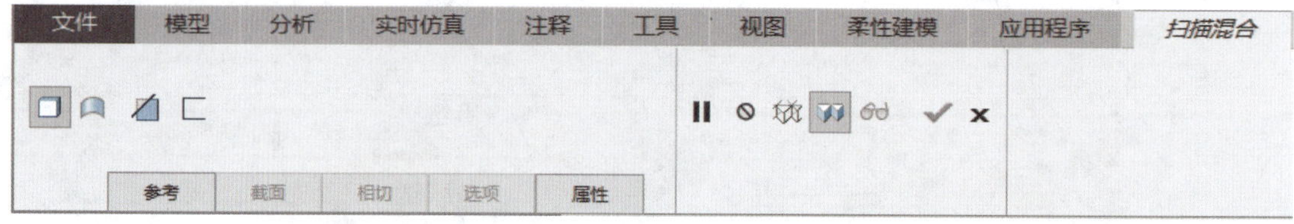

图 3-2-11　“扫描混合”操控面板

四、倒圆角特征

“倒圆角”按钮位于“工程”工具组中。倒圆角特征是一种放置实体特征，必须建立在基本特征之上。因此，在未构建实体特征时，“倒圆角”按钮呈灰色，处于不可用状态。“倒圆角”操控面板如图 3-2-12 所示。

图 3-2-12　“倒圆角”操控面板

Creo 提供了多种倒圆角功能，其中较为常用的是恒定圆角、可变圆角和完全倒圆角。

1. 恒定圆角

恒定圆角是指圆角半径为恒定值的圆角。单击“倒圆角”操控面板中的“集”选项卡，可激活如图 3-2-13 所示选项卡。

“集”是倒圆角特征的结构单位，可以是一个圆角，也可以是多个相同尺寸的圆角的集合。单击“新建集”按钮，或者在选项卡左侧空白区域内单击右键选择“添加”命令，可以创建新的“集”。删除已有“集”需要先将其选中，再单击右键选择“删除”命令。以“集”为单位创建倒圆角特征的常用方法见表 3-2-4。

“集”选项卡中的“参考”收集框用来显示当前“集”选中的倒圆角的线链，可以在选项中添加或移除选中的线链。

“半径”收集框中显示当前“集”的圆角半径，可以在此处更改圆角半径的大小。设置圆角半径可以输入数值，也可以将“半径”收集框下方的“值”切换为“参考”，选择表面上一个顶点或基准点为参考点，则圆角边缘线通过该点，以此确定圆角半径大小。

圆角的截面形状有圆形、圆锥和 D1×D2 圆锥等，见表 3-2-5。

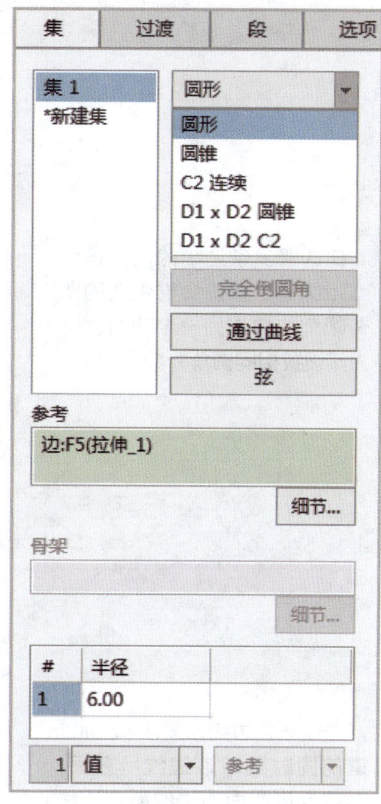

图 3-2-13 “集”选项卡

▼ 表 3-2-4 倒圆角命令中“集”的创建

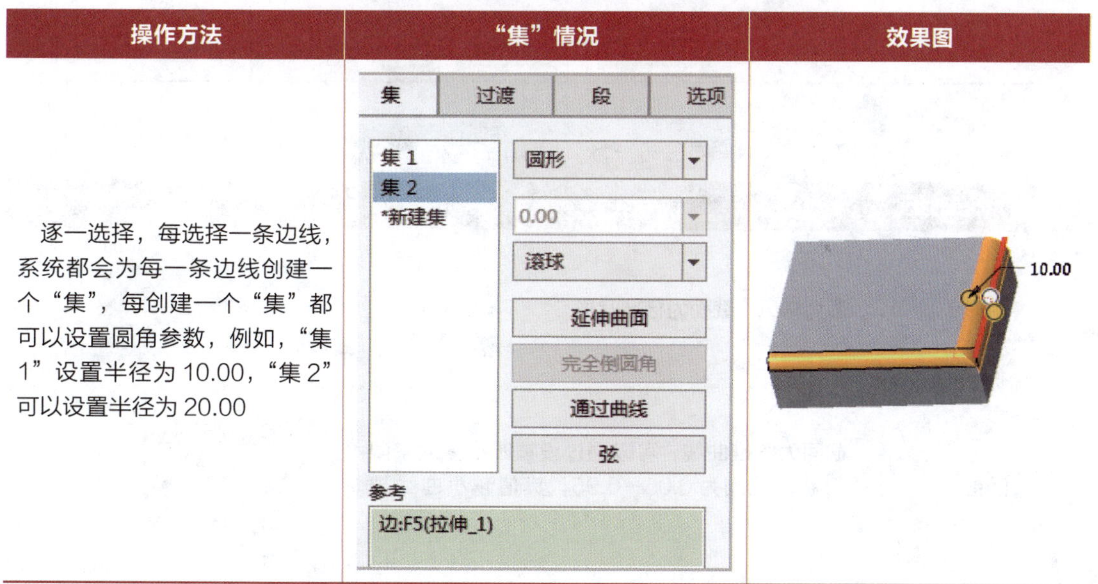

操作方法	“集”情况	效果图
逐一选择，每选择一条边线，系统都会为每一条边线创建一个“集”，每创建一个“集”都可以设置圆角参数，例如，“集 1”设置半径为 10.00，“集 2”可以设置半径为 20.00	集 / 过渡 / 段 / 选项 集 1 集 2 *新建集 圆形 0.00 滚球 延伸曲面 完全倒圆角 通过曲线 弦 参考 边:F5(拉伸_1)	10.00

续表

操作方法	“集”情况	效果图
在选取多条边线的同时按住 <Ctrl> 键，系统会将生成的所有圆角结构作为一个集合，并为其设置相同圆角参数	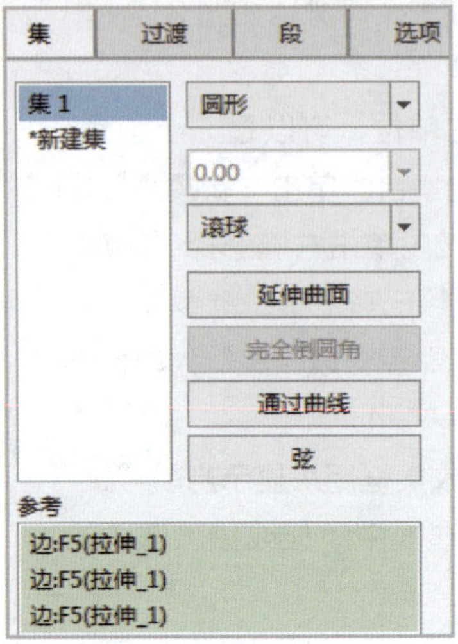 集 过渡 段 选项 集 1 *新建集 圆形 0.00 滚球 延伸曲面 完全倒圆角 通过曲线 弦 参考 边:F5(拉伸_1) 边:F5(拉伸_1) 边:F5(拉伸_1)	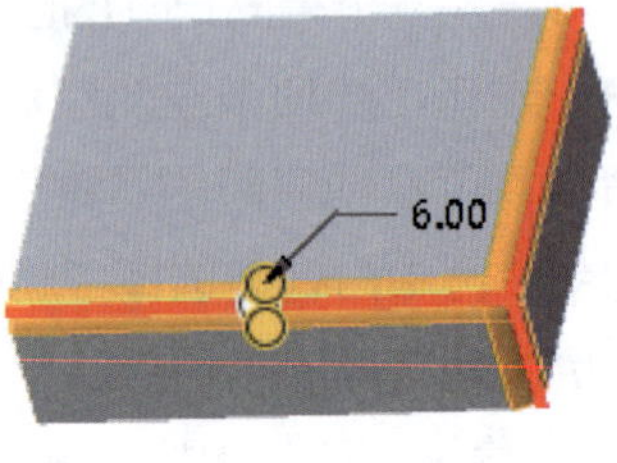 6.00
选取一条边线，按住 <Shift> 键的同时选取该边线所在面，系统会将此面周边的所有边线作为曲线链，创建相同参数的圆角	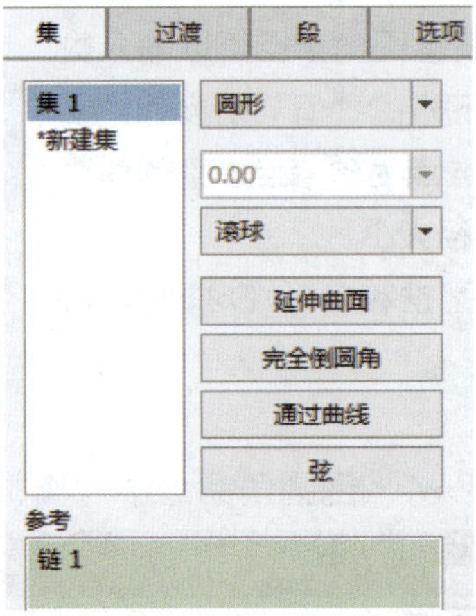 集 过渡 段 选项 集 1 *新建集 圆形 0.00 滚球 延伸曲面 完全倒圆角 通过曲线 弦 参考 链 1	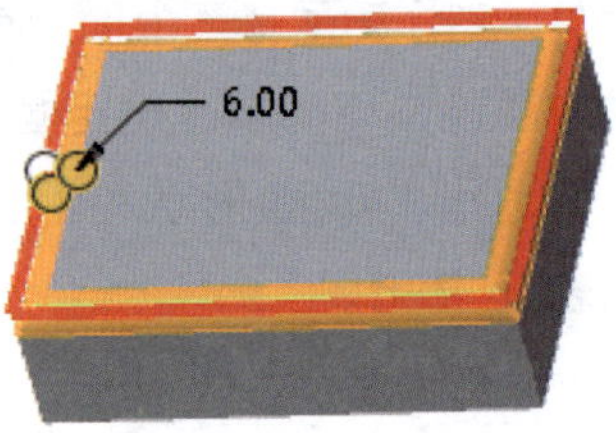 6.00

▼ 表 3-2-5　圆角的截面形状

圆角的截面形状	描述	效果图
圆形	最为常见，截面为标准圆形	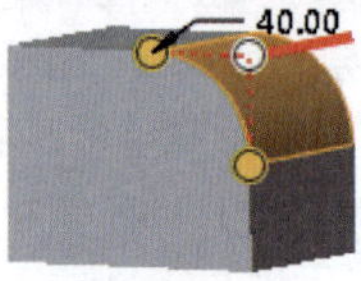 40.00
圆锥	截面为圆锥曲线，可以通过设置圆锥参数来调整形状，范围为 0.05～0.95，其值越小曲线越平缓	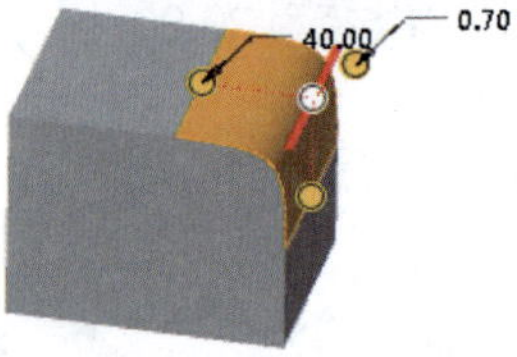 40.00 0.70

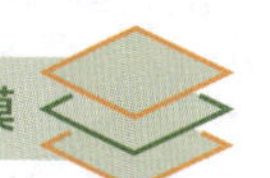

续表

圆角的截面形状	描述	效果图
D1×D2 圆锥	通过指定参数 D1 和 D2 来创建非对称的锥形圆角，也可以通过圆锥参数来调整曲线的弯曲程度	0.70 40.00 15.00

2. 可变圆角

可变圆角是指圆角的截面尺寸沿某一方向渐变的倒圆角特征。在以边为参考构建好的倒圆角特征中，激活“集”选项卡，在其“半径”收集框中单击右键，选择“添加半径”命令，便可在倒圆角边不同位置设置不同的半径参数，如图 3-2-14 所示。图中“1”号点为起点，“2”号点为终点，半径为“20.00”；“3”号点为到起点距离与整条线长度的比率为“0.50”处的点，半径为“8.00”，也可以按“参考”选取线上特殊点。

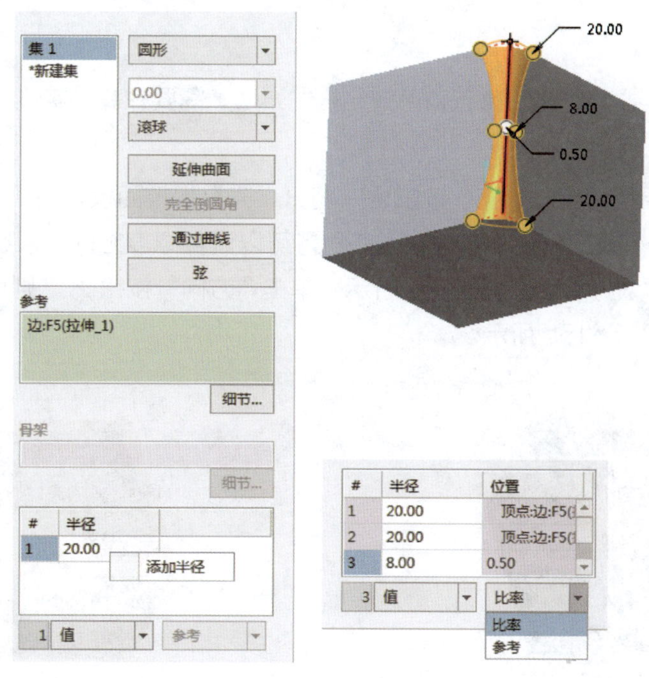

图 3-2-14 可变圆角示例

3. 完全倒圆角

完全倒圆角是将指定的曲面或平面完全替代为圆角特征，无须输入圆角半径值。常用创建方法有两种，见表 3-2-6。

▼ 表 3-2-6　创建完全倒圆角的方法

描述	具体操作方法		参考选择
以边线为参照： 要求边必须位于同一个公共曲面上，最终结果是该公共曲面被倒圆角特征所取代		1. 选取一条边线 2. 按住 <Ctrl> 键选取另一条边线 3. 单击“完全倒圆角”按钮	参考 边:F5(拉伸_1) 边:F5(拉伸_1) 细节... 骨架 细节...
以面为参照： 作为参考的两个曲面，倒圆角特征会与之相切，原驱动曲面与圆角的顶部相切，并决定倒圆角的位置与大小		1. 选取一个面 2. 按住 <Ctrl> 键选取另一个面 3. 按住 <Ctrl> 键选取驱动平面 4. 单击“完全倒圆角”按钮	参考 曲面:F5(拉伸_1) 曲面:F5(拉伸_1) 细节... 驱动曲面 曲面:F5(拉伸_1)

五、壳特征

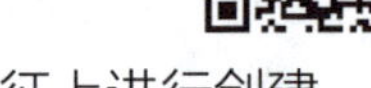

抽壳是通过将实心特征掏空来获得薄壁结构的方法，需要在基础实体特征上进行创建。

1. 设置壳体厚度

在“工程”工具组中单击“壳”按钮，打开“壳”操控面板，在“厚度”文本框内可输入壳体的厚度值，单击其后的“方向”按钮可以调整厚度方向。系统默认模型的外表面不变，向内加厚，显示如图 3-2-15a 所示；单击“方向”按钮，则可调整为向模型外围加厚，显示如图 3-2-15b 所示。

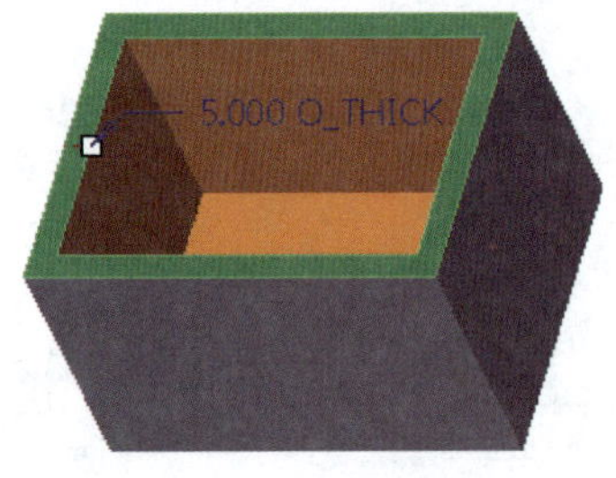

a）向内加厚

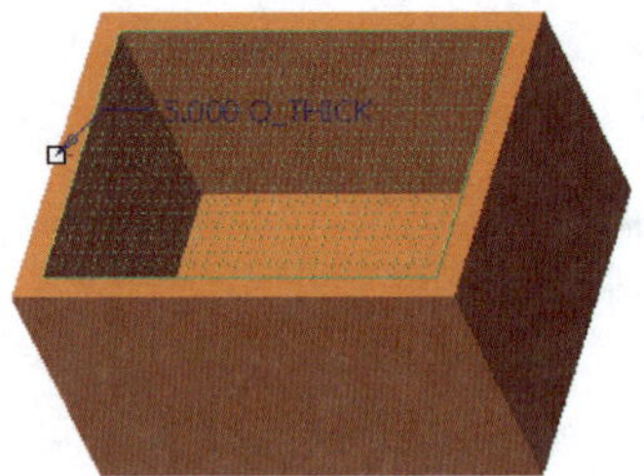

b）向外加厚

图 3-2-15　壳体加厚方向

2. 设置壳体参考

在“壳”操控面板中单击“参考”选项，则可展开如图 3-2-16 所示选项卡，可在此设

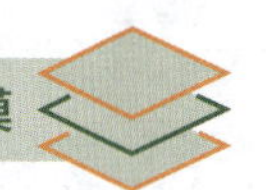

置“移除的曲面”和“非默认厚度”。

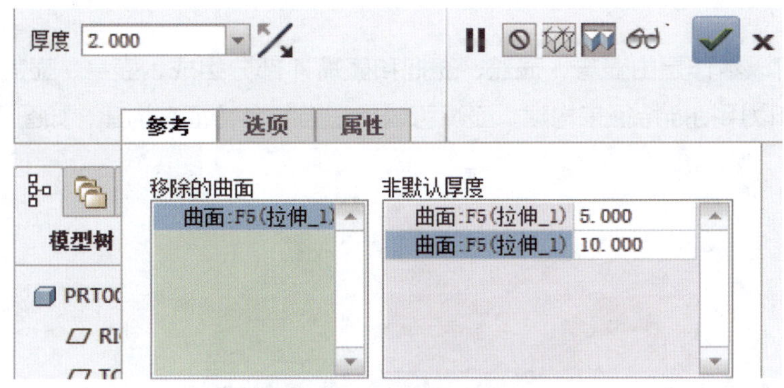

图 3-2-16 移除曲面及非默认厚度设置

（1）移除曲面

如果未曾选择任何曲面，则零件会按照设置好的厚度将其内部材料掏空，变成一个封闭的壳体，如图 3-2-17a 所示。单击激活“移除的曲面”收集框，则可在实体上单击选取一个或者多个表面予以移除，使其成为开口，如图 3-2-17b、c 所示。选取多个表面需要同时按住 <Ctrl> 键。

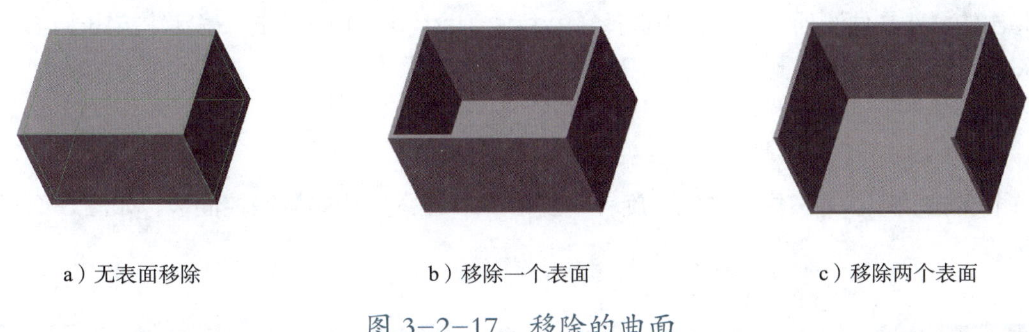

a）无表面移除　b）移除一个表面　c）移除两个表面

图 3-2-17 移除的曲面

（2）非默认厚度

有时会要求壳体具有不同的壁厚，此时就需要为一些表面单独指定厚度值。激活“非默认厚度”收集框，在实体上选取需要单独设置厚度的曲面并依次设置厚度值即可。如图 3-2-18 所示，按住 <Ctrl> 键，选取实体的前面和右侧面，则可分别设置两个面的厚度，其余面的厚度则使用“厚度”文本框内的数值。

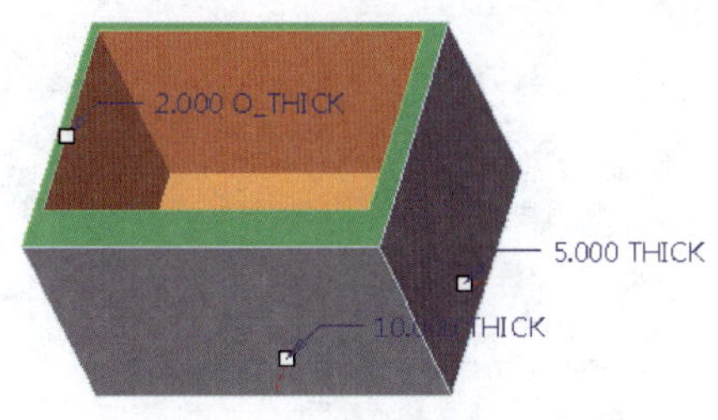

图 3-2-18 设置非默认厚度

任务实施

茶壶造型可以看作是由壶身、壶盖、壶把和壶嘴 4 部分组成，壶身、壶盖可以用旋转特征构建，壶把可以用扫描特征来构建，壶嘴可以用扫描混合特征来构建，如图 3-2-19 所示。

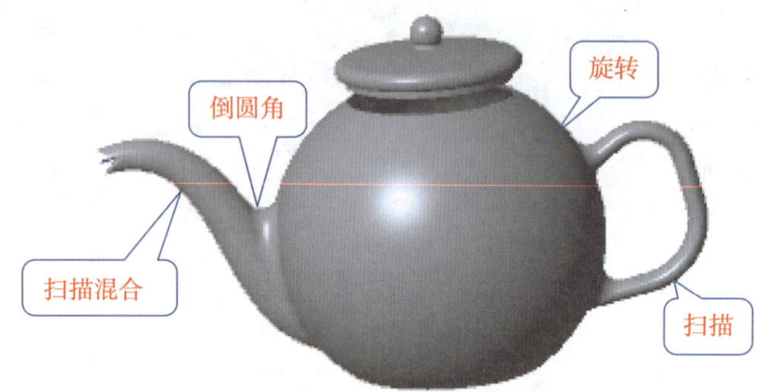

图 3-2-19　茶壶造型分析

一、新建文件

启动 Creo 后，单击“新建”按钮，在弹出的“新建”对话框中选择类型为“零件”，子类型为“实体”，输入名称“chahu”，取消勾选“使用默认模板”，单击“确定”按钮，在弹出的“新文件选项”对话框中选择“mmns_part_solid”，单击“确定”按钮，进入零件设计环境。

二、创建壶身旋转体

1. 单击“形状”工具栏中的“旋转”按钮，进入“旋转”操控面板，如图 3-2-20 所示。

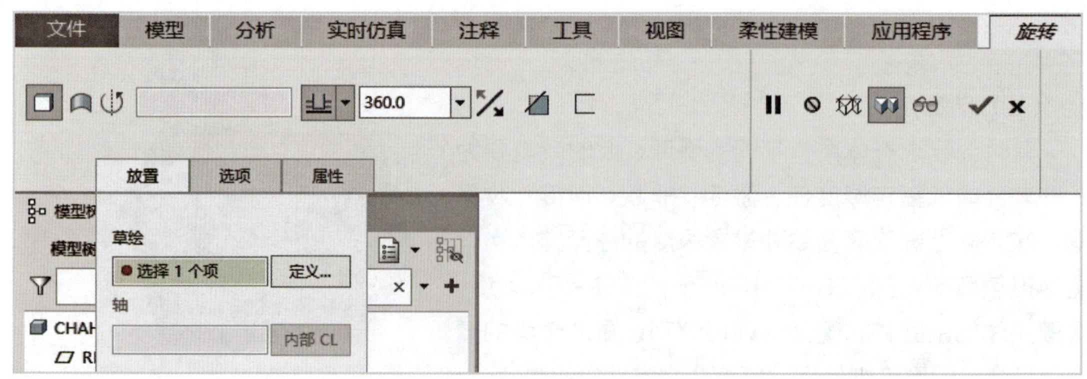

图 3-2-20　“旋转”操控面板

2. 默认旋转类型为“实体”，依次单击“放置”→“定义”按钮，在弹出的“草绘”对话框中，设置 FRONT 基准平面为草绘平面，其他项默认，如图 3-2-21 所示，单击“草绘”按钮，进入草绘环境。

3. 单击“草绘视图”按钮，使草绘平面与屏幕平行。单击“基准”工具组中的“中心线”按钮，绘制一条旋转中心线，使其与竖直方向上基准平面的投影线重合。按图 3-2-22a 绘制截面图形。绘制完毕，单击“确定”按钮，退出草绘环境。默认各项设置，预览无误后，单击“确定”按钮，退出“旋转”命令，生成如图 3-2-22b 所示旋转特征。

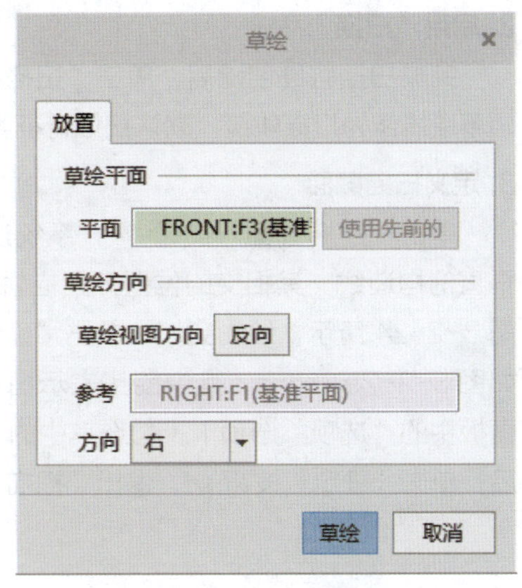

图 3-2-21　设置草绘平面

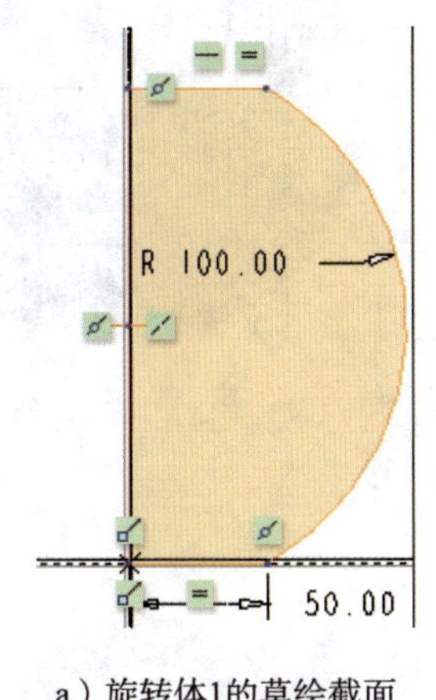

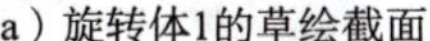
a）旋转体1的草绘截面

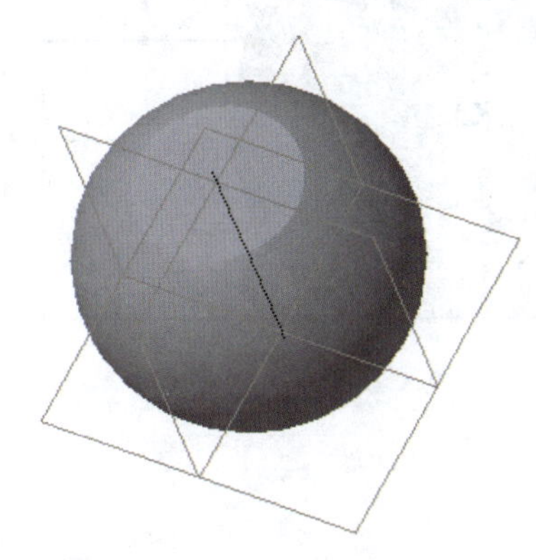

b）旋转特征1

图 3-2-22　创建旋转体 1

三、创建壶把扫描特征

1. 绘制扫描轨迹

单击“基准”工具组中的“草绘”按钮，进入“草绘”对话框。选择 FRONT 基准平面作为草绘平面，使用默认草绘方向，单击“草绘”按钮，进入草绘环境。绘制扫描轨迹，如图 3-2-23 所示，草绘线段与圆弧要相切连接，务必使曲线的两个端点与壶身表面轮廓线为“重合”约束（为简洁图中未显示约束符号）。绘制完毕单击“确定”按钮，退出草绘环境，在模型树中出现“草绘 1”特征。

2. 启用“扫描”命令

完成扫描轨迹创建后，单击“扫描”按钮，打开“扫描”操控面板，选中上一步所画草绘线作为扫描轨迹，默认扫描特征类型为“实体”，扫描类型为“恒截面扫描”。

3. 定义扫描截面

单击“扫描截面”按钮，系统进入草绘设计环境。此时，草绘环境中会出现两条垂直的构造线，其相交的位置即扫描轨迹的起点位置，以该交点为中心绘制一个椭圆，如图 3-2-24 所示，绘制完毕，单击“确定”按钮，退出草绘环境。得到的模型局部预览如图 3-2-25a 所示，其中箭头表示扫描轨迹的起点位置与扫描方向。激活“扫描”操控面板中的“选项”选项卡，勾选其中的“合并端”复选框，如图 3-2-25b 所示。预览无误后，单击“确定”按钮，退出“扫描”命令，生成如图 3-2-25c 所示扫描特征。

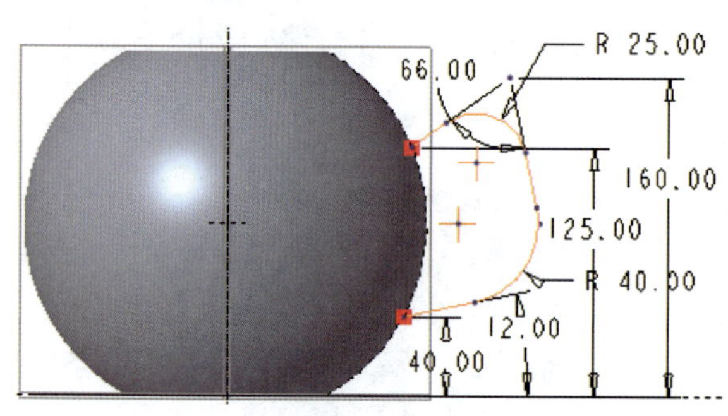

图 3-2-23　扫描轨迹

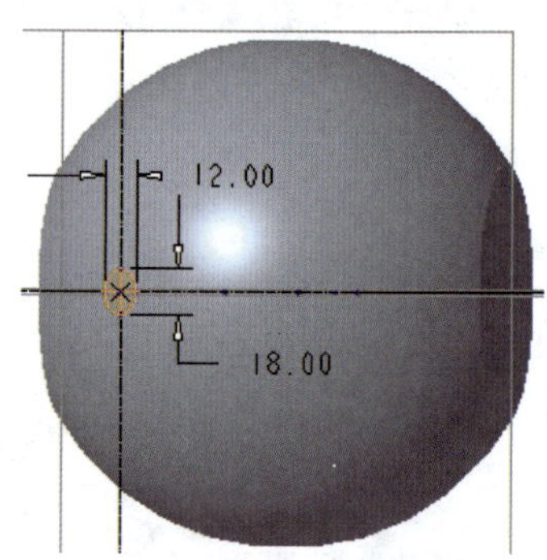

图 3-2-24　定义扫描截面

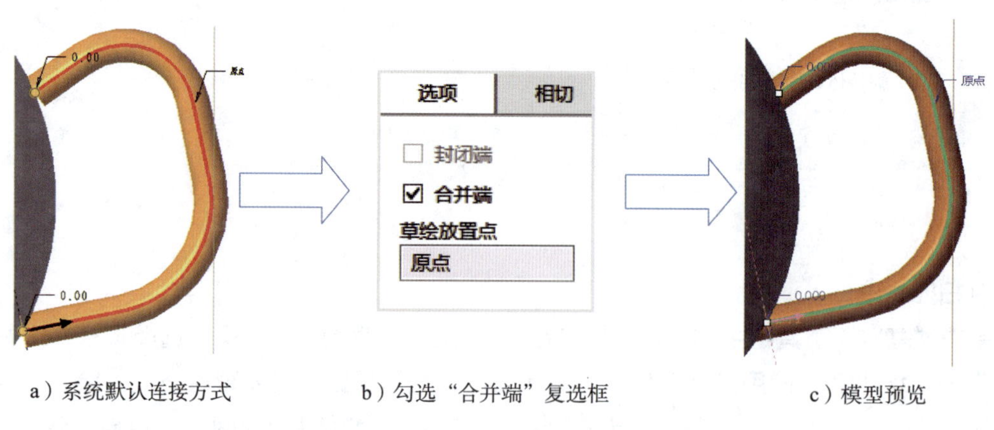

a）系统默认连接方式　　b）勾选“合并端”复选框　　c）模型预览

图 3-2-25　合并端设置

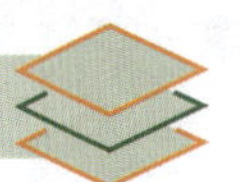

四、创建壶嘴扫描混合特征

1. 草绘扫描混合轨迹

单击“基准”工具组中的“草绘”按钮，进入“草绘”对话框。选择 FRONT 基准平面作为草绘平面，绘制如图 3-2-26 所示样条曲线，绘制完毕，单击“确定”按钮✔，完成草绘特征创建。

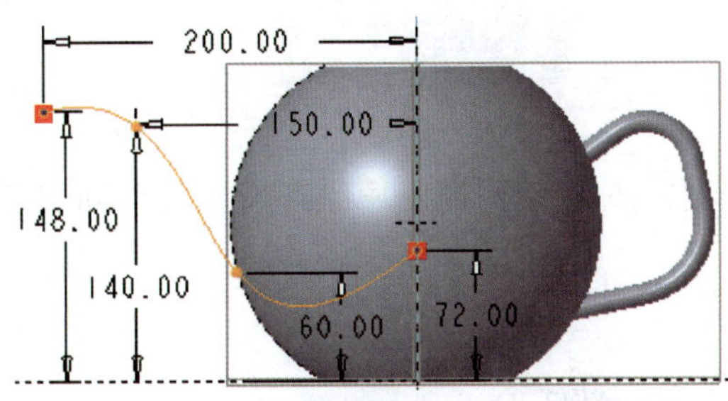

图 3-2-26　扫描混合轨迹

2. 启用“扫描混合”命令

在“形状”工具组中单击“扫描混合”按钮，进入“扫描混合”操控面板，选中上一步草绘的样条曲线作为扫描混合轨迹，并默认扫描特征类型为“实体”，单击轨迹上的箭头，可转换扫描的起点与方向。

3. 定义扫描截面

激活“截面”选项卡，如图 3-2-27 所示，默认选择“草绘截面”，“截面 1”位置为“开始”，在绘图区可以观察到“截面 1”所在的位置是扫描轨迹的起点位置。单击选项卡中的“草绘”按钮，进入草绘设计环境。

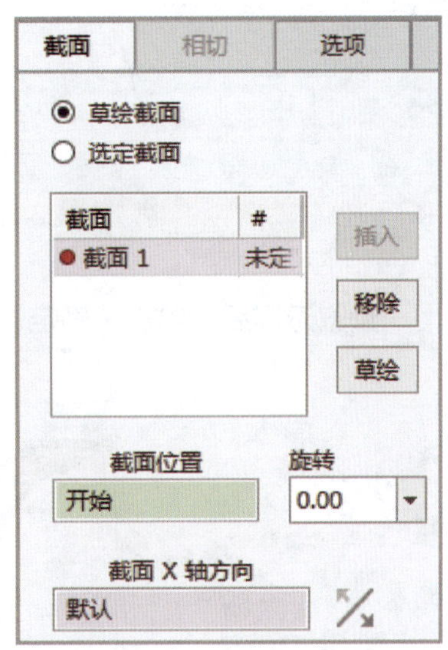

图 3-2-27　“截面”选项卡

以系统显示的十字构造线交点（扫描混合轨迹起点）为圆心，绘制一个直径为 50.00 的圆作为截面 1，如图 3-2-28a 所示。绘制完毕，单击“确定”按钮✔，退出截面 1 草绘。

单击“插入”按钮，默认轨迹的“结束”点作为截面 2 所在的位置，单击“草绘”按钮，进入草绘环境，以构造线交点为圆心绘制一个直径为 16.00 的圆作为截面 2，如图 3-2-28b 所示。

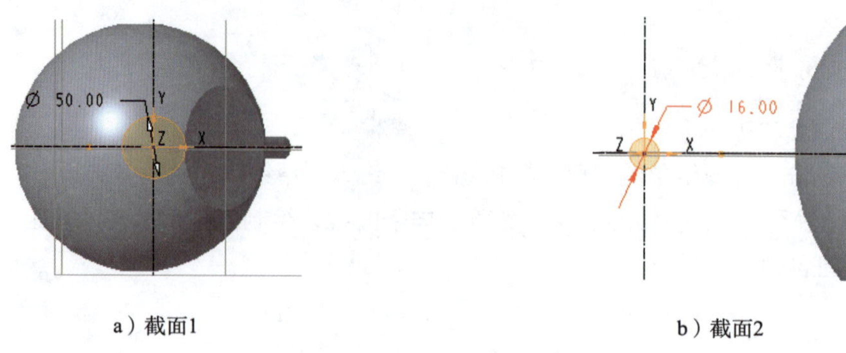

图 3-2-28　扫描截面

绘制完毕，单击“确定”按钮✔，退出草绘环境，可看到扫描混合特征的预览效果如图 3-2-29 所示。

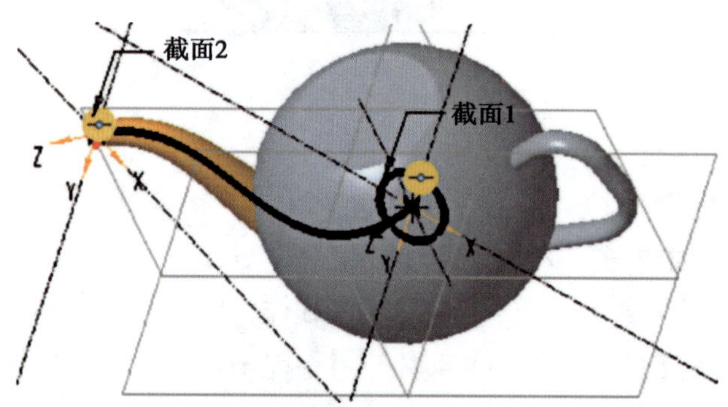

图 3-2-29　扫描混合特征的预览效果

预览无误后，单击“确定”按钮✔，生成如图 3-2-30 所示壶嘴部分的扫描混合特征。

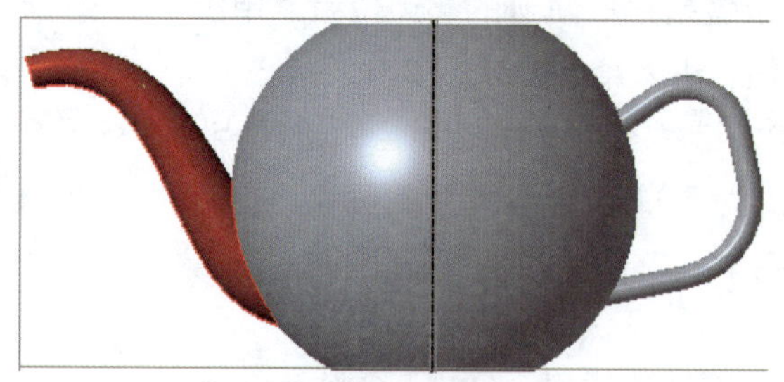

图 3-2-30　壶嘴部分的扫描混合特征

五、创建倒圆角 1

1. 在“工程”工具组中单击“倒圆角”按钮，进入“倒圆角”操控面板。

2. 选择壶嘴与壶身相交边线，设置倒圆角半径尺寸为 10.00；选择壶底边线，设置倒圆角半径尺寸为 30.00。单击打开“集”选项卡，可看到“集 1”与“集 2”两个倒圆角集，单击“确定”按钮✔生成特征，效果如图 3-2-31 所示。

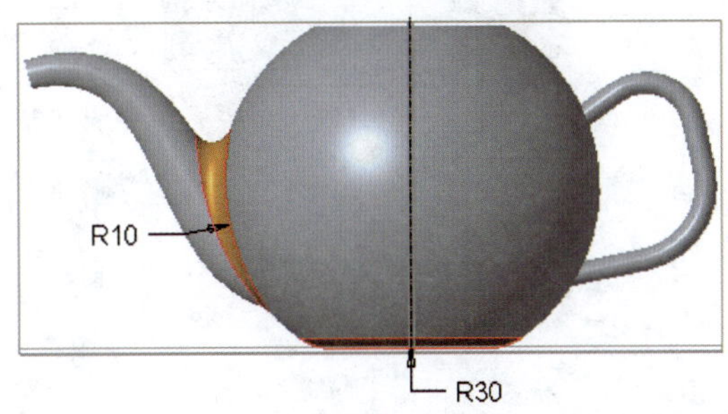

图 3-2-31　倒圆角 1

小提示

也可在模型中单击需要倒圆角的边，在弹出的浮动工具栏中选择“倒圆角”按钮，进入“倒圆角”操控面板。

六、抽壳

单击“工程”工具组中的“壳”按钮，进入“壳”操控面板，如图 3-2-32 所示。

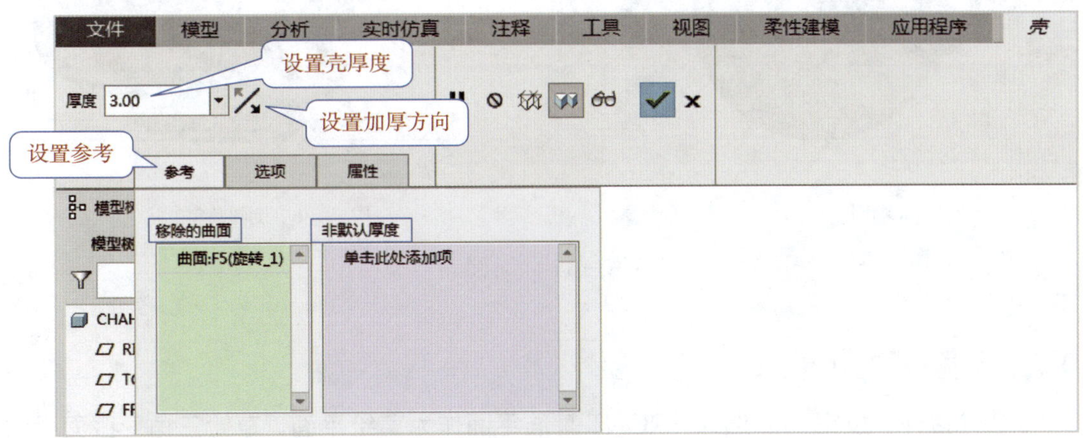

图 3-2-32　“壳”操控面板

在“厚度”文本框内输入壳体的厚度 3.00；单击打开“参考”选项卡，选择茶壶上表面，将其移除，单击“确定”按钮✔，退出“壳”命令。生成的特征如图 3-2-33 所示。

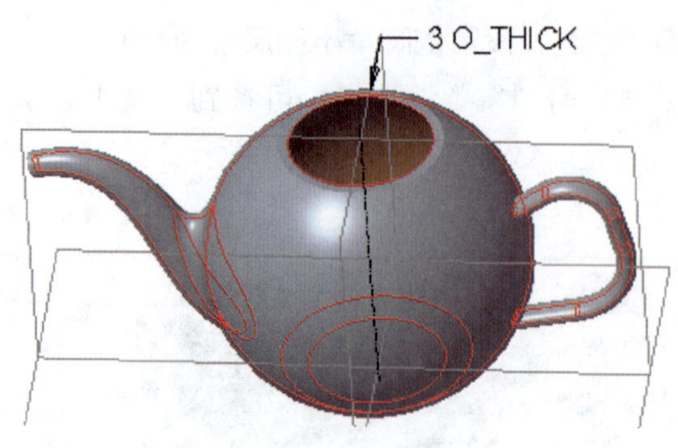

图 3-2-33　抽壳

七、创建倒圆角 2

在“工程”工具组中单击“倒圆角”按钮，进入“倒圆角”操控面板。按住 <Ctrl> 键，依次选取壶口处的内外两条边线，单击“集”选项卡上的“完全倒圆角”按钮进行倒圆角，效果如图 3-2-34a 所示。单击“集”选项卡上的“新建集”，按住 <Ctrl> 键选择壶把与壶身的两处交线，设置尺寸为 10.00，单击“确定”按钮，完成倒圆角，效果如图 3-2-34b 所示。

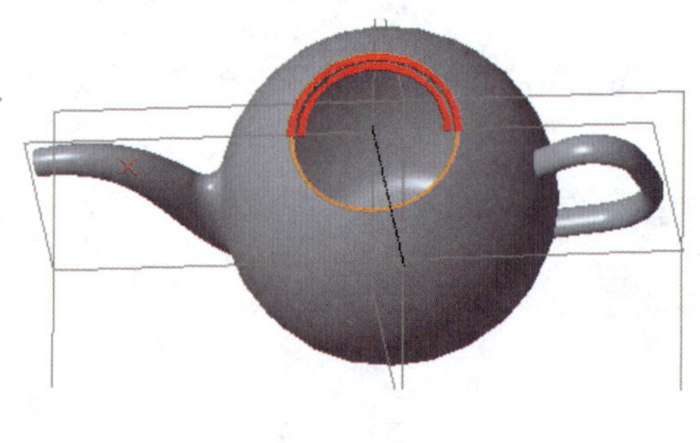

a）倒圆角集1

b）倒圆角集2

图 3-2-34　倒圆角 2

八、创建壶嘴拉伸缺口

单击“拉伸”按钮，选择 FRONT 基准平面作为草绘平面，草绘三角形截面，如图 3-2-35a 所示，绘制完毕单击“确定”按钮，退出草绘环境。在“拉伸”操控面板中，设置拉伸深度方式为“对称”，拉伸深度为 100.00，拉伸特征类型为“移除材料”，单击“确定”按钮，退出“拉伸”命令，生成壶嘴拉伸缺口。如图 3-2-35b 所示为壶嘴放大图。

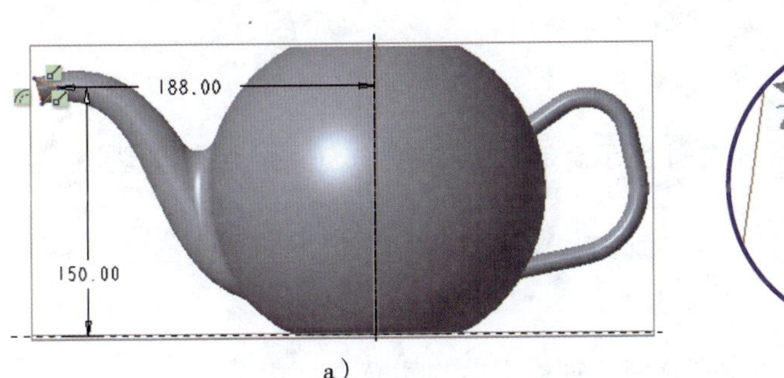

a）

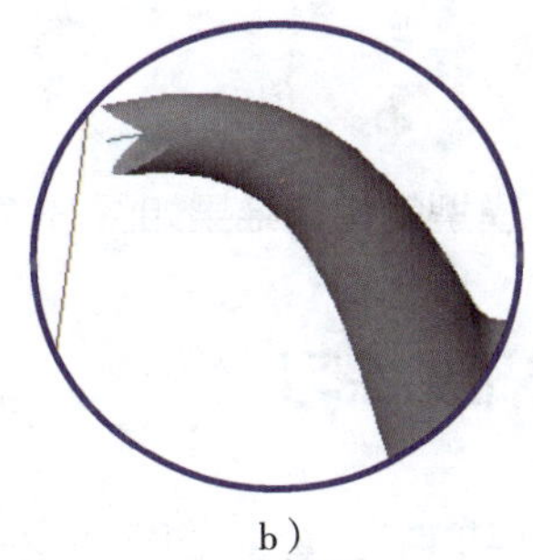
b）

图 3-2-35 创建壶嘴拉伸缺口

九、创建壶盖旋转体

单击“旋转”按钮，选择 FRONT 基准平面作为草绘平面，草绘如图 3-2-36 所示截面图形，绘制完毕，单击“确定”按钮，退出草绘环境。默认各项设置，预览无误后，单击“确定”按钮，完成壶盖旋转体的创建，如图 3-2-37 所示。

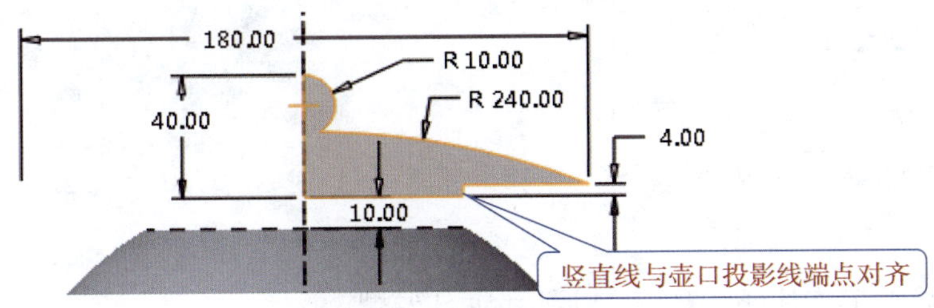

图 3-2-36 壶盖草绘截面

十、创建倒圆角 3

单击“倒圆角”按钮，打开“倒圆角”操控面板。依次选取壶盖的两条边线，设置尺寸分别为 2.00 和 6.00，如图 3-2-38 所示，单击“确定”按钮，生成倒圆角特征。

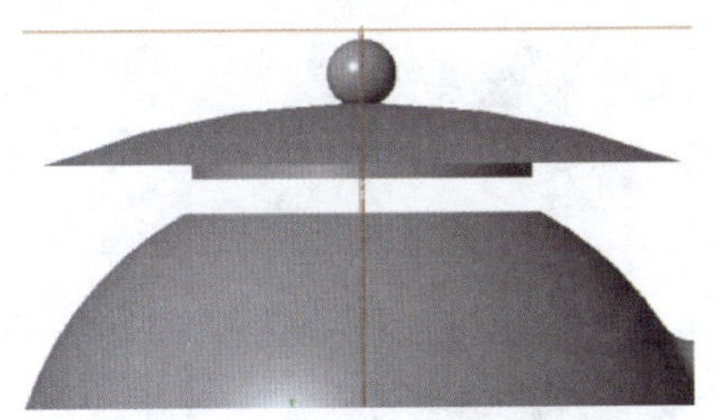

图 3-2-37 壶盖旋转体

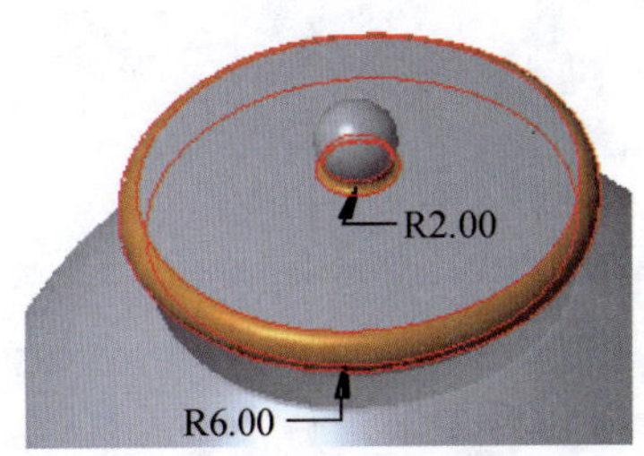

图 3-2-38 倒圆角 3

十一、保存文件

茶壶模型的构建结果如图 3-2-1 所示。单击“保存”按钮，保存模型文件至工作目录。

拓展练习

1. 利用旋转工具完成图 3-2-39 所示轴类零件的建模。
2. 利用多轨迹可变截面扫描，完成如图 3-2-40 所示曲面造型。

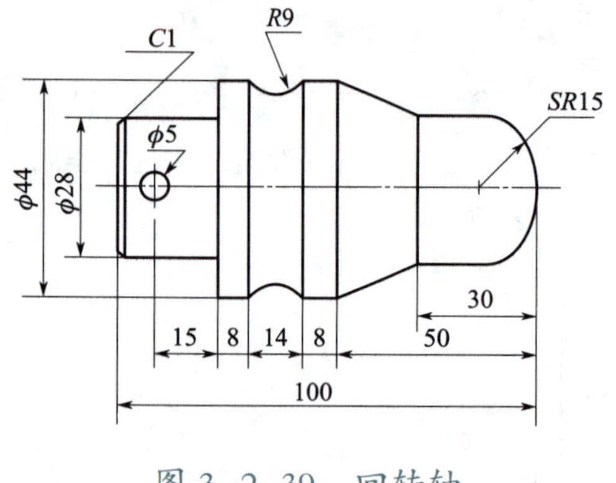

图 3-2-39　回转轴

图 3-2-40　多轨迹扫描曲面

3. 利用混合扫描构建如图 3-2-41 所示烟斗模型。

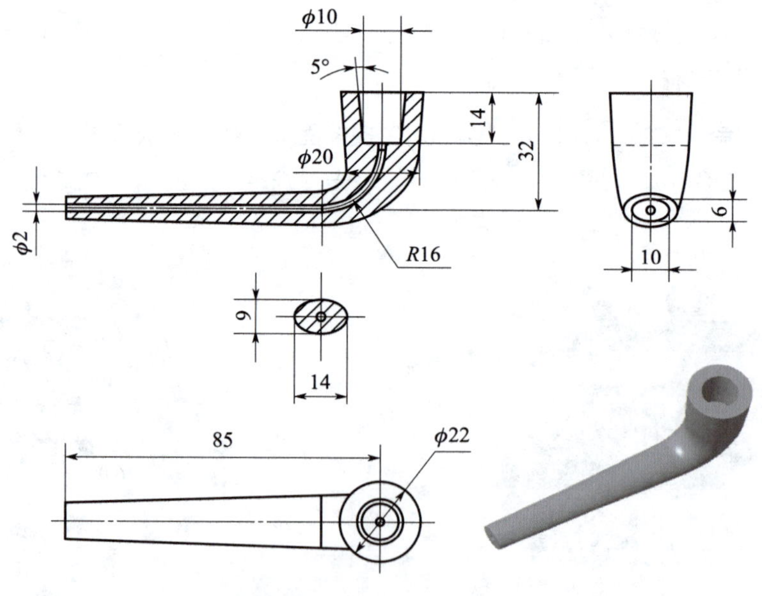

图 3-2-41　烟斗模型

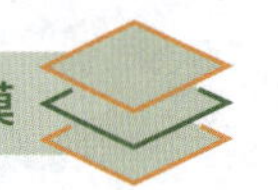

4. 综合运用拉伸、扫描、旋转等工具绘制如图 3-2-42 所示拉环模型。

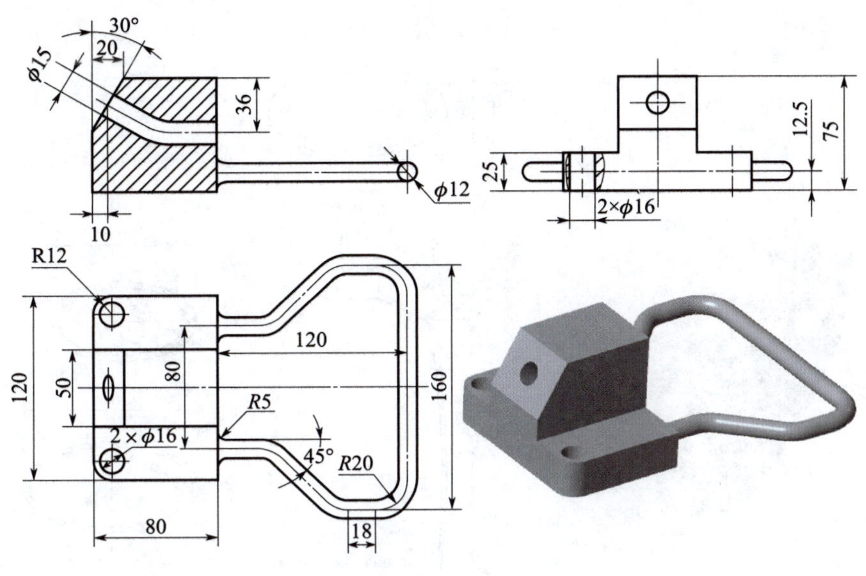

图 3-2-42 拉环模型

任务 3 洗发水瓶建模

 学习目标

1. 能准确描述混合建模的基本原理，并演示创建混合特征的基本步骤，进一步熟悉壳特征和倒圆角特征的应用。

2. 能在教师指导下完成洗发水瓶模型的构建，并独立完成拓展练习中的零件建模。

3. 熟悉 STL 格式文件的输出方法，并能将文件输出为 STL 格式的 3D 打印模型文件。

 任务描述

本任务要求建立图 3-3-1 所示洗发水瓶的 3D 模型，并输出 3D 打印模型文件。该模型为空壳模型，瓶身截面为大小不等的椭圆。根据模型特点，要完成本任务需学习混合特征

工具的应用，进一步熟悉壳特征及倒圆角特征工具，并学习 STL 格式文件的输出方法。

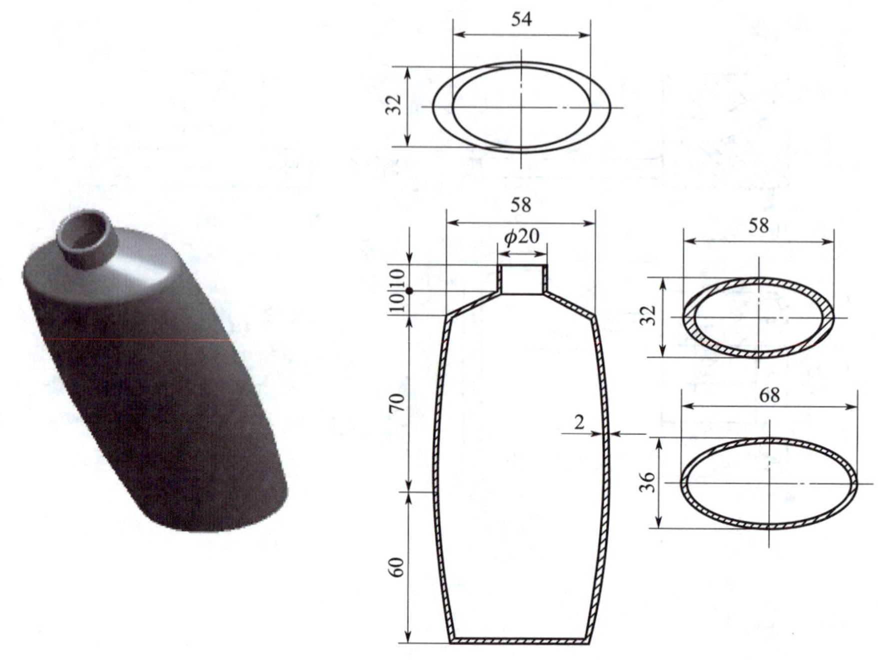

要求：边缘圆角半径自拟。

图 3-3-1　洗发水瓶

知识准备

一、混合特征

混合特征是由多个截面按照一定规则顺序相连构成的特征。一个混合特征由两个或两个以上截面连接而成，其构建思路是将这些截面的边界用过渡曲面连接形成一个连续特征。

使用一组适当数量的截面来构建一个混合特征，既可以清楚地表达实体模型的特点，又可简化建模过程。

在 Creo 中，混合的类型有平行混合、旋转混合及前面介绍的扫描混合。单击“模型”→“形状”溢出按钮，即可显示“混合”按钮及“旋转混合”按钮。其中，“混合”按钮主要用于创建常见的平行混合特征，其所有混合截面都位于多个平行面上。

1.“混合”操控面板

单击“形状”→“混合”按钮，即进入“混合”操控面板，如图 3-3-2 所示。与其

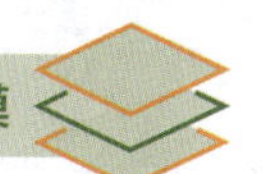

他命令的操控面板相似，可以选择将特征混合为实体、曲面、加厚薄板或者在已有实体上去除材料。面板中的“草绘截面”按钮与“选定截面”按钮，用于绘制或选定混合截面。

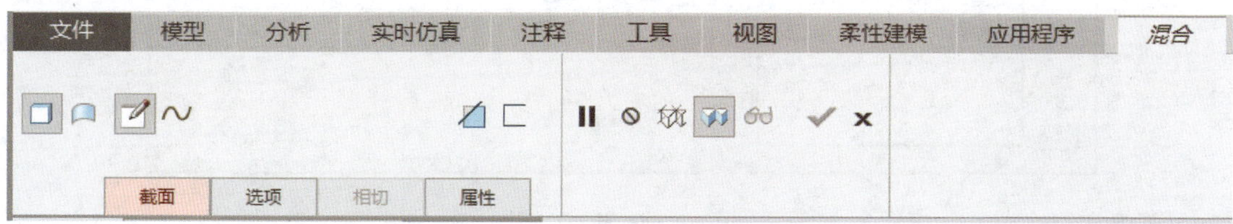

图 3-3-2 “混合”操控面板

2. 混合截面

创建混合特征就是定义一组截面，然后再定义这些截面的连接混合手段。因此，创建混合特征首先要创建混合截面。事实上，任意一个物体都可以看作是由不同形状和大小的无限个截面依次连接而成的，如图 3-3-3 所示。

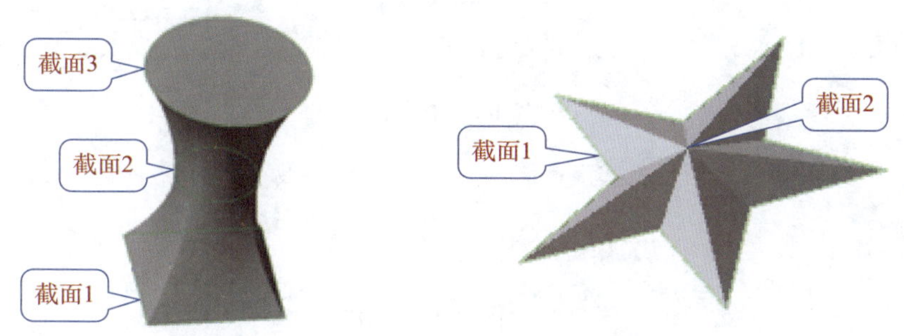

图 3-3-3 创建混合特征的基本原理

（1）创建混合截面

单击“混合”操控面板中的“截面”选项，在弹出的如图 3-3-4 所示选项卡中可以选择“草绘截面”或“选定截面”来创建混合截面，前者通过绘制一个新的内部草绘来创建混合截面，后者通过选择已经绘制好的外部草绘或实体上的边框来创建混合截面。

当完成一个截面创建后，需要单击“插入”按钮，创建下一个截面。如利用内部草绘创建一个截面，需要在选项卡中输入与前面已经创建的参考截面之间的偏移尺寸，以确定截面的位置，默认参考截面为上一个截面，如图 3-3-4b 所示。

在“截面”选项卡中将需要激活的截面选中，然后单击选项卡中的“草绘”按钮或者单击操控面板中的“草绘截面”按钮，即可进入草绘环境。被激活的截面颜色突出显示，如图 3-3-5 所示。

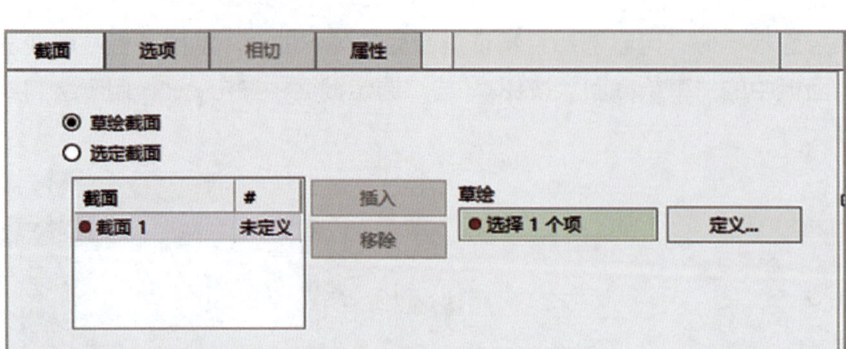

a）创建截面1

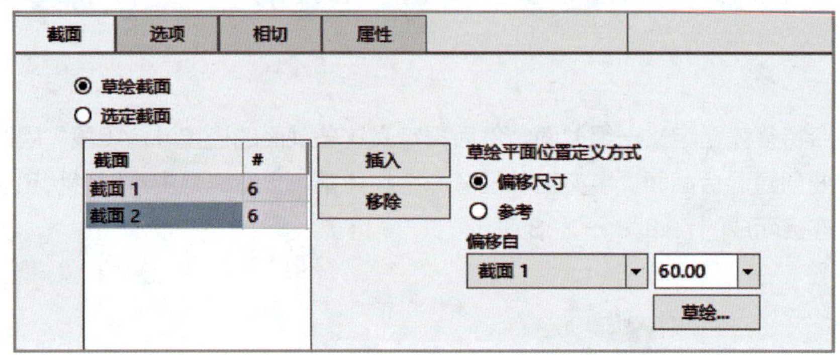

b）创建截面2

图 3-3-4 “截面”选项卡

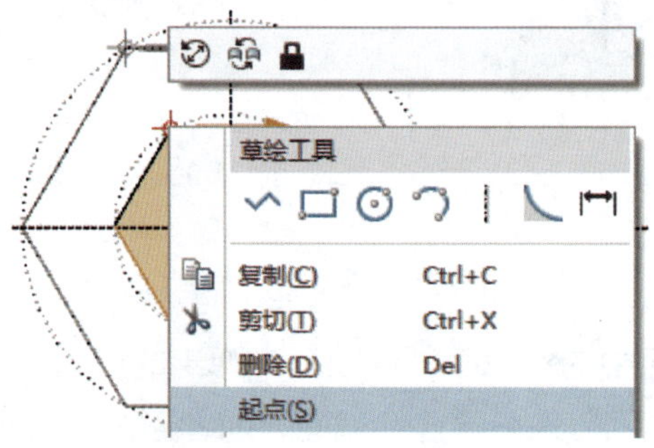

图 3-3-5 激活截面及起点设置

（2）起点

起点是相邻截面混合时的参照。混合时，两截面的起点对应连接，其余各点再顺次相连。系统一般会把绘制截面时的第一个顶点设置为起点，起点处有一个箭头标记，箭头指向为混合点的顺序方向，如图 3-3-5 所示。

起点的指向和位置可以在激活所在截面后进行调整。起点的调整方法为：选中起点，在右键菜单里选择“起点”，可以改变起点的指向；选中任意一点，在右键菜单里选择“起点”，可以将该点变为起点，如图 3-3-5 所示。

混合特征生成的实体形状会受到起点的位置和指向的影响，如图 3-3-6 所示。

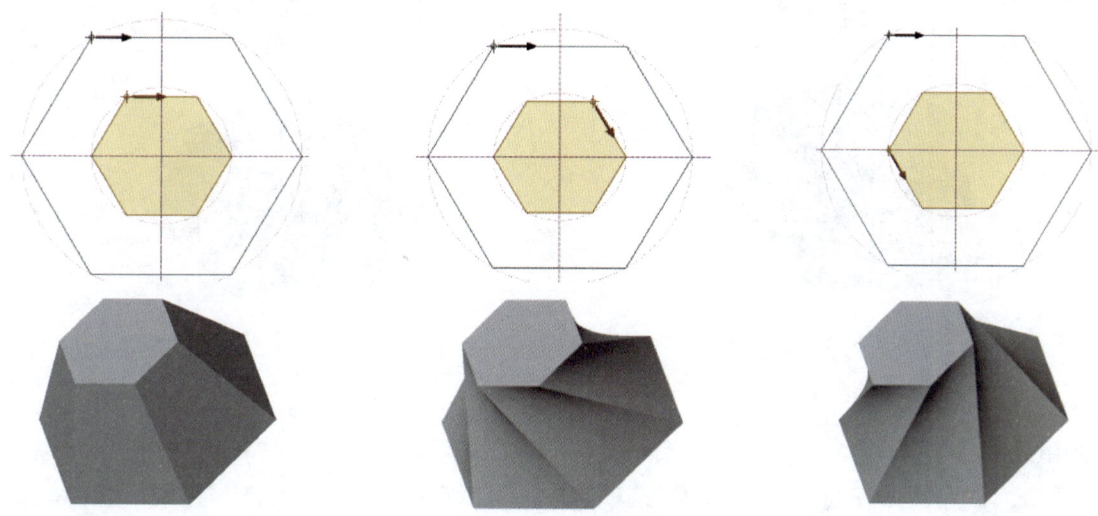

图 3-3-6　起点选取对混合特征的影响

（3）混合顶点和截断点

混合特征要求各个截面具有相同的段数或顶点数，当截面段数不一致时，想要正确生成混合特征，需要设置混合顶点或截断点以使截面具有相同的顶点数。

混合顶点是可以作为多个顶点来使用的点，可以同时与相邻截面上多个顶点相连，如图 3-3-7 所示。选定一个顶点，在右键菜单中选择“混合顶点”，即可将该选定点设置为混合顶点。

如图 3-3-8 所示的圆形截面没有明显的顶点，要想与正六边形形成混合特征，就需要在圆形截面上加入 6 个截断点，与底面一样成为 6 段。具体操作方法是：在“编辑”工具组中单击“分割”按钮，在合适的位置单击一下即可形成一个截断点。在“截面”选项卡中的“#”一列可以查看到每个截面的顶点数量，如图 3-3-4 所示。

 **小提示**

1）起点不允许设置为混合顶点。

2）若某一截面图形只有一个点，则该点不受段数相等的限制，可与任意段数的截面混合。例如，图 3-3-3 所示的五角星顶点即为一个点截面。

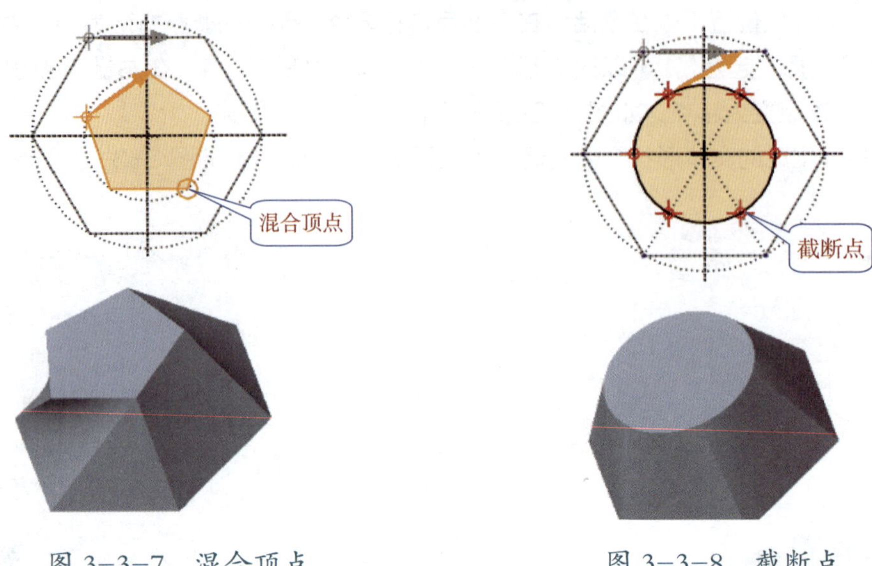

图 3-3-7　混合顶点　　　　图 3-3-8　截断点

3. 直线混合与平滑混合

在“混合”操控面板的“选项”选项卡中，可以选择“直”混合与“平滑”混合，如图 3-3-9a 所示，前者截面之间用直线相连，后者将所有截面用光滑曲线连接到一起。两者的效果分别如图 3-3-9b 与图 3-3-9c 所示。

a）连接方式选项　　b）直线混合　　c）平滑混合

图 3-3-9　混合截面连接方式

二、STL 格式文件输出

3D 打印是快速成形技术的一种，它是一种以数字模型文件为基础，运用粉末状金属或塑料等可粘合材料，通过逐层打印的方式来构造物体的技术。利用 Creo 建模后，可将建好的模型文件用 3D 打印机打印出产品或实物模型。

Creo 构建的实体模型的文件名后缀为“.prt”，不能直接应用于 3D 打印机，需要对其格式进行转换，即转变为后缀为“.stl”格式的文件，转换方式将在后面结合任务实施具体介绍。

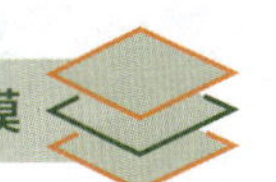

任务实施

如图 3-3-10 所示，洗发水瓶造型的截面形状从上到下发生了变化，特定位置上对应的截面形状分别为 1 个圆和 3 个不同尺寸的椭圆，若利用前面所学的特征命令建模较为麻烦，可采用两个混合特征构建，然后再进行抽壳。此外，为了增加瓶子的美感和手感，还需要倒圆角。

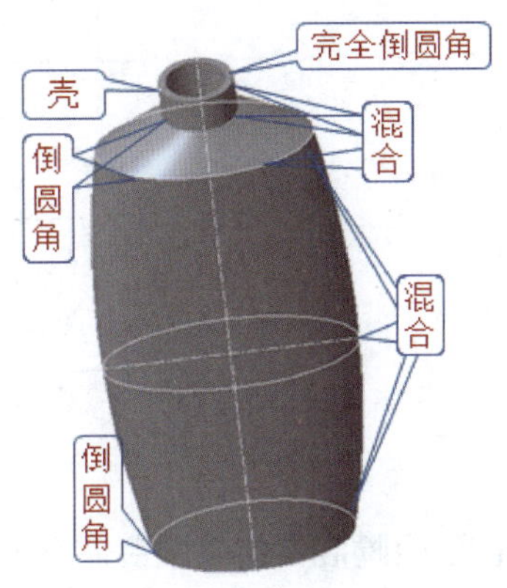

图 3-3-10　洗发水瓶造型分析

一、新建文件

启动 Creo 后，单击“新建”按钮，在弹出的“新建”对话框中选择类型为“零件”，子类型为“实体”，输入名称“xfsp”，取消勾选“使用默认模板”，单击“确定”按钮，在弹出的“新文件选项”对话框中选择“mmns_part_solid”，单击“确定”按钮，进入零件设计环境。

二、创建混合实体

1. 创建瓶身混合体（混合体 1）

（1）单击“形状”→“混合”按钮，打开“混合”操控面板。

（2）在“截面”选项卡中，选择“草绘截面”，单击“定义”按钮，弹出“草绘”对话框，选取 TOP 基准平面作为草绘平面，其他默认，单击“草绘”按钮，进入草绘环境。

（3）草绘截面 1，如图 3-3-11 所示，绘制完成后，单击“确定”按钮，退出草绘环境。

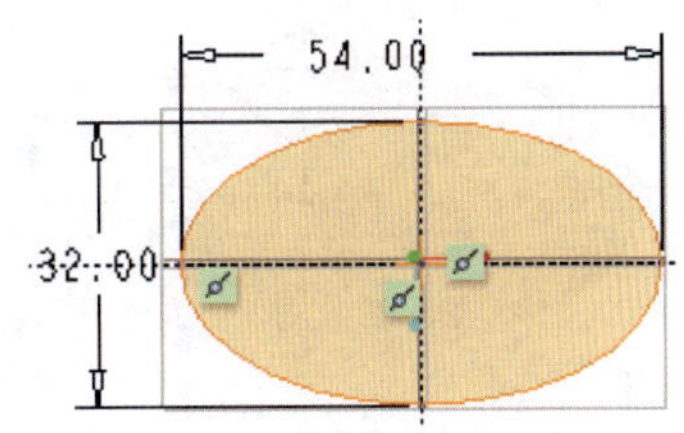

图 3-3-11　混合体 1 的截面 1

（4）在“截面”选项卡中，设置偏移尺寸为 60.00，如图 3-3-4b 所示。单击“草绘”按钮，再次进入草绘环境，绘制截面 2，如图 3-3-12 所示。绘制完毕，单击“确定”按钮，退出草绘环境。

（5）在“截面”选项卡中，单击“插入”按钮，此时在“截面”收集框中出现“截面 3”，设置偏移尺寸为 70.00，单击“草绘”按钮，进入草绘环境，绘制截面 3，如图 3-3-12 所示，绘制完毕，单击“确定”按钮，退出草绘环境。在绘图区预览生成的混合体 1，如图 3-3-12 所示，单击“确定”按钮，退出“混合”命令。

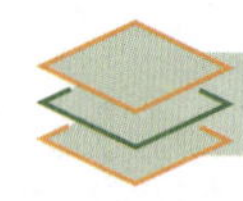

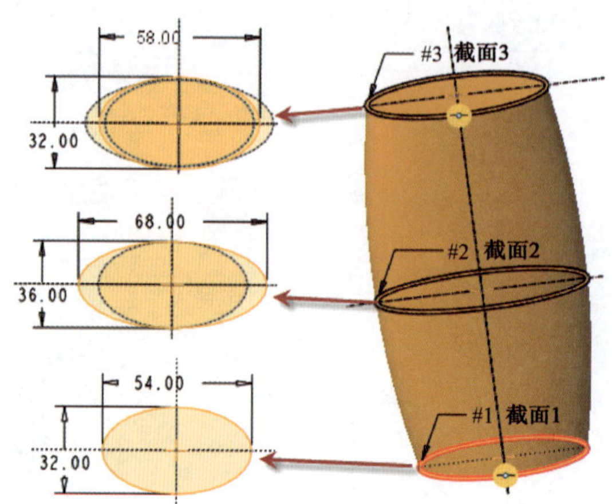

图 3-3-12 混合体 1 的截面 2 和截面 3

2. 创建瓶嘴混合体（混合体 2）

（1）单击“形状”→“混合”按钮，打开“混合”操控面板。在“截面”选项卡中，选择“草绘截面”，单击“定义”按钮，弹出“草绘”对话框，选取混合体 1 的上表面作为草绘平面，单击“草绘”按钮，进入草绘环境，单击“投影”按钮，选中实体的上表面轮廓线，作为截面 1，如图 3-3-13 所示，绘制完毕，单击“确定”按钮✔，退出草绘环境。

（2）在“截面”选项卡中，输入偏移尺寸 10.00，单击“草绘”按钮，再次进入草绘环境，绘制截面 2，如图 3-3-14 所示。绘制完毕，单击“确定”按钮，退出草绘环境。

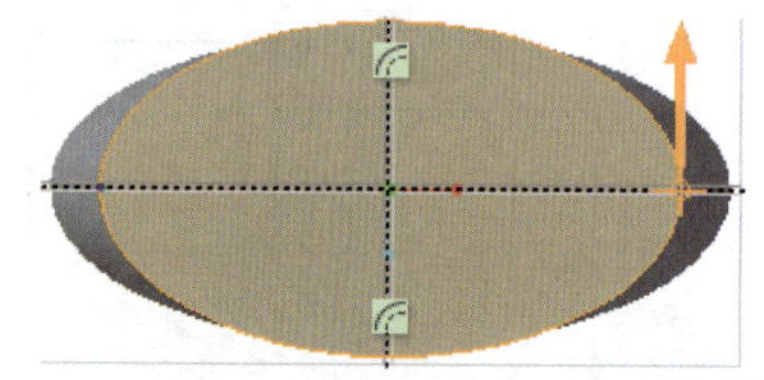

图 3-3-13 创建混合体 2 的截面 1

图 3-3-14 创建混合体 2 的截面 2 和截面 3

（3）在“截面”选项卡中，单击“插入”按钮，此时在“截面”收集框中出现“截面 3”，输入偏移尺寸 10.00，单击“草绘”按钮，绘制与截面 2 相同的圆，如图 3-3-14 所示，绘制完毕，单击“确定”按钮✔，退出草绘环境。

（4）在绘图区预览生成的特征，如图 3-3-15a 所示，各截面间平滑连接过渡。打开“混合”操控面板中的“选项”选项卡，设置“混合曲面”类型为“直”，如图 3-3-15b 所示，截面间成为直线连接，生成特征预览如图 3-3-15c 所示，确认无误后单击“确定”按钮✔，完成混合体 2 的创建。

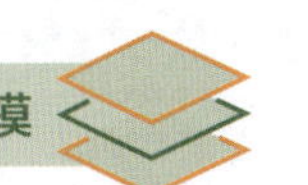

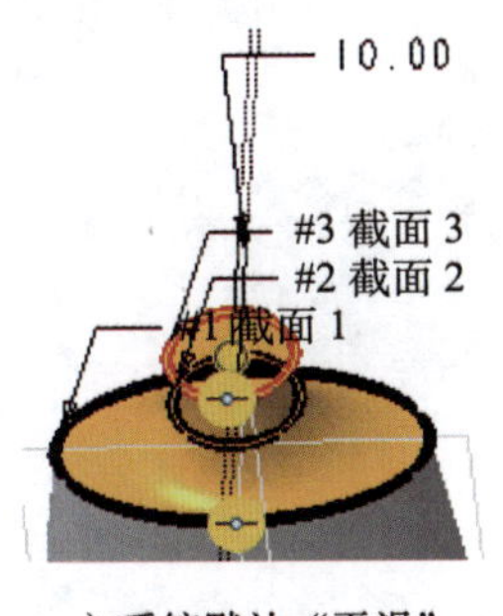

a）系统默认“平滑”

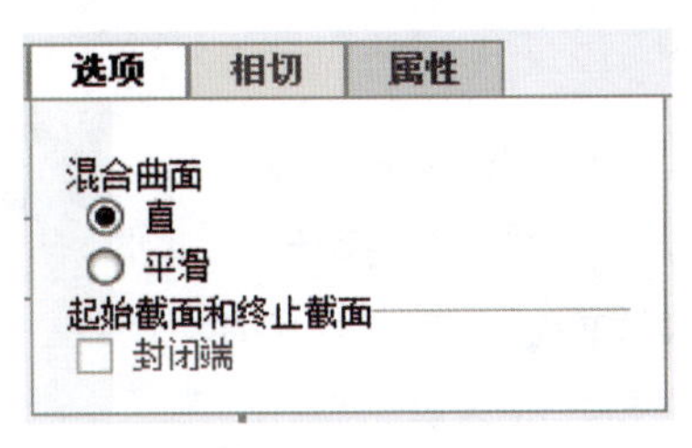

b）“选项”选项卡

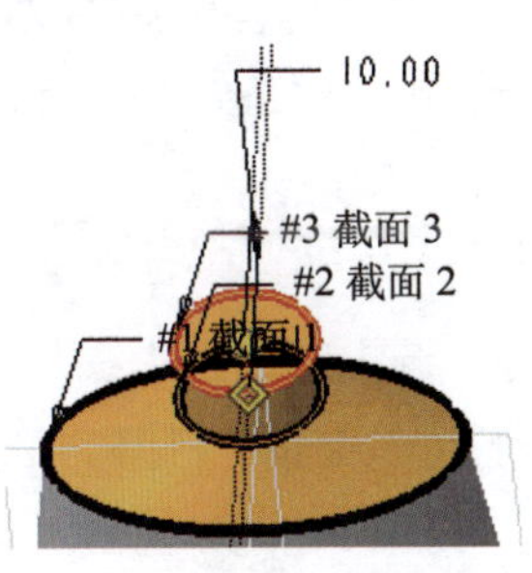

c）设置后特征预览

图 3-3-15　设置混合曲面连接类型

三、创建倒圆角

单击“工程”→“倒圆角”按钮，打开“倒圆角”操控面板。按住 <Ctrl> 键依次选择瓶身上下两条边线，选取完松开 <Ctrl> 键，在“集”选项卡中输入半径值 5.00；选择瓶颈处边线，输入半径值 2.00，如图 3-3-16 所示。此时，“集”选项卡中“集”的数量为 2，单击“确定”按钮，生成倒圆角特征。

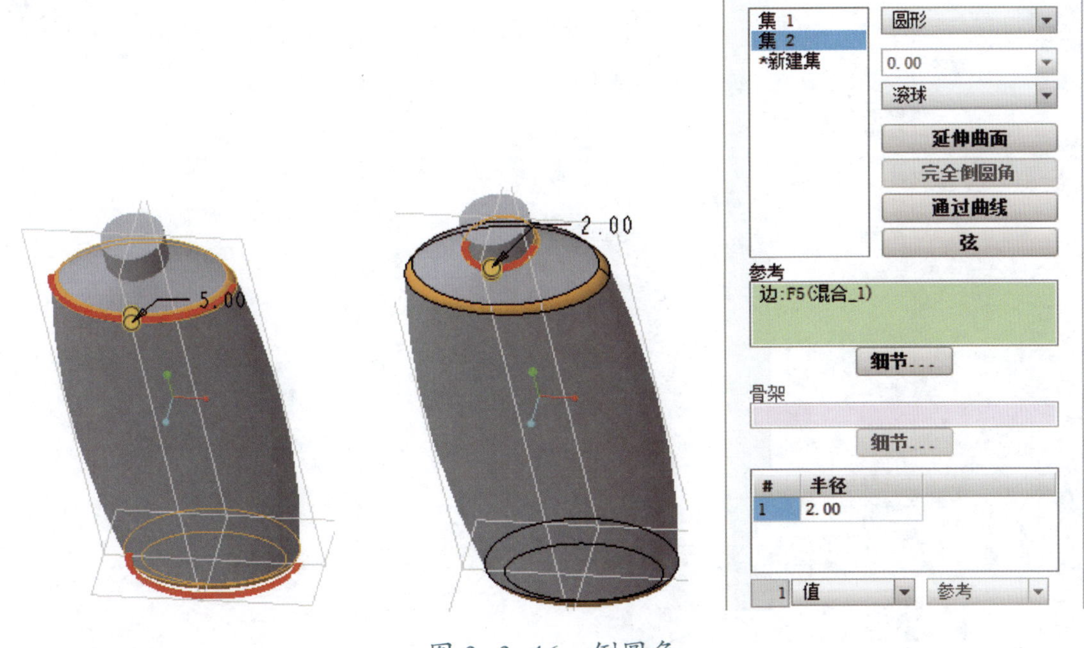

图 3-3-16　倒圆角

四、抽壳

单击“工程”→“壳”按钮，打开“壳”操控面板。选择瓶体的上表面，单击将其移除，设置壳体的厚度为 2.00，预览效果如图 3-3-17 所示，单击“确定”按钮，生成“壳”特征。

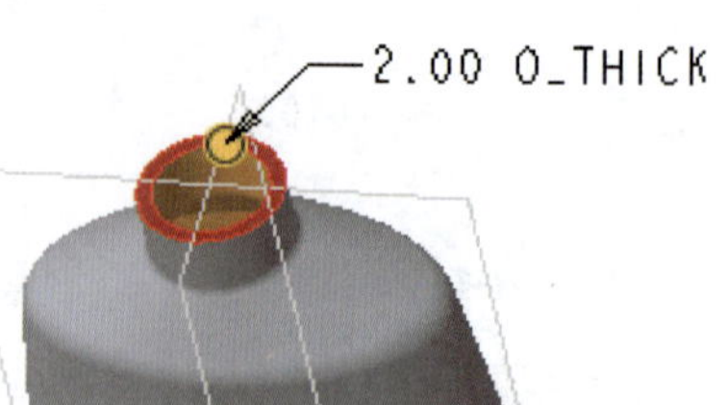

图 3-3-17　抽壳

五、创建完全倒圆角

选中瓶口外边线，在弹出的浮动工具栏中单击“倒圆角”按钮，打开“倒圆角”操控面板。按住 <Ctrl> 键选择瓶口处内外边线，选取完松开 <Ctrl> 键，单击“集”选项卡中的“完全倒圆角”按钮，预览效果如图 3-3-18 所示，单击“确定”按钮生成圆角特征。

至此，完成洗发水瓶模型的构建，结果如图 3-3-1 所示。

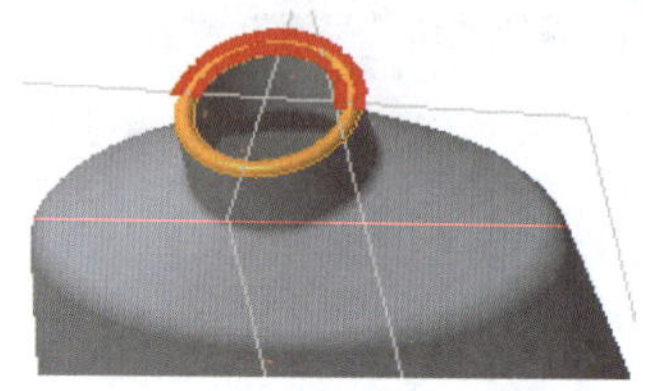
图 3-3-18　完全倒圆角

六、输出 STL 格式文件

1. 建好零件模型后，单击“文件”菜单中的“另存为”按钮，在弹出的如图 3-3-19 所示的“保存副本”对话框中，单击“类型”下拉菜单中的“Stereolithography（*.stl）”选项，勾选“自定义导出”复选框，单击“确定”按钮。

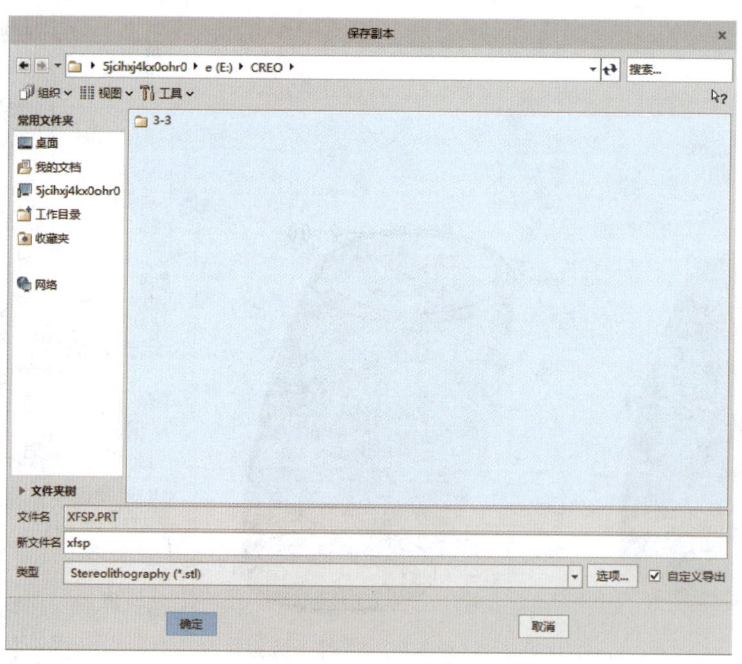

图 3-3-19　“保存副本”对话框

2. 在随后弹出的“导出 STL”对话框中，设置导出模型的精度，如图 3-3-20 所示。STL 格式的文件是一种三角面片格式，导出参数里面的“弦高”用来决定三角面片的大小，弦高值

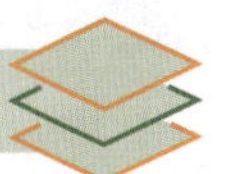

越小模型导出精度越高，如图 3-3-21 所示。其他参数值可以采用系统默认设置，然后输入文件名“xfsp”，设置完毕，单击“应用”按钮，确认无误后，单击“确定”按钮完成保存。

图 3-3-20　导出 STL 格式文件

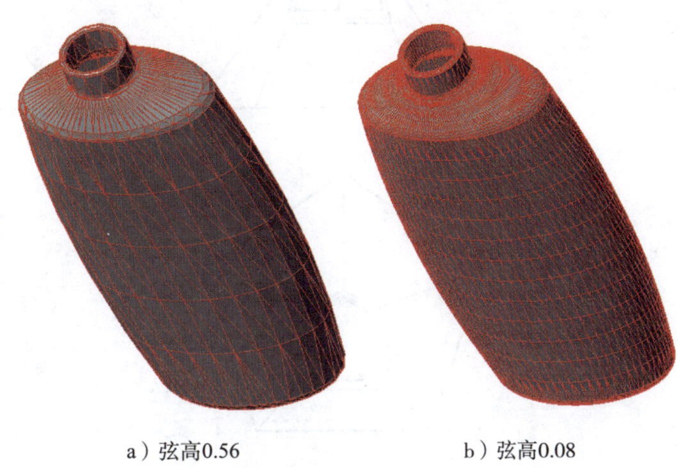

图 3-3-21　弦高值的大小影响模型精度

小提示

根据需要也可以将文件输出为其他类型文件，以便利用相应的软件进行设计或做其他用途。

拓展练习

1. 利用混合工具创建如图 3-3-22 所示变形棱锥体（未注尺寸自拟），3 个截面之间的相邻间距为 60mm。

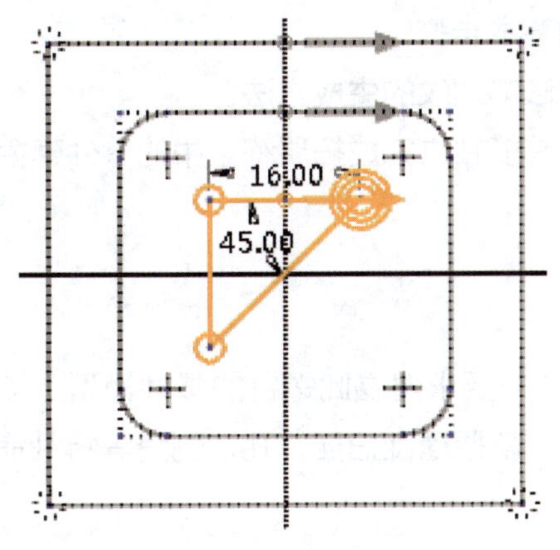

图 3-3-22　变形棱锥体

2. 利用混合工具创建如图 3-3-23 所示储料盒模型，尺寸自拟。

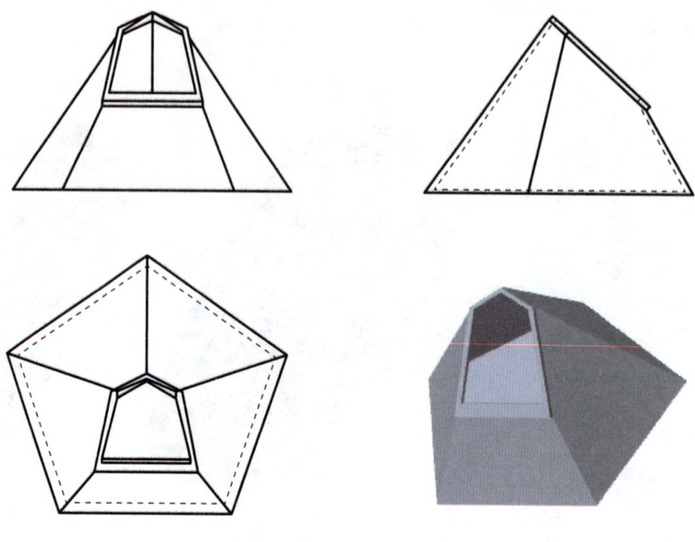

图 3-3-23 储料盒

任务 4 螺钉建模

学习目标

1. 能准确描述并演示创建螺旋扫描特征的基本步骤。
2. 能准确描述并演示孔特征、倒角特征与修饰螺纹的生成方法。
3. 能在教师指导下完成螺钉模型的构建，并能独立完成拓展练习中的零件建模。

任务描述

图 3-4-1 所示螺钉为某产品的零件，本任务要求建立此螺钉的零件模型。该零件具有螺旋槽、孔、倒角等特征，通过本任务的学习，掌握螺旋扫描、孔、倒角等特征命令在建模中的应用。

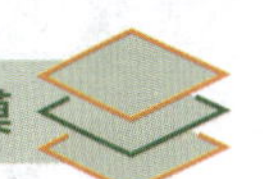

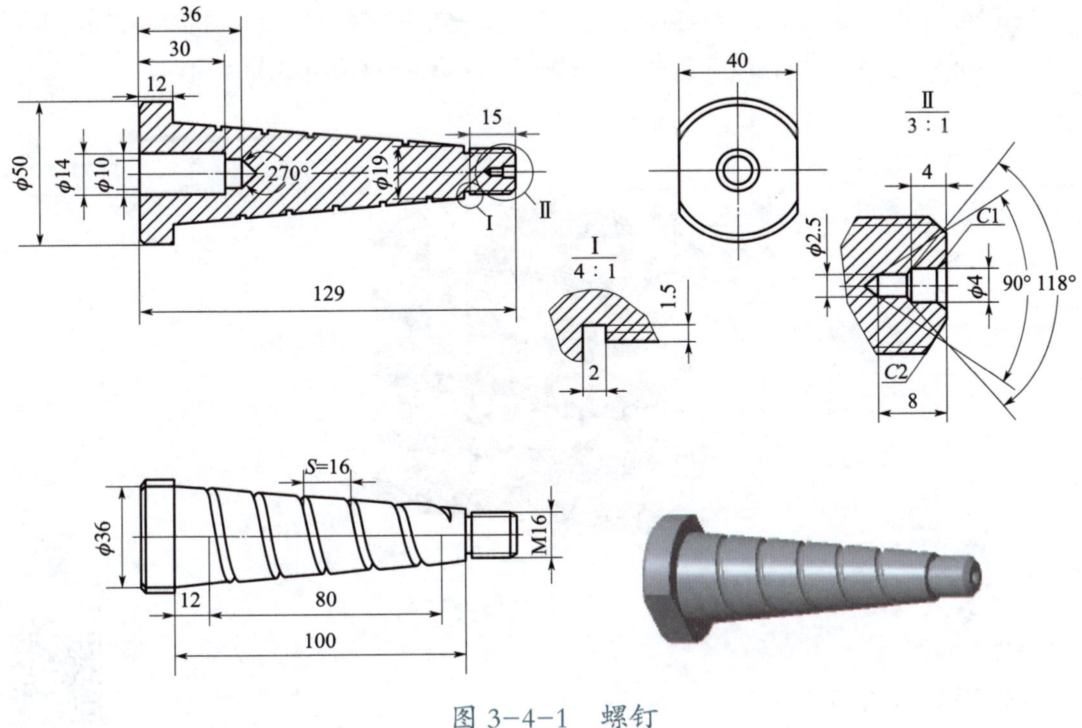

图 3-4-1 螺钉

知识准备

一、螺旋扫描特征

1. 螺旋扫描特征的定义

螺旋扫描特征是将一个截面沿着螺旋轨迹进行扫描而生成的特征。螺旋扫描特征常用于螺纹、弹簧、丝杠等机械结构，如图 3-4-2 所示。

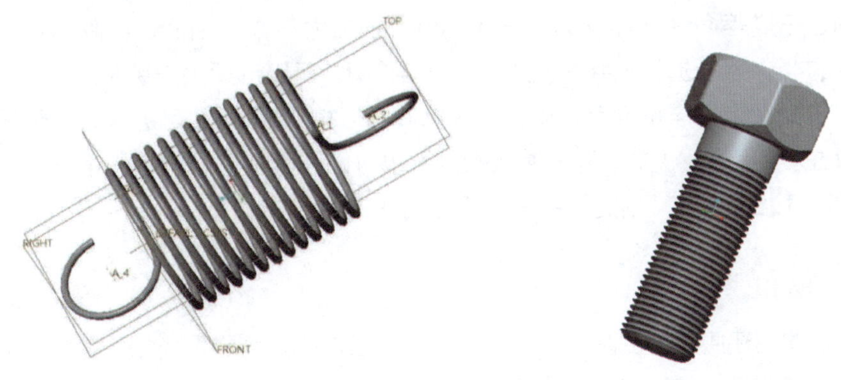

图 3-4-2 螺旋扫描特征应用

决定螺旋扫描特征形状的要素有螺旋扫描轮廓、螺旋扫描截面、螺旋扫描旋转轴、螺距与旋向，如图 3-4-3 所示，图中螺旋扫描轮廓的箭头表示扫描起始位置与方向。

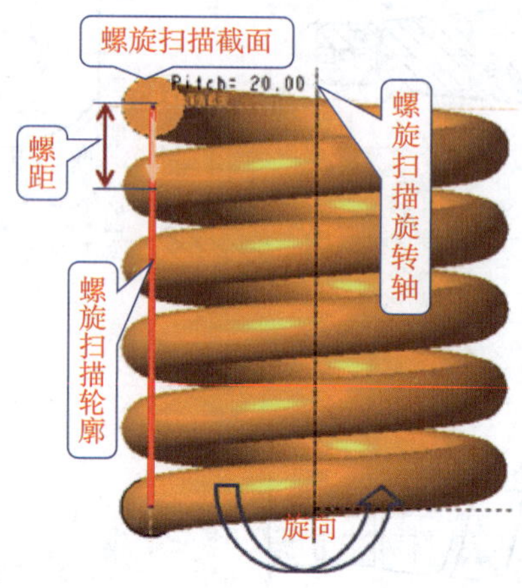

图 3-4-3　螺旋扫描特征要素

2.“螺旋扫描”操控面板

单击“形状”→“扫描”→“螺旋扫描”按钮，即可打开“螺旋扫描”操控面板，如图 3-4-4 所示。

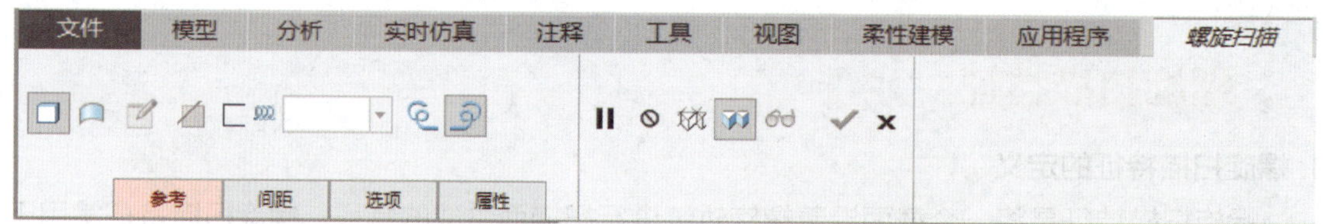

图 3-4-4　“螺旋扫描”操控面板

同拉伸、扫描等命令一样，螺旋扫描也可以扫描为实体、曲面、移除材料、薄壳特征等。面板中的“参考”选项卡用来定义螺旋扫描轮廓，可以选用预先绘制的草绘特征或定义内部草绘。定义螺旋扫描轮廓后，单击“扫描截面”按钮，即可进入草绘环境绘制螺旋截面。可以在“间距”文本框内输入螺距，也可以在面板的“选项”选项卡中定义可变螺距。“左旋”按钮与“右旋”按钮用来定义螺旋旋转方向。

二、倒角特征

倒角特征的创建原理与倒圆角特征相似，常选取边线来创建倒角集，又称为边倒角。单击“工程”→“倒角”按钮，或选取一条要倒角的边，在弹出的浮动工具栏中单击“倒

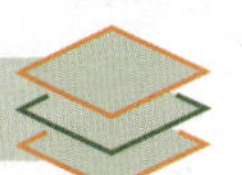

角”按钮，即可进入“边倒角”操控面板，其界面功能与倒圆角类似，如图 3-4-5 所示。

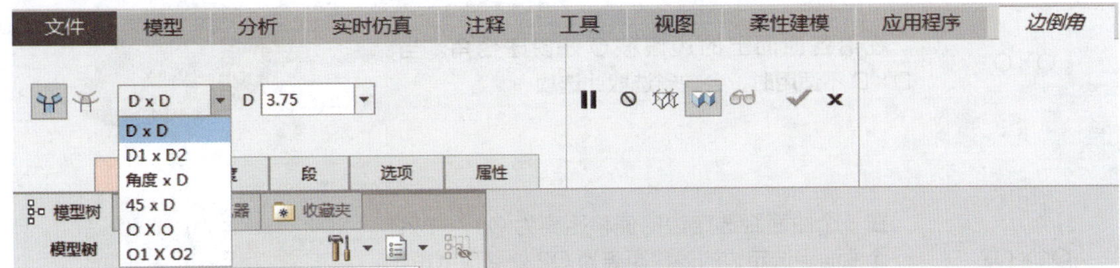

图 3-4-5 “边倒角”操控面板

边倒角的类型有 6 种，其应用见表 3-4-1。

▼ 表 3-4-1 边倒角的类型

类型	描述	图示
D×D	在两曲面上距参照边距离 D 处创建倒角特征	
D1×D2	在一个曲面上距参照边距离为 D1，在另一个曲面上距参照边距离为 D2 处创建倒角特征	
角度 ×D	在一个曲面上距参照边距离为 D，同时与另一曲面呈指定角度创建倒角特征	
45×D	与两个曲面均呈 45° 角且在两曲面上与参照边距离为 D 处创建倒角特征	

续表

类型	描述	图示
O×O	在沿各曲面上的边偏移 O 处创建倒角。当 D×D 不适用时，会缺省选取此选项	10.00
O1×O2	在一个曲面距选定边的偏移距离为 O1，在另一个曲面距选定边的偏移距离为 O2 处创建倒角。当 D1×D2 不适用时，会缺省选取此选项	10.00 20.00

边倒角的“集”选项卡的操作与倒圆角的相类似：如果每次选取单个边参照，则系统会分别为每一个边创建一个倒角集；如果按住 <Ctrl> 键的同时选取多条边，则系统会为这一组边创建一个倒角集；如果选取一条边以后，按住 <Shift> 键再选取其他连续边，则系统将选取包含这些边的整个链作为倒角参照，并为此创建一个倒角集。

设定好倒角尺寸并选择好边参照，在零件模型上会出现倒角预览，确认无误后单击“确定”按钮 ✔，即可完成倒角的创建。

三、孔特征

孔特征是另外一种常用工程特征，用它可以快捷地创建一般孔与标准（螺纹）孔。单击“工程”→“孔”按钮，即可进入“孔”操控面板，如图 3-4-6 所示。

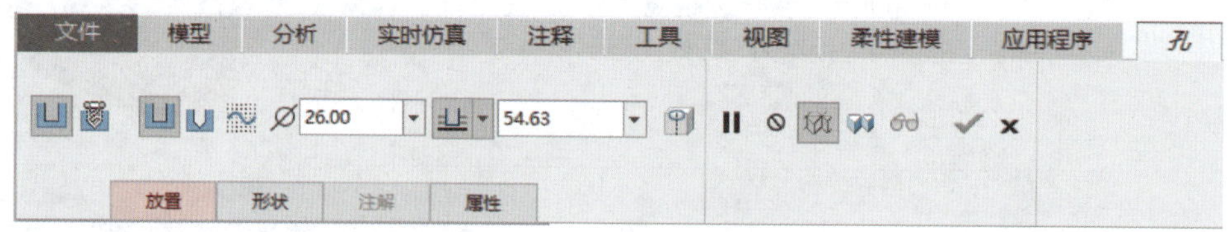

图 3-4-6 “孔”操控面板

创建一个孔需要设置两类尺寸，一是孔的定位尺寸；二是孔的形状尺寸，即定形尺寸。

1. 设置定位尺寸

定位尺寸决定孔特征放置的位置，在面板的“放置”选项卡中予以设置。

（1）确定放置参照

通常选取模型上的平面或者回转体的轴线作为孔的主参照，见表 3-4-2。

▼ 表 3-4-2　放置参照的选取

选取方法	放置选项	孔的轴线	图示	定位情况
单击选取平面或曲面	放置 曲面:F5(拉伸_1)　反向 类型　线性	该平面或曲面的法向	φ35.00 50.00 PRT_CSYS_DEF	不能完全定位孔，仍需指定偏移参考
按住<Ctrl>键选取轴线和平面	放置 A_1(轴):F5(拉伸_1) 曲面:F5(拉伸_1)　反向 类型　同轴	与选定轴线同轴	φ35.00 50.00 PRT_CSYS_DEF	准确定位孔，无须偏移参照
按住<Ctrl>键选取参考点和平面	放置 PNT0:F6(基准点) 曲面:F5(拉伸_1)　反向 类型　点上	通过点与面垂直	φ35.00 50.00 PRT_CSYS_DEF	准确定位孔，无须偏移参照

（2）指定孔的偏移参考

孔的偏移参考有 5 种：线性、径向、直径、同轴与点上。其中，同轴与点上的偏移参考在“放置”收集框中设置即可，见表 3-4-2。因此，当选好放置参照后，单击“放置”选项卡的“类型”下拉菜单只可以选取另外 3 种，见表 3-4-3。

2. 孔类型及其定形尺寸

根据形状、结构、用途以及标准化情况，孔特征可以分为 3 种类型：简单孔、草绘孔和标准孔，如图 3-4-7 所示，其定形需要的尺寸各不相同。

▼ 表 3-4-3　孔的偏移参考

偏移参考	线性	径向	直径
操作	按住 <Ctrl> 键选取 2 个平面或者直线；指定约束方式为“偏移”或“对齐”，若为“偏移”，则输入偏移尺寸	按住 <Ctrl> 键选取一条轴线和一个参考平面；设置孔轴线与参考轴线的距离，即“半径”尺寸；设置与参考平面的“角度”	与“径向”类似，只是在确定轴作为偏移参考时，输入的是直径尺寸

续表

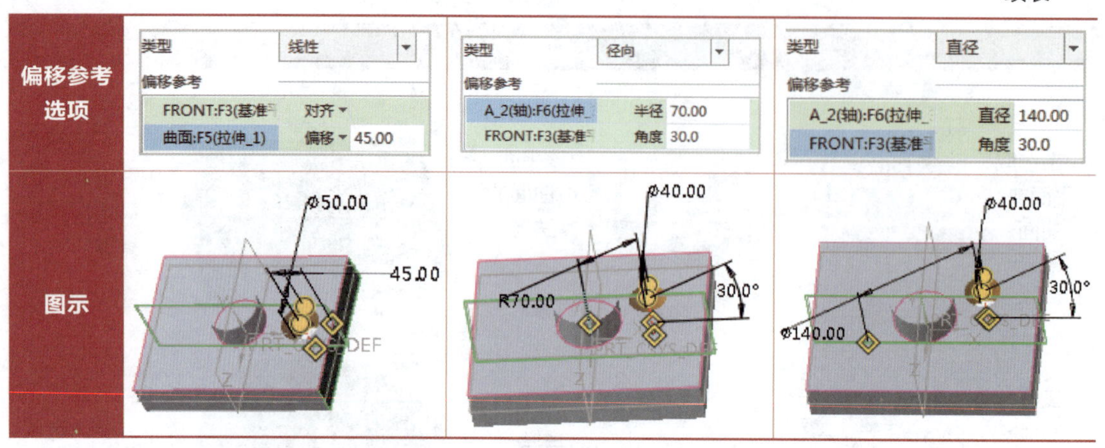

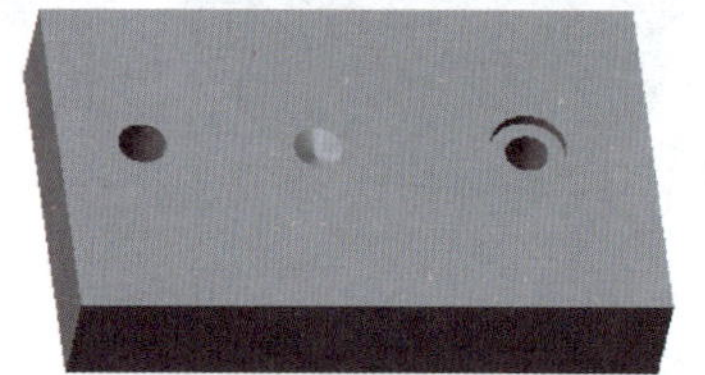

图 3-4-7 孔特征的 3 种类型

（1）简单孔

简单孔又称为直孔，其结构较为简单，具有单一直径尺寸，构建时只需设定孔的直径、深度和轮廓形状。孔的深度定义方式与拉伸长度类似。

简单孔的轮廓形状有矩形轮廓孔 与标准轮廓孔 两种。系统默认的为矩形轮廓孔，其剖面为矩形，底部平直；标准轮廓孔的剖面为标准轮廓形状，尾部为三角形。如需用作钻孔轮廓，则需按下按钮 ，在其后会出现 3 个选项按钮 、 和 ，分别用来设置“钻孔肩部深度”“添加沉头孔”和“添加沉孔”。此时，需要激活“形状”选项卡来详细设计孔的轮廓形状，如图 3-4-8 所示。孔的各项形状尺寸均可单击修改，也可在此定义孔的深度。

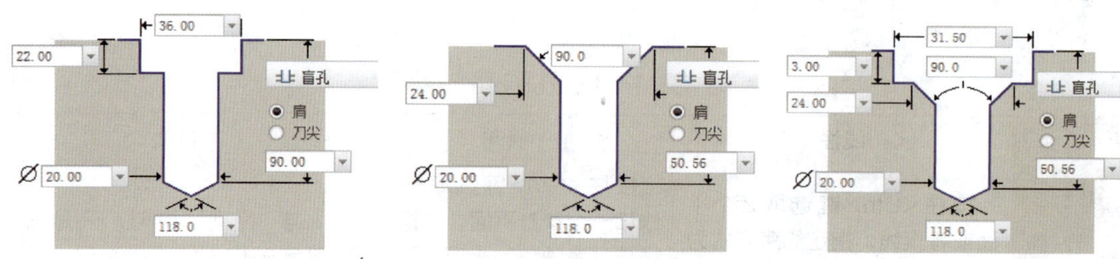

图 3-4-8 “形状”选项卡中孔的轮廓形状

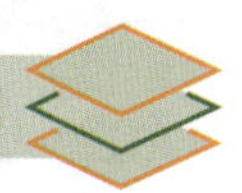

（2）草绘孔

草绘孔是指由草绘截面定义的旋转孔特征，用于创造形状较为复杂的非标准孔，如锥形孔等。草绘孔的所有定形尺寸都在草绘截面中确定，因此在操控面板上无须设置定形尺寸。

在操控面板中单击“使用草绘定义钻孔轮廓”按钮，其后会出现“打开”按钮和“草绘器”按钮，可以选择已有草绘或绘制截面草图。单击“草绘器”按钮进入草绘环境，使用草绘工具绘制出孔的截面草图。首先要绘制回转轴线，且草绘截面必须封闭完好，如图 3-4-9 所示。绘制完毕，单击“确定”按钮，退出草绘环境，确定孔的定位尺寸后，单击“确定”按钮，完成孔的创建。

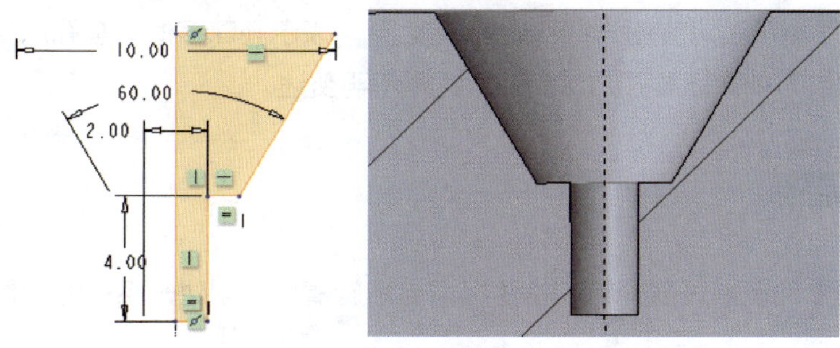

图 3-4-9　草绘孔

（3）标准孔

标准孔是具有标准形状的螺纹孔。标准孔的创建基于相关工业标准，可带有不同的末端形状、标准沉孔和埋头孔。在操控面板上单击按钮后，“孔”操控面板显示如图 3-4-10 所示。

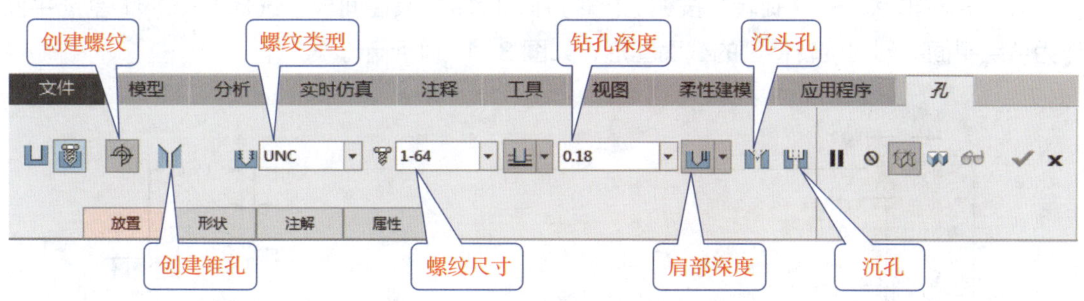

图 3-4-10　标准孔的设置

1）螺纹类型和尺寸

单击“螺纹类型”下拉菜单可显示 3 种类型：“ISO”“UNC”和“UNF”，其指代的螺纹类型及应用见表 3-4-4。设定好螺纹类型后，即可在其后的“螺纹尺寸”选项框内选取螺纹公称直径及螺距。

▼ 表 3-4-4 螺纹类型及应用

代号	螺纹类型	应用
ISO	标准螺纹	我国通用，如 M20×2 表示大径为 20mm，螺距为 2mm 的标准螺纹
UNC	粗牙螺纹	用于要求快速拆装或易腐蚀和轻微损伤的部位
UNF	细牙螺纹	用于需要短旋合长度、小螺旋升角的场合

2）螺纹孔深度和修饰螺纹

设置螺纹孔深度的方法与简单孔相似，当选择孔深度类型为 时，其后有两种深度设置图标，图标 表示孔深度值为钻孔肩部深度， 表示孔深度值为全孔深度。

创建修饰螺纹与创建标准孔方法类似，这里不再赘述。

任务实施

本任务中的零件模型是在旋转基本体上切出螺旋槽，并创建一系列的放置特征，包括螺纹、倒角和孔等。

一、新建文件

启动 Creo 后，新建零件类型文件，命名为“luoding”，取消勾选“使用默认模板”，选择模板“mmns_part_solid”，单击“确定”按钮，进入零件设计环境。

二、创建旋转实体

1. 单击“形状”→“旋转”按钮 ，打开“旋转”操控面板。选择 FRONT 基准平面作为草绘平面，创建旋转特征的截面图形，如图 3-4-11 所示。

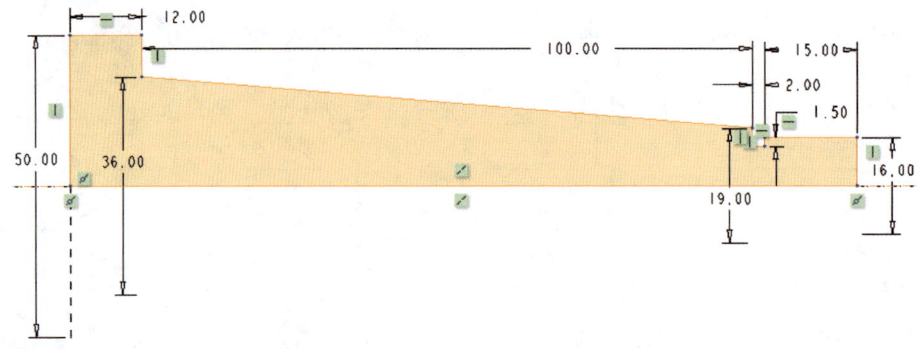

图 3-4-11 旋转实体的草绘截面

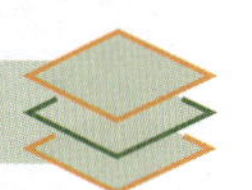

2. 绘制完毕，单击“确定”按钮，退出草绘环境，然后单击操控面板中的“确定”按钮，生成旋转实体，如图 3-4-12 所示。

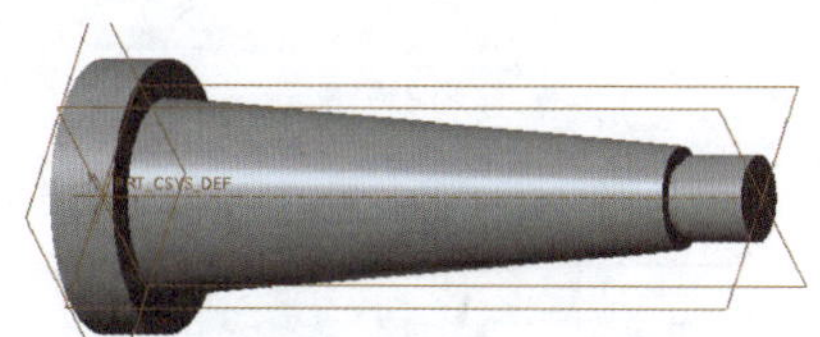

图 3-4-12　旋转实体

三、创建螺旋槽扫描特征

1. 单击“形状”→“扫描”→“螺旋扫描”按钮，打开“螺旋扫描”操控面板。

2. 激活“参考”选项卡，如图 3-4-13 所示。在选项卡的“截面方向”选项中选择“穿过旋转轴”。单击选项卡中的“定义”按钮，选择 FRONT 基准平面作为草绘平面，绘制螺旋扫描特征的轨迹，如图 3-4-14 所示。先绘制出螺旋扫描的旋转中心线，然后绘制由 3 条线段衔接而成的轨迹，包括中间 1 条与实体轮廓线相重合的线段（标注尺寸 12.00 和 80.00）和渐入、渐出的 2 条线段。绘制完毕，单击“确定”按钮，退出草绘环境。

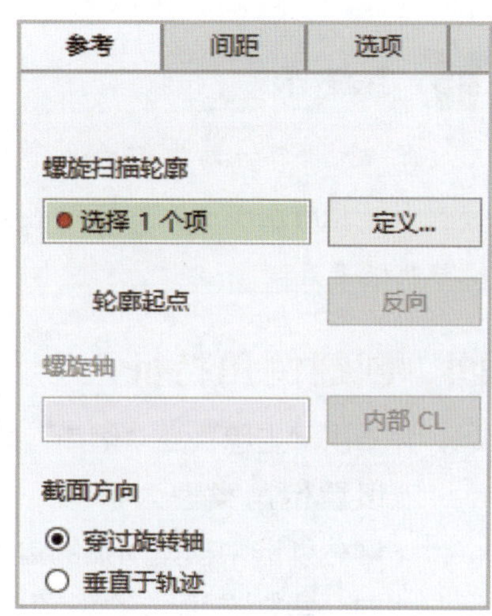

图 3-4-13　“参考”选项卡

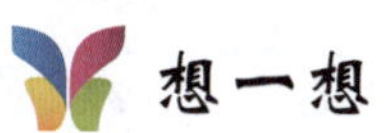

想一想

为什么要绘制渐入和渐出这两条线段？

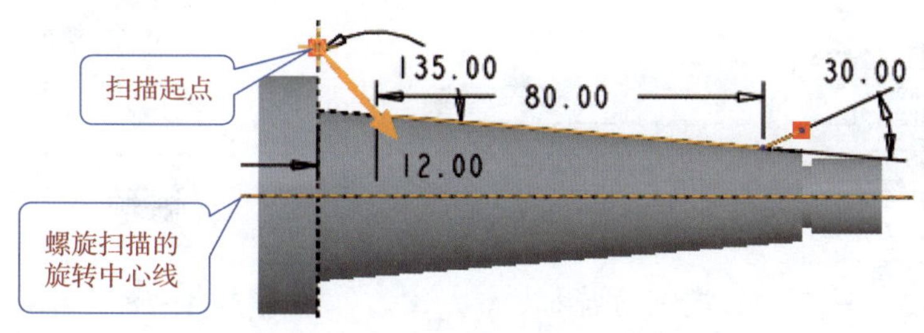

图 3-4-14　螺旋扫描特征的轨迹

3. 单击“螺旋扫描”操控面板中的“扫描截面”按钮，创建螺旋扫描特征的截面图形，如图 3-4-15 所示，以构造线交点（即扫描轨迹起点）为圆心绘制一个直径为 3.00 的圆，绘制完毕，单击“确定”按钮，退出草绘环境。

4. 设置螺旋扫描的类型、螺距尺寸和旋向。单击“移除材料”按钮，设置螺距尺寸为 16.00，默认选择“右旋”，单击“确定”按钮，生成螺旋扫描特征，如图 3-4-16 所示。

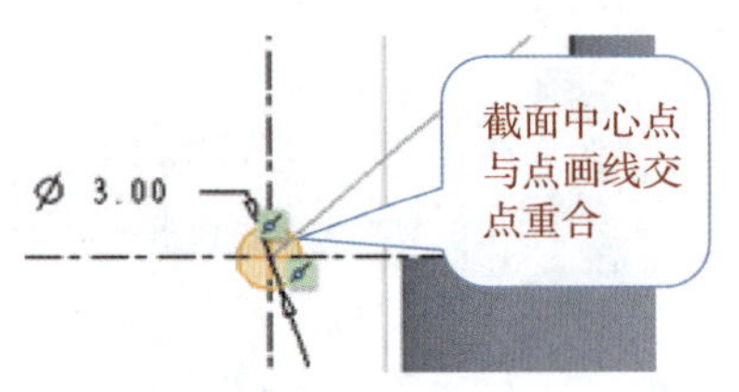

图 3-4-15　螺旋扫描的截面图形

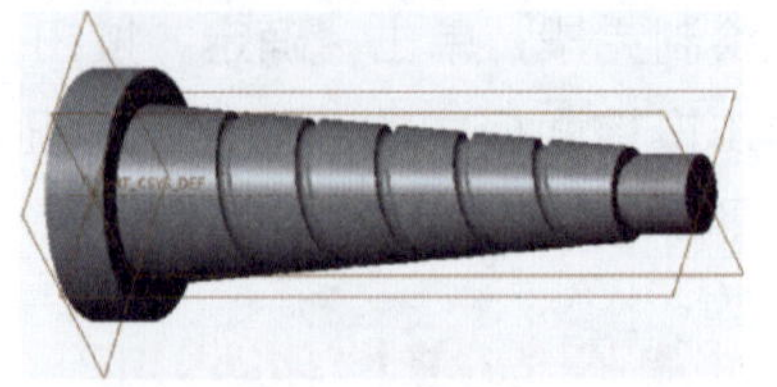

图 3-4-16　生成去除材料的螺旋扫描特征

小提示

在“参考”选项卡中，当“截面方向”选择“穿过旋转轴”时，在截面沿螺旋轨迹扫描过程中，其所在平面始终通过轴线；如果选择“垂直于轨迹”，则扫描过程中，截面始终与螺旋轨迹垂直。

四、创建倒角特征

1. 单击“工程”→“倒角”按钮，进入“边倒角”操控面板。

2. 设置倒角类型为 D×D，尺寸为 2.00，按住 <Ctrl> 键分别选中模型两端的边线，如图 3-4-17 所示，此时“集”选项卡的设置结果如图 3-4-18 所示，单击“确定”按钮，生成倒角特征。

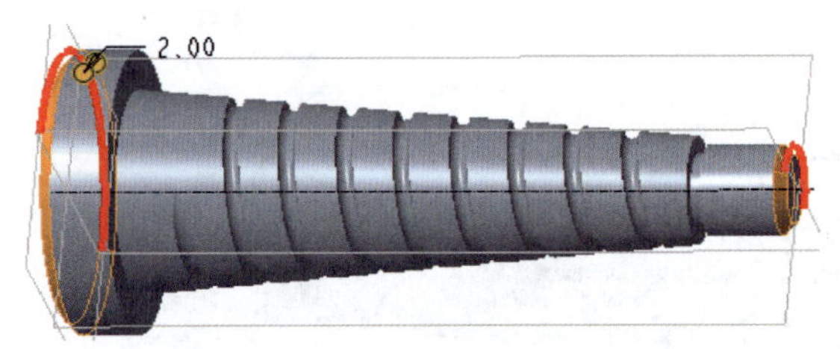

图 3-4-17　创建倒角特征

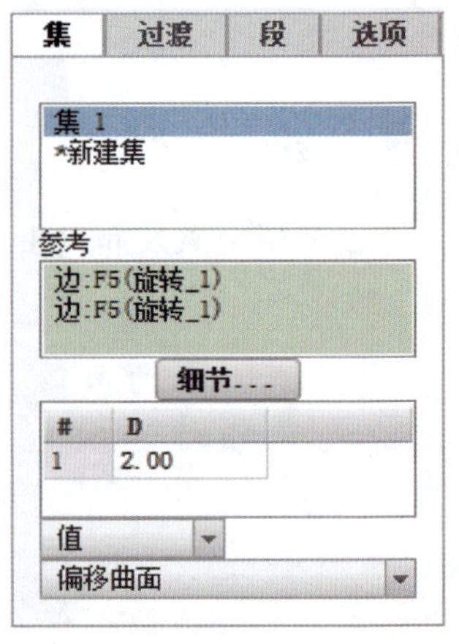

图 3-4-18　倒角“集”选项卡

五、创建 M16 修饰螺纹

单击“工程”→“修饰螺纹”按钮，打开“螺纹”操控面板，如图 3-4-19 所示。激活“放置”选项卡，选中 ϕ16 圆柱面；单击“标准螺纹”按钮，在“螺纹尺寸”选项框内选取螺纹尺寸 M16×2；单击“螺纹起始位置收集器”选项框，选中 ϕ16 圆柱左端面；在“长度”选项下拉菜单中选择“到选定参考”，然后选择 ϕ16 圆柱右端面。单击“确定”按钮，退出“螺纹”操控面板，完成修饰螺纹的创建。在视图控制工具条中将显示样式选为“隐藏线”，可看到如图 3-4-20 所示修饰螺纹效果。

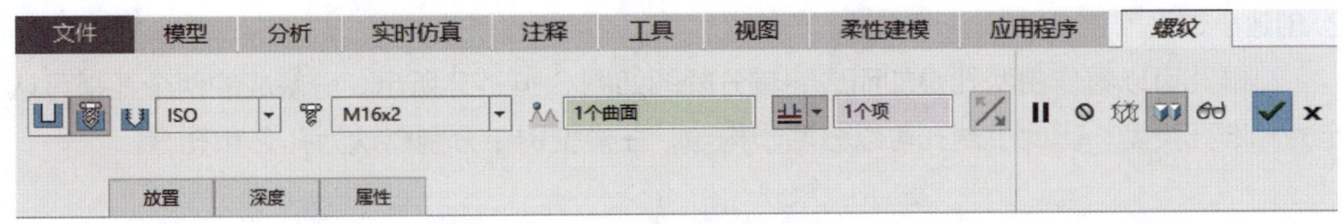

图 3-4-19 “螺纹”操控面板

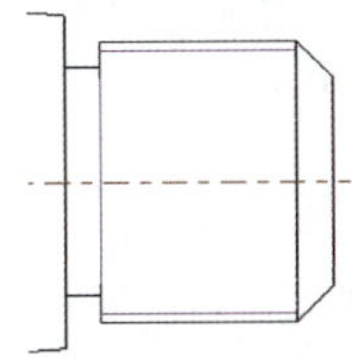

图 3-4-20 M16 修饰螺纹

六、创建孔特征

如图 3-4-1 所示，零件模型中有两个孔，分别在零件的两端，现将主视图中两端的孔称为大端孔与小端孔。

1. 创建大端孔

（1）单击“工程”→“孔”按钮，打开“孔”操控面板。

（2）激活“放置”选项卡，其内容与操作功能如图 3-4-21a 所示。按住 <Ctrl> 键依次选取模型的大端平面和旋转轴线。

（3）依次单击操控面板的“使用标准孔轮廓”按钮→“添加沉孔”按钮，激活“形状”选项卡，设置各尺寸如图 3-4-21b 所示，设置完毕，单击“确定”按钮✔，生成孔 1 特征。

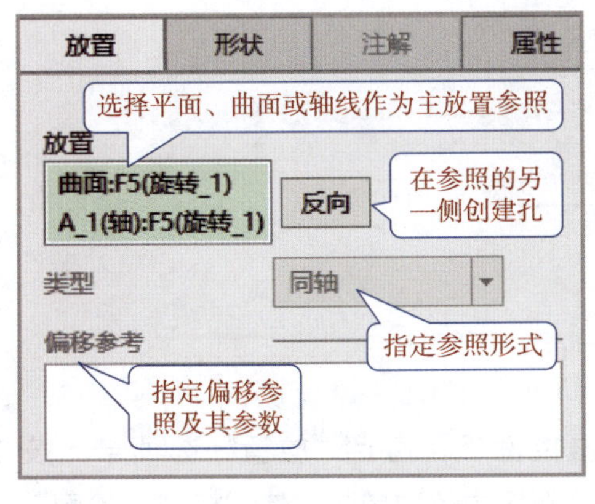

a）“放置”选项卡

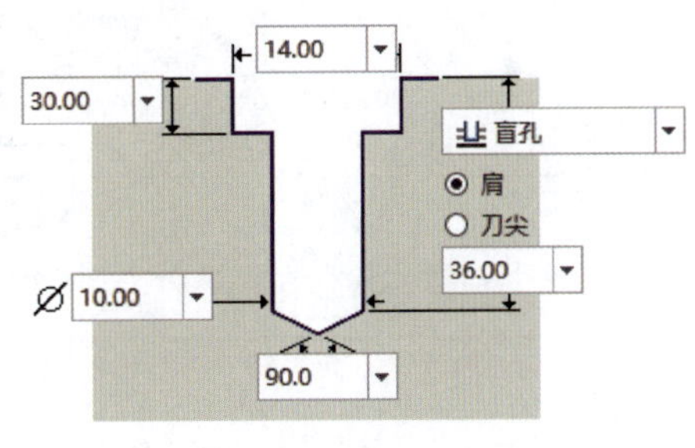

b）孔1形状设置

图 3-4-21 创建孔 1 特征

2. 创建小端孔

小端孔可以看作由两孔叠加而成，其分解图如图 3-4-22 所示，分解成的两个孔都可认定为标准孔类型，因此小端孔可以分两步构建，在模型树中分别默认为孔 2 和孔 3。

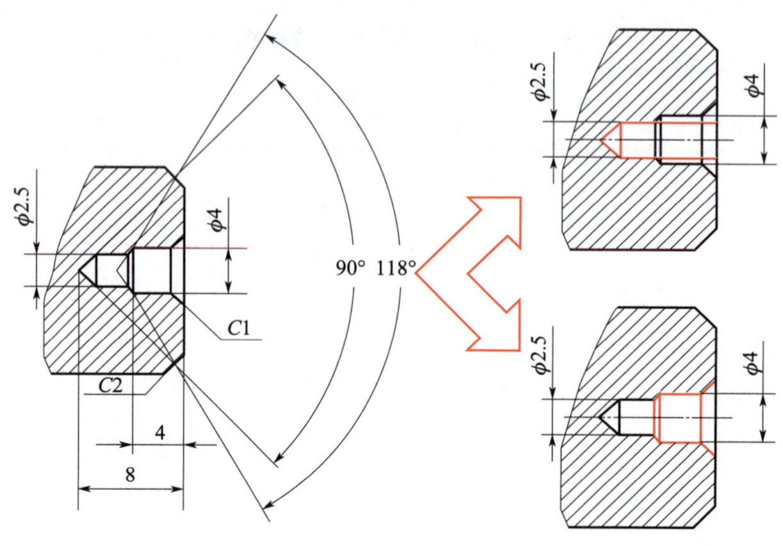

图 3-4-22　孔分解图

（1）单击“工程”→“孔”按钮，打开“孔”操控面板，激活“放置”选项卡，按住 <Ctrl> 键选取模型的小端平面和旋转轴线。在操控面板中单击“使用标准孔轮廓”按钮，打开“形状”选项卡，设置各尺寸如图 3-4-23 所示，设置完毕，单击“确定”按钮✔，生成孔 2 特征。

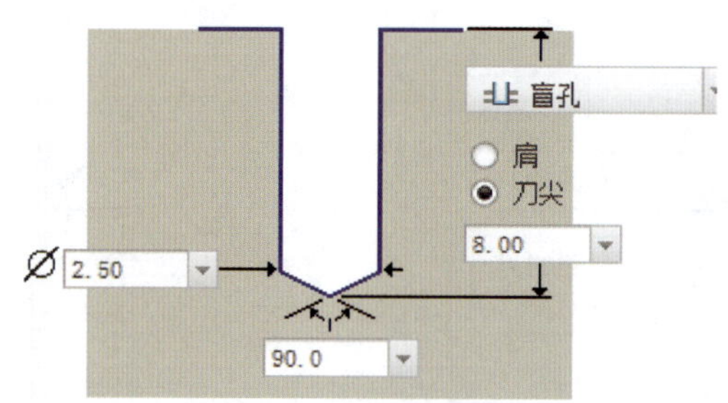

图 3-4-23　孔 2 形状设置

（2）再次单击“孔”按钮，打开“孔”操控面板，激活“放置”选项卡，按住 <Ctrl> 键选取模型的小端顶面和旋转轴线。在操控面板中依次单击“使用标准孔轮廓”按钮和“添加沉头孔”按钮，打开“形状”选项卡，设置各尺寸如图 3-4-24 所示，

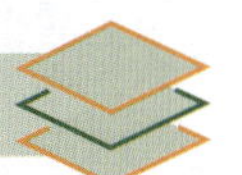

设置完毕，单击“确定”按钮✔，生成孔3特征，如图3-4-25所示。

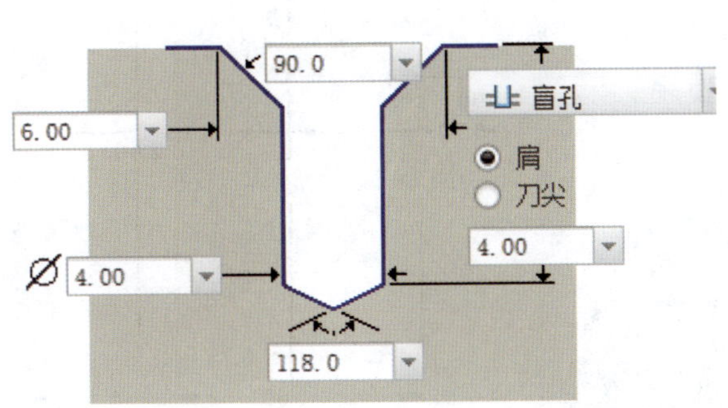

图 3-4-24　孔3形状设置

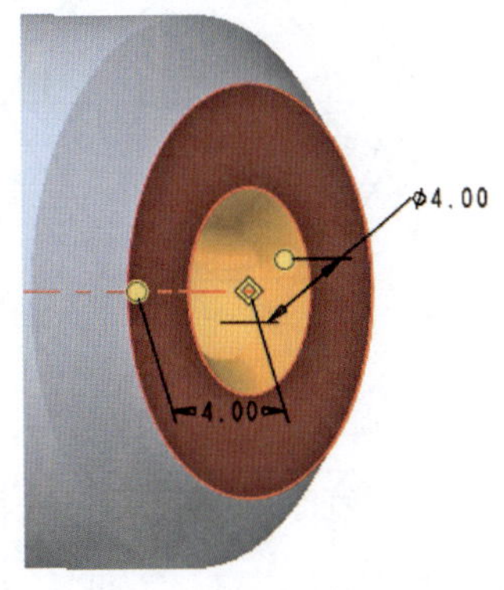

图 3-4-25　孔3特征预览

七、拉伸创建螺钉头部两侧平面

单击“形状”→“拉伸”按钮，选择左端面为草绘平面，绘制拉伸截面草图，如图3-4-26a所示。绘制完毕，单击“确定”按钮，退出草绘环境。在“拉伸”操控面板中，将拉伸深度选项设为“穿透”，单击“移除材料”按钮，调整拉伸方向，单击“确定”按钮✔，拉伸生成螺钉头部两侧平面特征，如图3-4-26b所示。

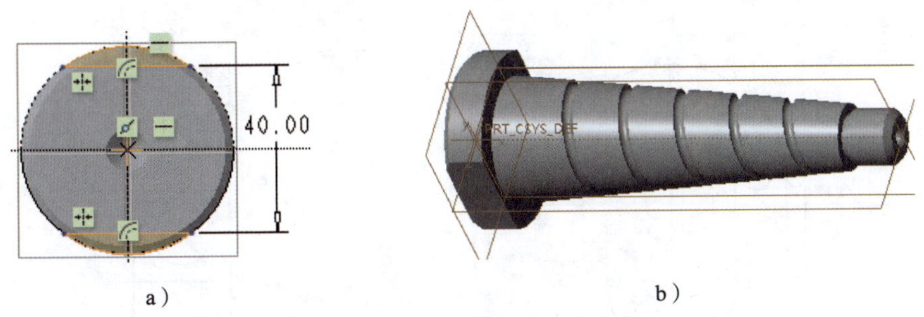

图 3-4-26　创建去除材料的拉伸特征

八、保存文件

模型创建完毕，检查无误后，单击“保存”按钮，将文件“luoding.prt”保存到工作目录。

拓展练习

1. 利用扫描与螺旋扫描工具绘制图3-4-2所示拉伸弹簧，尺寸自拟。
2. 利用螺旋扫描等工具绘制图3-4-27所示非标准螺母模型，螺距为4mm。

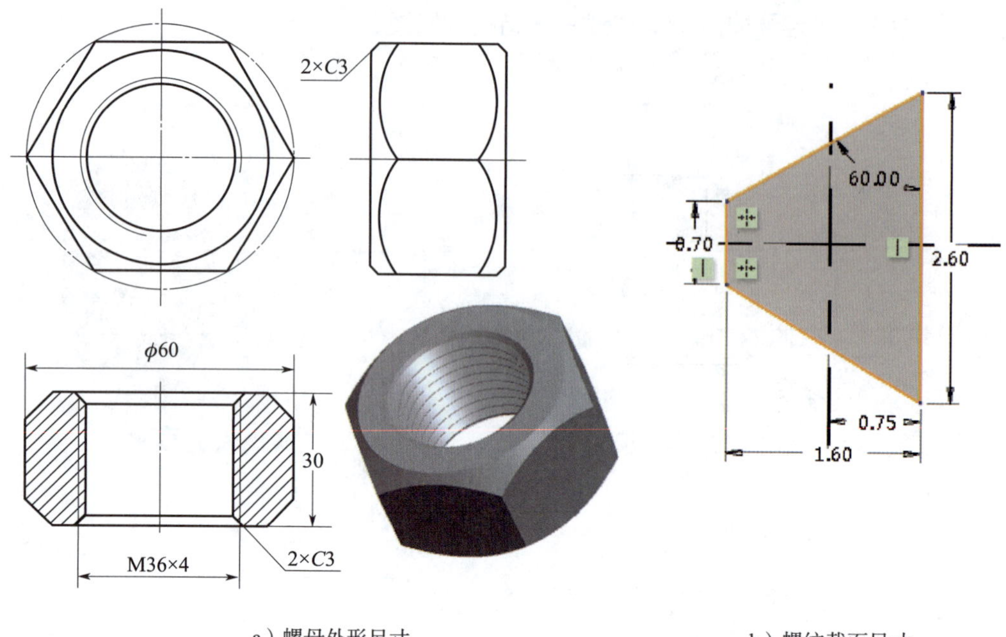

图 3-4-27　螺母模型

3. 绘制如图 3-4-28 所示泵体模型，练习孔及倒角工具的应用。

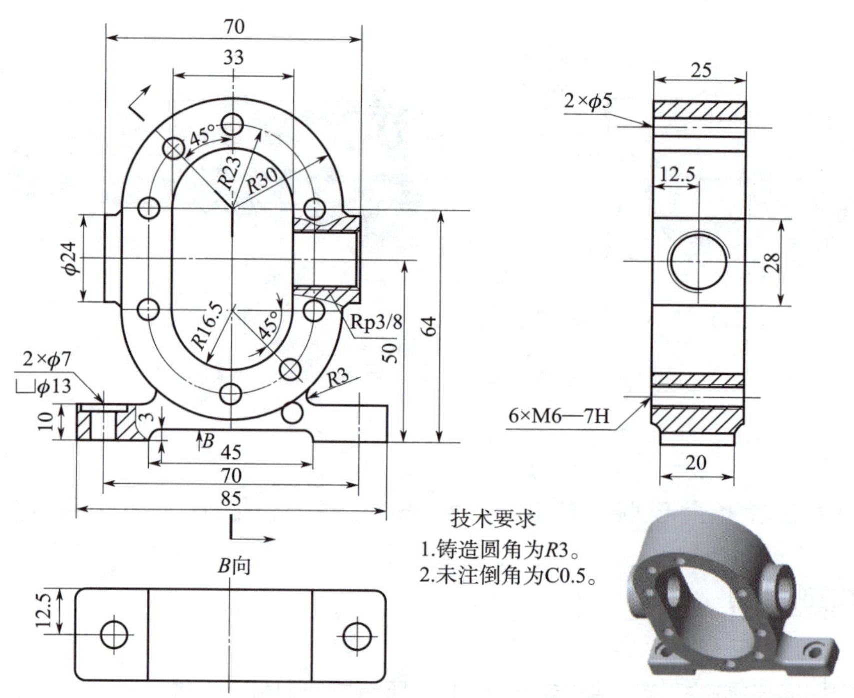

图 3-4-28　泵体模型

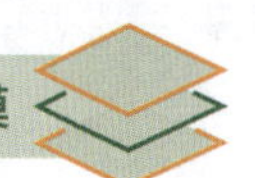

任务 5　沥水盆建模

学习目标

1. 能描述拔模特征与筋特征建模的应用，并演示创建拔模特征与筋特征的操作步骤。

2. 能描述阵列特征的生成方法，并演示创建阵列特征的操作步骤。

3. 能在教师指导下利用所学知识完成沥水盆模型的构建，并能独立完成拓展练习中零件的建模。

任务描述

本任务要求设计如图 3-5-1 所示沥水盆模型。该沥水盆整体为上宽下窄的筐型结构，其上有多个孔和槽，还有对称的手柄、筋以及圆角等结构特征。通过本任务的学习，掌握拔模特征、筋特征、镜像特征、阵列特征的应用。

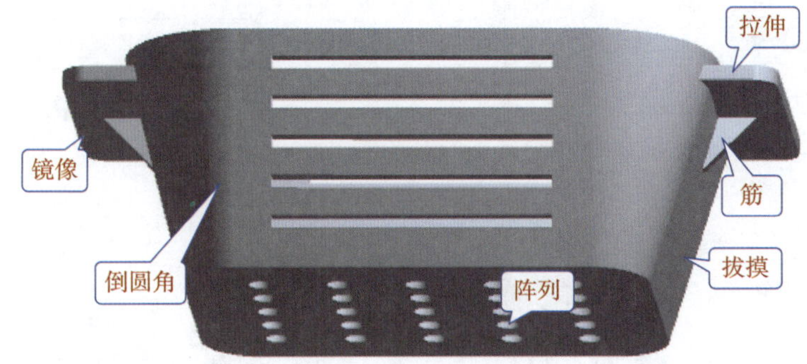

图 3-5-1　沥水盆模型

知识准备

一、拔模特征

1. 概念

拔模特征是指在实体模型上引入斜度，将竖直的平面或者曲面变为带有一定倾斜角度的斜面，如图 3-5-2 所示，通常用于模具成形产品中为方便起模而设计的拔模斜面。

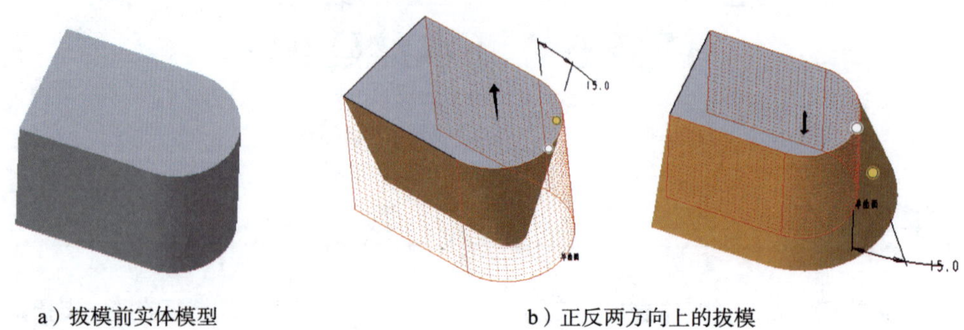

a）拔模前实体模型　　b）正反两方向上的拔模

图 3-5-2　拔模特征

在“工程”工具组中单击“拔模”按钮，即可进入“拔模”操控面板，如图 3-5-3 所示。

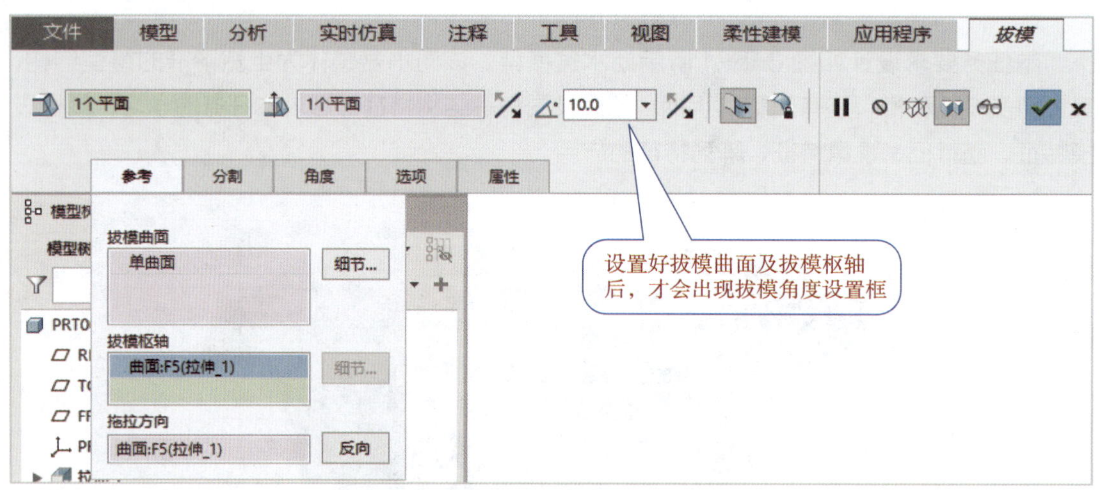

图 3-5-3　“拔模”操控面板

2. 基本要素

（1）拔模曲面

拔模曲面是要变为斜面的零件表面，可以是平面，也可以是曲面，可以选择单个面，也可以选择多个面，如图 3-5-4 所示，黄色标识的面为拔模曲面。在“拔模”操控面板的“参考”选项卡中，激活“拔模曲面”收集框，在模型中选择需要拔模的曲面，即可设置拔模曲面。

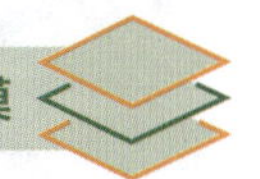

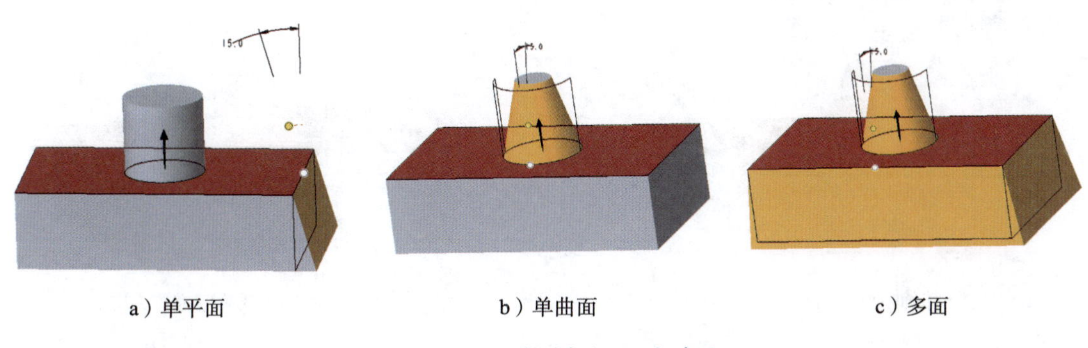

a）单平面　　b）单曲面　　c）多面

图 3-5-4　拔模曲面的选取

（2）拔模枢轴

拔模枢轴可以看作是拔模曲面的旋转轴，可以是平面、面组或曲线链，其所在位置的拔模曲面截面轮廓在拔模前后保持不变。拔模枢轴的选择对零件形状的影响如图 3-5-5 所示。红色标识的是拔模枢轴所选的面，在其他参数相同的情况下，拔模枢轴选择不同位置，零件的形状不同。

在“拔模”操控面板中，要选择拔模枢轴，可以在面板上单击“拔模枢轴收集器”按钮，或在“参考”选项卡中激活“拔模枢轴”收集框，然后在模型中选择作为拔模枢轴的面或线。

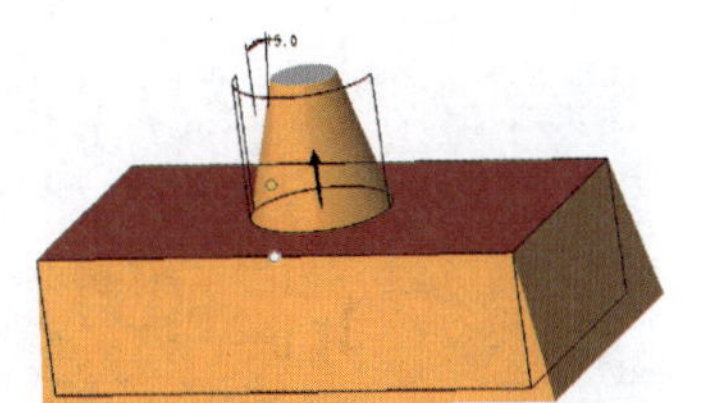

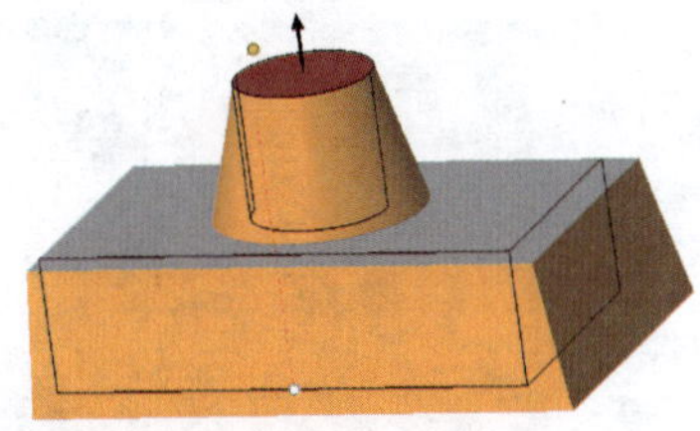

图 3-5-5　拔模枢轴的选取

（3）拔模角度

拔模角度指拔模方向与生成的拔模曲面之间的角度。单击其后的按钮可以转换拔模角度方向。

（4）拖拉方向

拖拉方向是测量角度所用的方向参照，选取平面为拔模枢轴时，拖拉方向将默认为垂直于该平面，系统使用箭头标识拖拉方向的正向，单击箭头或者单击“反向”按钮，均可调整拖拉方向，如图 3-5-6 所示。在模具设计中，拖拉方向通常被认为是模具开模的方向。

能充当拖拉方向参照的对象可以是平面（平面的法线方向）或者是线（边线、轴线或坐标轴等），如图 3-5-6 所示。

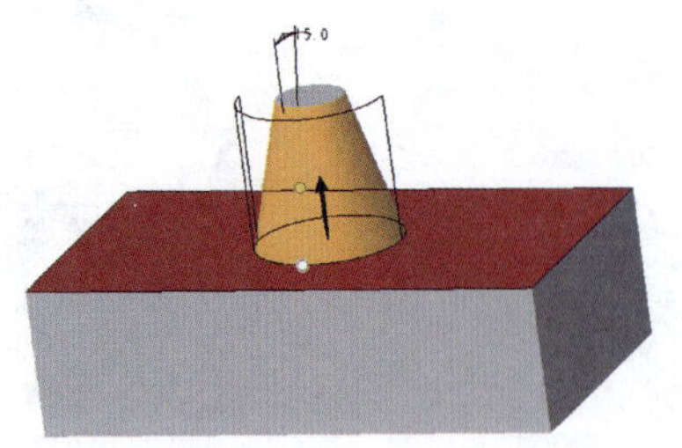

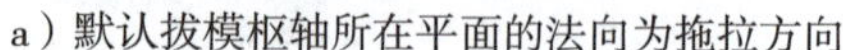
a）默认拔模枢轴所在平面的法向为拖拉方向

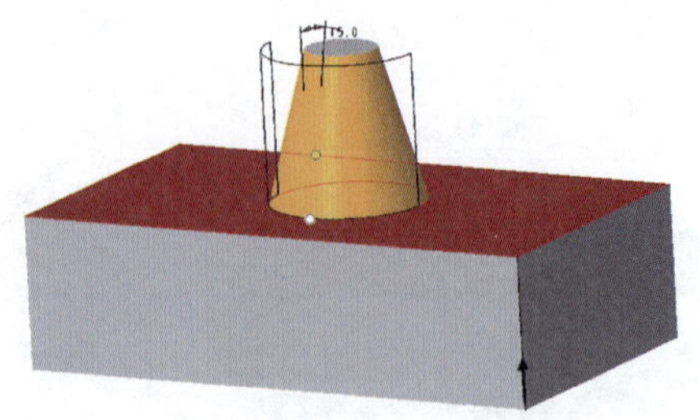
b）使用实体边线确定拖拉方向

图 3-5-6　设置拖拉方向

二、筋特征

筋特征用来加固零件，其创建过程与拉伸特征类似，所不同的是筋特征的截面草图是不封闭的。

单击“工程”→“筋”按钮右侧的溢出按钮，出现两种筋特征类型：轨迹筋和轮廓筋。其截面草图和特征预览见表 3-5-1。

▼ 表 3-5-1　筋的类型及其截面草图和特征预览

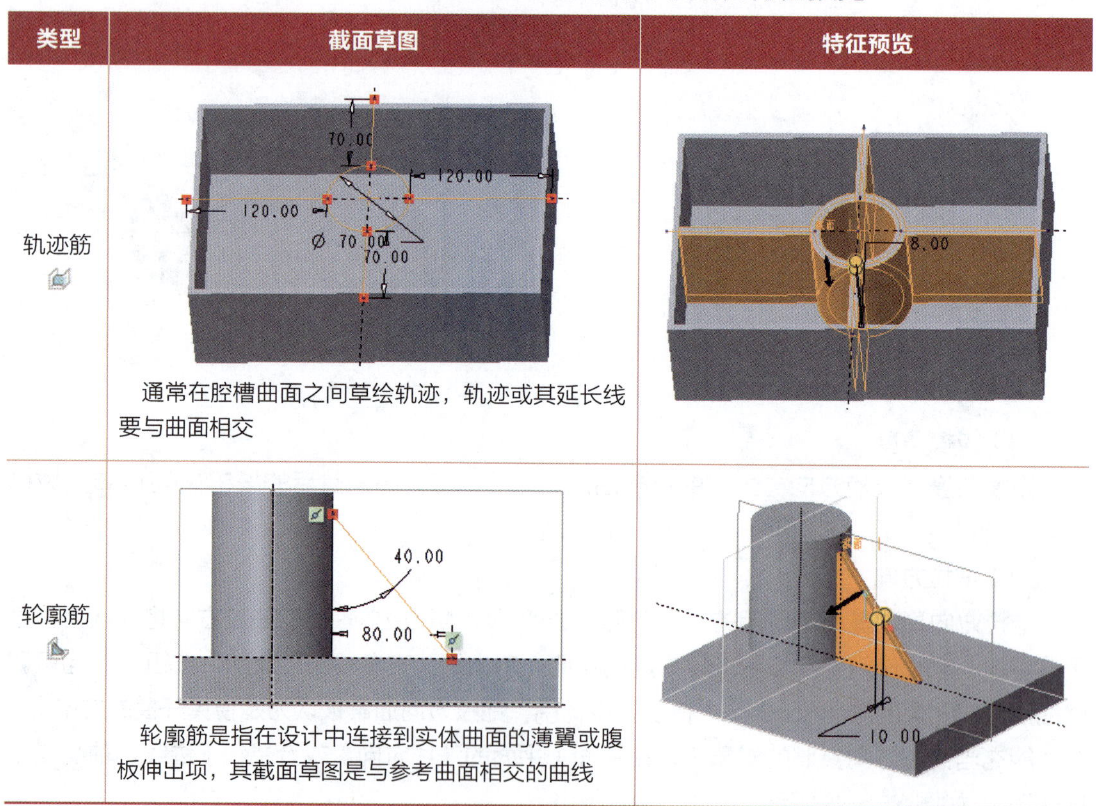

类型	截面草图	特征预览
轨迹筋	通常在腔槽曲面之间草绘轨迹，轨迹或其延长线要与曲面相交	
轮廓筋	轮廓筋是指在设计中连接到实体曲面的薄翼或腹板伸出项，其截面草图是与参考曲面相交的曲线	

三、镜像特征

镜像，顾名思义，就是物体相对于某镜面所成的像。镜像特征就是将源特征相对于一个平面进行对称性复制，从而得到源特征的一个副本。如图 3-5-7 所示，桥的两侧栏杆，以及椅子两侧的扶手都可以用镜像特征来构建。

图 3-5-7　镜像特征的应用

单击“编辑”→“镜像”按钮，即可进入“镜像”操控面板。在镜像之前，首先要有一个镜像的对象，称为原始特征，也称源特征，再选择一个镜像基准平面，即可根据原始特征创建一组副本特征，即镜像特征，如图 3-5-8 所示。

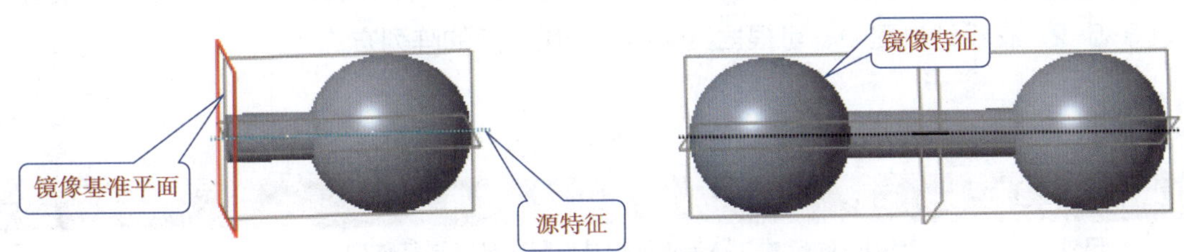

图 3-5-8　镜像特征的基本原理

四、阵列

1. 概念

阵列是将一组对象进行规则而有序的排列，常用于快速、准确地创建数量较多、排列有序且形状相同或规则变化的一组结构，例如电话听筒上的通孔、风扇上的叶片等，如图 3-5-9 所示。

与镜像特征相类似，在阵列特征之前也要创建一个阵列的对象，即原始特征，然后根据原始特征创建一组副本特征。例如，要创建电话听筒上密密麻麻的通孔，就要先创建其中一个通孔，再以此为模板进行复制，通过阵列生成多个孔。

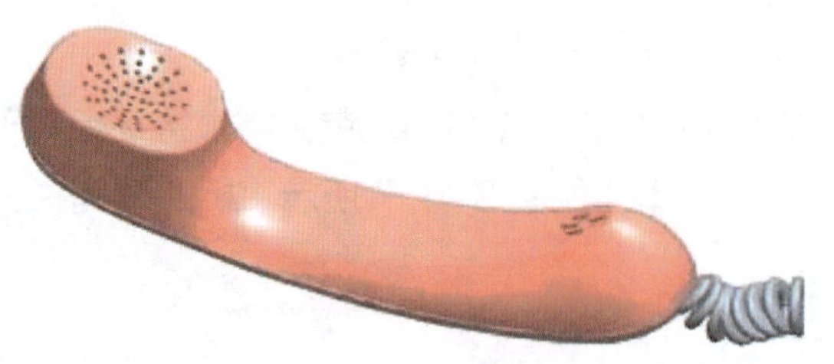

图 3-5-9　阵列特征的应用

单击“编辑”→“阵列”按钮，即可进入“阵列”操控面板，如图 3-5-10 所示，面板中左上方为“阵列类型”下拉菜单。面板中显示的其他按钮会因选用的阵列类型不同而有所变化。

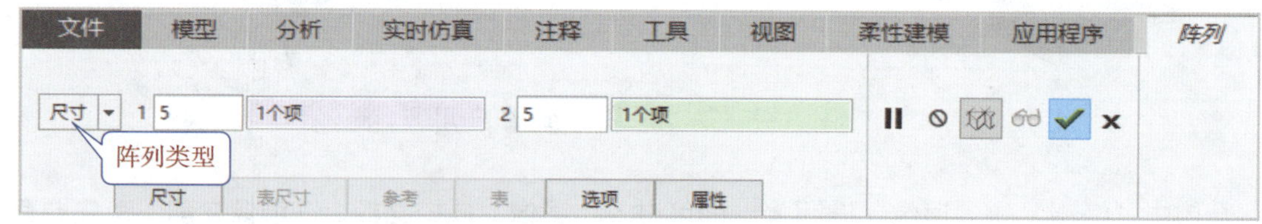

图 3-5-10　“阵列”操控面板

系统提供的阵列类型有多种，包括尺寸、方向、轴、参照、表、填充、曲线等，其应用见表 3-5-2。在设计过程中，可根据具体情况选用合适的阵列方式。

▼ 表 3-5-2　阵列的类型及应用

阵列类型	应用
尺寸	使用驱动尺寸并指定阵列尺寸增量来创建特征阵列
方向	通过指定方向参照来创建线性阵列
轴	通过指定轴参照来创建旋转阵列或螺旋阵列
参照	参照一个已有的阵列来阵列选定的特征
表	编辑阵列表，在阵列表中为每一个阵列实例指定尺寸值来创建阵列
填充	用实例特征并使用特定格式填充选定区域来创建阵列
曲线	按照选定的曲线排列阵列特征

2. 几种常用阵列类型的创建

（1）尺寸阵列

1）创建特征“拉伸 1”和“孔 1”，如图 3-5-11 所示。

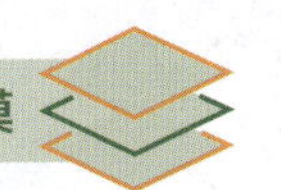

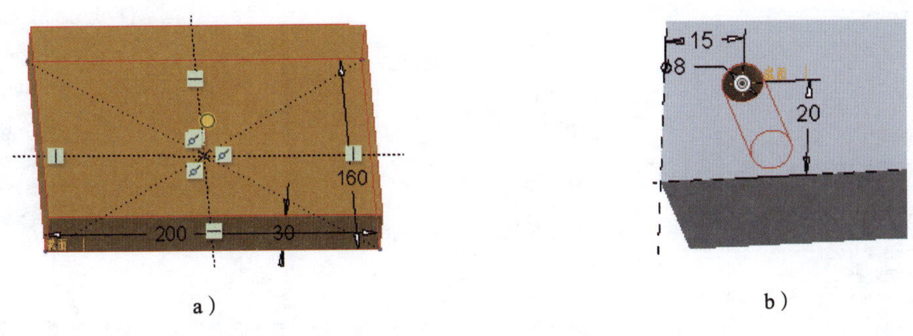

图 3-5-11 创建“拉伸 1”和“孔 1”

2）选中“孔 1”，单击“阵列”按钮，打开“阵列”操控面板，默认阵列类型为“尺寸”，阵列类型右侧的选项框用于设置驱动阵列方向的尺寸及阵列数量。选中孔的尺寸 15 为第一方向阵列尺寸，尺寸 20 为第二方向阵列尺寸，设置第一方向和第二方向上的特征数量均为 5，如图 3-5-12 所示。

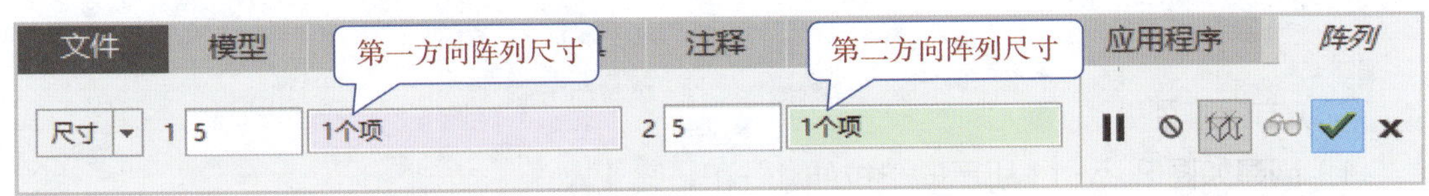

图 3-5-12 尺寸阵列命令选项框

3）单击并展开“尺寸”选项卡，如图 3-5-13 所示，激活“方向 1”收集框，框中显示的为选中的第一方向阵列尺寸（默认用尺寸代号表示），在右侧“增量”一栏中将尺寸增量设置为 40.00，表示该方向上相邻两特征之间的距离为 40.00。

激活“方向 2”收集框，框中显示的为选中的第二方向阵列尺寸，在右侧“增量”一栏中将尺寸增量设置为 30.00，表示该方向上相邻两特征之间的距离为 30.00。

在绘图区，系统显示如图 3-5-14a 所示阵列预览效果，外圈为橘黄色的点代表一个阵列成员特征。单击某一个点使之橘黄色外圈消失，变成黑色点，对应此处的特征将会删除，再次单击则重新显示，如图 3-5-14b 所示。

4）激活“方向 1”收集框，按住 <Ctrl> 键的同时选取尺寸 ϕ8.00 作为第二个驱动尺寸，并设置尺寸增量为 5.00，表示相邻孔特征的直径依次增加 5.00。

激活“方向 2”收集框，按住 <Ctrl> 键的同时选取尺寸 ϕ8.00 作为第二个驱动尺寸，并设置尺寸增量为 -1.00，表示相邻孔特征的直径依次减小 1.00。

单击鼠标中键，图 3-5-14a 与图 3-5-14b 创建的阵列结果分别如图 3-5-14c 与图 3-5-14d 所示。

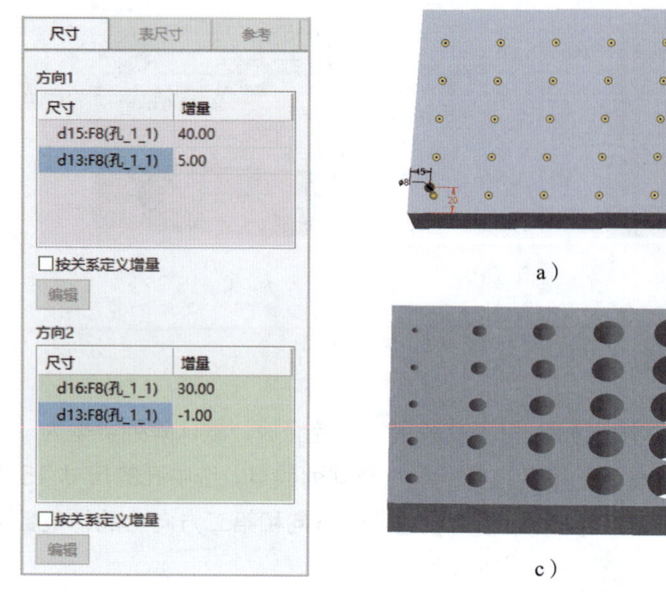

图 3-5-13 “尺寸”选项卡

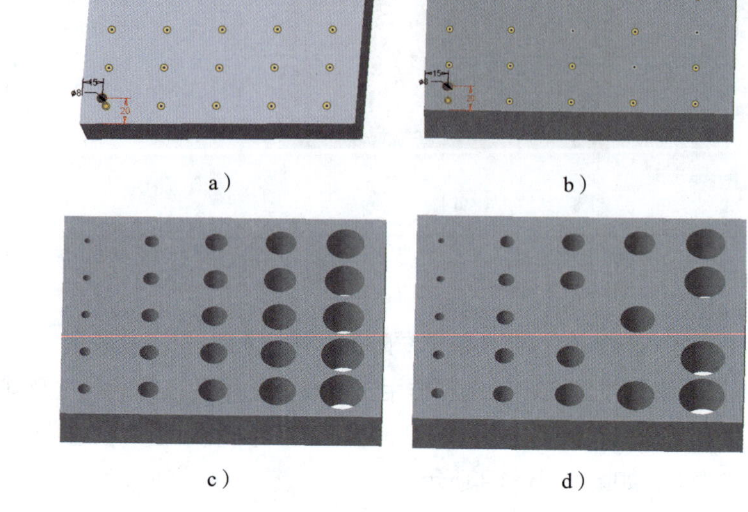

图 3-5-14 尺寸阵列结果

（2）方向阵列

1）创建如图 3-5-11 所示的“拉伸 1”和“孔 1”。

2）选中“孔 1”，单击“阵列”按钮，打开“阵列”操控面板，在“阵列类型”下拉菜单中选取“方向”。阵列类型右侧的选项框用于设置方向参考、阵列数量及阵列成员间距，如图 3-5-15 所示。方向参考可以是图形中的直线或平面。此处设置第一方向的特征数量为 6，选择如图 3-5-16b 所示的棱边作为阵列第一方向的参考，输入间距值 30.00。第二方向不予设置。

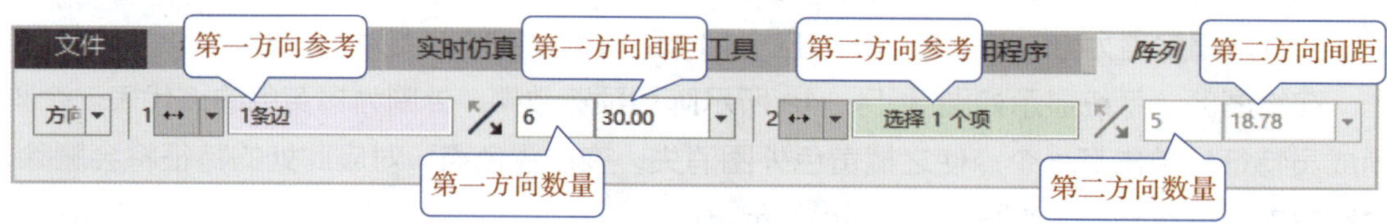

图 3-5-15 方向阵列命令选项框

3）单击并展开“尺寸”选项卡，激活“方向 1”收集框，选取尺寸 20.00 为驱动尺寸并设置尺寸增量为 18.00，表示孔沿选定方向阵列时，每个阵列成员的驱动尺寸依次增加 18.00，如图 3-5-16a 所示。

4）按住 <Ctrl> 键的同时选取 ϕ8.00 作为第二个驱动尺寸，并设置尺寸增量为 5.00，表示相邻孔特征的直径依次增加 5.00。

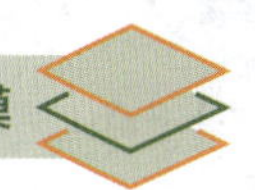

5）单击鼠标中键，创建的阵列结果如图 3-5-16b 所示。

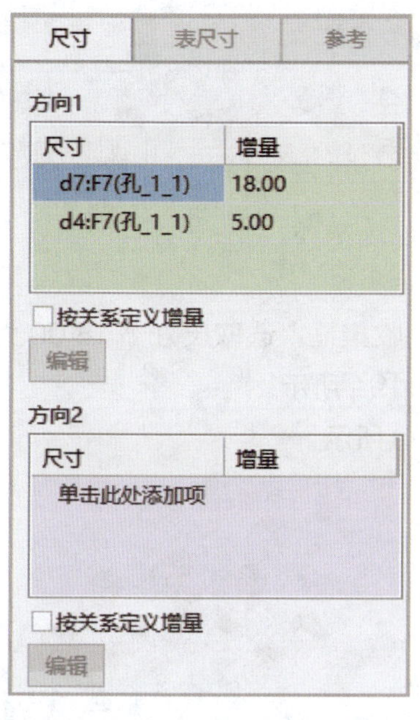

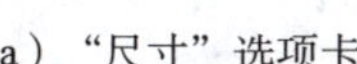
a）“尺寸”选项卡

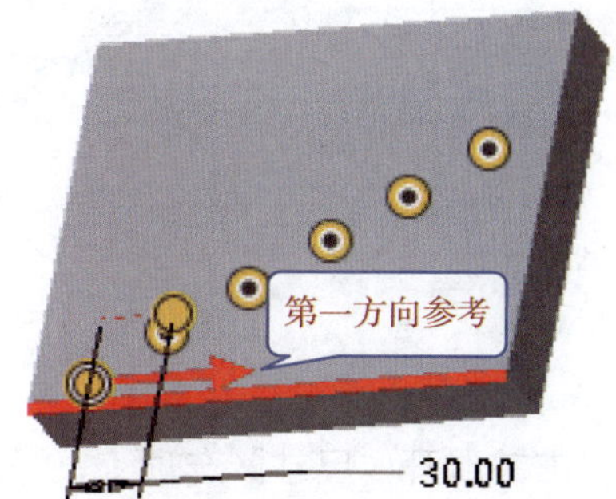

b）阵列预览与结果

图 3-5-16　方向阵列

（3）轴阵列

1）创建圆板“拉伸 1”和孔“拉伸 2”，如图 3-5-17 所示。

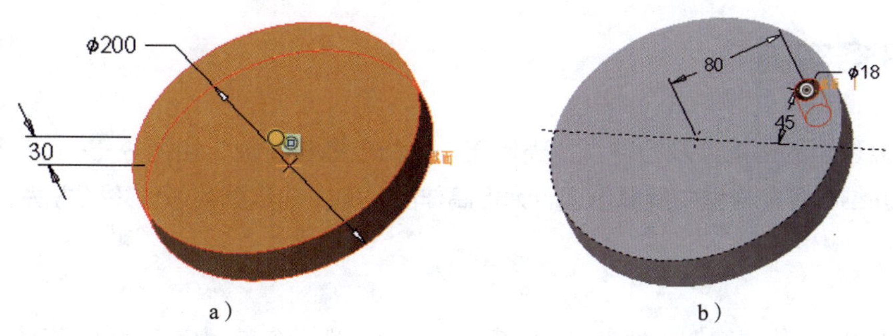

a）　b）

图 3-5-17　创建圆板“拉伸 1”和孔“拉伸 2”

2）选中“拉伸 2”，单击“阵列”按钮，打开“阵列”操控面板，如图 3-5-18 所示。在“阵列类型”下拉菜单中选取“轴”，选择“拉伸 1”的轴线作为阵列中心轴。设置周向（第一方向）阵列数目为 12，成员间角度为 30.0（30°），径向（第二方向）数目为 2，

径向间距为 -30.00，如图 3-5-18 所示。

图 3-5-18 轴阵列命令选项框

3）单击并展开“尺寸”选项卡，激活“方向 2”收集框，选取尺寸 ϕ18.00 为驱动尺寸并设置尺寸增量为 -6.00，阵列结果预览如图 3-5-19a 所示。

4）单击鼠标中键，创建的阵列结果如图 3-5-19b 所示。

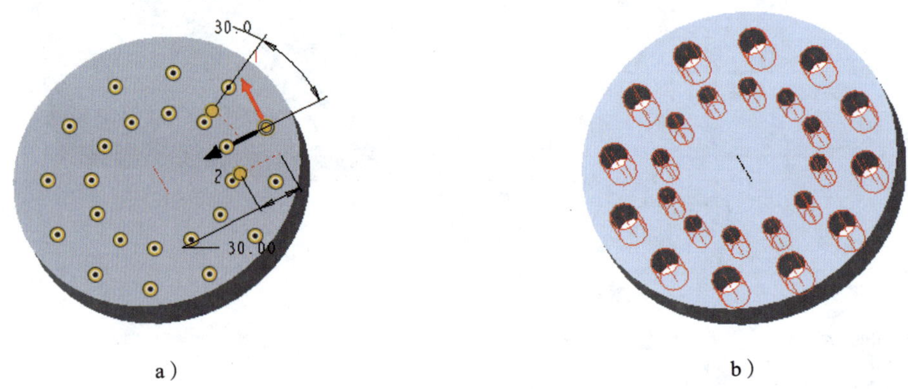

a）　　b）

图 3-5-19 创建轴阵列特征

任务实施

沥水盆造型的构建涉及拉伸、抽壳、筋、孔和拔模等特征，如图 3-5-1 所示。其中的孔结构、筋结构等在模型中反复出现，为提高作图效率，需用到镜像和阵列方法。

一、新建文件

启动 Creo，新建零件类型文件，命名为“lsp”，取消勾选“使用默认模板”，选择模板“mmns_part_solid”，单击“确定”按钮，进入零件设计环境。

二、拉伸基本实体

单击“形状”→“拉伸”按钮，打开“拉伸”操控面板。选择 TOP 基准平面作为草绘平面，创建拉伸特征的截面图形，如图 3-5-20 所示。绘制完毕，单击“确定”按钮，退出草绘环境，输入拉伸长度尺寸 150.00，单击“确定”按钮✔，生成拉伸特征，如图 3-5-21 所示。

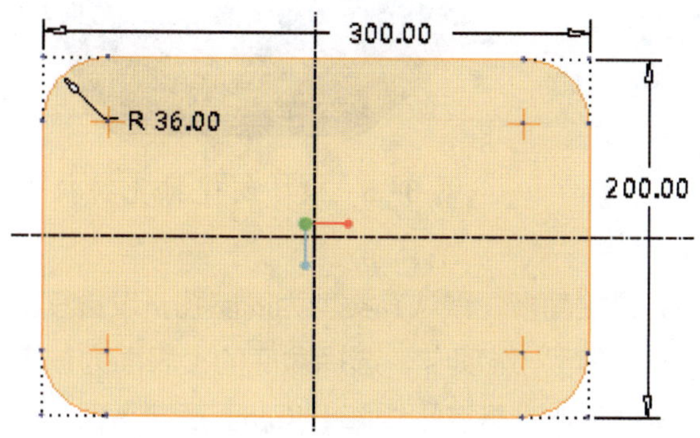

图 3-5-20　拉伸实体 1 的草绘截面

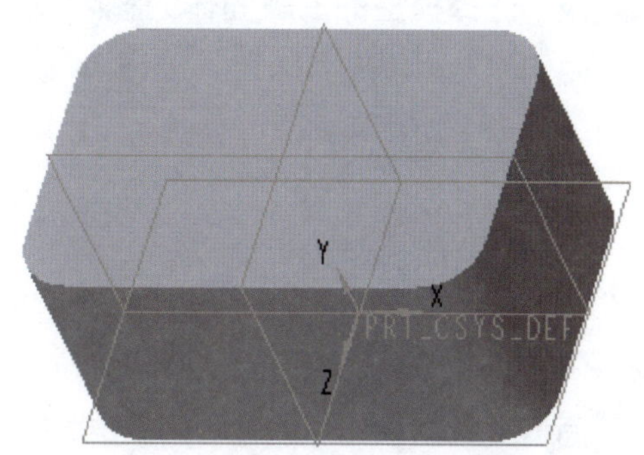

图 3-5-21　拉伸实体 1

三、创建拔模特征

1. 单击“工程”→“拔模”按钮，打开“拔模”操控面板。

2. 单击并展开面板中的“参考”选项卡，激活“拔模曲面”收集框，按住 <Ctrl> 键选取模型的所有侧面。激活“拔模枢轴”收集框，单击模型的底面或者 TOP 基准平面，如图 3-5-22 所示。输入拔模角度为 15.0（15°），设置完毕，单击“确定”按钮✔，生成拔模特征。

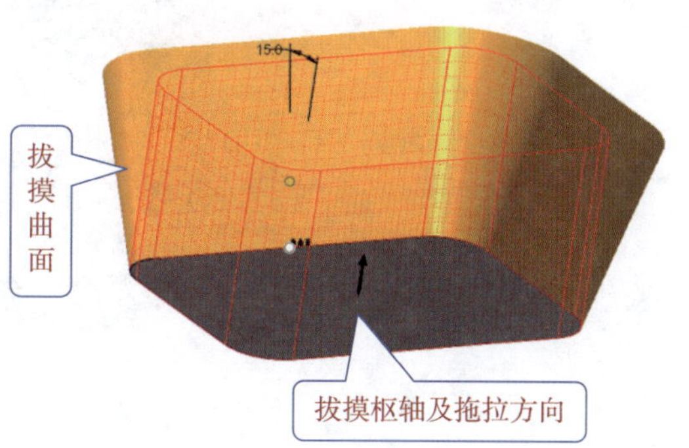

图 3-5-22　拔模参数设置

四、拉伸手柄实体

1. 单击“基准”→“平面”按钮，在弹出的“基准平面”对话框中选择模型的上表面为“参考”，设置偏移项为“平移”，偏移量为 -20.00，单击“确定”按钮，创建生成“DTM1”平面。

2. 单击“形状”→“拉伸”按钮，选择“DTM1”平面为拉伸草绘平面，绘制拉伸截面图形，设置拉伸长度为 10.00，调整拉伸方向，单击“确定”按钮✔，生成拉伸实体 2，尺寸如图 3-5-23 所示。

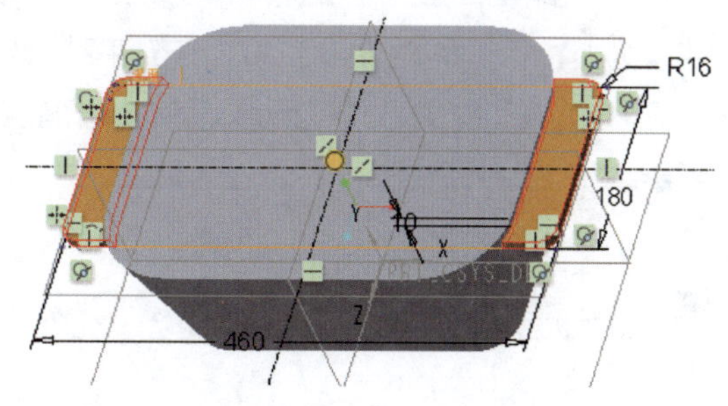

图 3-5-23　拉伸实体 2

五、抽壳

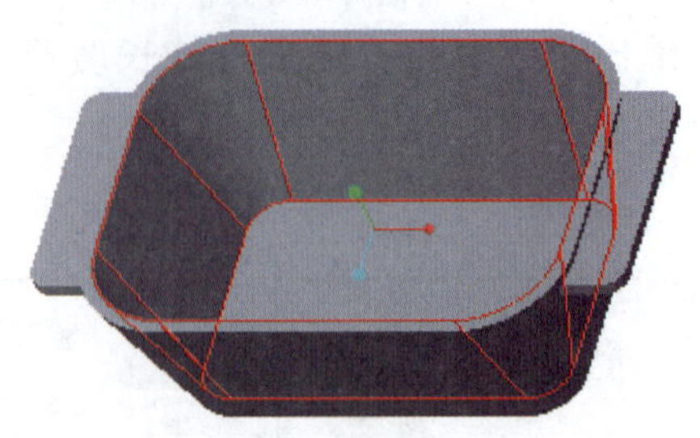
图 3-5-24　创建抽壳特征

单击“工程”→“壳”按钮，打开“壳”操控面板，选择模型的上表面作为移除表面，设置壳厚度值为 10.00，单击“确定”按钮✔，生成壳特征，如图 3-5-24 所示。

六、创建圆孔

单击“工程”→“孔”按钮，打开“孔”操控面板，默认孔类型为简单孔，设置其直径尺寸为 15.00，深度为“穿透”。单击并展开“放置”选项卡，选择盆底的上表面为放置平面，类型默认为“线性”，偏移参考分别选取 FRONT 基准平面和 RIGHT 基准平面，偏移尺寸分别为 60.00 和 100.00，单击“确定”按钮✔，生成孔特征，如图 3-5-25 所示。

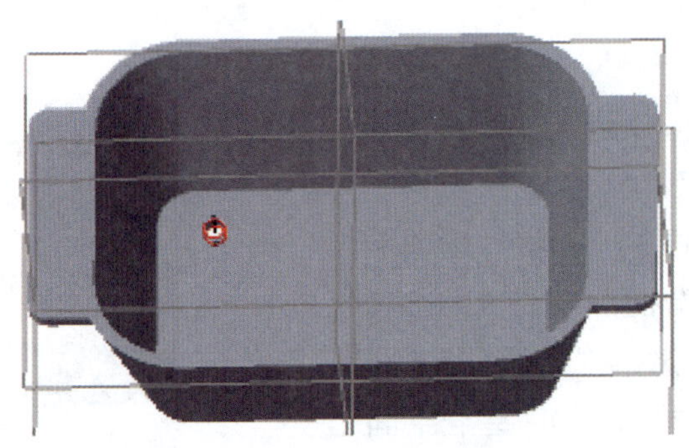
图 3-5-25　创建孔特征

七、创建圆孔的阵列特征

1. 创建原始特征之后，便可创建阵列。将孔选中，单击“编辑”→“阵列”按钮，打开“阵列”操控面板。

2. 在操控面板中，选择阵列类型为“方向”，“方向 1”选择 FRONT 基准平面，阵列数量为 5，特征间距为 30.00，“方向 2”选择 RIGHT 基准平面，阵列数量为 5，特征间距为 50.00，如图 3-5-26 所示。单击“确定”按钮✔，生成孔的阵列特征，如图 3-5-27 所示。

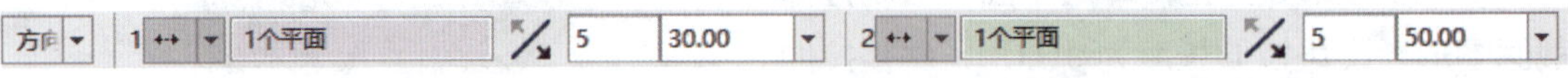

图 3-5-26　孔阵列特征参数设置

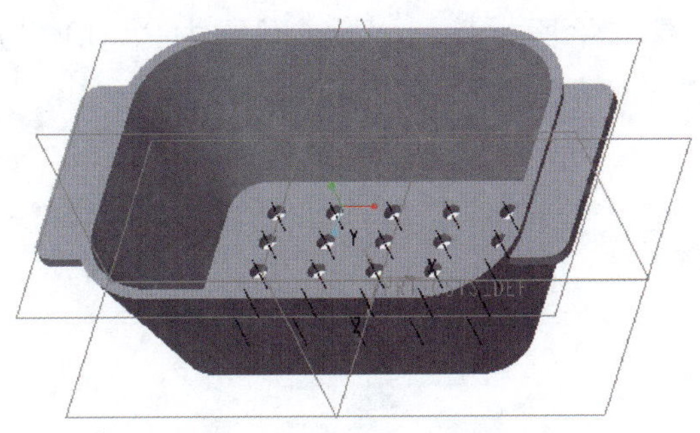

图 3-5-27　创建孔的阵列特征

八、拉伸长条孔特征

单击“形状”→“拉伸”按钮，选择 FRONT 基准平面作为草绘平面，绘制拉伸截面图形，如图 3-5-28 所示。单击“确定”按钮，退出草绘环境。激活“选项”选项卡，将“侧 1”“侧 2”的深度均设为“穿透”，单击“移除材料”按钮，检验无误后单击“确定”按钮，生成拉伸特征，如图 3-5-29 所示。

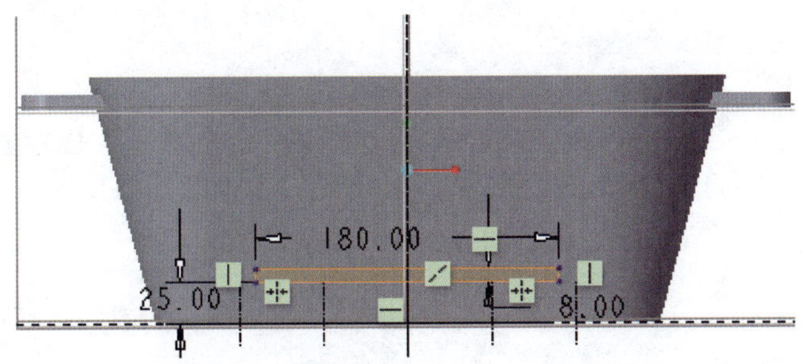

图 3-5-28　去除材料的拉伸特征的截面图形

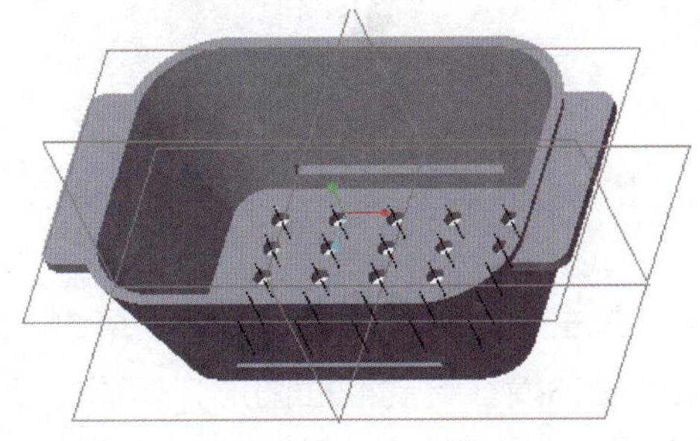

图 3-5-29　创建去除材料的拉伸特征

九、创建长条孔的阵列特征

单击“编辑”→“阵列”按钮，打开“阵列”操控面板，选择阵列类型为“方向”，设置“方向 1”为 TOP 基准平面，数量为 5，间距为 25.00，“方向 2”不予设置，如图 3-5-30 所示，生成的阵列特征效果如图 3-5-31 所示。

图 3-5-30　长条孔阵列参数设置

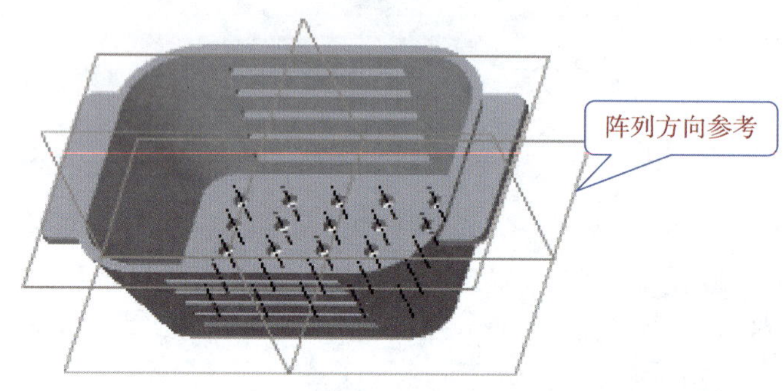

图 3-5-31　长条孔的阵列效果

十、创建轮廓筋

1. 单击“工程”→“筋”→“轮廓筋”按钮，进入“轮廓筋”操控面板，如图 3-5-32 所示。

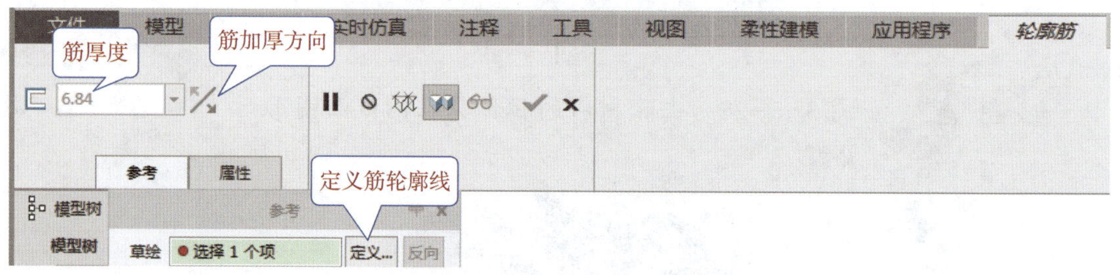

图 3-5-32　“轮廓筋”操控面板

2. 激活“参考”选项卡，单击“定义”按钮，打开“草绘”对话框，选择 FRONT 基准平面作为草绘平面，进入草绘环境，绘制截面图形，如图 3-5-33 所示。所绘制图线的两个端点要与实体表面轮廓线重合，即图线与实体表面轮廓线应封闭。绘制完毕，单击“确定”按钮✔，回到“轮廓筋”操控面板，出现筋特征预览，如图 3-5-34 所示。图形中的箭头表示筋生成的方向，应指向模型一侧。在面板中，设置筋的厚度尺寸为 10.00，单击面板中“方向”按钮，调整筋加厚的方向。单击“确定”按钮✔，完成轮廓筋的创建。

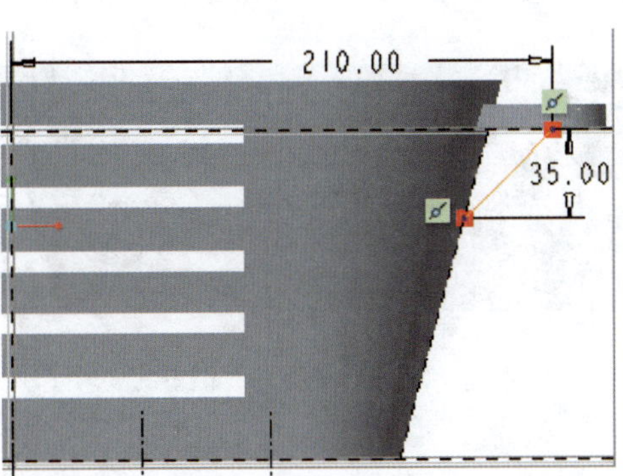

图 3-5-33 筋特征的截面图形

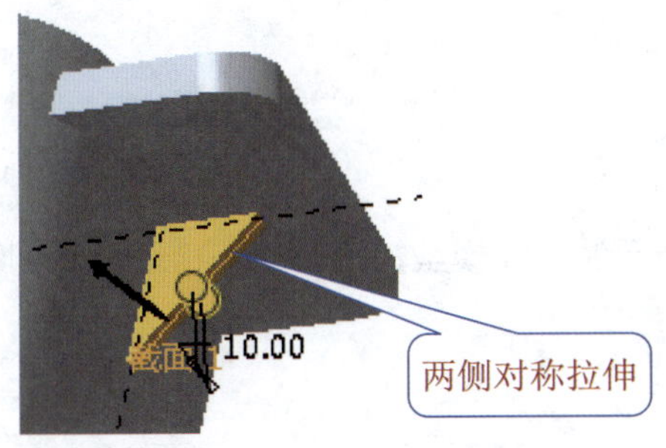

图 3-5-34 筋特征预览

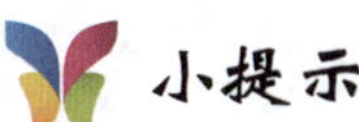

小提示

筋加厚的方向有 3 种，以轮廓线所在的草绘平面为参考分为“侧面 1”“侧面 2”和“两侧对称”，此处默认系统所指定的两侧对称加厚类型。

十一、镜像轮廓筋

在左侧模型树中单击选中特征“轮廓筋 1”，单击“镜像”按钮，弹出“镜像”操控面板，如图 3-5-35 所示。选择 RIGHT 基准平面作为镜像平面，单击“确定”按钮，生成镜像效果，如图 3-5-36 所示。

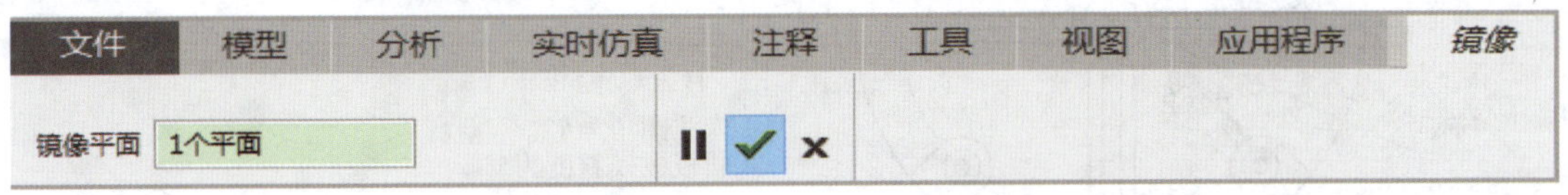

图 3-5-35 “镜像”操控面板

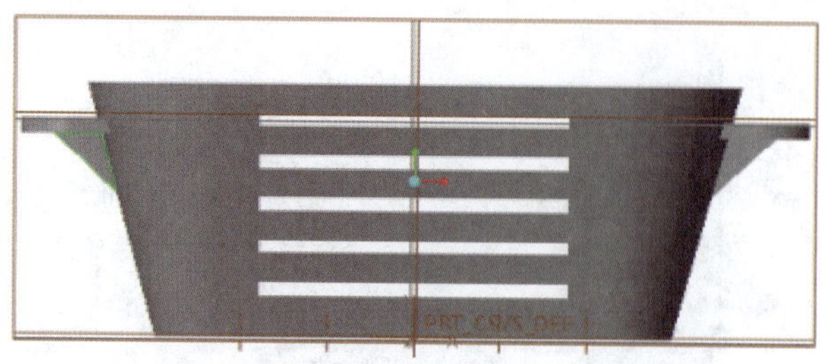

图 3-5-36　筋特征的镜像

十二、保存文件

模型创建完毕，检查无误后，单击“保存”按钮，将模型文件“lsp.prt”保存到工作目录。

拓展练习

1. 创建如图 3-5-37 所示法兰盘模型，练习用筋特征及阵列特征建模。

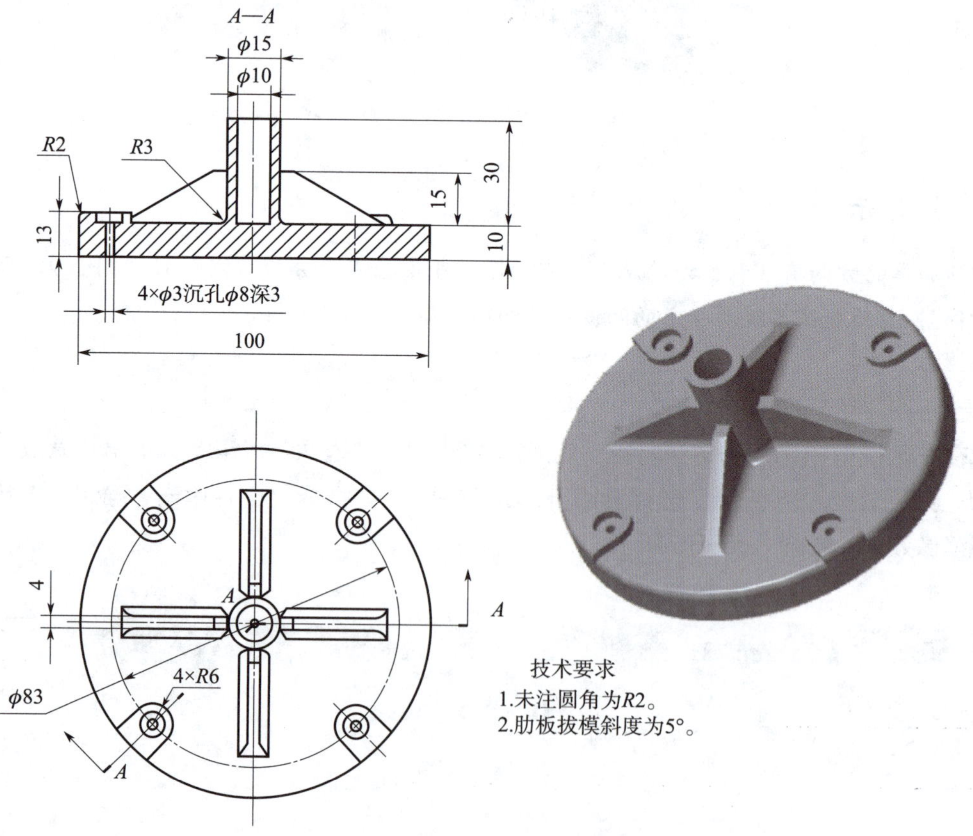

图 3-5-37　法兰盘

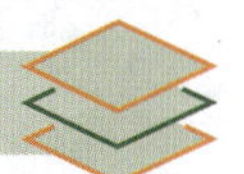

2. 利用所学命令创建如图 3-5-38 所示支座模型。

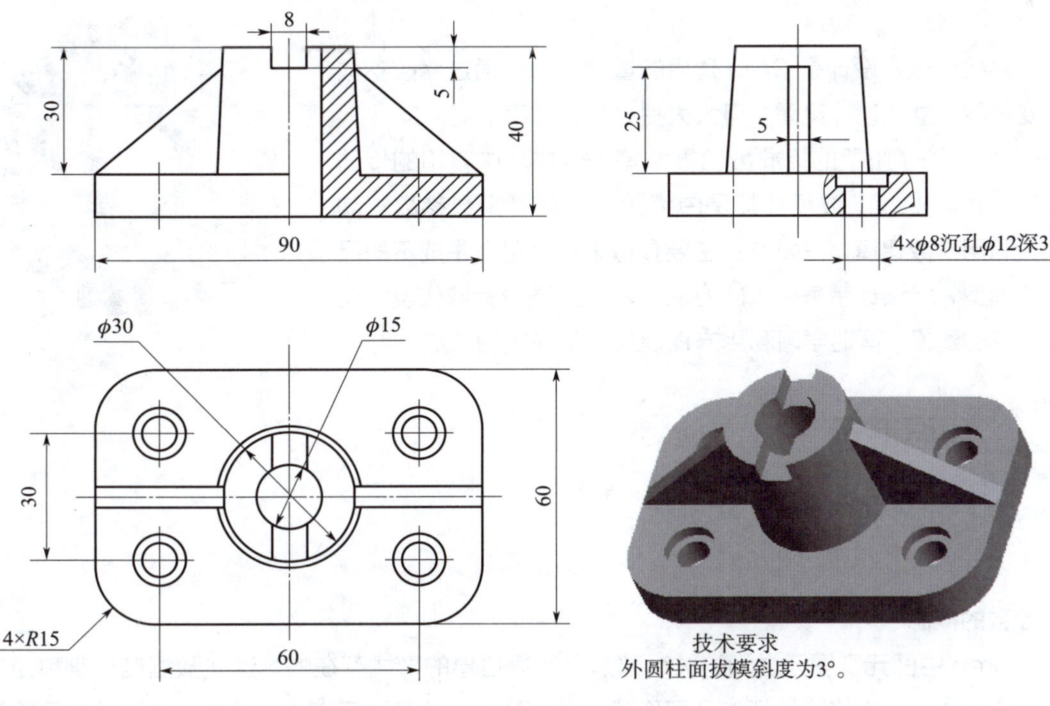

图 3-5-38 支座

任务 6 齿轮参数化建模

学习目标

1. 掌握参数的概念及应用，熟悉利用参数驱动建模的方法。
2. 掌握关系式驱动尺寸的方法与步骤，能正确设置关系式。
3. 明确不同类型坐标曲线方程形式及参数意义，能正确建立方程曲线。
4. 能在教师指导下，完成齿轮参数化模型的构建，并独立完成拓展练习中的建模练习。

任务描述

参数化建模设计是 Creo 建模的重要理念，通过修改参数改变模型尺寸或设计意图，可大大提高设计效率。

图 3-6-1 所示的标准齿轮零件是机械传动中常用的传动零件，齿轮的大多数尺寸都是由齿数、模数等少数参数驱动的，利用参数建模，只要改变主要参数大小就可以生成不同尺寸的模型，给设计带来极大的方便。本任务通过参数化设计完成齿轮的建模，同时学习利用方程建立齿廓曲线的方法。

图 3-6-1　齿轮模型

知识准备

一、参数及其设置

1. 参数的概念

Creo 中图元及图元之间的关系都是以数据信息的形式存在的，这些数据信息常称为参数。修改参数可以修改特征的几何形状，据此达到设计变更工作的一致性。参数分为系统参数与用户参数，系统参数通常只能读取，不能改变。用户可以根据设计需要设置或修改用户参数，达到参数化设计的目的。

2. 参数的设置

在零件设计环境中，单击“工具”→“参数”按钮，可弹出“参数”对话框，如图 3-6-2 所示。对话框中的“查找范围”下拉列表可用于选定参数适用范围，单击“过滤依据”选项框右侧的下拉箭头，可以根据选中的条件对显示的参数进行进一步过滤。

对话框中的编辑区域相当于一个电子表格，在对话框的“参数”下拉菜单中选中“添加参数”，或单击右键在弹出的快捷菜单中选择“新建”，或单击对话框左下角的“+”，都可以增添行以设置新参数，删除参数操作与之类似。单击任意单元格，可对单元格内容进行编辑，修改表中参数名称、类型及数值。

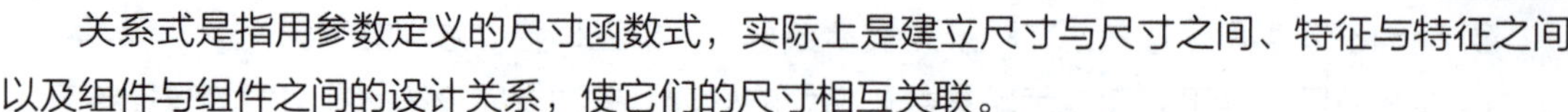

二、关系式

关系式是指用参数定义的尺寸函数式，实际上是建立尺寸与尺寸之间、特征与特征之间以及组件与组件之间的设计关系，使它们的尺寸相互关联。

关系式实际上也是一种捕捉设计意图的方式，用户可以使用关系式驱动模型。如图 3-6-3 所示的盘状模型中，以小圆孔的尺寸 d3 作为参数驱动整个零件的尺寸，小圆孔

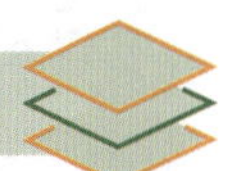

中心分布圆的直径 d2 为小圆孔直径的 8 倍，板厚度 d0 和圆孔直径相等，圆板的外径 d1 为孔中心分布圆直径加 2 倍小圆孔直径，也就是建立了如下关系：d0=d3，d1=d2+2*d3，d2=8*d3①。

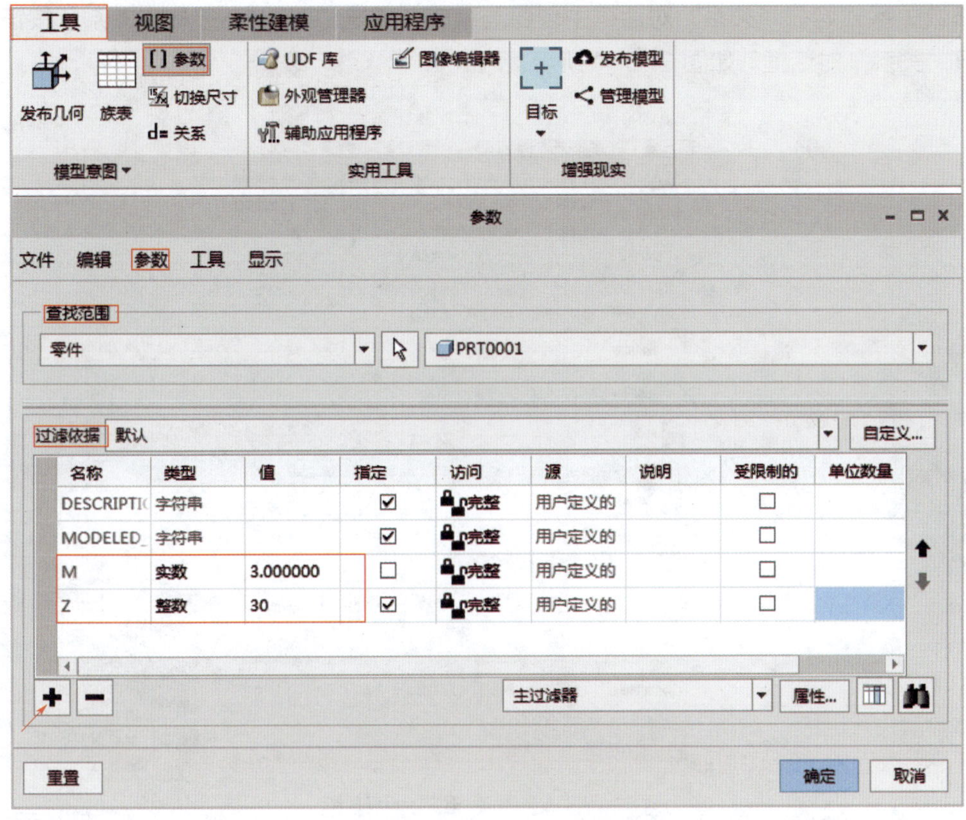

图 3-6-2　参数的设置

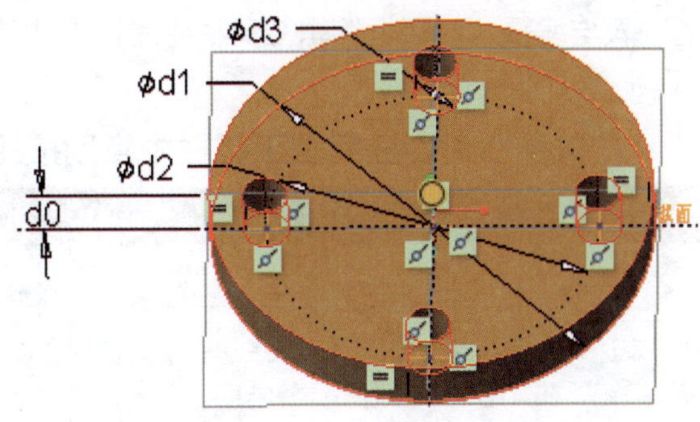

图 3-6-3　盘状模型

①本书中关系式均采用软件 Creo5.0 自带的表示方式。

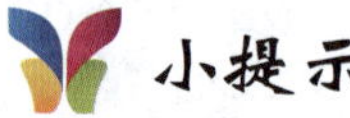

小提示

软件中每一个尺寸都对应一个尺寸名称代号，可在“工具”选项卡中，单击“模型意图”工具组中的“切换尺寸”按钮，实现尺寸数值与名称代号之间的转换。

参数关系式均在“关系”对话框中创建与编辑，单击“工具”→“d= 关系”按钮，即可打开“关系”对话框，如图 3-6-4 所示。

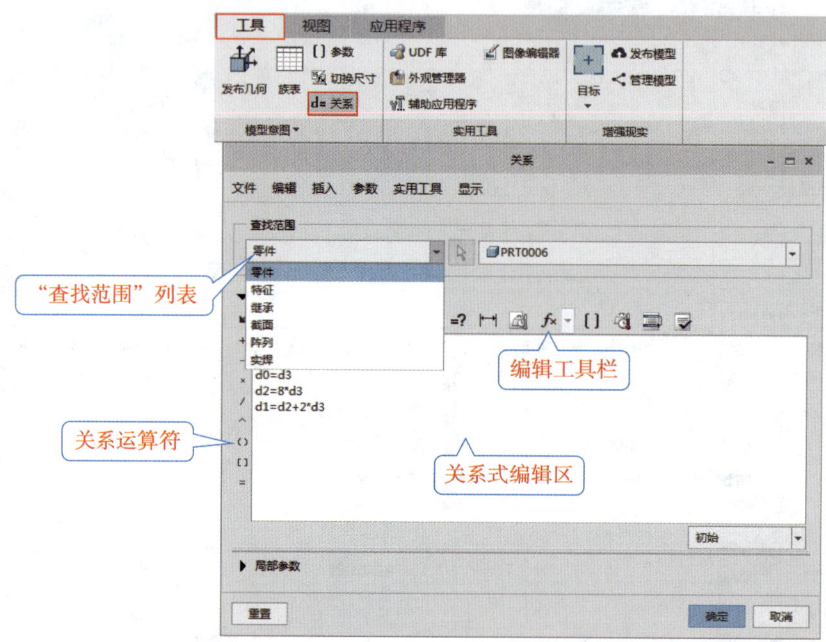

图 3-6-4 “关系”对话框

在“查找范围”列表中可以选取关系式中参数的应用范围。在“关系”对话框的关系式编辑区可以完成关系式的输入与编辑。对话框编辑工具栏中常用按钮的含义见表 3-6-1。

▼ 表 3-6-1 “关系”对话框编辑工具栏中常用按钮的含义

按钮	含义
	在尺寸值与名称之间切换
=?	计算参数、尺寸或表达式的值，单击弹出“计算表达式”对话框，在“表达式”编辑框输入表达式，单击“计算”按钮，在“结果”区显示计算结果
	指定在图形区要显示的尺寸，弹出“显示尺寸”对话框，在编辑框输入变量名，单击“确定”按钮，图形区显示该变量的尺寸
	将关系设置为对参数和尺寸的单位敏感

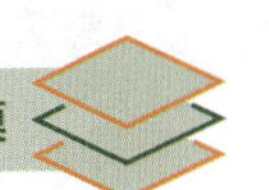

续表

按钮	含义
[ ]	从列表中插入参数名称，单击此按钮弹出“插入参数”对话框
fx	从列表中插入函数，单击此按钮打开“插入函数”对话框，从列表中选择函数，双击即可将该函数插入关系式编辑区
	在可用值列表中选择单位
	排序关系，将关系按照计算的先后顺序在关系式编辑区显示
	执行或者校验关系并按关系创建新参数

如要生成如图 3-6-3 所示特征，草绘拉伸截面时，可在“关系”对话框输入关系式：d0=d3，d2=8*d3，d1=d2+2*d3，如图 3-6-4 所示。单击编辑工具栏的“校验关系”按钮，如果关系中无错误，会出现图 3-6-5a 所示的校验成功提示，单击“确定”按钮，完成关系校验；如果关系中有错误，会出现如图 3-6-5b 所示的校验失败提示，需要重新编辑关系。

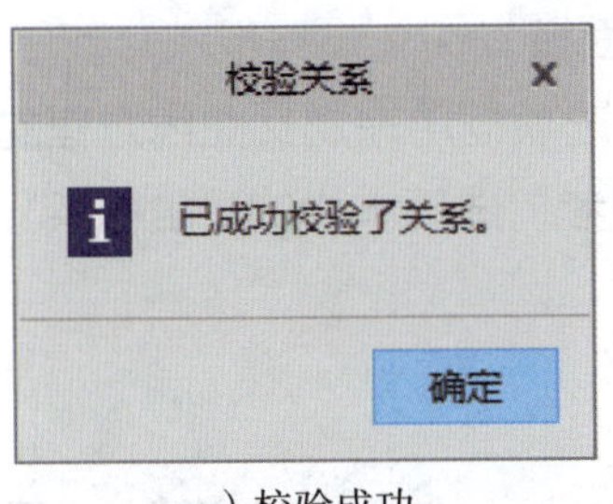

a）校验成功

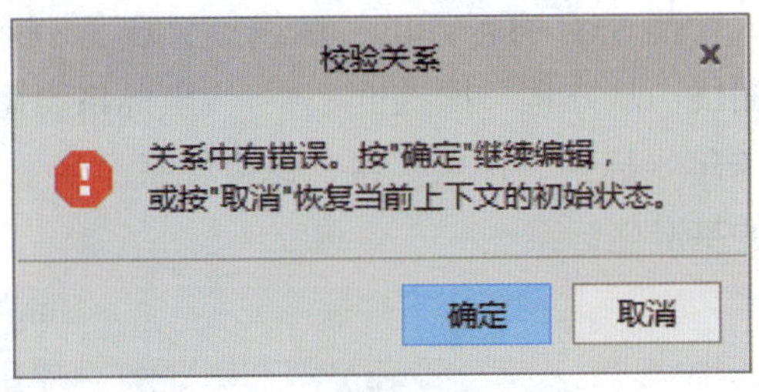

b）校验失败

图 3-6-5　关系式校验

完成关系设置后，如果模型中的尺寸由关系式驱动，则不能直接修改草绘中该尺寸的大小，需要通过修改驱动尺寸或者关系式完成。如在图 3-6-4 的关系式中，d0、d1、d2 为被驱动尺寸，不能修改；而 d3 为驱动尺寸，可以修改。在草绘环境中将尺寸 d3 修改为 10，退出草绘环境，生成拉伸特征，如图 3-6-6a 所示。在模型树上选中此拉伸特征，在弹出的浮动工具栏中单击“编辑尺寸”按钮，此时，除驱动尺寸 d3 之外其他尺寸无法修改。修改尺寸 d3=20，单击快速访问工具栏或“模型”选项卡下“操作”工具组中的“重新生成”按钮，再生模型，可以看到修改小圆孔的直径尺寸 d3 后，整个模型的尺寸都发生改变，但是各尺寸的关系不改变，如图 3-6-6b 所示。

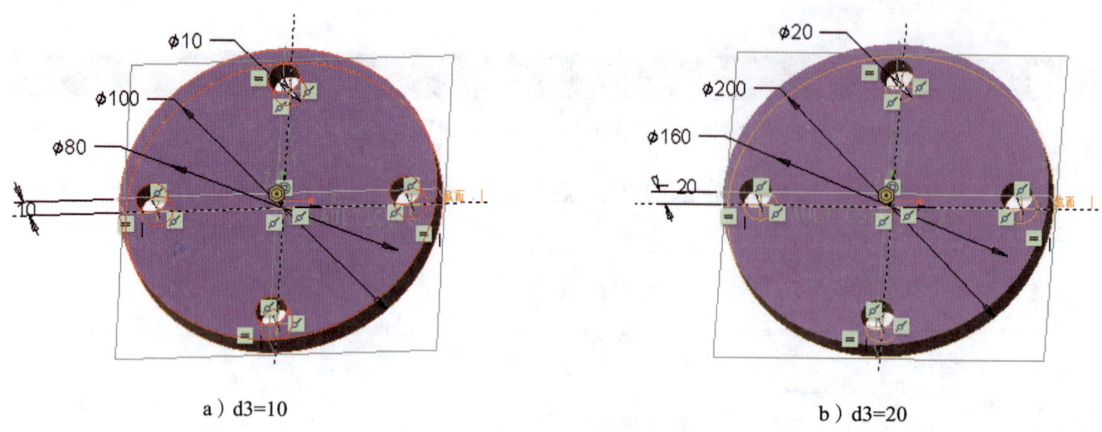

图 3-6-6　通过孔径 d3 驱动零件其他尺寸

三、曲线方程

在建模过程中，有时会需要建立一些光滑的数学曲线，如螺旋线、正弦曲线等。使用普通的造型方法会带来很大的工作量，如果合理使用数学方程曲线，则可以收到事半功倍的效果。

依次单击“模型”→“基准”→“曲线”→“来自方程的曲线”按钮，如图 3-6-7 所示，则进入如图 3-6-8 所示的“曲线：从方程”操控面板。

在“曲线：从方程”操控面板中，“坐标系类型”选项框用来定义曲线方程的坐标系类型，有笛卡尔坐标系、柱坐标系、球坐标系 3 种。“参考”选项卡中的“坐标系”选项用来选定方程的基准坐标系。

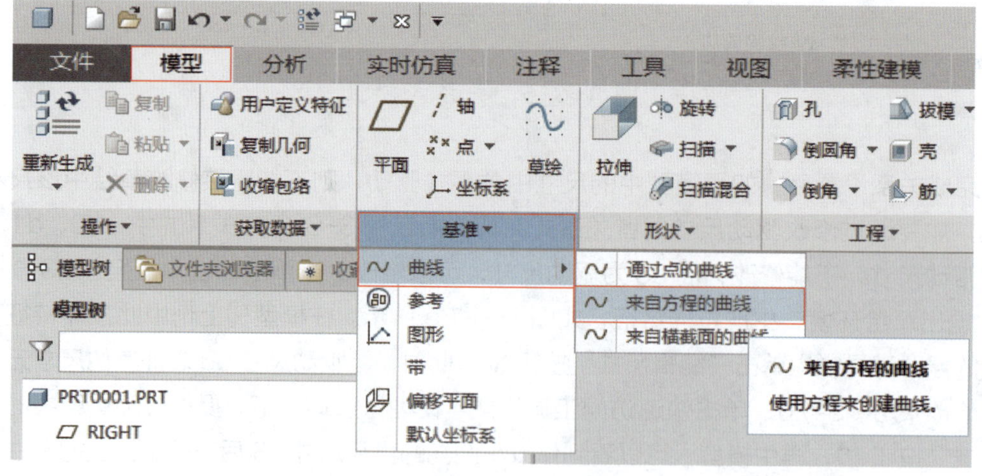

图 3-6-7　打开曲线方程命令

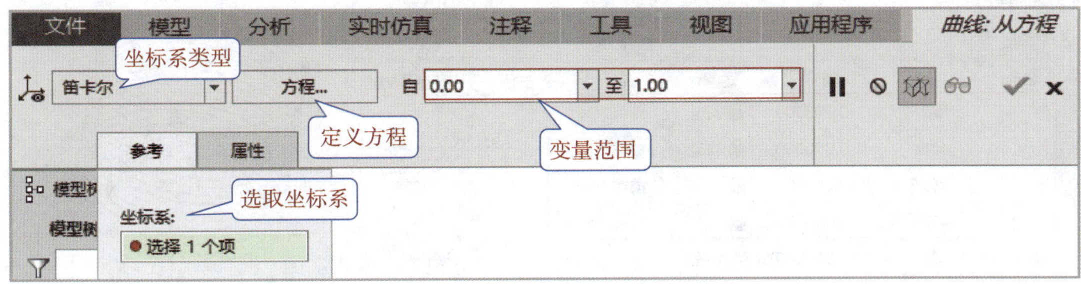

图 3-6-8 “曲线：从方程”操控面板

单击“方程”按钮，进入“方程”对话框，如图 3-6-9 所示。“方程”对话框与“关系”对话框内容相似，此处不再赘述。

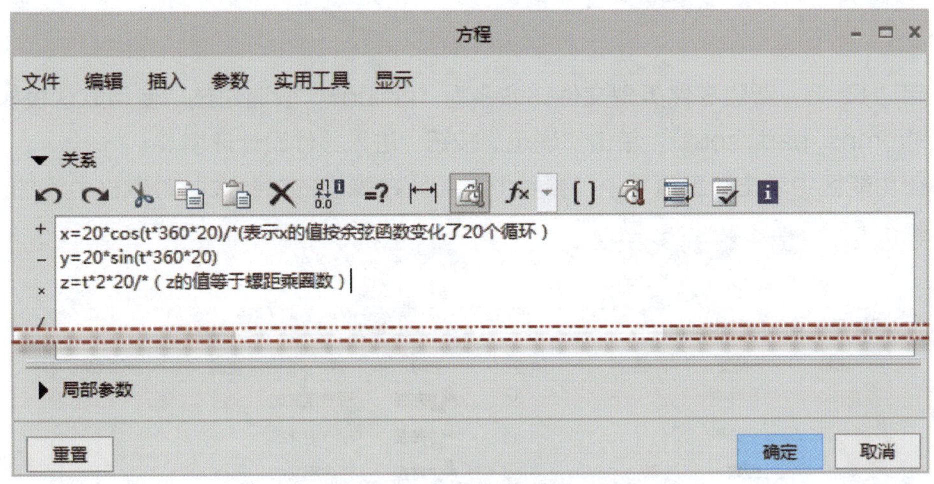

图 3-6-9 “方程”对话框

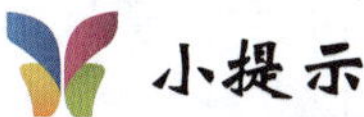

小提示

（1）编辑区“/*”后面的内容为注释内容，对方程无影响。

（2）在 Creo5.0 中，关系式输入时不区分英文大小写。

单击“方程”对话框下方“局部参数”下拉箭头，则可以展开方程所用局部参数，如图 3-6-10 所示。不同坐标方式下，参数不同。其中笛卡尔坐标方程的参数有 X、Y、Z 3 个坐标参数，T 为取值范围为 0～1 的变量。

例如，要沿着 *Z* 方向画螺纹线，半径为 20，螺距为 2，共 20 圈，则选择系统的笛卡尔坐标系，输入图 3-6-9 中方程关系式，可得到图 3-6-11 所示螺纹线。

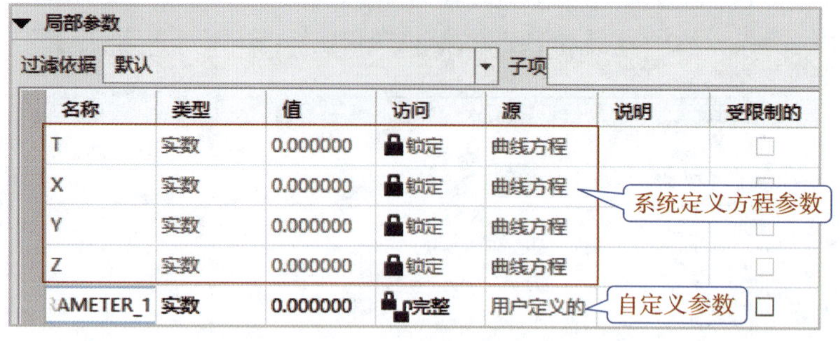

▼ 局部参数

过滤依据 默认 子项

名称	类型	值	访问	源	说明	受限制的
T	实数	0.000000	锁定	曲线方程		☐
X	实数	0.000000	锁定	曲线方程		☐
Y	实数	0.000000	锁定	曲线方程		☐
Z	实数	0.000000	锁定	曲线方程		☐
ARAMETER_1	实数	0.000000	完整	用户定义的		☐

图 3-6-10　局部参数

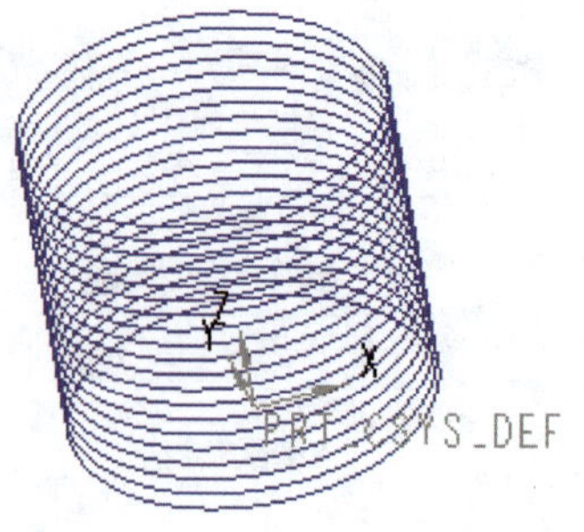

图 3-6-11　螺纹线

 任务实施

一、设置参数

1. 启动 Creo，新建零件类型文件，命名为“chilun”，取消勾选“使用默认模板”，选择模板“mmns_part_solid”，单击“确定”按钮，进入零件设计环境。

2. 在功能区中单击“工具”→“参数”按钮，在弹出的“参数”对话框中添加齿轮参数，如图 3-6-12 所示。

过滤依据 默认

名称	类型	值	指定	访问	源	说明	受限制的
DESCRIPTI	字符串		☑	完整	用户定义的		☐
MODELED_	字符串		☑	完整	用户定义的		☐
Z	整数	30	☐	完整	用户定义的		☐
M	实数	3.000000	☐	完整	用户定义的		☐
α	实数	20.000000	☐	完整	用户定义的		☐
B	实数	0.000000	☐	完整	用户定义的		☐
D	实数	0.000000	☐	完整	用户定义的		☐
DA	实数	0.000000	☐	完整	用户定义的		☐
DF	实数	0.000000	☐	完整	用户定义的		☐
DB	实数	0.000000	☐	完整	用户定义的		☐

图 3-6-12　设置齿轮参数

图中各参数代表含义：M 为模数，Z 为齿数，α 为压力角，B 为齿轮厚度，D 为分度圆直径，DA 为齿顶圆直径，DB 为基圆直径，DF 为齿根圆直径。其中，齿数类型定义为整数，其他为实数。按图 3-6-12 给 Z、M、α 分别赋值，其他参数的值在后面通过关系式定义。

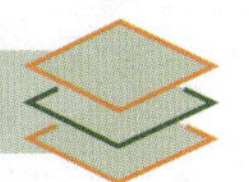

二、设置圆柱齿轮的基本尺寸关系

1. 以 FRONT 面为草绘平面，草绘如图 3-6-13 所示图形。

2. 依次单击“工具”→“d= 关系”，在弹出的“关系”对话框中输入图 3-6-14 所示关系式（注意草绘中生成的尺寸名称与图 3-6-14 中可能不一致，草绘时需根据实际名称赋值）。单击“校验关系”按钮，校验关系是否有语法错误。校验无误后，单击“确定”按钮，退出“关系”对话框。可看到草绘图形尺寸按照关系式生成新的数值，单击“确定”按钮，完成草绘。

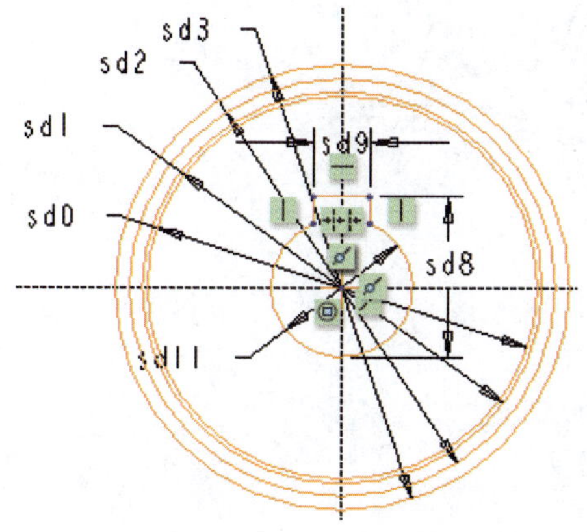

图 3-6-13　齿坯草绘图形

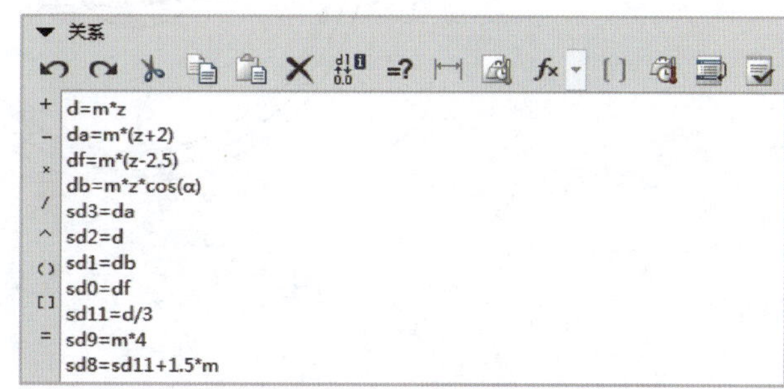

图 3-6-14　草绘图形中各尺寸的关系式

三、绘制渐开线齿轮轮廓曲线

1. 在“模型”选项卡中，选择“基准”→“曲线”→“来自方程的曲线”命令，进入“曲线：从方程”操控面板，选择笛卡尔坐标系，单击“参考”选项卡，在模型树中选择系统坐标系，如图 3-6-7 和图 3-6-8 所示，单击“方程”按钮，进入“方程”对话框。

2. 在“方程”对话框的编辑区输入图 3-6-15 所示方程，单击“校验关系”按钮，校验方程关系是否有语法错误，校验无误后，单击“确定”按钮，退出“方程”对话框，在绘图区产生一条渐开线曲线。

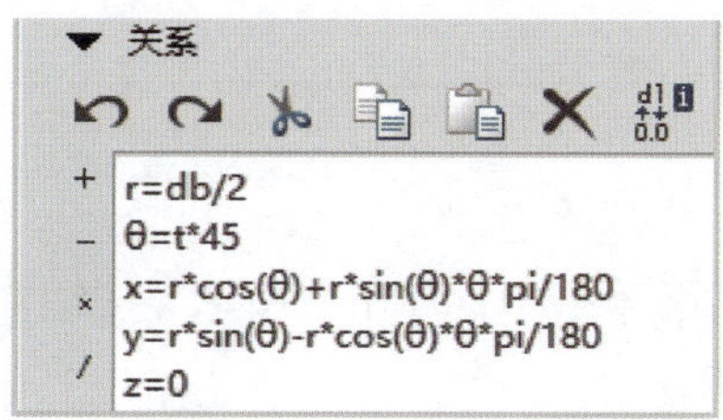

图 3-6-15　渐开线曲线方程

3. 单击“基准轴”按钮，选中任意草绘圆，创建通过圆心的基准轴“A_1”；单击“基准点”按钮，选中分度圆和方程曲线，以两者交点创建基准点“PNT0”；单击“基准平面”按钮，穿过基准点“PNT0”和基准轴“A_1”创建基准平面“DTM1”；穿过基准轴“A_1”，以“DTM1”平面为基准偏移3°，创建齿廓中心基准平面“DTM2”，如图3-6-16所示。

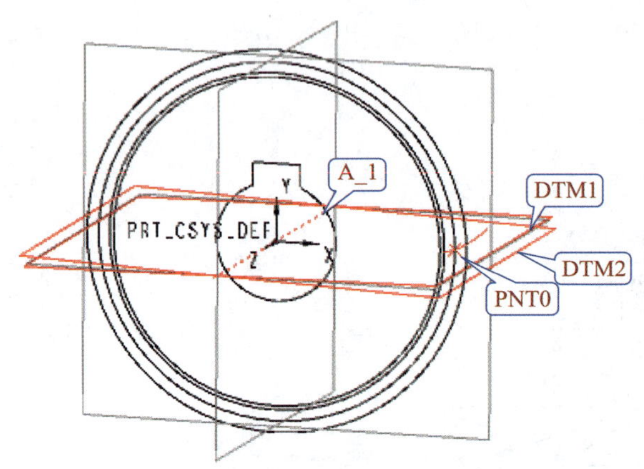

图 3-6-16　参考基准的创建

4. 选中模型树中的特征“DTM2”，在弹出的浮动工具栏中选择“编辑尺寸”命令，模型中显示基准平面“DTM2”的生成角度尺寸“3”。单击“工具”选项卡中的“d= 关系”按钮，打开“关系”对话框，单击模型中的角度尺寸并在“关系”对话框中输入关系式，使该角度尺寸等于360/（4*Z）。

5. 以“DTM2”为对称平面创建镜像特征，生成对称的渐开线，如图3-6-17所示。

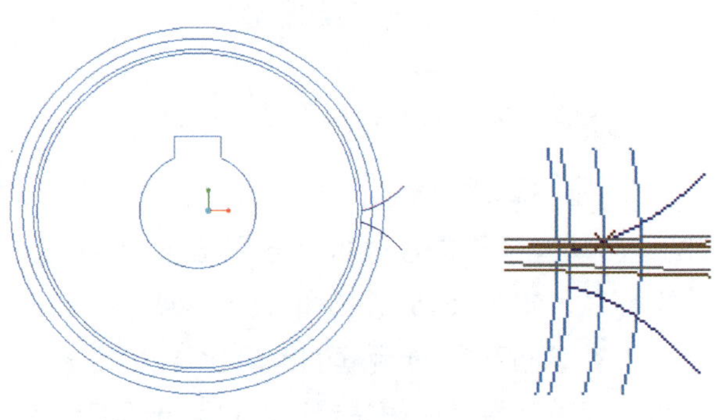

图 3-6-17　镜像齿廓线

四、绘制渐开线齿槽

1. 拉伸齿轮毛坯

（1）在“拉伸”命令的截面草绘中，单击“投影”按钮，选取齿顶圆及孔边，完成草图，拉伸长度初始值设为20。

（2）在模型树中选中刚生成的拉伸特征，在弹出的浮动工具栏中单击“编辑尺寸”按

钮 ，模型中出现相关尺寸。单击“工具”选项卡中的“d= 关系”按钮，打开“关系”对话框，选中模型中的厚度尺寸，并在“关系”对话框中将其值设为 b，输入“b=d/3”，单击“重新生成”按钮 ，可见模型中的齿轮厚度根据关系式生成新的尺寸 30，如图 3-6-18 所示。

图 3-6-18　拉伸生成齿轮毛坯

2. 拉伸齿槽

选择“拉伸”→“移除材料”，选取齿轮端面为草绘平面。在截面草绘中，使用投影工具 ，投影齿顶圆、齿根圆及两条渐开线，并将渐开线与齿根圆的投影相交处，修剪为半径为 0.5 的过渡圆角，如图 3-6-19 所示，完成草图轮廓，退出草绘环境。拉伸深度设置为 ，选择齿轮另一端面，或者设置为 将截面拉穿（注意拉伸方向），单击“确定”按钮 ，退出“拉伸”命令。

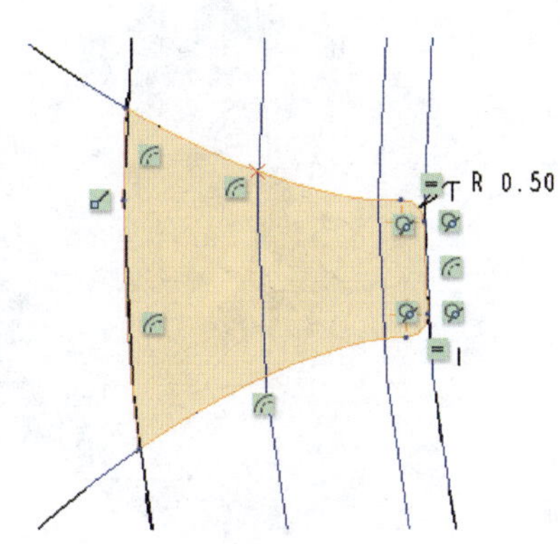

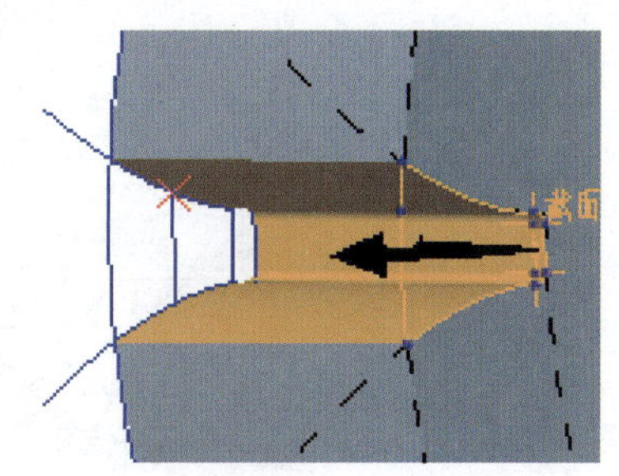

图 3-6-19　拉伸齿槽

五、阵列齿槽

1. 在模型树上选中齿槽的拉伸特征，在功能区中单击“阵列”按钮 ，进入“阵列”操控面板。阵列方式选择“轴”，选取基准轴 A_1，阵列数量及角度选择默认值，单击“确定”按钮 ，退出“阵列”命令，阵列生成 4 个齿槽，如图 3-6-20 所示。

2. 在模型树中单击阵列特征，在弹出的浮动工具栏中单击“编辑尺寸”按钮 ，模型中出现阵列数量尺寸。单击“工具”选项卡中的“d= 关系”按钮，打开“关系”对话框，选中模型中的阵列数量尺寸，在“关系”对话框中设置其值等于参数 Z，如图 3-6-21 所示。

3. 单击快速访问工具栏中的“重新生成”按钮 ，模型根据关系式的赋值重新再生，效果如图 3-6-22a 所示。

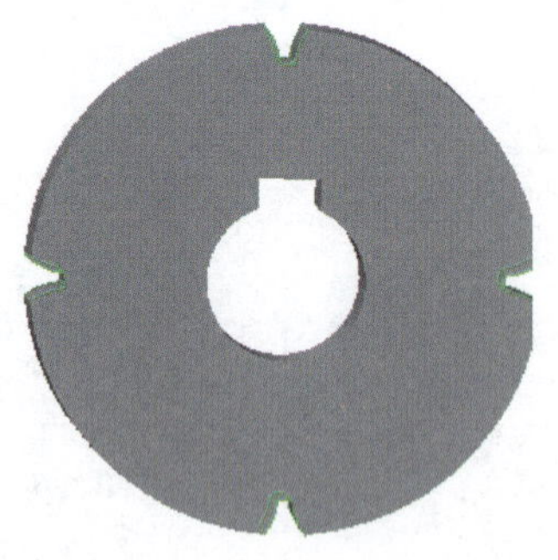

图 3-6-20　阵列齿槽

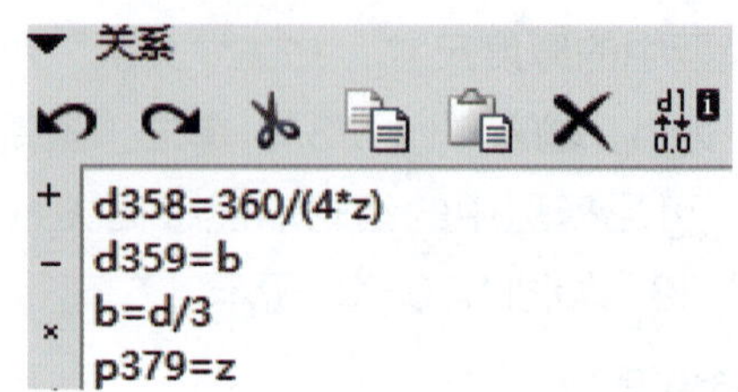

图 3-6-21　设置齿槽阵列关系式

4. 单击“工具”选项卡中的“参数”按钮，打开“参数”对话框，输入新的齿数 Z 及模数 M，重新生成模型，观察圆柱齿轮实体模型变化。选中模型树中的“草绘 1”特征，在弹出的浮动工具栏中单击“编辑尺寸”按钮，观察当齿数及模数改变时，草绘各尺寸发生的变化，如图 3-6-22b 所示。

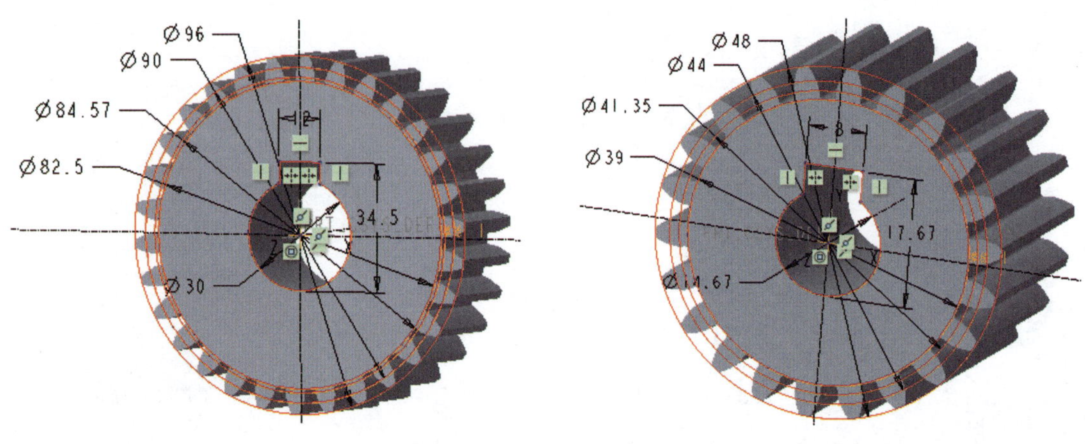

a）参数Z=30，M=3时生成的齿轮模型　　b）参数Z=22，M=2时生成的齿轮模型

图 3-6-22　不同齿数与模数驱动生成的齿轮

六、保存文件

模型建好后，将草绘及曲线特征隐藏，然后保存文件到工作目录，完成齿轮的参数化建模。

拓展练习

1. 如图 3-6-23 所示的垫圈，尺寸由 d2 驱动，d1=2*d2，h=d2/6，利用参数驱动法，绘制当 d2 为 20、30、36、48 时的垫圈模型。

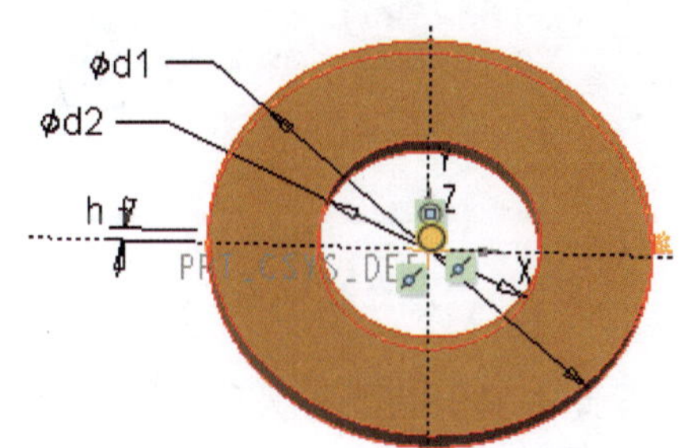

图 3-6-23　垫圈模型

2. 利用扫描命令及方程曲线绘制图 3-6-24 所示模型。

扫描轨迹为笛卡尔坐标系方程曲线：

x=40*t*sin（t*3600）

y=50*t*cos（t*3600）

z=60*t*sin（t*1800）

a）蝴蝶结形状

扫描轨迹为柱坐标系方程曲线：

theta=t*360

r=10-[3*sin（theta*3）]^2

z=[r*sin（theta*3）]^2

b）花形骨架

扫描轨迹为球坐标系方程曲线：

rho=50*（2*t^2+3*t）

theta=t*360

phi=t^2*360*10*5

c）桃形灯笼

图 3-6-24　方程曲线模型

注：在柱坐标系中，r 为曲线上点的矢量半径，theta 为方位角，z 为高度；在球坐标系中，rho、theta、phi 分别代表数学中球坐标系中点的矢量半径、方位角、天顶角。

项目四

一般曲面建模

曲面造型是指在产品设计中基于曲面形状产品外观的建模方法。曲面造型时，先使用软件的曲面指令功能构建产品的外观形状曲面，再通过相关命令转化为实体模型，相对于实体特征建模更灵活，更能适应一些具有复杂外观形状的产品设计。Creo 具有丰富的曲面造型功能与功能强大的曲面造型工具，本项目主要介绍利用基础曲面特征工具创建曲面的方法以及曲面编辑命令的使用。

任务 1　台灯建模

学习目标

1. 掌握拉伸、旋转等基础曲面特征的创建方法。

2. 掌握偏移、相交、延伸、合并、修剪、加厚、实体化等常用的曲面编辑方法。

3. 能在教师指导下完成台灯模型的构建，并能独立完成拓展练习中零件的建模。

任务描述

要求设计图 4-1-1 所示的台灯模型。该模型形状较为复杂，难于直接进行实体建模，可先创建简单曲面，再通过曲面编辑形成产品外观，然后对曲面进行实体化。通过完成本任务，可以熟悉基础曲面构建方法，学习利用曲面编辑及曲面实体化方法建模。

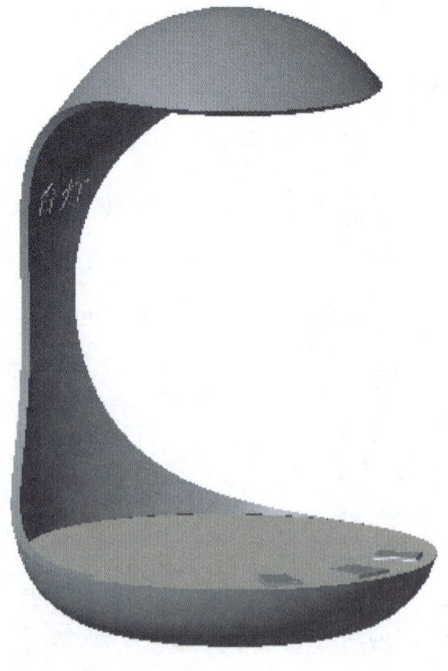

图 4-1-1　台灯造型

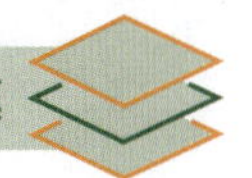

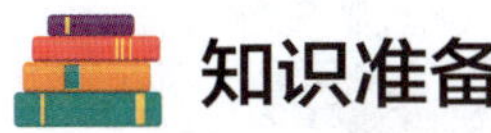

知识准备

一、曲面造型概述

曲面是没有厚度的几何特征，可以认为是无限薄、厚度趋近于零的几何面。在现代复杂产品设计中，曲面设计应用极为广泛，汽车、叶轮等产品的外观通常都是采用曲面来构建，不仅漂亮，还表现出优良的物理性能，如图 4-1-2 所示。对于外形较为复杂的零件，通常先用曲面造型，然后利用加厚或实体化命令转化为实体模型。

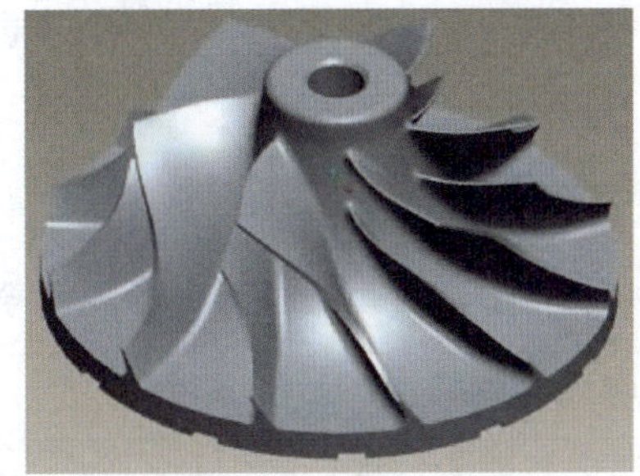

图 4-1-2　曲面造型的应用

用曲面创建零件造型的主要过程一般如下。

1. 创建若干单独的曲面。
2. 对曲面进行编辑，如修剪、偏移等。
3. 将各个单独的曲面合并成一个整体的面组。
4. 将面组加厚或实体化，生成实体零件。

二、基础曲面特征

基础曲面特征是指使用拉伸、旋转、扫描和混合等常用基础特征命令创建的曲面特征，与实体特征应用相同的建模命令。

1. 创建基础曲面特征的方法

在“形状”工具组中，选取一种工具命令，在打开的操控面板中，设置特征类型为曲面，即可创建曲面特征。以拉伸曲面为例，单击“拉伸”按钮，打开“拉伸”操控面板，按下“曲面”按钮，即可创建拉伸曲面特征，其方法与创建实体拉伸特征基本一致。

如图 4-1-3 所示，与创建实体不同的是曲面特征的截面要求不像实体特征那样严格，截面可以闭合，也可开放。当截面为封闭图形时，在“选项”选项卡中，还可以通过是否勾选“封闭端”复选框，确定曲面特征两端是否封闭。

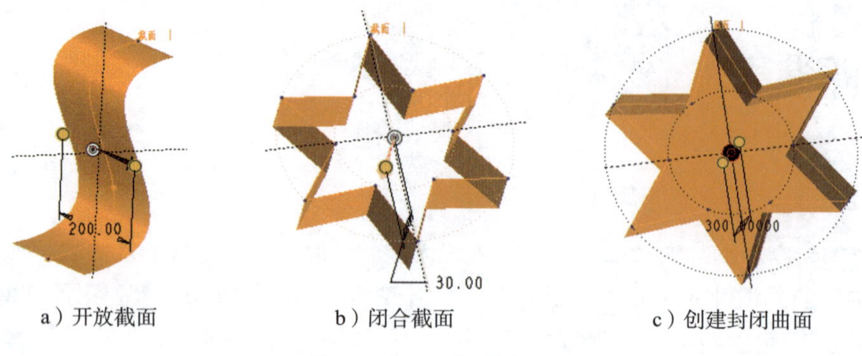

a）开放截面　　b）闭合截面　　c）创建封闭曲面

图 4-1-3　拉伸曲面

利用“形状”工具组的其他特征工具创建曲面的方法与创建拉伸曲面特征的方法基本一致。

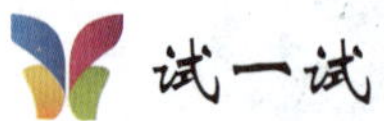

利用旋转、扫描、混合、扫描混合等基础特征工具，创建曲面特征。

2. 创建填充曲面特征的方法

创建填充曲面特征，是将封闭的草绘图形填充，形成具有封闭边界形状的平面的过程。

单击“曲面”→“填充”按钮，打开“填充”操控面板，如图 4-1-4 所示。单击打开“参考”选项卡，可以选择一个绘制好的草绘，或单击其中的“定义”按钮，创建一个封闭的草绘轮廓。草绘完成后，单击“确定”按钮，即可生成填充曲面。

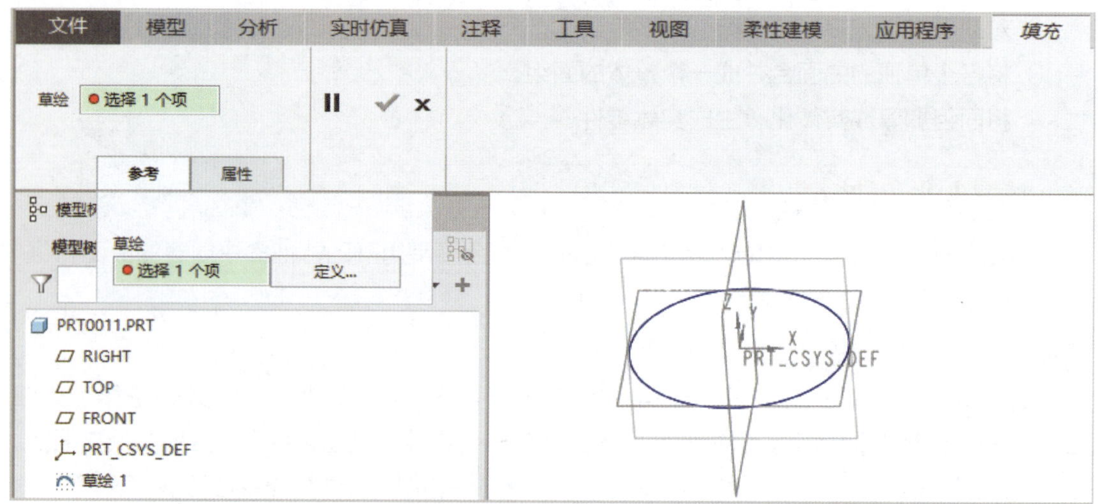

图 4-1-4　“填充”操控面板

三、曲面的编辑

1. 曲面的合并

使用曲面合并的方法可以将多个曲面合并生成单一曲面特征。合并曲面的操作步骤较为简单：首先选取参与合并的两个曲面特征，即在模型树或模型上选取其中一个曲面后，按住 <Ctrl> 键再选取另外一个；然后在“编辑”工具组中单击“合并”按钮，打开“合并”操控面板；在面板中有两个“方向”按钮，分别用来确定合并曲面时每一个曲面需要保留哪一侧，要保留的曲面侧以箭头指示，曲面显示网格线。如图 4-1-5 所示，分别单击两个“方向”按钮调整保留的曲面侧，可以获得 4 种不同的效果。

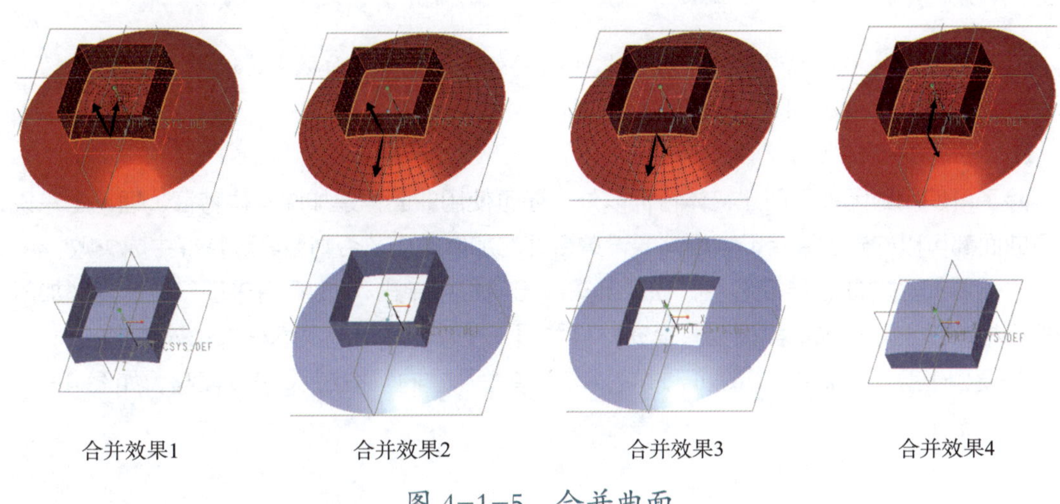

图 4-1-5 合并曲面

2. 曲面的实体化

产品设计过程通常是通过曲面设计形成要创建的产品表面特征，然后将曲面实体化，这是现代设计中对复杂结构的产品进行造型设计的重要手段。实体化有两种方式：创建实体化特征和创建加厚特征。

（1）实体化特征的创建

创建实体化特征的方法只适用于单一的闭合曲面。实体化之前要将若干曲面进行合并，生成单一闭合曲面，选取该闭合曲面后，在“编辑”工具组中的“实体化”按钮方可使用。通常情况下，进入“实体化”操控面板后，系统默认选取“实体填充”按钮，意为用实体填充曲面内部。此时，该曲面实体化生成的结果唯一，直接单击“确定”按钮✔，即可生成实体特征。如图 4-1-6 所示，虽然曲面实体化前后在外观形状上没有任何变化，但系统默认颜色会因此而改变。

a）实体化前　　b）实体化　　c）实体化后

图 4-1-6　曲面实体化

小提示

当实体上具有单一的封闭曲面时，也可在“实体化”操控面板中，选择“移除材料”按钮，通过实体化命令用曲面切除多余材料。

（2）加厚特征的创建

除了可使用封闭曲面创建实体特征以外，还可使用曲面构建加厚实体特征。理论上来说，任意曲面都可以构建加厚特征，但需要设置合理的加厚厚度，否则会导致特征生成失败。

将需要加厚的曲面特征选中，在“编辑”工具组中单击“加厚”按钮，打开“加厚”操控面板，系统默认加厚类型为“填充材料”，在紧随其后的文本框内输入加厚的尺寸数值，在模型上会出现箭头指示加厚方向，可以单击“方向”按钮予以调整，如图 4-1-7 所示。

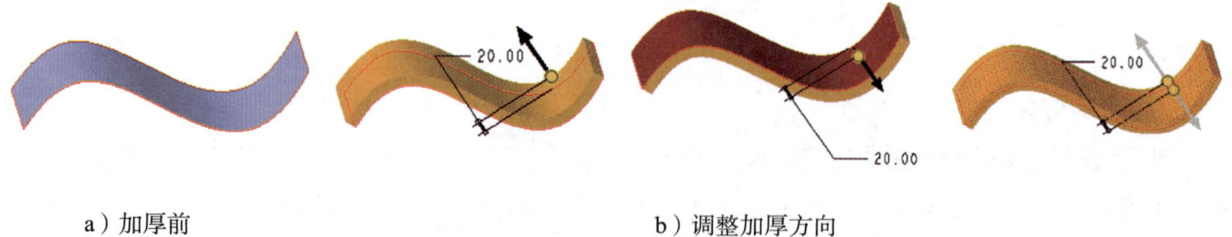

a）加厚前　　b）调整加厚方向

图 4-1-7　不同方向上的加厚特征

3. 曲面的相交

曲面相交是创建曲面与其他曲面或基准平面的交线。按住 <Ctrl> 键在模型中选取相交的两个曲面，单击“编辑”工具组中的“相交”按钮，系统即可截取出两曲面的相交曲线，如图 4-1-8 所示。

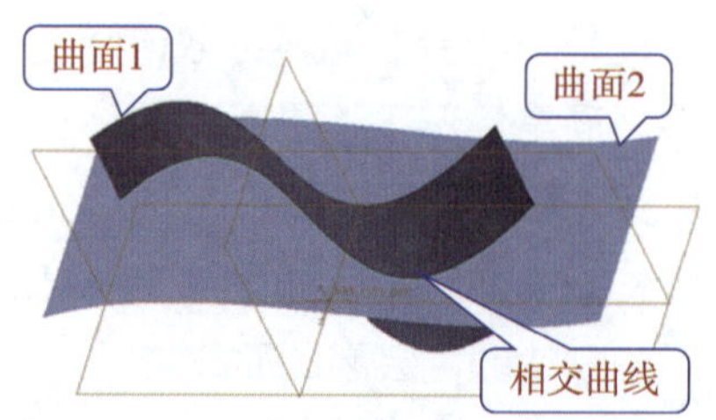

图 4-1-8　创建相交曲线

小提示

（1）选定的两个曲面不能同时为实体表面。如果选定的第一个曲面是实体表面，则第二个曲面就不可选取实体表面。

（2）不能利用“相交”命令在两个基准平面的交界处创建基准曲线。

4. 曲面的修剪

如图 4-1-9 所示，利用“修剪”工具可以裁去曲面上多余的部分，既可以使用已有基准平面、基准曲面或曲面来修剪，也可使用拉伸、旋转等三维实体表面修剪。

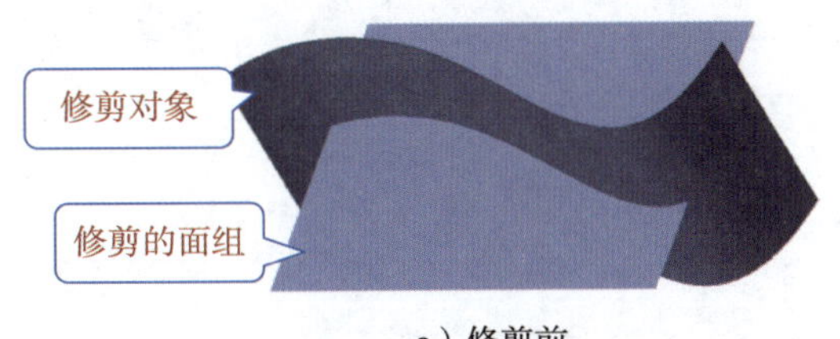

a）修剪前

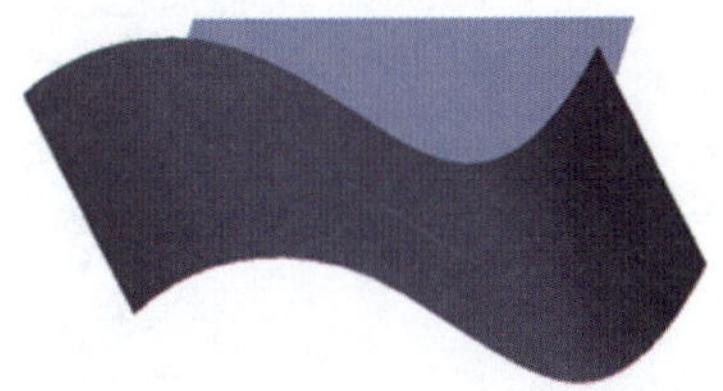

b）修剪后

图 4-1-9 曲面的修剪

小提示

命令中的“修剪的面组”与“修剪对象”分别指的是被修剪面组与修剪面，且“修剪的面组”必须要完全贯穿“修剪对象”，不能只是部分相交。

5. 曲面的延伸

延伸曲面就是将曲面延长某一距离或延伸到某一平面。在已经创建好的曲面上选取需要延长曲面的边线，单击“编辑”→“延伸”按钮，即可打开“延伸”操控面板，如图 4-1-10 所示。

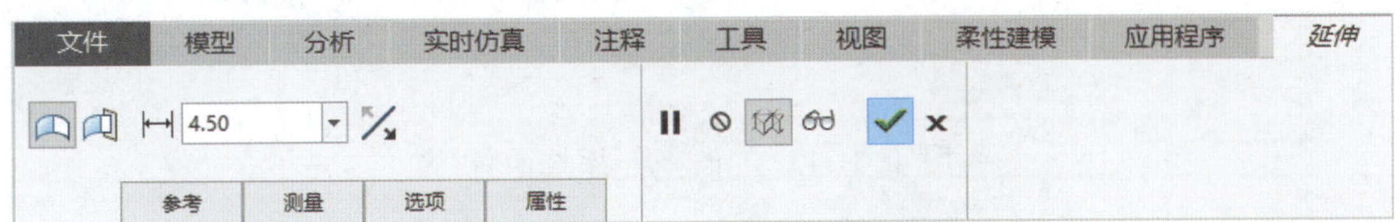

图 4-1-10 “延伸”操控面板

曲面延伸类型有两种：沿原始曲面延伸指定距离和延伸至某一曲面，系统默认前者。直接输入曲面延伸距离，其预览特征如图 4-1-11a 所示。单击“将曲面延伸到参考平面”按钮，选取延伸终止面，则曲面延伸至此面，如图 4-1-11b 所示。

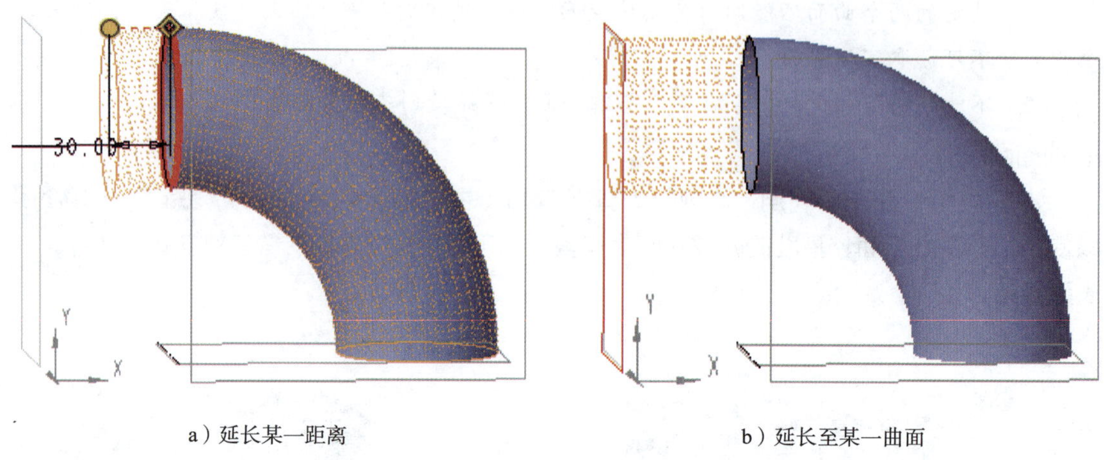

a）延长某一距离　　b）延长至某一曲面

图 4-1-11　曲面延伸类型

6. 曲面的倒圆角

与创建实体特征类似，在曲面的过渡处也可创建倒圆角，使曲面之间的连接更为顺畅和平滑，其用法与实体倒圆角也类似。在“工程”工具组中单击“倒圆角”按钮，然后选取倒圆角所在的边线或两个相交曲面，并设置圆角半径参数，即可创建曲面倒圆角。

7. 曲面的偏移

创建偏移的曲面，首先要选中需要偏移的曲面，然后单击“编辑”→“偏移”按钮，打开“偏移”操控面板，如图 4-1-12 所示。在面板中可以选择偏移的类型，设定偏移方向、偏移距离等偏移特征的参数。

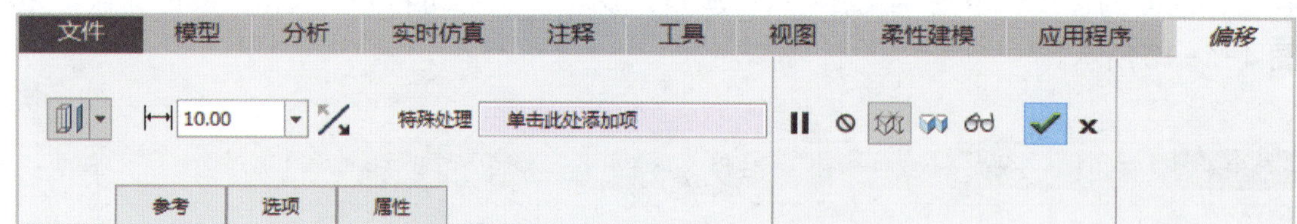

图 4-1-12　“偏移”操控面板

在数据框中输入偏移的尺寸，单击“方向”按钮调整好偏移方向，然后单击“确定”按钮，即可生成偏移的曲面特征，如图 4-1-13 所示。

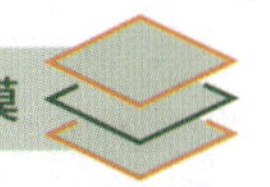

a）被偏移的曲面

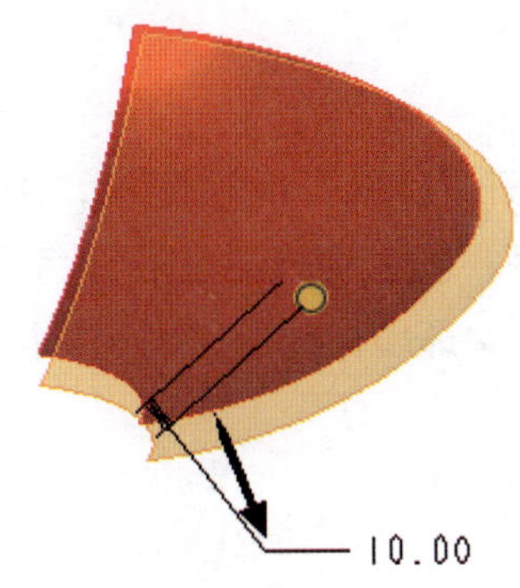

b）曲面偏移预览

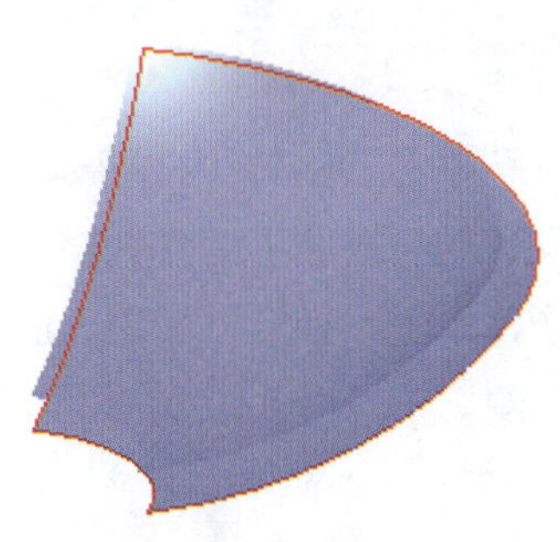

c）生成曲面的偏移特征

图 4-1-13　曲面的偏移

 任务实施

一、新建文件

新建零件类型文件，命名为“taideng”，取消勾选“使用默认模板”，选择模版“mmns_part_solid”，单击“确定”按钮，进入零件设计环境。

二、创建灯罩旋转曲面

单击“形状”→“旋转”按钮，打开“旋转”操控面板，单击“曲面”按钮。选择 FRONT 基准平面作为草绘平面，创建旋转特征的截面图形，如图 4-1-14a 所示。绘制完毕，单击“确定”按钮，退出草绘环境，单击“确定”按钮，生成旋转曲面特征，如图 4-1-14b 所示。

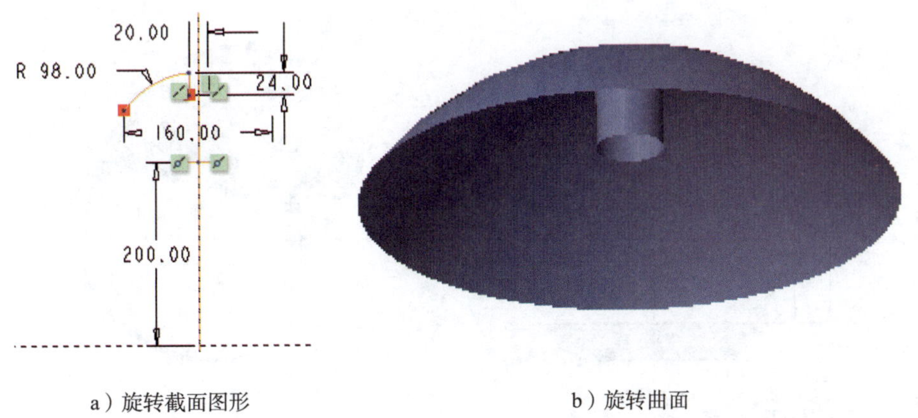

a）旋转截面图形　　　　b）旋转曲面

图 4-1-14　创建旋转曲面 1

三、创建底座旋转实体

单击“旋转”按钮，打开“旋转”操控面板，旋转类型默认为“实体”。选择FRONT基准平面作为草绘平面，创建旋转特征的截面图形，如图4-1-15所示。绘制完毕，单击“确定”按钮，退出草绘环境，单击“确定”按钮，完成底座旋转实体特征的创建。

四、对底座抽壳

单击“壳”按钮，设置壳厚度值为5.00，其他参数采用默认设置，单击“确定”按钮，生成壳特征，如图4-1-16所示。

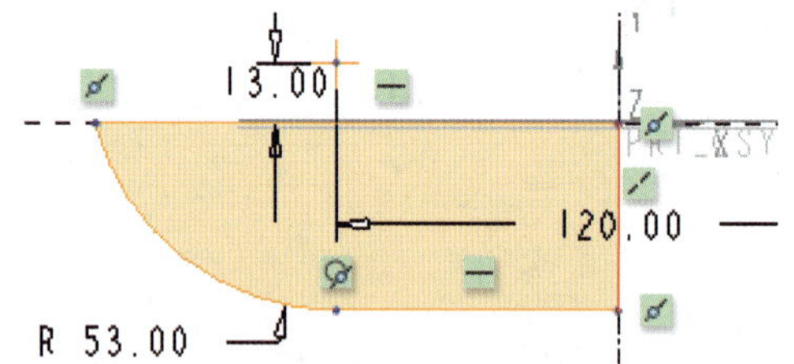

图4-1-15　底座旋转特征的截面图形

图4-1-16　旋转并抽壳生成底座

五、创建支架旋转曲面

单击“旋转”按钮，打开“旋转”操控面板，单击“曲面”按钮。选择FRONT基准平面作为草绘平面，创建如图4-1-17a所示旋转特征的截面图形，绘制完毕，单击“确定”按钮，退出草绘环境。在“旋转”操控面板的“旋转角度”文本框内输入180.0，单击“确定”按钮，生成支架的旋转曲面特征，如图4-1-17b所示。

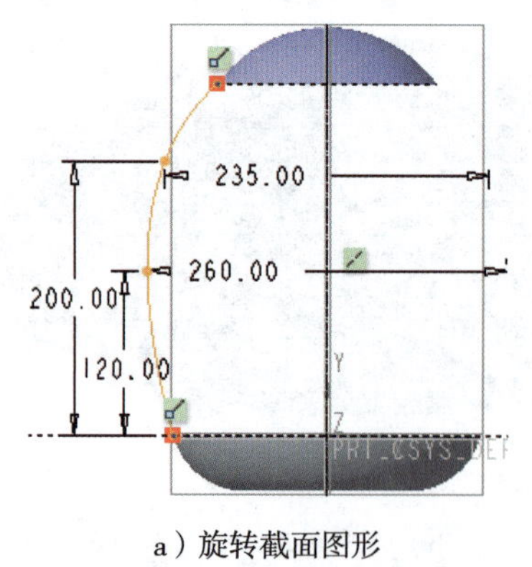

a）旋转截面图形

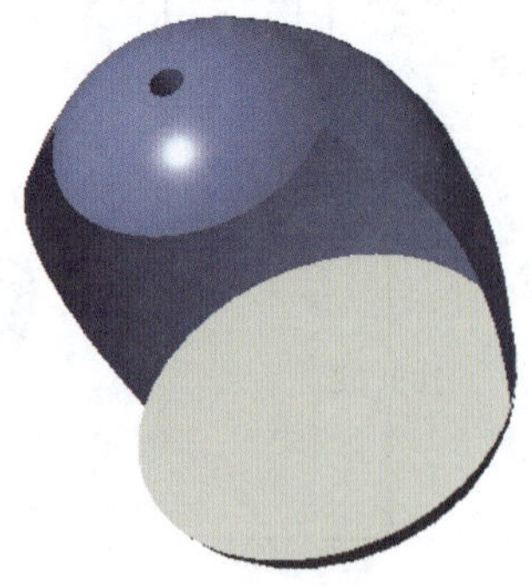

b）支架旋转曲面

图4-1-17　创建旋转曲面2

六、创建拉伸曲面

单击“拉伸”按钮，打开“拉伸”操控面板，单击“曲面”按钮。选择 FRONT 基准平面作为草绘平面，创建拉伸特征的截面图形，如图 4-1-18a 所示。绘制完毕，单击“确定”按钮，退出草绘环境。在“拉伸”操控面板中，设置拉伸方式为“对称拉伸”，拉伸长度为 300.00。设置完毕，单击“确定”按钮，生成拉伸曲面特征，如图 4-1-18b 所示。

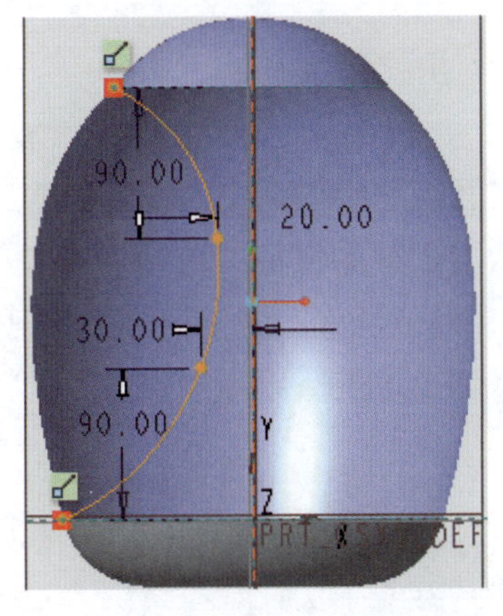

a）拉伸截面图形

b）拉伸曲面

图 4-1-18 创建拉伸曲面

七、创建拉伸曲面的镜像特征

在模型树中单击选中上一步创建的拉伸特征，单击“镜像”按钮，弹出“镜像”操控面板，选择 RIGHT 基准平面作为镜像平面，单击“确定”按钮，生成镜像曲面模型，如图 4-1-19 所示。

图 4-1-19 创建拉伸曲面的镜像特征

八、创建曲面修剪特征

1. 在模型树中选取步骤五创建的支架旋转曲面“旋转 2”，在“编辑”工具组中单击“修剪”按钮，打开“曲面修剪”操控面板，如图 4-1-20 所示。

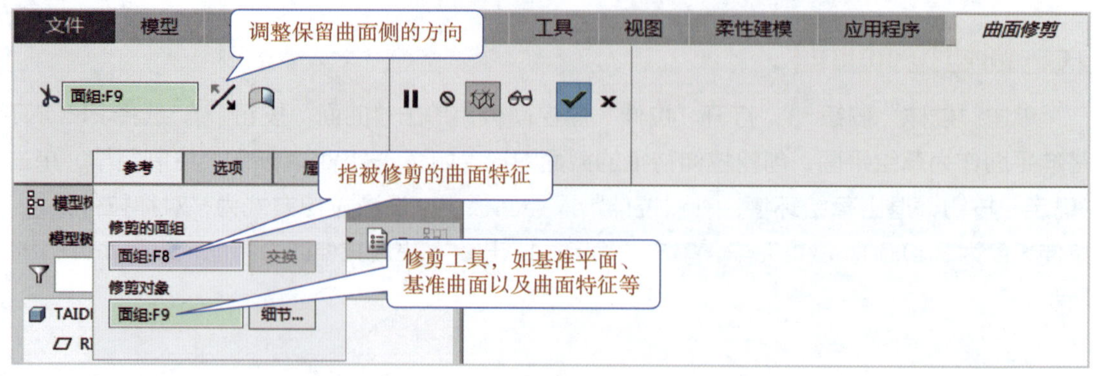

图 4-1-20 “曲面修剪”操控面板

2. 激活“参考”选项卡，可以看到“修剪的面组”收集框中为先前已选定的曲面，单击激活“修剪对象”收集框，在模型上选择步骤六中创建的特征“拉伸 1”作为修剪对象，单击“方向”按钮调整保留曲面侧的方向，被保留侧的曲面以黄色网格线标记，如图 4-1-21 所示。设置完毕，单击“确定”按钮，得到的模型如图 4-1-22 所示。

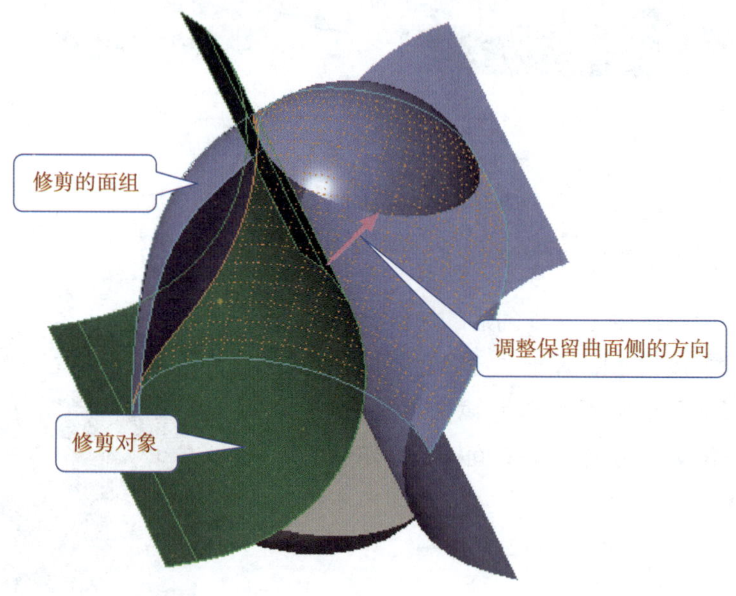

图 4-1-21 曲面修剪前

3. 依然选取“旋转 2”曲面，在“编辑”工具组中单击“修剪”按钮，打开“曲面修剪”操控面板，在模型树下方选择“镜像 1”作为修剪对象，单击“方向”按钮调整保留曲面侧的方向，设置完毕，单击“确定”按钮，得到的模型如图 4-1-23 所示。

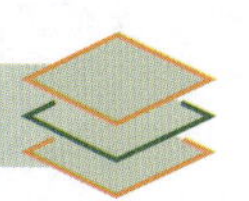

图 4-1-22　曲面修剪 1 效果

图 4-1-23　曲面修剪 2 效果

九、合并曲面

1. 在模型树中，按住 <Ctrl> 键依次选取“拉伸 1”和“镜像 1”两个曲面特征，在浮动工具栏中单击“隐藏选定项”按钮，将无须显示的特征进行隐藏。

2. 按住 <Ctrl> 键，在模型树中依次选取灯罩及支架曲面特征“旋转 1”和“旋转 3”，在“编辑”工具组中单击“合并”按钮，在弹出的“合并”操控面板中直接单击“确定”按钮，得到“合并 1”特征，如图 4-1-24 所示。

图 4-1-24　隐藏与合并曲面

十、创建曲面的实体化特征

选中生成的“合并 1”特征，在“编辑”工具组中单击“加厚”按钮，打开“加厚”操控面板，系统默认“填充材料”，在紧随其后的数据框内输入加厚的尺寸数值 5.00，设置完毕，得到模型预览，如图 4-1-25 所示，单击“确定”按钮，完成“加厚”命令。

十一、创建文字的曲面偏移特征

1. 单击“基准”→“草绘”按钮，进入“草绘”对话框。选定 FRONT 基准平面作为草绘平面，默认草绘方向，单击“草绘”按钮，进入草绘环境。在草绘环境中，单击“文本”按钮，绘制如图 4-1-26 所示文本图形。绘制完毕，单击“确定”按钮，退出草绘环境。

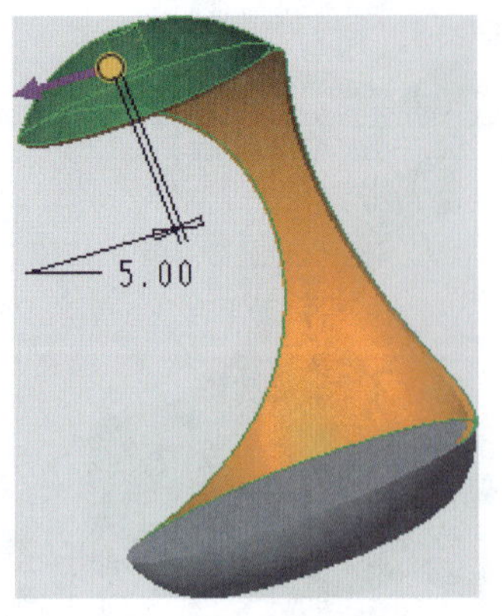

图 4-1-25　曲面加厚

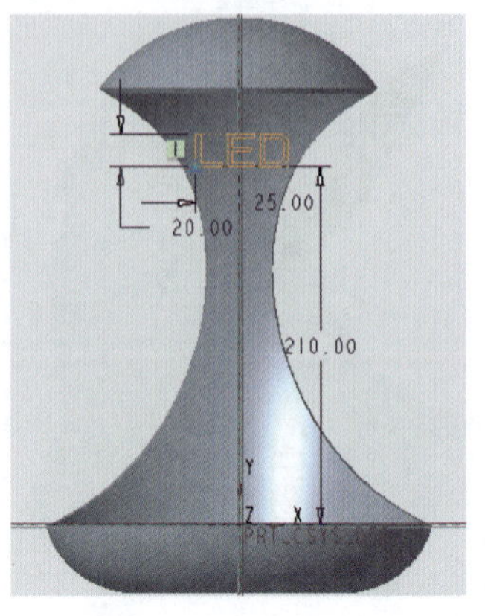

图 4-1-26　草绘文本图形

2. 创建偏移的曲面，首先要选中需要偏移的曲面，如图 4-1-27a 所示，被选中的曲面高亮显示。单击“编辑”→“偏移”按钮，弹出“偏移”操控面板，如图 4-1-28 所示，选择偏移类型为“具有拔模特征”，依次单击“参考”→“定义”，选择 FRONT 基准平面作为草绘平面绘制图形，单击“投影”按钮，投影上一步得到的文本轮廓线，得到草绘图形，如图 4-1-27b 所示。

3. 在“偏移”操控面板中设置偏移值为 1.00，偏移角度值为 5.0。设置完毕，单击“确定”按钮，完成偏移特征 1 的创建。将“草绘 1”隐藏起来，得到的模型如图 4-1-27c 所示。

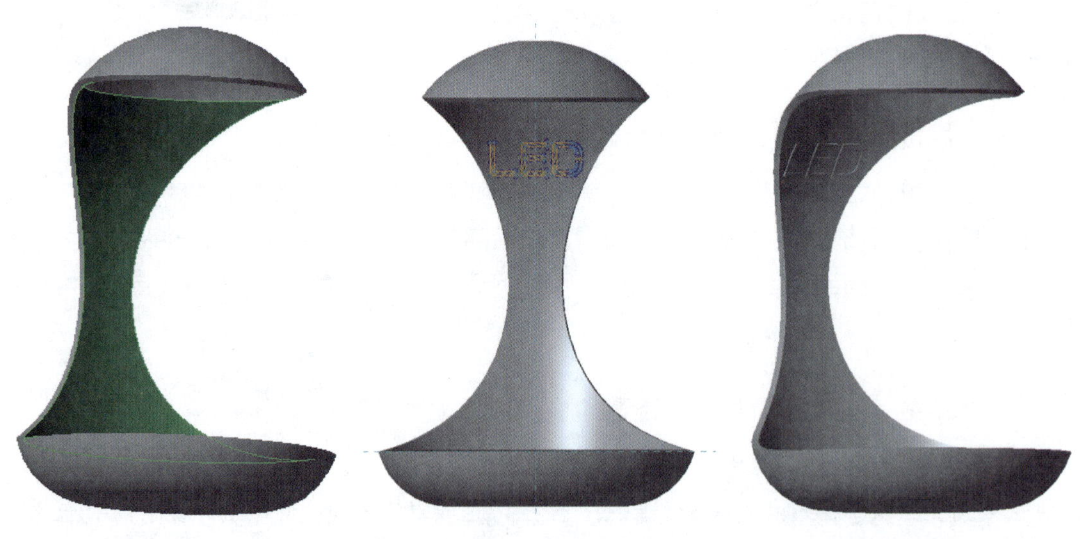

a）选中需要偏移的曲面　b）草绘图形　c）曲面偏移

图 4-1-27　创建文字曲面偏移特征

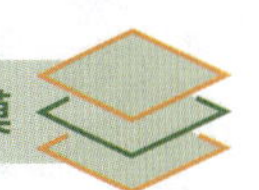

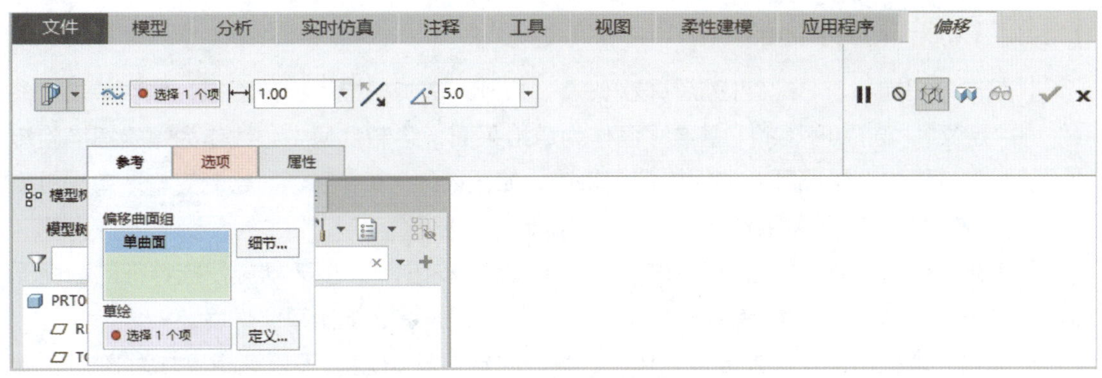

图 4-1-28 “偏移”操控面板

十二、创建按钮偏移特征

1. 选中需要偏移的曲面，如图 4-1-29a 所示，单击“编辑”→“偏移”按钮。

2. 在弹出的“偏移”操控面板中，选择偏移类型为“具有拔模特征”，依次单击“参考”→“定义”，选择如图 4-1-29a 所示的偏移曲面作为草绘平面，选择 FRONT 面及 RIGHT 面作为参考，绘制如图 4-1-29b 所示图形。

3. 在“偏移”操控面板中设置偏移值为 2.00，偏移角度值为 10.00。设置完毕，单击“确定”按钮，完成按钮偏移特征的创建，得到的模型如图 4-1-29c 所示。

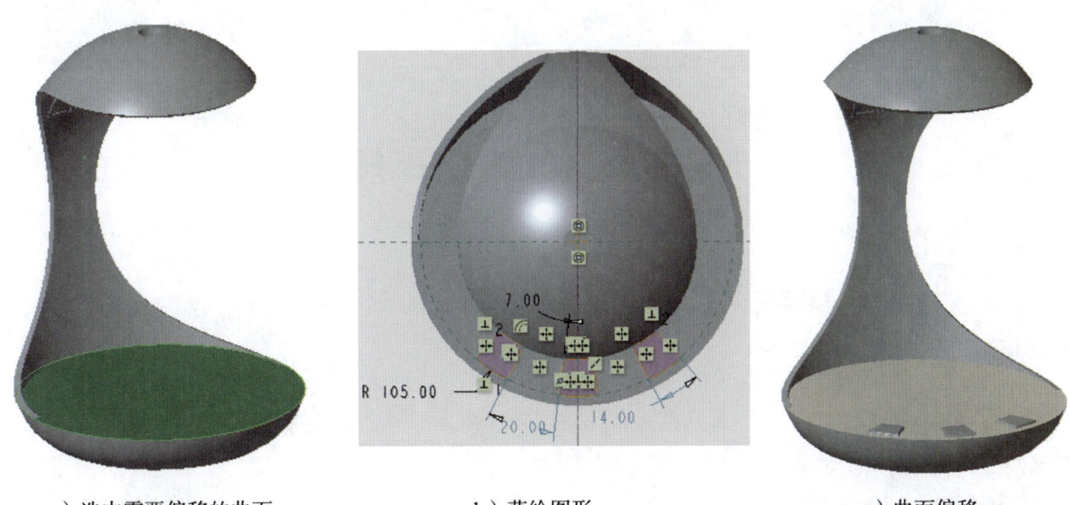

a）选中需要偏移的曲面　b）草绘图形　c）曲面偏移

图 4-1-29 创建按钮偏移特征

十三、创建螺旋扫描特征

1. 单击“扫描”→“螺旋扫描”按钮，打开“螺旋扫描”操控面板，依次单击“参考”→“定义”，选择 FRONT 基准平面作为草绘平面，绘制几何中心线作为螺旋扫描旋转轴，绘制与灯罩内孔轮廓重合的螺旋扫描轨迹，如图 4-1-30a 所示。绘制完毕，单击“确定”按钮✔，退出草绘环境。

2. 单击“螺旋扫描”操控面板中的“扫描截面”按钮，创建螺旋扫描特征的截面图形，如图 4-1-30b 所示，绘制完毕，单击“确定”按钮✔，退出草绘环境。

3. 回到“螺旋扫描”操控面板，单击“移除材料”按钮，设置螺距尺寸为 3.00，单击“确定”按钮✔，生成的特征如图 4-1-30c 所示。

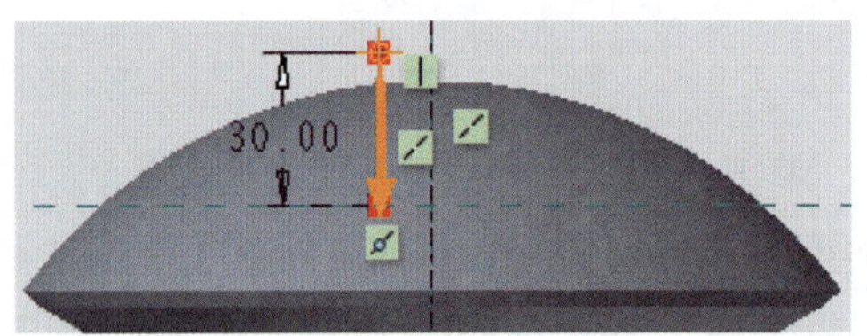

a）螺旋扫描轨迹

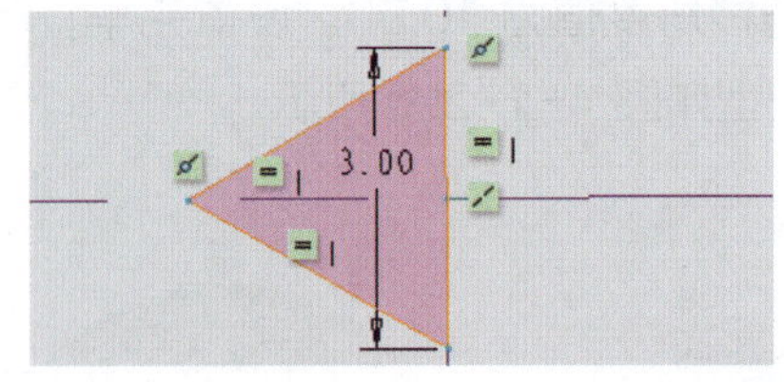

b）螺旋扫描截面图形

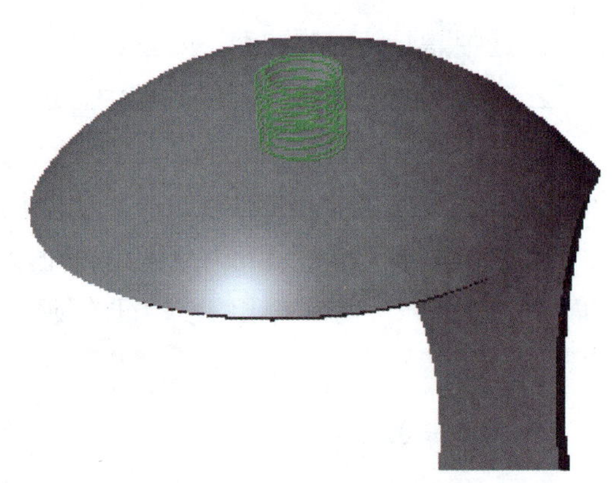

c）螺旋扫描特征

图 4-1-30 创建螺旋扫描特征

十四、保存文件

模型创建完毕，检查无误后，单击“保存”按钮将文件保存到工作目录。

拓展练习

利用曲面造型方法创建基础特征曲面，通过曲面编辑，设计如图 4-1-31 所示电吹风外壳曲面造型，并将其转化为实体。

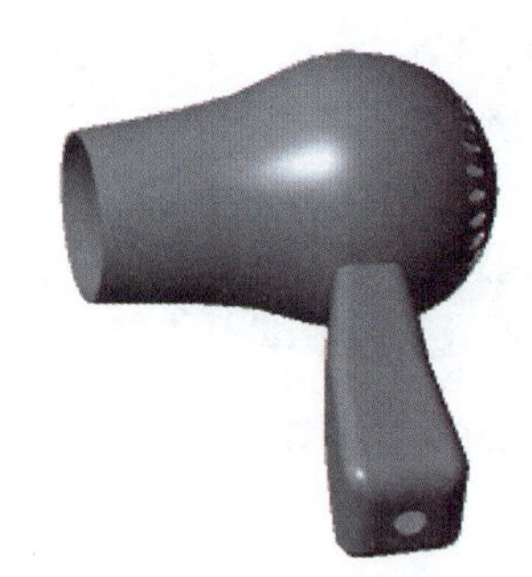

图 4-1-31 电吹风外壳曲面造型

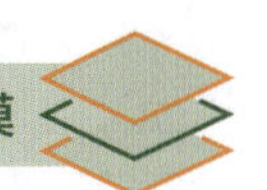

任务 2　花瓶建模

学习目标

1. 理解 trajpar 函数的含义，并能灵活应用于生成可变截面扫描曲面。
2. 能通过计算函数 evalgraph 及 Graph 图形控制生成可变截面扫描曲面。
3. 能在建模过程中进一步熟练应用曲面编辑命令。
4. 熟悉 Creo 图形渲染方法，能对模型进行外观效果渲染。
5. 能在教师的指导下完成花瓶造型，并能独立完成拓展练习。

任务描述

本任务需要完成图 4-2-1 所示花瓶造型的设计。该花瓶曲面外形流畅、截面轮廓复杂多变，可以看作是一条样条曲线绕圆形轨迹扫描形成的曲面，扫描过程中样条曲线上的插入点到中心线的距离（图 4-2-2 中各横向尺寸）周期性变化，从而生成周期性尺寸变化的截面轮廓形状。通过本任务学习 Trajpar 函数及 evalgraph 函数在可变截面扫描中的应用。

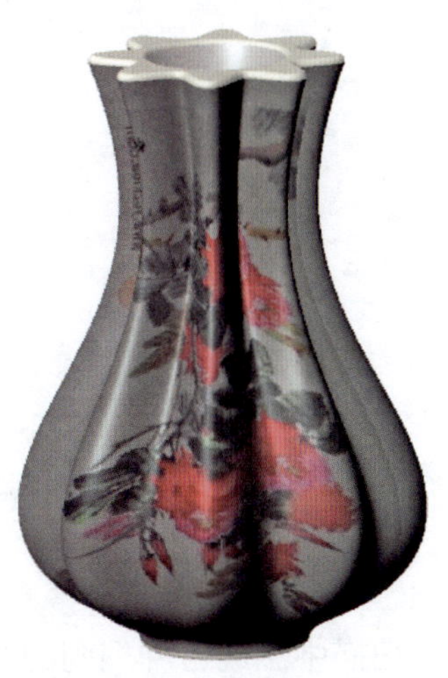

图 4-2-1　花瓶造型

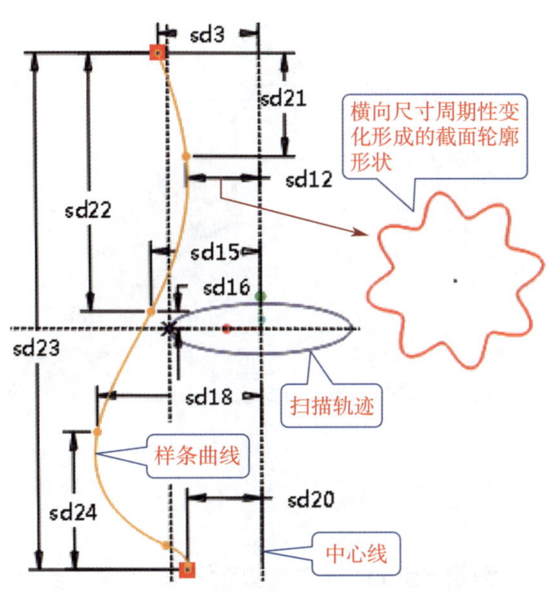

图 4-2-2　花瓶外曲面形成原理

知识准备

可变截面扫描是扫描命令的重要功能，除了利用多条轨迹控制截面形状变化之外，也可以通过赋予截面尺寸随着扫描位置不同而发生变化的函数，得到变化多端的扫描效果。其所具备的丰富的截面控制属性，使它可以得到多变的曲面形状和可以预见的扫描结果。常用的截面扫描函数应用有轨迹参数 trajpar、轨迹参数与计算函数 evalgraph 的结合两种方法。

一、轨迹参数 trajpar

轨迹参数 trajpar 实际就是扫描过程中瞬间位置相对整个原点轨迹的比例值，其值为 0 到 1 之间的变量，是可变扫描特征特有的一个参数。在草绘截面时可以用这个参数编写关系，从而控制截面的形状。

如图 4-2-3a 所示的关系式中，假设 P 点位于从起点算起整个轨迹曲线的 0.3 倍位置，那么该处的轨迹参数值就是 0.3。如果在截面尺寸中添加关系 sd4=1+trajpar*49，那么在 P 点的截面圆的直径 sd4 就是 1+0.3*49=15.7。推而广之，在整个扫描过程中，随着 P 点位置的变化，截面尺寸 sd4 的值就从 1 到 50 发生线性变化，扫描生成如图 4-2-3b 所示形状。

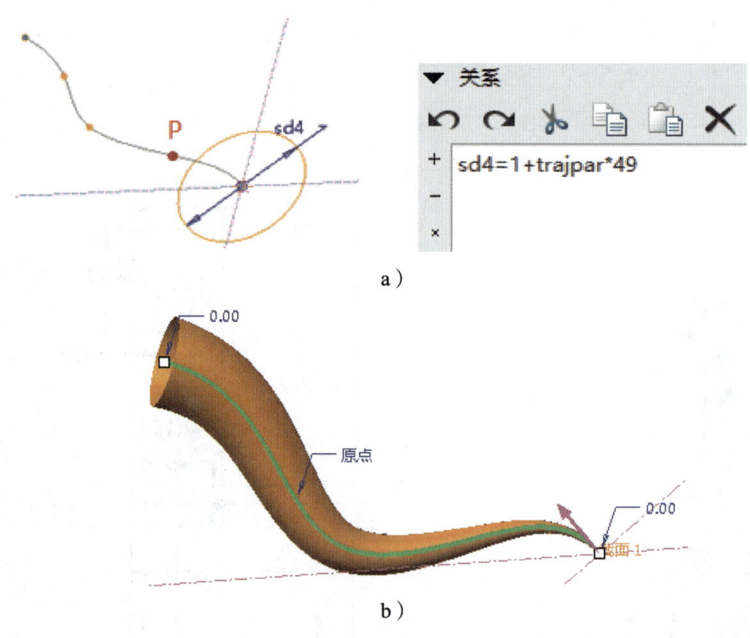

图 4-2-3　轨迹参数 trajpar 的应用

利用 trajpar 参数与其他不同数学函数组合，就可以使截面在扫描中生成各种规则的变化。

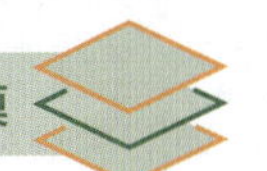

1. 大小渐变

尺寸实现从某个值渐变到另一个值（变大或变小），常用 sd#=V0+Vs*trajpar、sd#=V0+Vs*sin（trajpar*90）两个关系式分别实现线性关系和正弦关系的渐变，公式中 V0 是初始值，Vs 是变化幅度。如果要实现先小再大最后再变小的峰状变化，可以用 sd#=V0+Vs*abs（trajpar−0.5）或 sd#=V0+Vs*sin（trajpar*180）等，如图 4-2-4 所示。当然也可用 trajpar 与其他函数实现更多形式的渐变。

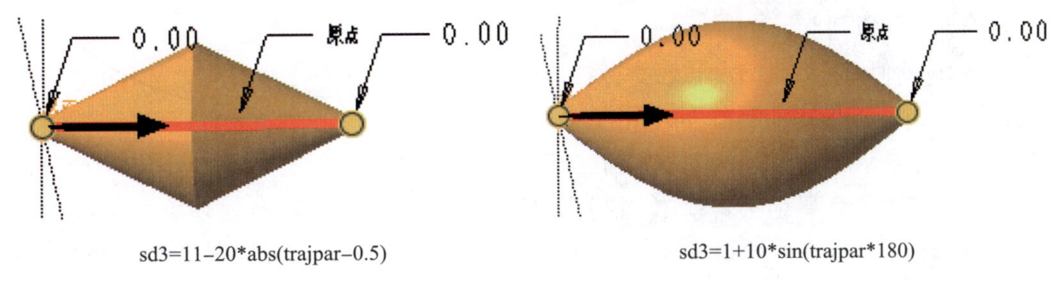

图 4-2-4　利用 trajpar 参数实现大小渐变

2. 周期变化

一般来说都是用正弦函数（sin）或余弦函数（cos）来实现截面的周期性变化，基本的关系表现形式为 sd#=Vs*sin（trajpar*360*n）+V0。其中，V0 是基准值，Vs 是幅度值（变化幅度），n 是周期数。如图 4-2-5a 所示，原点轨迹为直线，截面为正圆，关系式如图中所示。这个关系式表明在扫描的过程中圆的直径 sd3 的值以 20 为基准值、10 为幅度值在扫描过程中做 4 个周期的变化，扫描效果如图 4-2-5b 所示，最小的直径为 10，最大的直径为 30，总共发生 4 个周期的变化。

如果把原点轨迹换为圆周，那么就实现了沿圆周方向上截面尺寸的周期性变化，得到图 4-2-5c 所示效果。同样的道理，可以实现沿螺旋以及其他任何形状轨迹上截面尺寸的周期性变化，很多非常复杂的形状利用函数就可以很容易地实现。

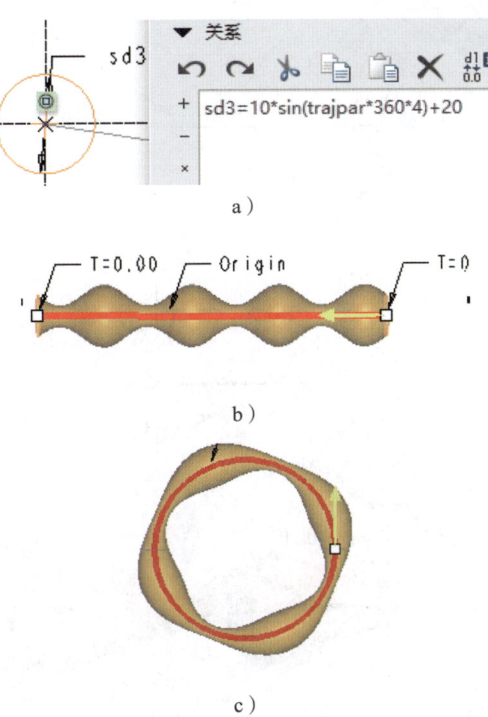

图 4-2-5　利用正弦函数和 trajpar 参数实现形状周期性变化

二、轨迹参数与计算函数 evalgraph 的结合应用

轨迹参数通常还和计算函数 evalgraph 来结合使用。evalgraph 函数是 Creo 提供的一个用于计算图形曲线中的横坐标对应处的纵坐标值的一个函数。

如图 4-2-6 所示，假设有一条名为“graph”的曲线，要计算它在横坐标 x 处对应的纵坐标值，就可以用 evalgraph（“graph”，x）来获得，函数返回的就是这条 graph 曲线图形在 x 处的纵坐标值。

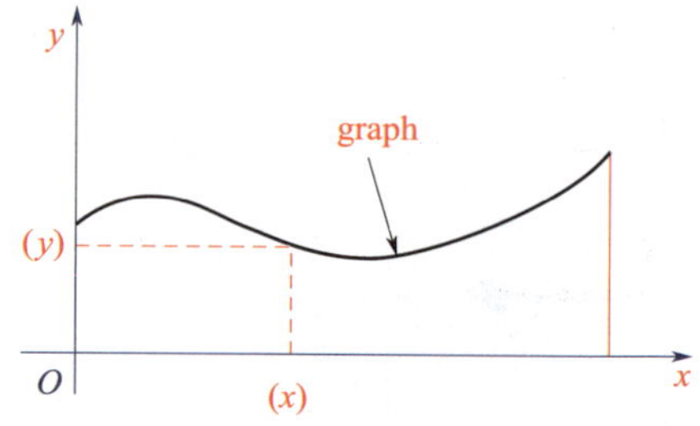

图 4-2-6　计算函数 evalgraph

利用 evalgraph 函数结合轨迹参数，可以实现通过 graph 图形来控制截面的目的。以绘制图 4-2-7c 所示图形为例，其具体方法如下。

1. 在“基准”工具组下，单击“图形”按钮，在弹出的对话框中给图形取名为“tu1”，进入草绘环境。

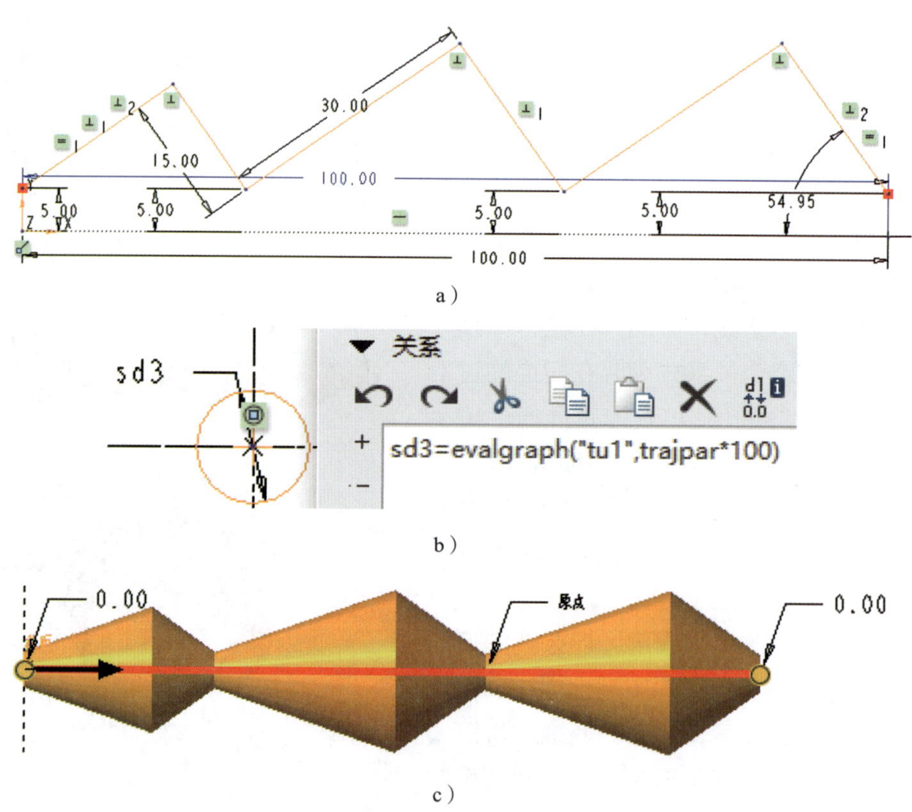

图 4-2-7　利用 evalgraph 函数控制截面变化

2. 单击“坐标系”按钮，在绘图区适当位置建立一个坐标系，然后绘制一个草绘图形，如图 4-2-7a 所示，单击“确定”按钮，完成图形特征创建。

3. 草绘一条直线作为可变截面扫描轨迹，在“可变截面扫描”命令的扫描截面中，绘制一个圆，并添加如图 4-2-7b 所示的关系式。这样就把截面中 sd3 的值和图形 tu1 的坐标值建立了一一对应关系。注意：在 tu1 图形中横坐标的值最大为 100，而 trajpar 的变化范围是 0 到 1，所以需要把轨迹参数乘以 100 倍才能建立一一对应关系，使得图 4-2-7c 中截面的变化和图形 tu1 的变化一致。

 任务实施

一、新建文件

新建零件类型文件，命名为“huaping”，取消“使用默认模板”，选择模板“mmns_prt_solid”，单击“确定”按钮，进入零件设计环境。

二、绘制轨迹及基准轴

1. 草绘圆形轨迹。以 TOP 平面为基准平面，绘制直径为 100 的圆。

2. 创建基准轴。单击“轴”按钮，选择草绘的圆创建一个穿过圆心且垂直于圆所在平面的基准轴，如图 4-2-8 所示。

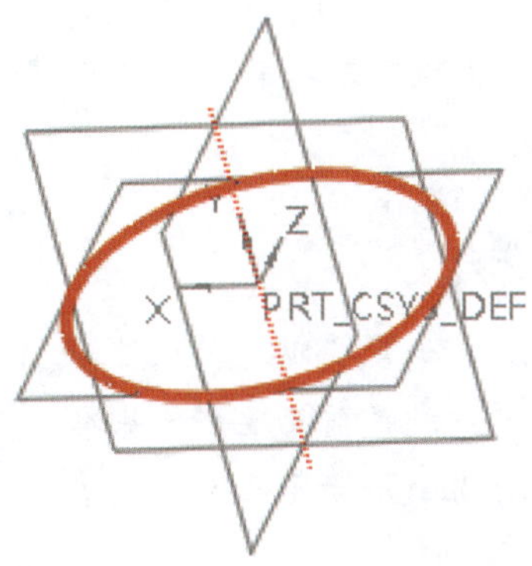

图 4-2-8　创建基准轴

三、利用可变截面扫描生成花瓶曲面

1. 进入“扫描”操控面板，选取轨迹

单击“形状”工具组中的“扫描”按钮，进入“扫描”操控面板。选取“曲面”及“可变截面扫描”，单击刚草绘的圆作为原点轨迹（在“参考”选项卡中可见原点轨迹被激

活），如图 4-2-9 所示。

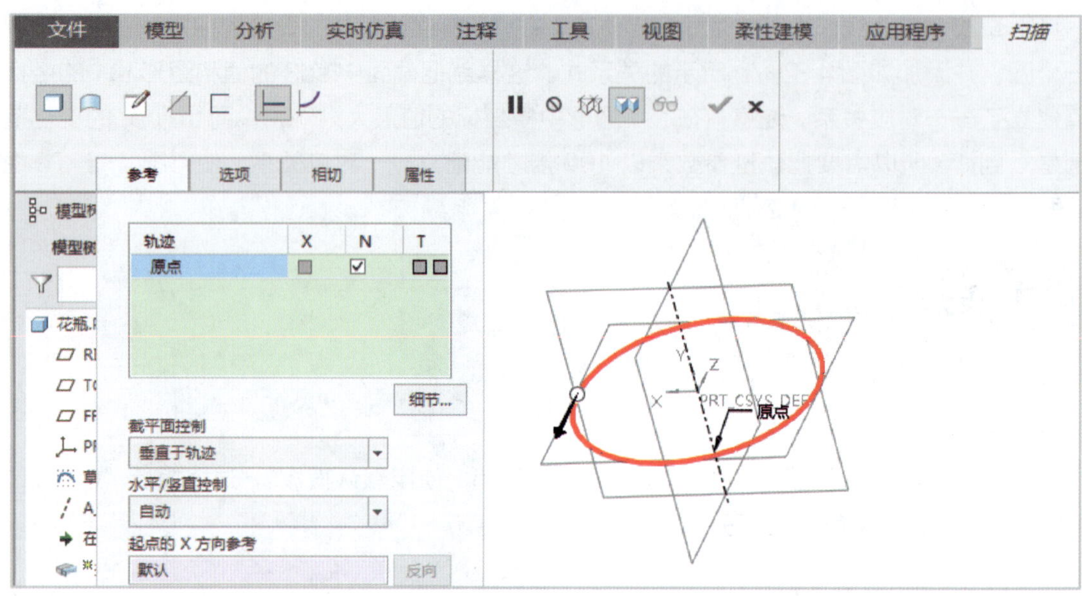

图 4-2-9　进入“扫描”操控面板选取轨迹

2. 绘制截面曲线

单击“扫描截面”按钮，进入草绘环境，创建扫描截面。选取刚创建的基准轴“A_1”作为参照，草绘如图 4-2-10 所示的轮廓线，并以基准轴为基准，标注轮廓曲线的横向尺寸。

 **小提示**

在轨迹为圆的可变截面扫描中，一定要以通过轨迹圆心的轴线为可变尺寸标注的基准，这就是前面要创建基准轴的原因。如果以 RIGHT 平面为横向尺寸的基准，就不能扫描成功。

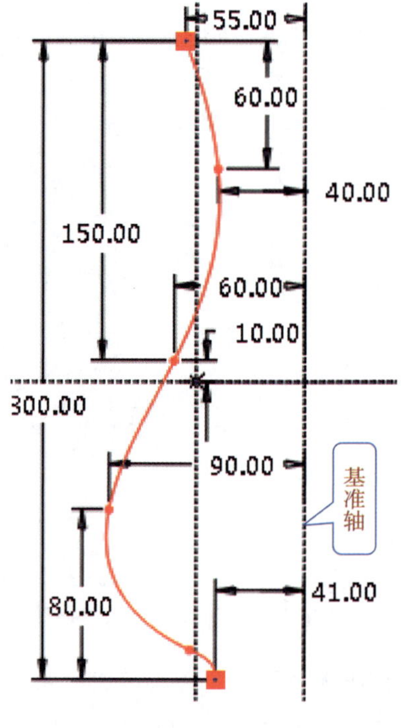

图 4-2-10　截面轮廓线

3. 定义关系式

在“工具”选项卡中，单击“模型意图”工具组中的“d= 关系”按钮，进入“关系”对话框，此时草绘中的尺寸自动切换到符号状态，在关系式编辑框中输入图 4-2-11 所示关系式。

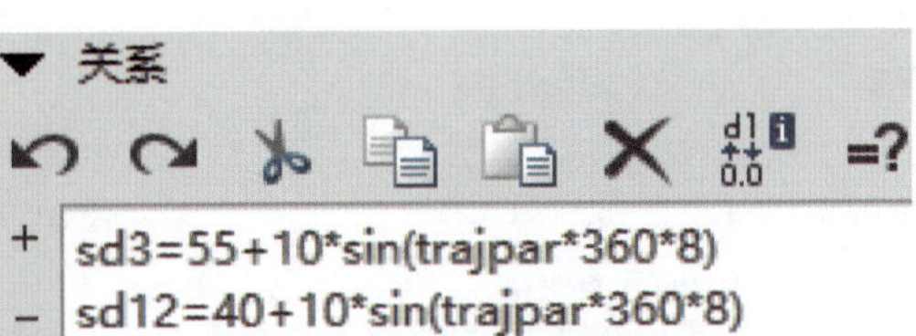

图 4-2-11　定义关系式

小提示

关系式中 5 个尺寸分别为从上到下依次排列的 5 个水平尺寸（具体名称可能与图中不同），其中关系式 sd3=55+10*sin（trajpar*360*8）表示截面草绘曲线沿圆形轨迹旋转一周的过程中，图形中的尺寸 sd3 在 55 的基础上按照正弦规律变化，变动幅度为 −10～+10，共 8 个周期，其他关系式含义类似。

4. 完成可变截面扫描

关系式验证无误后，单击“确定”按钮，退出“关系”对话框，单击“确定”按钮 ✔，退出草绘环境。在“扫描”操控面板中单击“确定”按钮 ✔，完成可变截面扫描，如图 4-2-12 所示。

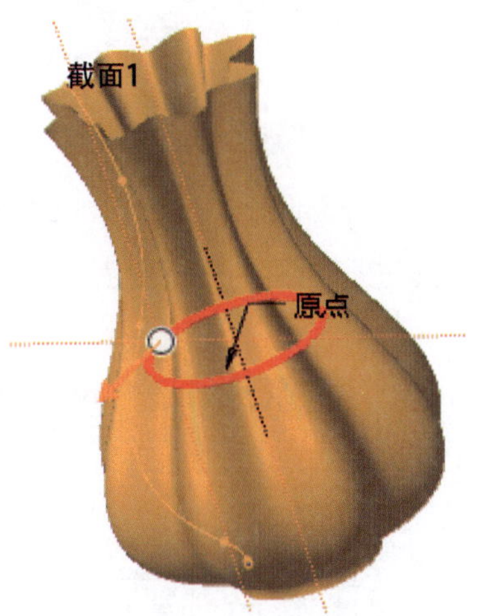

图 4-2-12　可变截面扫描

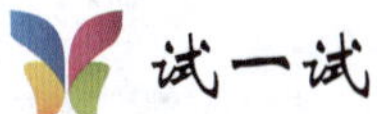

试一试

把截面尺寸关系式中的数据改动一下，观察图形的变化。

四、填充顶面和底面

1. 分别以曲面顶边、底边为参考创建基准平面 DTM1、DTM2。以 DTM1 为草绘平面，利用“投影”命令，投影曲面顶边，得到草绘曲线，如图 4-2-13 所示。

2. 单击“填充”按钮，在打开的“填充”操控面板中，选择刚创建的草绘曲线，将顶面填充，如图 4-2-14 所示。

3. 以 DTM2 为草绘平面，利用“投影”命令，投影曲面底边，得到草绘曲线。单击“填充”按钮，选择刚创建的草绘曲线，将底面填充。

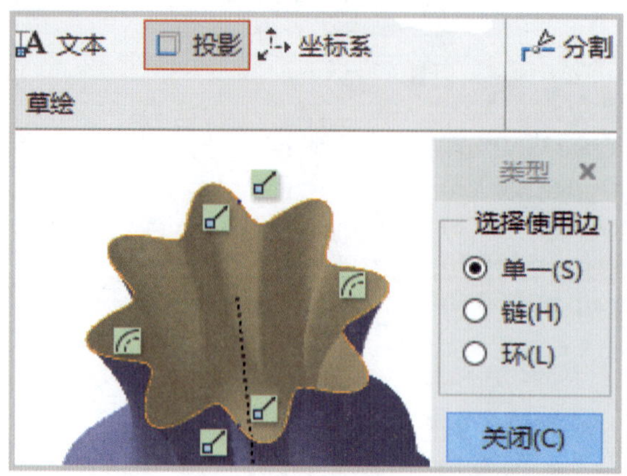

图 4-2-13　顶面轮廓草绘曲线

图 4-2-14　顶面填充

五、合并曲面并完成实体化

1. 按住 <Ctrl> 键，选中“填充 1”与扫描曲面，单击“合并”按钮，对顶面及扫描曲面进行合并，生成曲面“合并 1”，如图 4-2-15 所示。

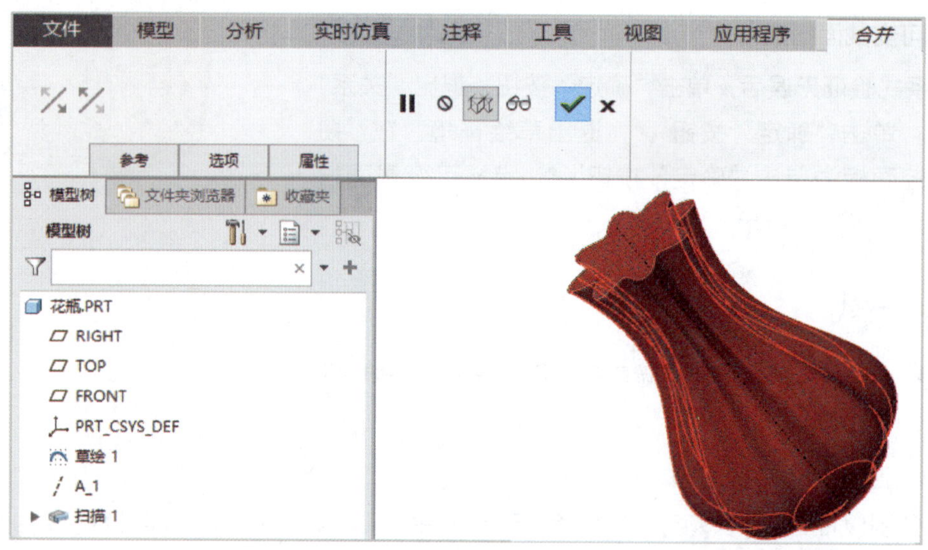

图 4-2-15　曲面合并

2. 重复以上步骤，对“填充 2”与曲面“合并 1”进行合并，生成曲面“合并 2”。

3. 选中“合并 2”，然后单击“实体化”按钮，对其进行实体化处理，效果如图 4-2-16 所示。

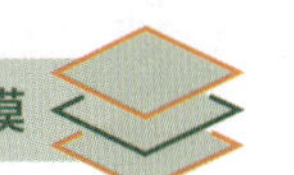

图 4-2-16　曲面实体化

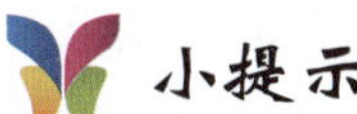

小提示

本任务中，为了练习曲面编辑命令，采用了曲面造型的方法，建模时也可以在“可变截面扫描”命令中，绘制封闭截面，直接扫描生成实体。

六、切除内腔与倒圆角

1. 实体化完成后，用“旋转”命令创建移除材料的旋转特征，旋转截面轮廓如图 4-2-17 所示，切出花瓶内腔。

2. 以合适尺寸对瓶口及底边倒圆角，完成后如图 4-2-18 所示。

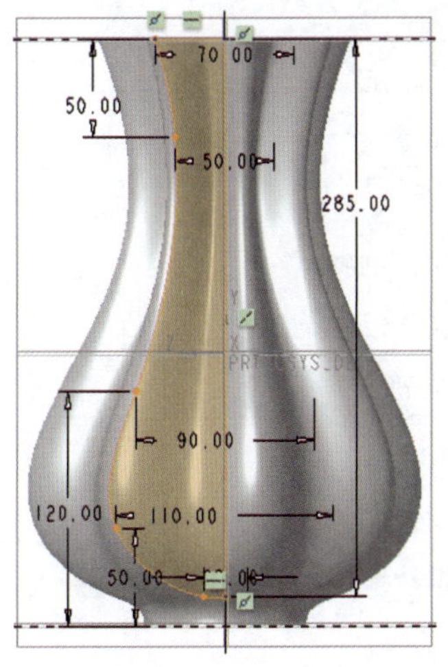

图 4-2-17　切除内腔

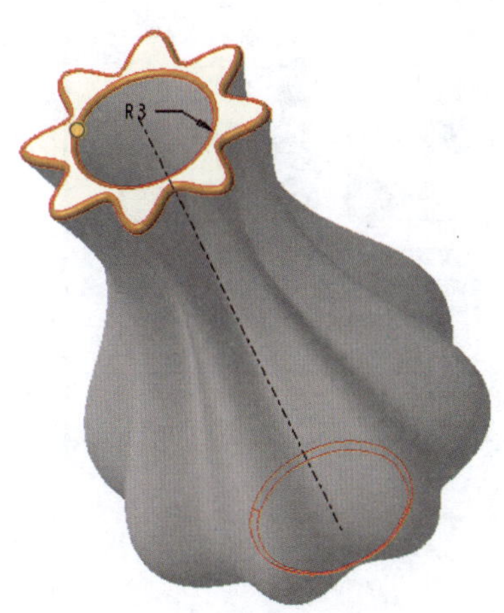

图 4-2-18　倒圆角

七、花瓶外观渲染

1. 单击“应用程序”选项卡标签，在打开的选项卡中单击“渲染”按钮，进入“Render Studio（渲染）”界面，如图 4-2-19 所示，可对模型进行渲染。单击选项卡中的“实时渲染”按钮，可实时显示渲染效果。

图 4-2-19 “渲染”界面

2. 单击“场景”按钮，打开场景库，可以选择已有场景，也可以在“场景编辑器”对话框中修改现有场景、环境、光源和背景，以设置模型的渲染场景。

3. 设置零件外观，即给模型表面进行上色或者贴花。单击“视图”选项卡标签，在打开的选项卡中单击“外观”按钮的下拉箭头，选择一种颜色给整个花瓶上色。然后再次单击“外观”按钮的下拉箭头，在“模型”区选择刚才的颜色小球，单击右键，在弹出的快捷菜单中选择“编辑”，如图 4-2-20a 所示，弹出“模型外观编辑器”对话框，如图 4-2-20b 所示，可对外观进行编辑。将名称改为“huaping”，单击“贴花”选项卡中的下拉箭头，选择“图像”，然后单击其右侧的矩形图框，在弹出的“打开”对话框中查找并打开合适的图片素材。设置完后，关闭“模型外观编辑器”对话框。

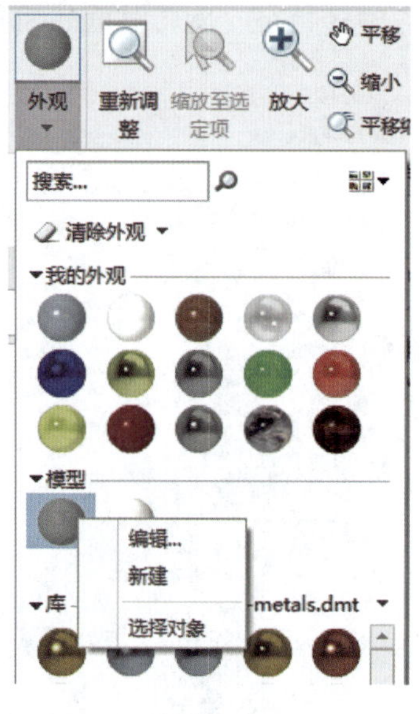

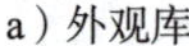
a）外观库

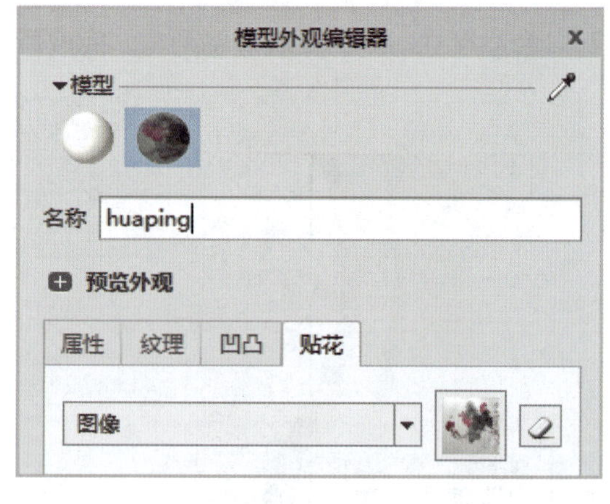

b）“模型外观编辑器”对话框

图 4-2-20 模型外观编辑

单击编辑过的外观小球，鼠标变为刷子形状，选择花瓶的外表面，对花瓶表面进行贴花，如图 4-2-21 所示。

图 4-2-21　带场景的外观渲染

八、输出渲染并保存文件

1. 单击功能区中的“屏幕截图”按钮，可以随时将当前渲染截图并保存为 PNG 格式图片。

2. 单击“渲染”按钮，打开“渲染”对话框，可以将渲染效果图片保存到文件，并在对话框中对图片格式及质量进行设置。

3. 模型创建完毕，在快速访问工具栏中单击“保存”按钮，将模型保存至工作目录。

拓展练习

1. 利用可变截面扫描工具绘制如图 4-2-22 所示苹果造型。

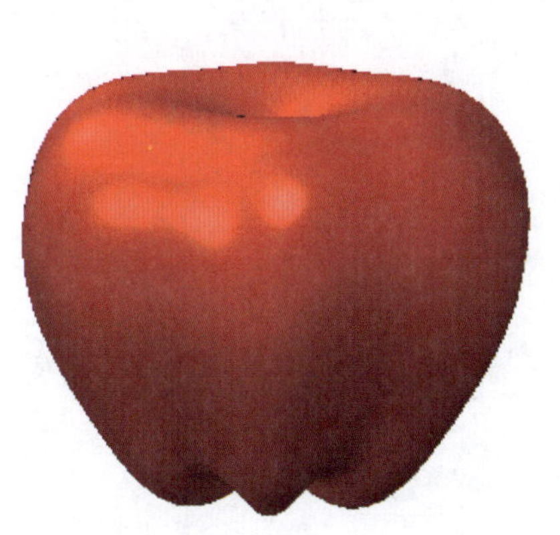

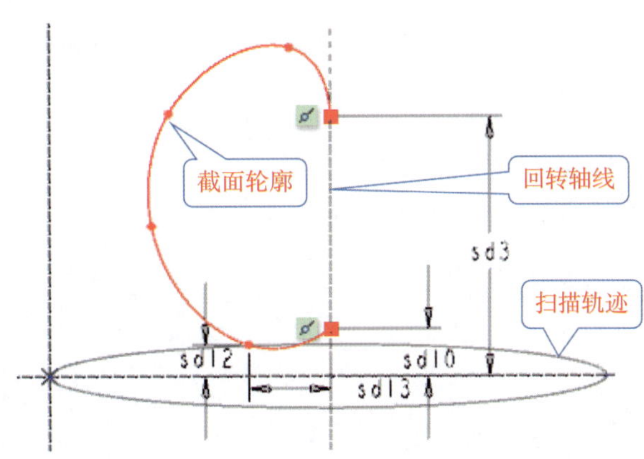

图 4-2-22　苹果造型

小提示

（1）将插入点尺寸 sd13 设为关系式：sd13=a+b*sin（360*trajpar*c），a、b、c 为常数，大小自定。

（2）注意标注横向尺寸一定要以通过轨迹圆心的轴线为标注基准，而不能以基准平面为标注基准。

2. 利用可变截面扫描工具绘制如图 4-2-23 所示梭形体造型。

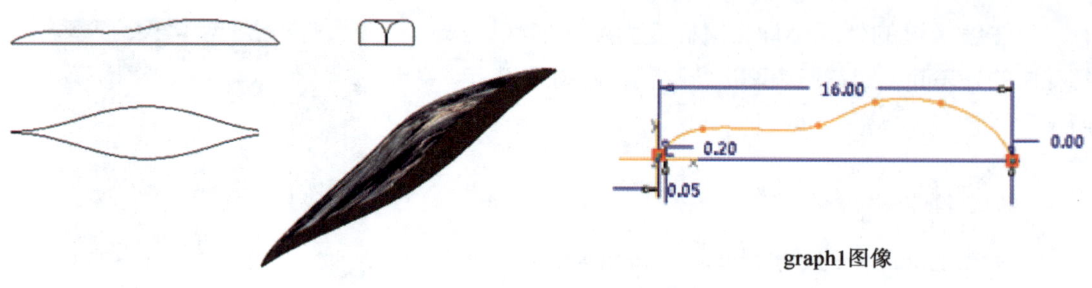

图 4-2-23　梭形体造型

小提示

利用矩形截面沿直线轨迹扫描。利用 evalgraph 函数生成截面矩形高度方向可变尺寸，利用正弦函数生成截面矩形宽度方向可变尺寸。关系式如下：sd#1=evalgraph（“graph1”，a*trajpar）（高度方向尺寸，常数 a 根据轨迹长度确定）；sd#2=b+c*sin（360*trajpar−90）（宽度方向尺寸，常数 b、c 自定）。

项目五

高级曲面建模

正如项目四中所述，Creo 具有强大的曲面造型功能，在项目四中学习了利用基础特征工具生成曲面的方法，本项目介绍曲面造型应用中比较广泛的“边界混合”与“样式”两个曲面造型命令，以实现较为复杂曲面产品的造型设计。

任务 1　吊环建模

学习目标

1. 掌握“边界混合”命令的使用方法和应用。
2. 能应用边界约束及控制点优化曲面形状。
3. 能利用“边界混合”及其他曲面命令完成吊环的造型。

任务描述

如图 5-1-1 所示吊环，如采用不同材料，既可以作为饰品，也可以作为产品零件。该模型曲面较为复杂，部分曲面没有变化规律，利用前面所学一般曲面造型方法难以完成，本任务利用“可变截面扫描”与“边界混合”等命令完成曲面的造型。

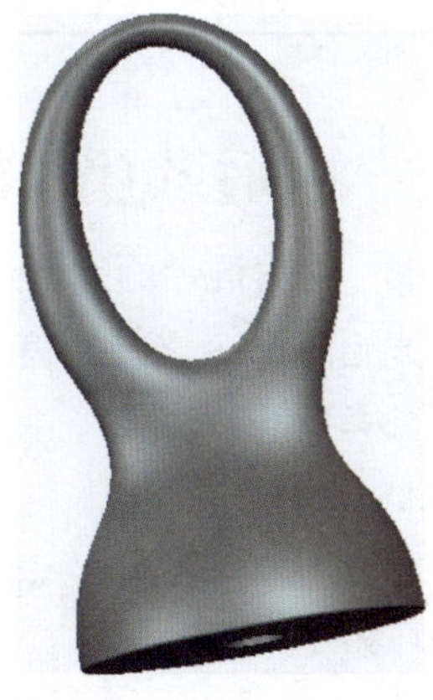

图 5-1-1　吊环

知识准备

一、边界混合

边界混合是用一个或两个方向的曲线来创建曲面的方法。“边界混合”命令是 Creo 中应用最广泛的无规则复杂曲面造型命令之一。

单击“曲面”→“边界混合”按钮，可打开如图 5-1-2 所示“边界混合”操控面板，面板中各部分的功能见表 5-1-1。

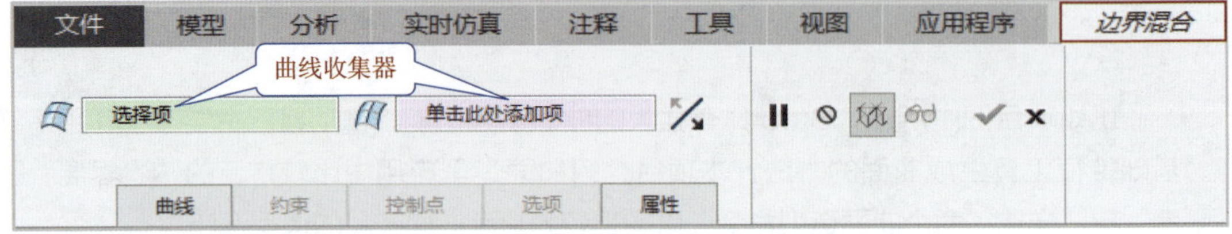

图 5-1-2 “边界混合”操控面板

▼ 表 5-1-1 “边界混合”操控面板中各部分的名称及功能

名称	功能
曲线收集器	分别收集第一、第二方向曲线，并显示曲线条数
曲线	指定曲线，激活后下方显示不同方向上的选中曲线
约束	用于设置曲面的边界约束条件
控制点	设置合适的控制点以减少生成面的面片
选项	设置影响曲线选项，可以添加额外的曲线来调整面的形状
属性	给生成的特征命名

二、曲线链设置

边界混合面是通过一个或两个方向系列的曲线链来构成曲面的边界，所以在应用“边界混合”命令之前，首先要绘制出创建曲面所需的所有边界曲线。边界曲线创建好后，进入“边界混合”命令，按照顺序选择不同方向上的曲线链，如图 5-1-3 所示。

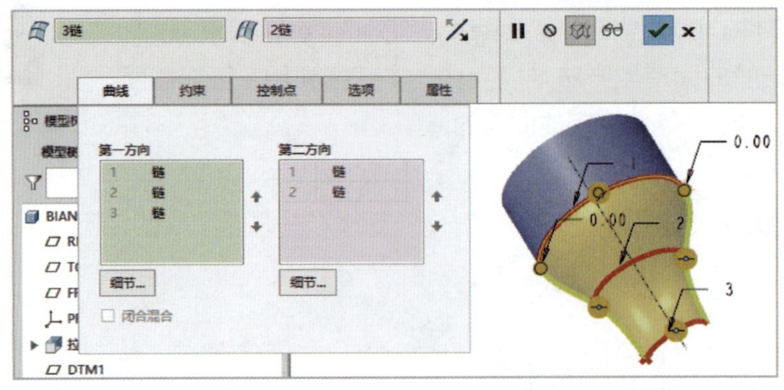

图 5-1-3 边界混合曲线链的设置

在选择边界曲线过程中，一条曲线链就是一条边界，所以选择边界曲线的方法就是选择曲线链的方法，选择过程中按住 <Shift> 键来完成链的内部线段的添加，当完成一条链的选择进入下一条链时，按住 <Ctrl> 键来添加新链。

如图 5-1-4 所示为只有单个方向曲线链的边界混合。边界可以是独立的曲线链，也可以选择模型特征的轮廓线，曲线链之间可以是平行的也可以是有角度的。

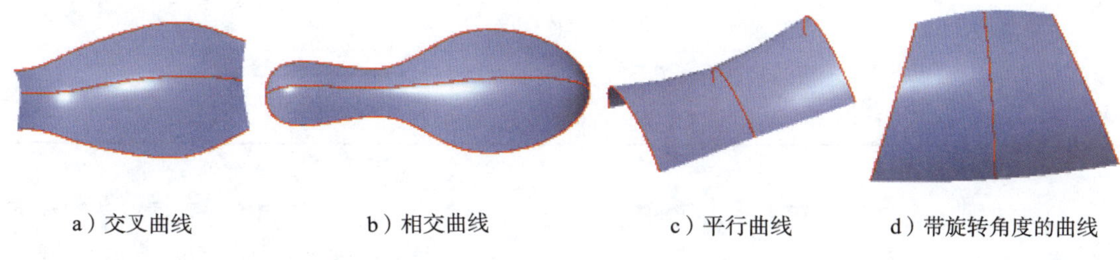

a）交叉曲线　　b）相交曲线　　c）平行曲线　　d）带旋转角度的曲线

图 5-1-4　单方向混合的边界曲线链

三、边界约束设置

边界曲线选择完毕，预览的几何图形边界处会出现边界约束符号，如图 5-1-5 所示。通过两个方向曲线链构建边界混合曲面时，选择合适的约束条件可以做出非常光滑或者理想的效果。

如图 5-1-5 所示，边界约束条件的定义方法有两个：一个是利用操控面板中的“约束”选项卡；另一个是利用右键快捷菜单，即在边界约束符号上单击右键便可显示并可以选择要定义的约束条件。

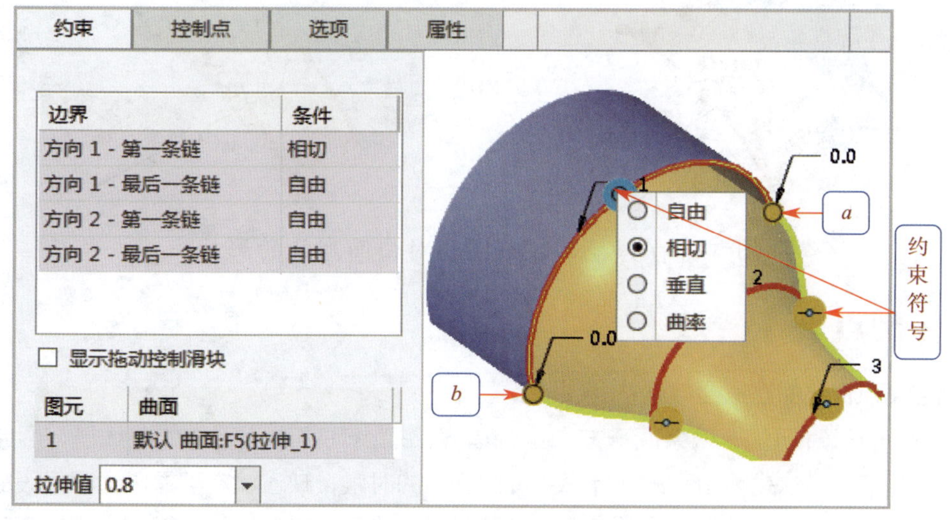

图 5-1-5　边界约束条件

如果创建的边界混合面有相邻的曲面，则与相邻曲面公共边的边界约束条件有 4 种，见表 5-1-2。

▼ 表 5-1-2　曲面间公共边界约束条件及其含义

约束条件	含义
自由	新创建的曲面和相邻曲面没有约束关系
相切	新创建的曲面将相切于相邻曲面
垂直	新创建的曲面将垂直于相邻曲面
曲率	新创建的曲面将和相邻曲面是曲率连续

公共边界之间的自由约束没有额外的附加条件，而对于其他 3 种约束，则要求新混合面的非公共边界在与公共边界的交点处，与相邻曲面都要满足相同的约束条件。如图 5-1-5 中要定义曲面和相邻曲面相切，那么在草绘第二方向上的两边界链时，在端点 *a*、*b* 处必须与相邻曲面相切，否则曲面相切定义就会失败。

在图 5-1-5 所示“约束”选项卡中勾选“显示拖动控制滑块”，模型的相切符号旁会显示圆形拖动手柄，用来设定边界条件的影响长度比例，缺省值为 1，可以在图形区中直接拖动方框改变数值，值越小表明边界约束条件的影响范围越小，反之则越大。如图 5-1-6 所示为不同的值对曲面形状的影响。值得注意的是，在只有一个方向的边界混合中，这个值对曲面形状的影响更大，对于两个方向的边界混合面的形状影响较小。

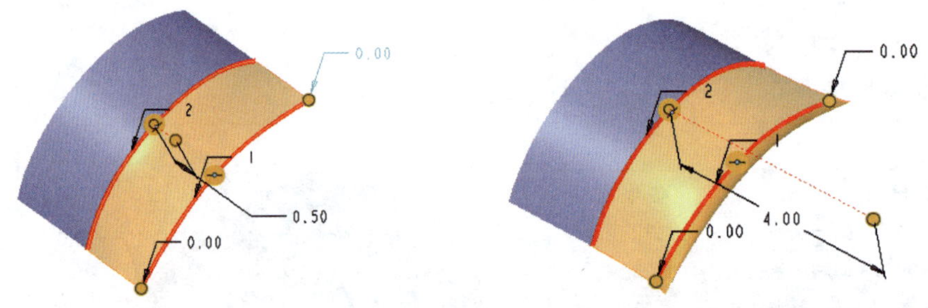

图 5-1-6　拖动控制滑块对曲面形状的影响

四、控制点

1. 利用控制点优化曲面拟合效果

如图 5-1-7a 所示，两条同一方向上的边界都是由几段线所组成的曲线链，混合后的面有个小补丁面，这是因为系统在计算生成混合面的时候，缺省状态下是以边界线段的长度比例来建立对应关系的。出现这种情况无论是对于面的形状还是后续处理都会产生不利的影响，可用边界混合的控制点消除不必要的小曲面和多余边，得到较平滑的曲面形状。

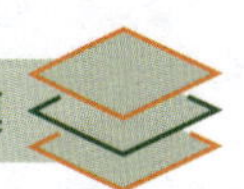

在“边界混合”操控面板中，单击并展开“控制点”选项卡，再单击“拟合”选项框的下拉箭头，会出现如图 5-1-7b 所示下拉菜单。在下拉菜单中可以看到用于设定对应关系的多种方法。其中，用自然、弧长两种拟合方法时，右侧会出现控制点选项，可以在每个方向上的曲线链中选择端点或定义在曲线上的基准点，作为曲面混合控制点（即混合时曲线链之间彼此连接的点），来调整曲面拟合效果。

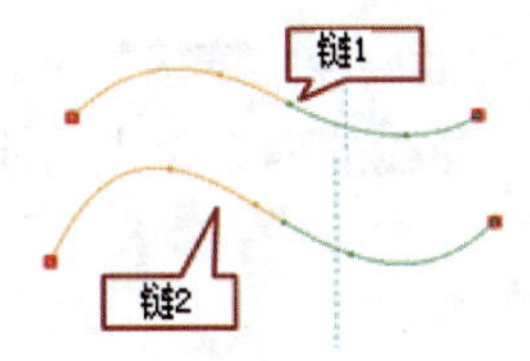

链1、链2曲线段长度比例不对等

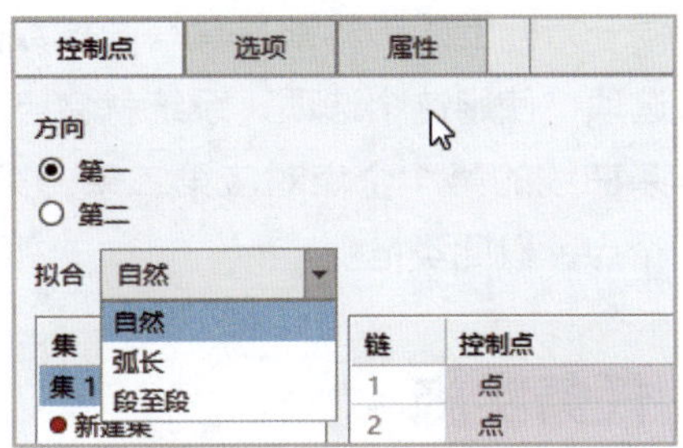

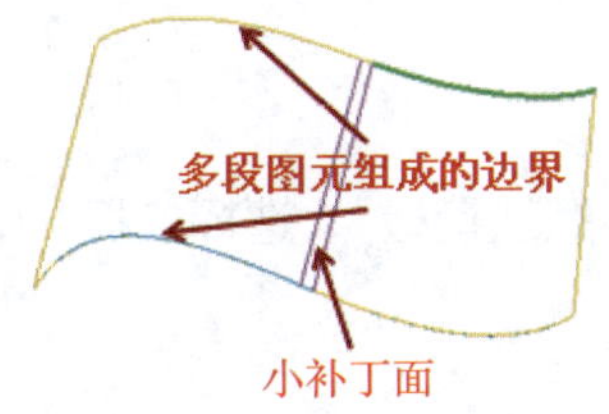

a）未定义控制点时显示小补丁面

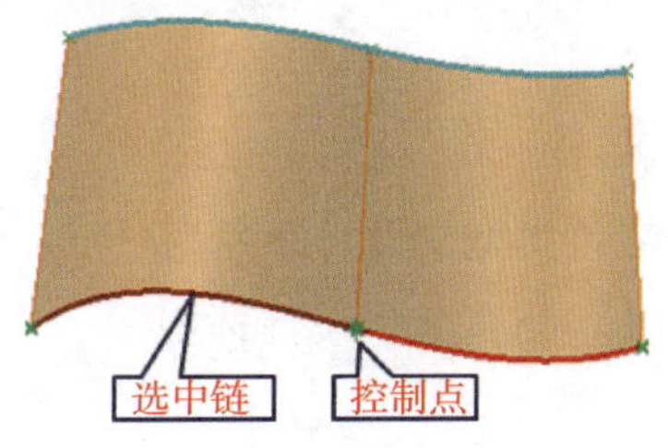

b）定义控制点后小补丁面消失

图 5-1-7　利用控制点消除链

2. 控制点的拟合方法

（1）自然拟合

在“控制点”选项卡中，首先选择曲线链方向，在“拟合”选项框的下拉菜单中选择“自然”选项，下方出现控制点集，在链 1 右侧的控制点收集框中单击，这样系统就会选中方向上的第一条边界链，选中链被高亮显示，其上可以用作控制点的点用高亮显示，单击需要的点。

选择一个点后系统就会自动跳到链 2 并且可用点高亮显示，同样选择一个对应点，如果有多条边界，系统就会自动跳到第三条边界上，依次类推。定义完成后，就可以看到那两个因为点不对应所造成的小补丁面消失了，如图 5-1-7b 所示。

当一个集的对应点完成选择后，根据曲面控制需要，可以新建对应点集。

（2）段至段拟合

图 5-1-7 中每条边界都具有相等数目的曲线段，因此也可以在“拟合”选项框的下拉菜单中选择“段至段”来定义控制点，系统将按照曲线段的对应顺序连接生成曲面，这样就

免去了选择控制点的麻烦并且不容易失败。

（3）可延展拟合

当只有一个方向的边界链，并且边界链都是相切连续曲线时，拟合选项中会出现“可延展”选项，以确定是否需要延展，可延展特性可以使所构建曲面具有可以展开的特点，从而提高曲面质量。

（4）点对点拟合

当同一方向上的边界都是具有同样数目插值点的样条曲线时，拟合选项里还会出现“点对点”选项，使用这个选项，系统就会自动建立起各样条曲线的插值点的连接关系，比如第一条样条曲线的第 1 个点对应第二条的第 1 个点，第一条样条曲线的第 2 个点对应第二条的第 2 个点，以此类推。

任务实施

一、新建文件

新建零件类型文件，命名为“diaohuan”，取消“使用默认模板”，选择模板“mmns_part_solid”，进入零件设计环境。

二、利用可变截面扫描创建曲面

1. 绘制扫描轨迹

选择 FRONT 面为草绘平面，TOP 面为水平参考面，绘制如图 5-1-8 所示里外侧两个半椭圆，用构造线分别连接两半椭圆端点以及两半椭圆与 TOP 面的交点，在构造线段中点处添加几何点，以上下两个几何点为椭圆长轴的端点，通过左边几何点，绘制中间的半椭圆。

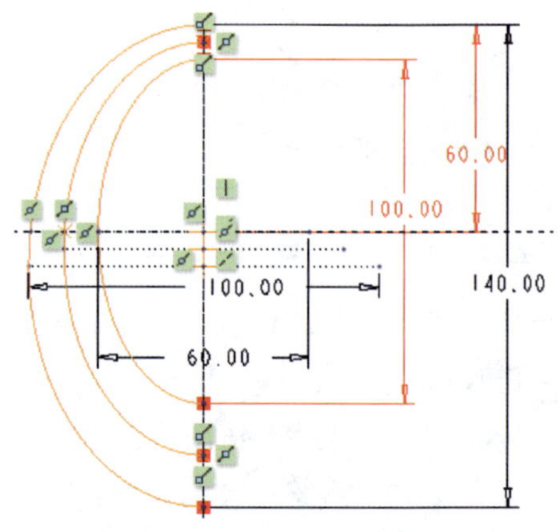

图 5-1-8　绘制扫描轨迹

2. 扫描曲面

单击“扫描”→“可变截面扫描”按钮，选取如图 5-1-9 所示 3 条轨迹，先选中间轨迹为原点轨迹，在“选项”选项卡中，选取前面草绘基准点为草绘放置点，如图 5-1-10a 所示。单击“扫描截面”按钮 进入草绘环境，绘制如图 5-1-10b 所示半椭圆形截面，单击“确定”按钮，退出草绘环境。单击“确定”按钮，完成图 5-1-11 所示曲面。

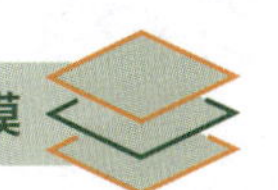

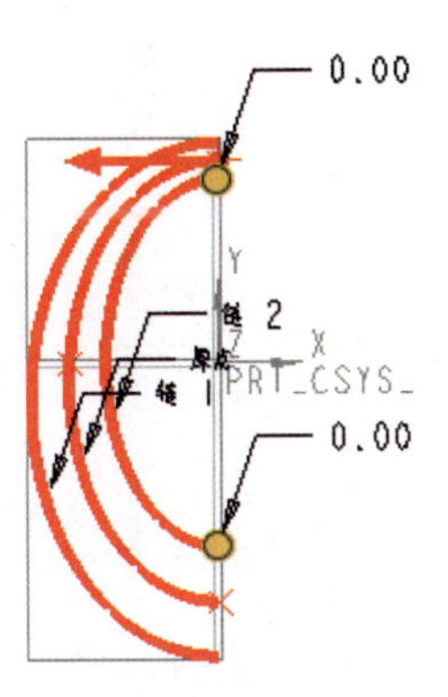

图 5-1-9　可变截面扫描轨迹

a）选择草绘放置点

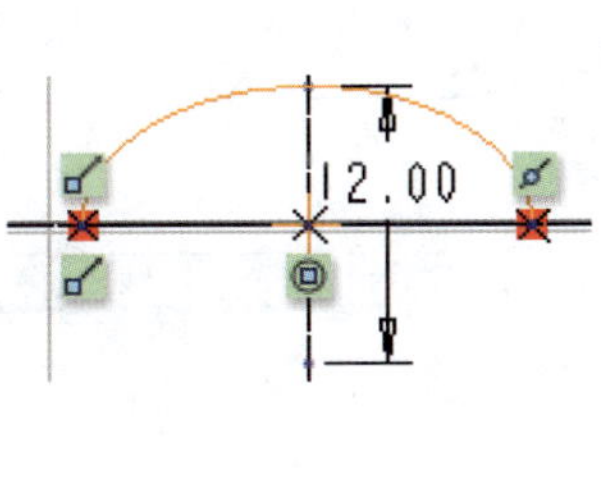

b）绘制扫描截面

图 5-1-10　草绘放置点选择及扫描截面绘制

三、利用“边界混合”命令绘制曲面

1. 绘制边界线

（1）单击“拉伸”按钮，在“拉伸”操控面板中选择“曲面”按钮及“移除材料”按钮，在 FRONT 面草绘如图 5-1-12 所示圆弧曲线，通过拉伸曲面修剪扫描曲面。注意草绘圆弧的圆心要与 RIGHT 面重合，以使曲线与 RIGHT 面垂直，满足后面边界混合时的约束条件。

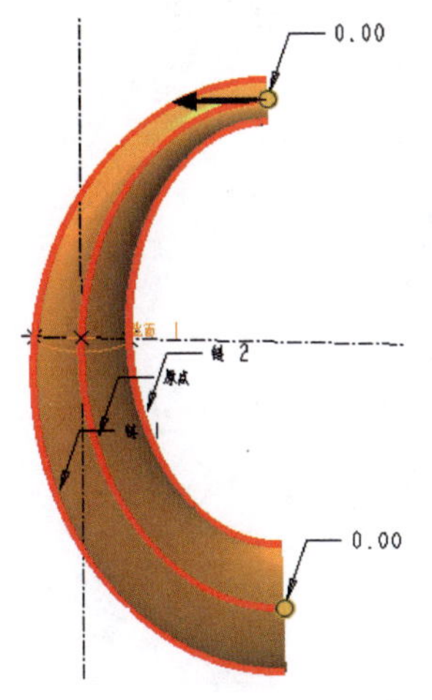

图 5-1-11　扫描曲面

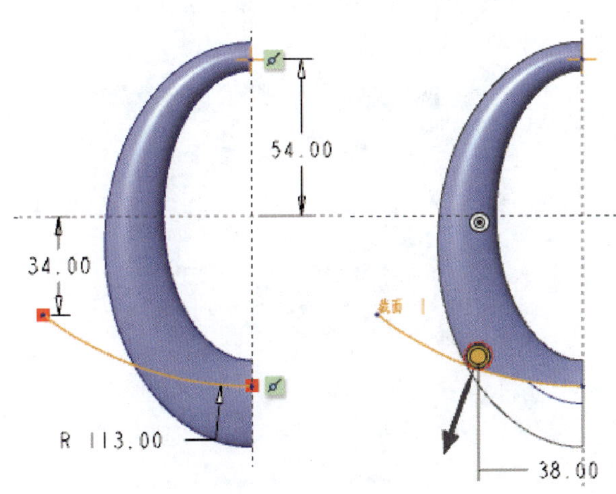

图 5-1-12　拉伸切除曲面

（2）将 TOP 面向下偏移 140，创建基准平面 DTM1。以 DTM1 为草绘平面，草绘图 5-1-13a 所示椭圆曲线。

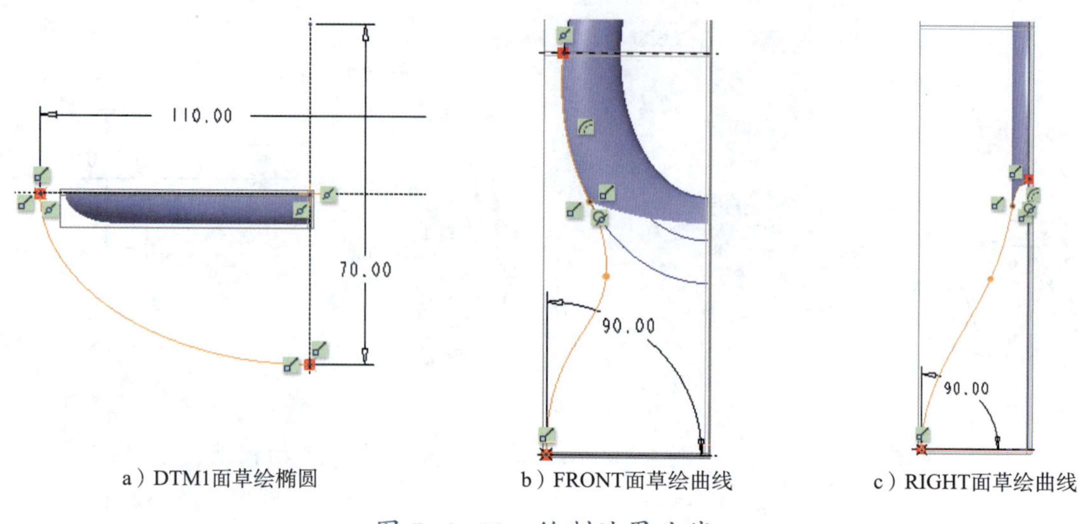

a）DTM1面草绘椭圆　b）FRONT面草绘曲线　c）RIGHT面草绘曲线

图 5-1-13　绘制边界曲线

（3）以 FRONT 基准平面为草绘平面，绘制图 5-1-13b 所示草图，注意草绘样条曲线要与投影曲线相切，曲线下端与步骤（2）中草绘端点重合并与 DTM1 成 90° 夹角。

（4）以 RIGHT 基准平面为草绘平面，绘制图 5-1-13c 所示草图，注意事项参考步骤（3）。

2. 绘制边界混合曲面

单击“边界混合”按钮，进入“边界混合”操控面板，分别选取第一、第二方向曲线，如图 5-1-14 所示。在边界约束符号上单击右键，将第一方向链 1 边界约束设置为

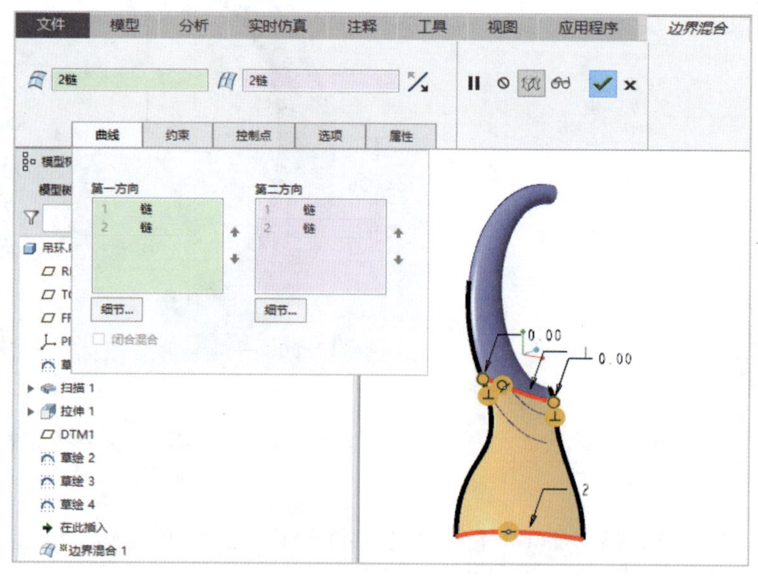

图 5-1-14　绘制边界混合曲面

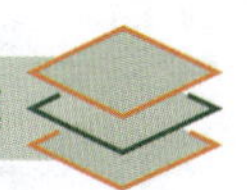

“相切”，链 2 边界约束保留为“自由”，第二方向两条边界约束都设置为“垂直”，边界设置好后，单击“确定”按钮✔，完成边界混合曲面绘制。

四、曲面编辑

1. 如图 5-1-15a 所示，将扫描曲面与边界混合曲面选中，进行合并，得到“合并 1”曲面，对合并后的曲面以 RIGHT 面为镜像基准平面进行镜像，得到“镜像 1”曲面，对“合并 1”与“镜像 1”曲面进行合并得到图 5-1-15a 所示曲面“合并 2”。

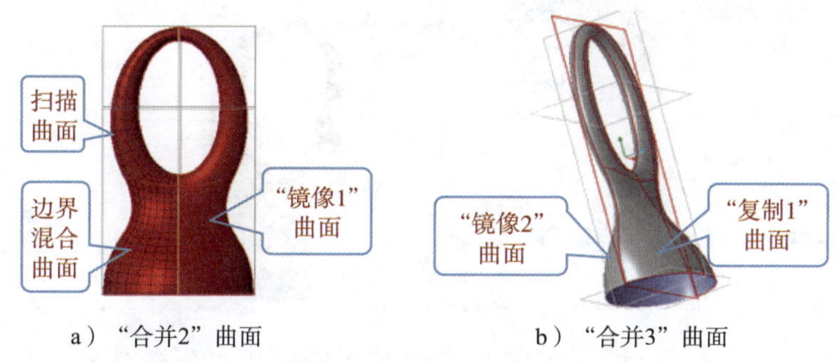

图 5-1-15　曲面合并

2. 对“合并 2”曲面进行复制得到“复制 1”曲面，将“合并 2”曲面隐藏；以 FRONT 面为镜像平面对“复制 1”曲面进行镜像，得到“镜像 2”曲面。对“镜像 2”及“复制 1”曲面进行合并得“合并 3”曲面，如图 5-1-15b 所示。

3. 单击“填充”按钮，选择 DTM1 为草绘平面，在草绘环境中单击“投影”按钮，选中“合并 3”曲面底边轮廓，将其投影到草绘平面，退出草绘环境，对底面填充，如图 5-1-16 所示。

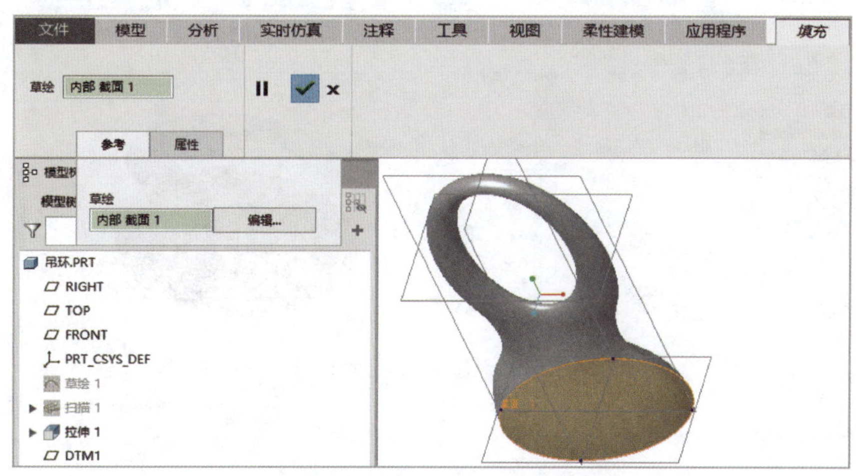

图 5-1-16　底面填充

4. 将“合并 3”曲面与填充曲面合并，生成封闭曲面“合并 4”。

5. 选中封闭曲面“合并 4”，在“编辑”工具组中单击“实体化”按钮，打开“实体化”操控面板，对曲面进行实体化，效果如图 5-1-17 所示。

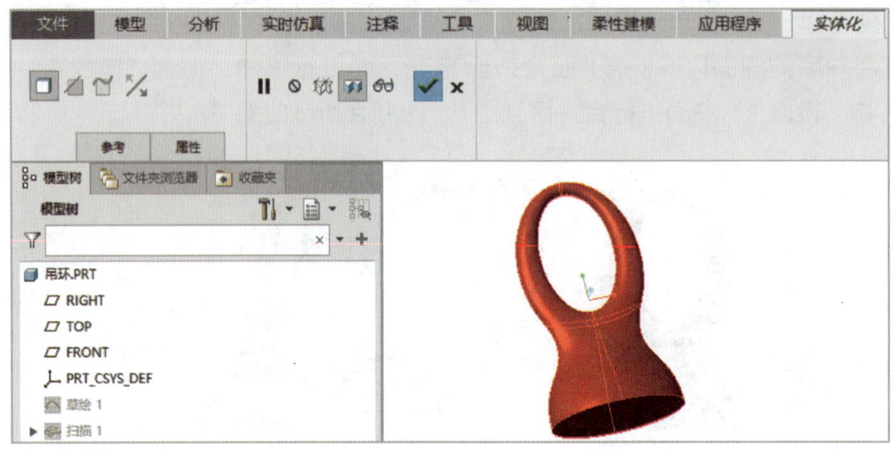

图 5-1-17　对合并后的封闭曲面进行实体化

五、创建孔特征并倒角

1. 以 RIGHT 面与 FRONT 面的交线创建基准轴线。单击“孔”按钮，选择底面及刚创建的基准轴为放置参考，创建螺纹孔，尺寸如图 5-1-18 所示。

2. 底边倒 0.5 圆角，并对模型适当渲染，完成模型创建，效果如图 5-1-1 所示。

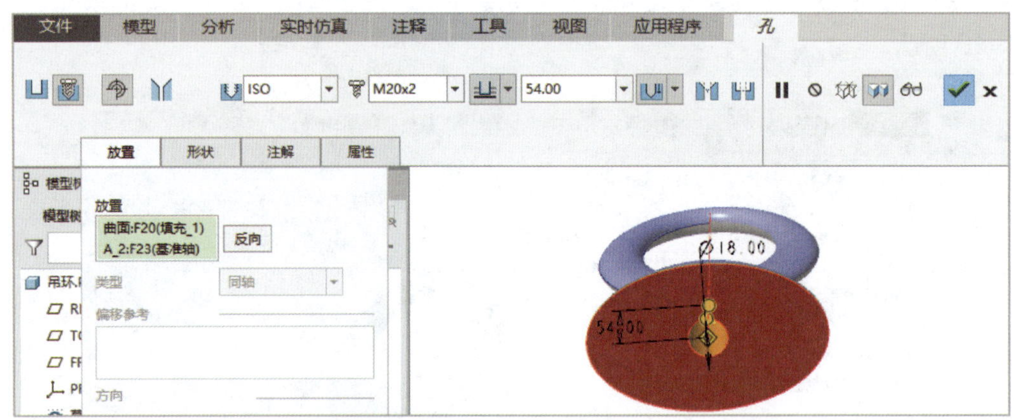

图 5-1-18　创建螺纹孔

六、保存文件

模型创建完毕，单击“保存”按钮保存文件到工作目录。

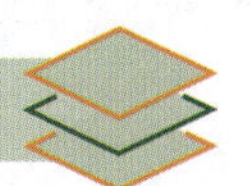

拓展练习

1. 绘制图 5-1-19a 所示曲线，并创建边界混合曲面，在“选项”选项卡中，选取中间曲线为影响曲线，改变平滑度因子大小，观察对曲面形状的影响。

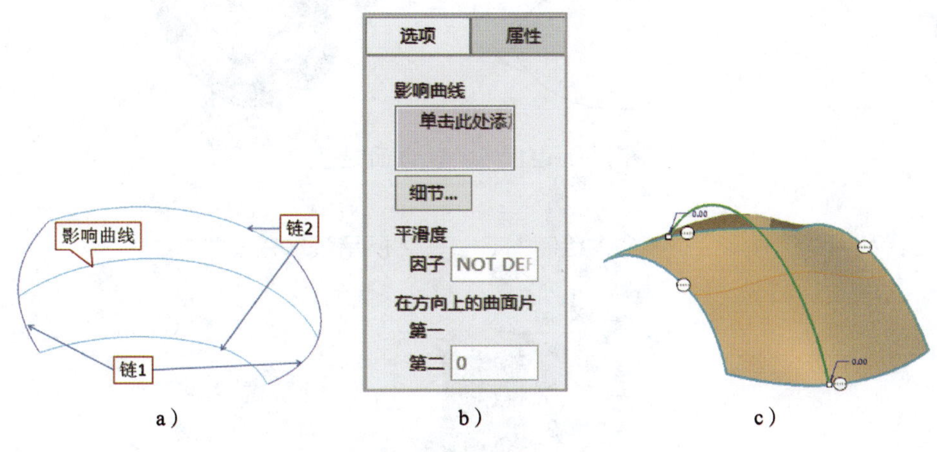

图 5-1-19　边界混合练习一

2. 利用“边界混合”命令绘制图 5-1-20a 所示曲面。

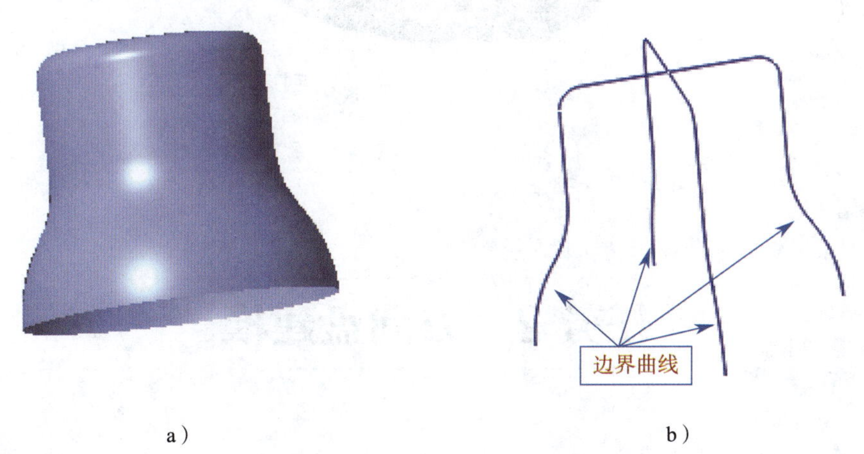

图 5-1-20　边界混合练习二

小提示

绘制如图 5-1-20b 所示 4 条边界曲线，在“边界混合”操控面板中的“曲线”对话框中，勾选下方的“闭合混合”复选框，否则不能形成闭合曲面。

3. 利用“边界混合”命令绘制图 5-1-21 所示心形曲面造型。

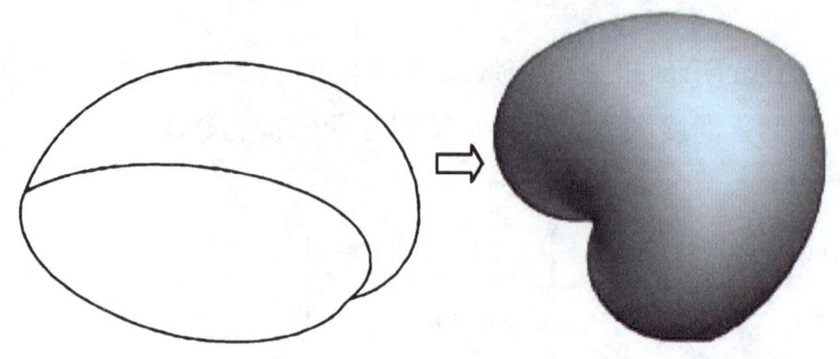

图 5-1-21　心形曲面造型

4. 综合利用“边界混合”等命令绘制图 5-1-22 所示暖水袋造型。

图 5-1-22　暖水袋造型

任务 2　方向盘建模

学习目标

1. 熟悉“样式”操控面板及其基本操作。
2. 能利用“样式”命令进行曲线与曲面的创建与编辑。
3. 能在教师的指导下完成方向盘曲面造型。

任务描述

图 5-2-1　方向盘曲面造型

如图 5-2-1 所示为方向盘曲面造型，该模型手柄部分曲面较为复杂，空间轮廓由不规则曲线构成，利用前面所学造型方法难以完成。本任务利用“样式”命令完成方向盘的造型。“样式”命令通常用于创建非规则几何曲面和雕刻曲面，是 Creo 中比较灵活的一种曲面造型命令。

知识准备

一、“样式”操控面板

1. 进入“样式”操控面板的方法

在“曲面”工具组中，单击“样式”按钮，进入“样式”操控面板，如图 5-2-2 所示。

图 5-2-2　“样式”操控面板

在面板中主要有平面、曲线、曲面、分析等几个工具组，所包含的工具选项分别用于活动平面的设置、曲线的创建与编辑、曲面的创建与编辑、曲面与曲线质量的分析等。

2. 查看及设置活动平面

活动平面是“样式”命令应用中一个非常重要的参考平面，在许多情况下，曲线的创建和编辑必须参照当前所设置的活动平面。在“样式”操控面板的“平面”工具组中或在绘图区单击右键选择“设置活动平面”按钮，再单击要选择的基准平面或其他平面，则该平面被设为活动平面，其上布满了网格，如图 5-2-3 所示。在视图控制工具条中或右键快捷菜单中选择“活动平面方向”，可使活动平面与屏幕平面平行，如图 5-2-4 所示。

如要重新定义活动平面，可单击“设置活动平面”按钮，选取其他基准平面或一般平面作为活动平面。

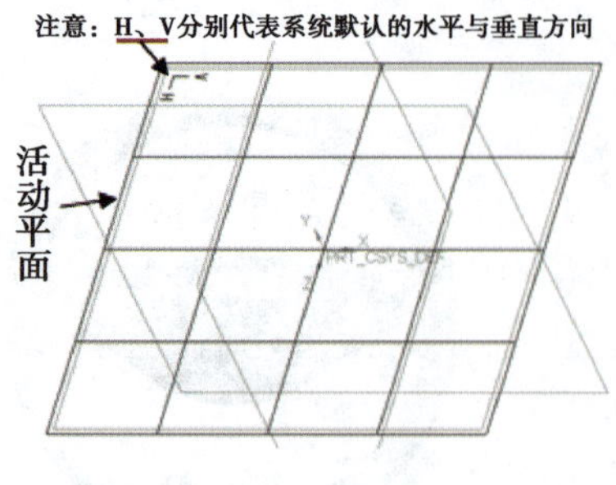

图 5-2-3　设置活动平面

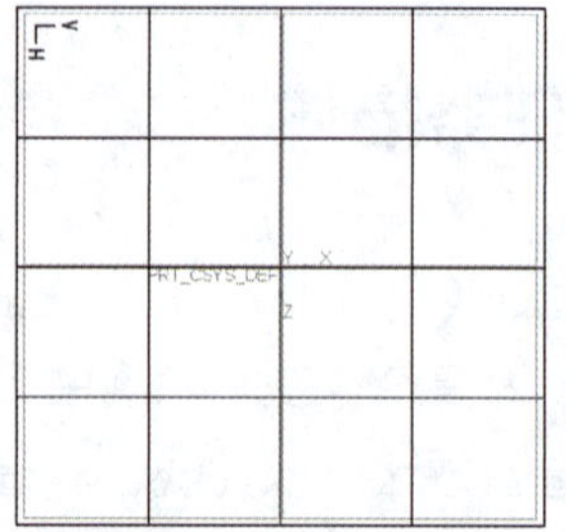

图 5-2-4　活动平面方向

3. 显示所有视图

在“样式”命令中，用户可在单向视图中工作，也可在视图控制工具条或右键快捷菜单中，单击“显示所有视图”按钮⊞，切换到图 5-2-5 所显示的四视图布局。在四视图布局中可以对每个视图投影面进行单独设定，对图形进行放大及缩小，还可以在任意视图中进行曲线及曲面的修改编辑，给图形观察与编辑带来很大的方便。再次单击“显示所有视图”按钮⊞，可返回单向视图。

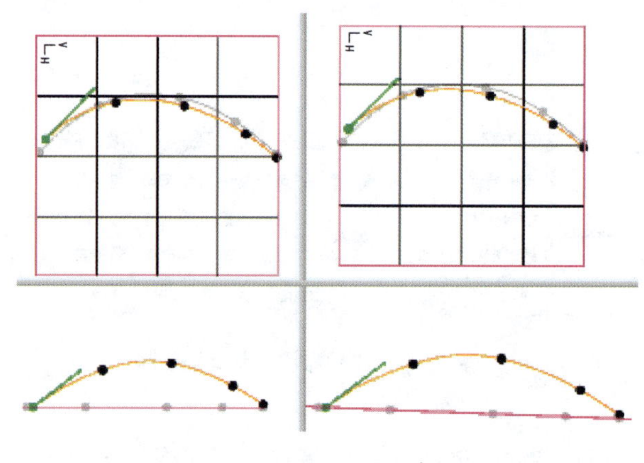

图 5-2-5　显示所有视图

二、利用“样式”命令创建曲线

1. 曲线生成方式

“样式”操控面板中的“曲线”工具组，给出了曲线创建与编辑所需的工具，可以用不同方式生成曲线，见表 5-2-1。

2. 自由曲线的生成

在“样式”命令中，自由曲线为应用最为广泛的曲线类型，其创建过程如下：

▼ 表 5-2-1　曲线的生成方式

工具		功能
曲线	曲线	创建曲线，为曲线主要创建方式
	弧	创建圆弧
	圆	创建圆
放置曲线		通过投影曲线在曲面上创建曲线（COS）
通过相交产生 COS		通过相交曲面在曲面上创建曲线（COS）
偏移曲线		自不同类型曲线通过偏移创建曲线
来自基准的曲线		将来自于“样式”命令外的曲线转换为造型曲线
来自曲面的曲线		在曲面上创建等参数曲线
复制		通过复制选定曲线，创建新曲线
镜像		产生镜像曲线
移动		移动、旋转或缩放选定的曲线
转换		转换为自由曲线或由点定义的 COS

（1）单击“曲线”工具组中的“曲线”按钮，系统弹出图 5-2-6 所示的“造型：曲线”操控面板。

图 5-2-6　“造型：曲线”操控面板

（2）选择曲线类型。曲线的类型有平面曲线、自由曲线、曲面上的曲线，分别表示所创建曲线落在平面、空间或者指定曲面上，曲线只能在其定义类型的区域内生成。在编辑曲线时，可单击另外一种曲线类型选项，改变曲线类型。

（3）在该操控面板中单击“创建自由曲线”按钮，使其处于激活状态。在绘图区依次单击生成一系列点，即可产生一条空间自由曲线，绘制方法类似于草绘中的样条曲线，如图 5-2-7 所示。单击中键，一条曲线绘制结束，再单击则绘制下一条曲线。双击中键或单击“确定”按钮，则退出“曲线”命令。

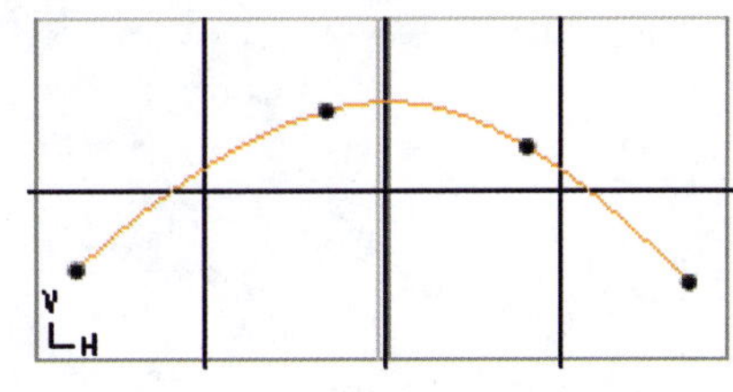

图 5-2-7　创建自由曲线

3. 曲线的编辑

（1）“曲线编辑”命令

利用“曲线”命令是不能对曲线进行编辑与修改的，需要利用“曲线编辑”命令修改。启动“曲线编辑”命令有 3 种方法：单击“曲线编辑”按钮；双击所要编辑的曲线；在样式树中选中曲线，然后在弹出的浮动工具栏中选择“编辑定义”工具。

在“曲线编辑”状态下，用鼠标拖动曲线上的点或者控制点，即可改变曲线形状。为便于观察，可单击“显示所有视图”按钮，在不同的视图中拖动点，编辑曲线空间形状。在曲线上右击可添加点。在选中的点上右击，可在右键菜单中选择“删除”命令删除点；选择“分割”命令，则可以在该点处断开曲线，如图 5-2-8 所示。当两条曲线有公共端点时，选中端点并单击右键，选择“组合”命令，可以将两条曲线合并为一条曲线，如图 5-2-9 所示。

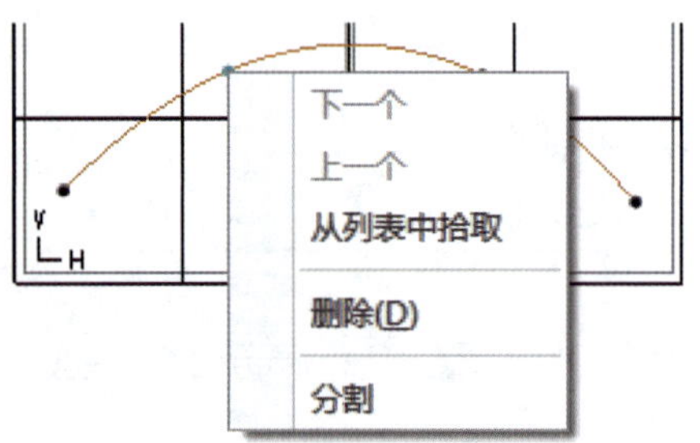

图 5-2-8　删除点或分割曲线

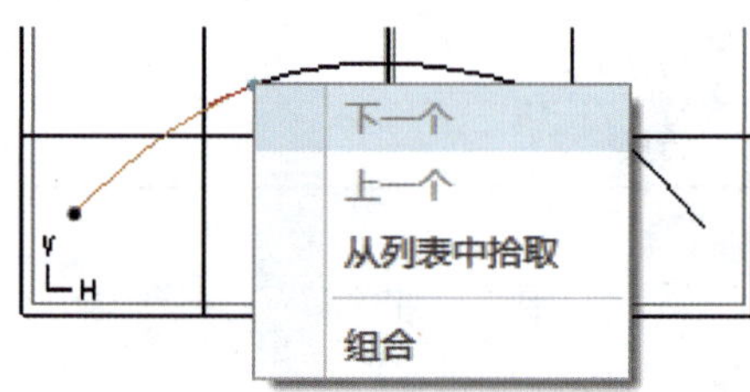

图 5-2-9　组合曲线

（2）曲线上的点

“样式”命令中的曲线是有两个端点及若干个内部点的光滑样条曲线，曲线上点的类型见表 5-2-2。如果只有两个端点、没有内部点，则曲线为一条直线。

▼ 表 5-2-2　曲线上点的类型

点的类型	点的表现形式	点的含义
自由点	显示为实心点	曲线上与任何曲面及其他曲线都不接触的点为自由点，自由点可以任意移动
软点	曲线上软点显示为空心圆点	落在其他参照曲线或曲面上的点，只能在参照几何上移动

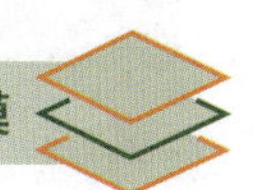

续表

点的类型	点的表现形式	点的含义
软点	曲面上软点显示为空心正方形	落在其他参照曲线或曲面上的点，只能在参照几何上移动
固定点	显示为叉号	被其他几何元素完全约束的点

创建曲线时，按住 <Shift> 键，在选择的曲线或曲面上单击，则可以创建软点；选择曲线交点或曲线与曲面的交点，则生成固定点。编辑曲线时，自由点的移动不受任何限制，软点只能在所在曲线或曲面上移动。

（3）曲线切向量及约束

在编辑状态下，单击曲线端点，会出现如图 5-2-10 中所示的线段，称为端点的切向量，用来控制曲线在端点处的形状与约束条件。拖动切向量或利用面板中“相切”选项卡的“属性”选项，可以改变切向量的长度及角度，从而改变曲线在接近端点位置的形状。端点切向量越长，对曲线影响越大。

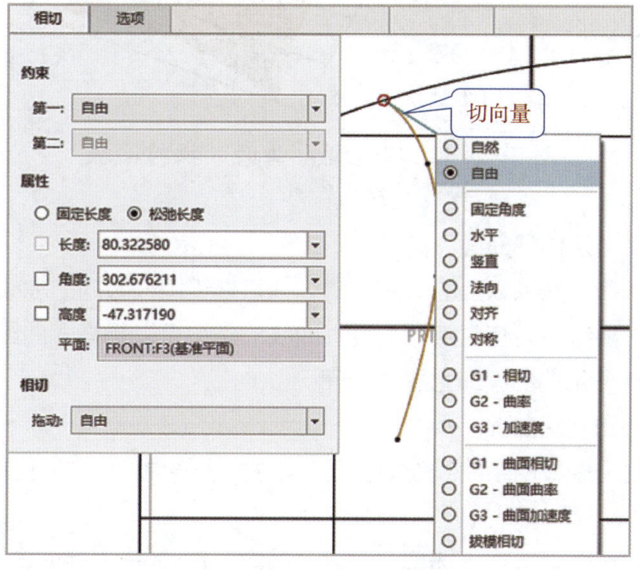

图 5-2-10　切向量及约束

在切向量上单击右键，会出现端点约束条件，“曲面相切”等后三项只适用于曲线与曲面的约束，其他选项适用于曲线之间或曲线与基准平面之间的约束。在曲线未改动之前，切向量为自然状态，切向量被改变后自动变为自由状态。

三、利用“样式”命令创建曲面

1. 曲面的创建

曲面的创建主要在于曲线的创建，曲线创建好后曲面的创建就只需要根据曲面构造方法选择所需的边界线。在“样式”命令下，可以根据构成曲线不同，选择不同的构面方法。

在“样式”操控面板的“曲面”工具组中单击“曲面”按钮，进入“造型：曲面”操控面板，分别选取构造曲面的曲线链，就可以构建曲面，如图 5-2-11 所示。其中，收集框为边界曲线链（主要链）选项，收集框为内部曲线链（跨链）选项。“样式”命令下创建曲面共有以下 3 种方法。

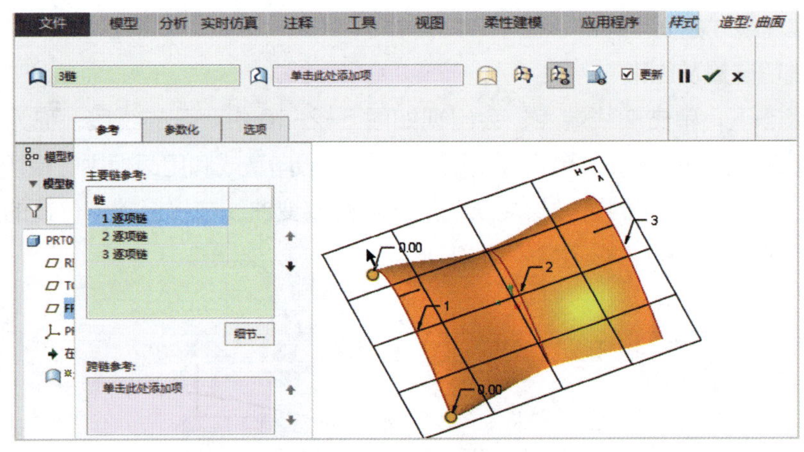

图 5-2-11 “造型：曲面”操控面板

（1）采用放样的方法创建曲面

此方法为通过两条或两条以上的“非交错”并且处于同一方向的曲线为边界，来创建曲面。构建曲线只有主要链，没有内部曲线链，曲线的类型可以是样式曲线、基准曲线或模型边界。如图 5-2-11 所示的曲面即为放样曲面。

（2）采用混合方法创建曲面

混合方法是通过一条或两条曲线作为主要链，并以一条或多条曲线作为跨链混合形成曲面的一种方法。

在创建曲面时可通过“选项”选项卡中的“径向”和“统一”两个选项改变曲面的几何形状。

1）径向：用于控制跨链是否以主要链的径向方向进行混合，只有一条主要链构建曲面时，此选项才起作用。扫描的过程中，跨链的方向随主要链曲线的切向变化而变化，如图 5-2-12a 所示；如果取消选中该复选框，曲面生成过程中跨链始终延原始曲线的方向不变，如图 5-2-12b 所示。

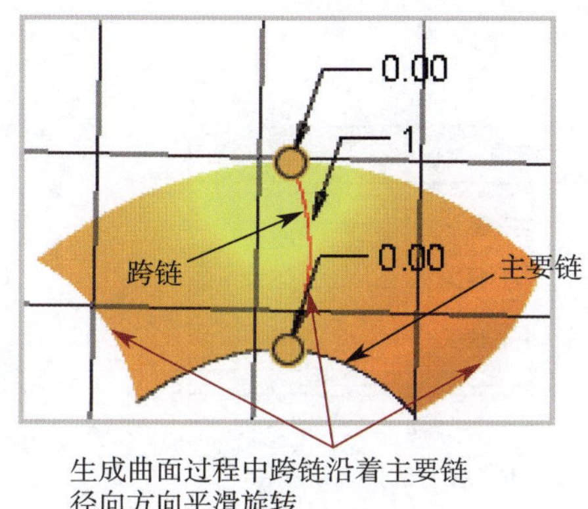

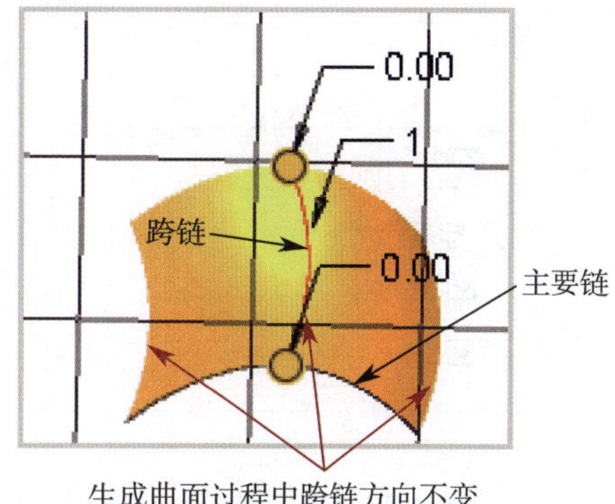

选项
扫描
☑ 径向
☑ 统一

a）选择“径向”

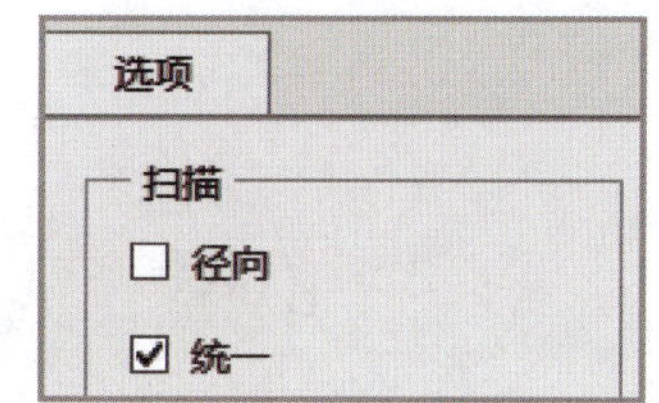

b）取消选择“径向”

图 5-2-12 “径向”选项

2）统一：用于控制跨链是否保持原始高度进行混合，只有在由两条主要链构建曲面时，此选项才起作用。如果选中该复选框，跨链将根据两条主要链之间的距离变化，大小按比例缩放，如图 5-2-13a 所示；如果取消选中该复选框，跨链将保持原始高度不变，沿主要链进行混合，如图 5-2-13b 所示。

（3）采用边界法创建曲面

采用边界法创建曲面，需要 3 条或者 4 条曲线作为主要链，这些曲线可以是“样式”命令生成的曲线，也可以是基准曲线或模型边界，它们必须形成一个封闭的图形，但不要求首尾相连。在选取边界时，不需要按某个方向或先后顺序进行选取，但是两条边界曲线不能相切或曲率连续。最典型的是 4 条基本曲线所围成的四边面，它是由 4 条曲线构成主要链，并有若干条内部链的曲面，如图 5-2-14 所示。构成曲面的曲线要符合的条件见表 5-2-3。

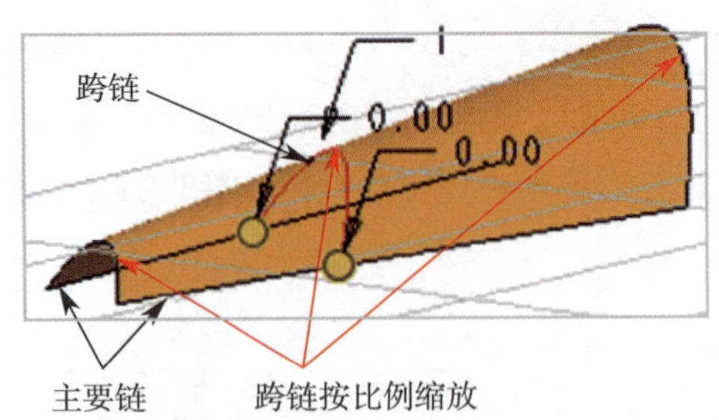

选项
扫描
☑ 径向
☑ 统一

a）选择“统一”

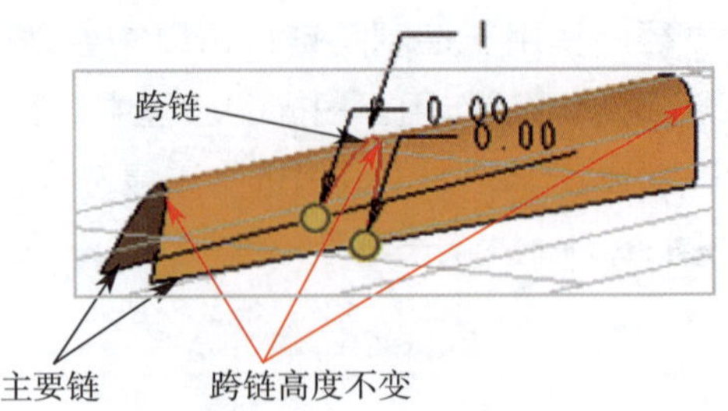

选项
扫描
☑ 径向
☐ 统一

b）取消选择“统一”

图 5-2-13 “统一”选项

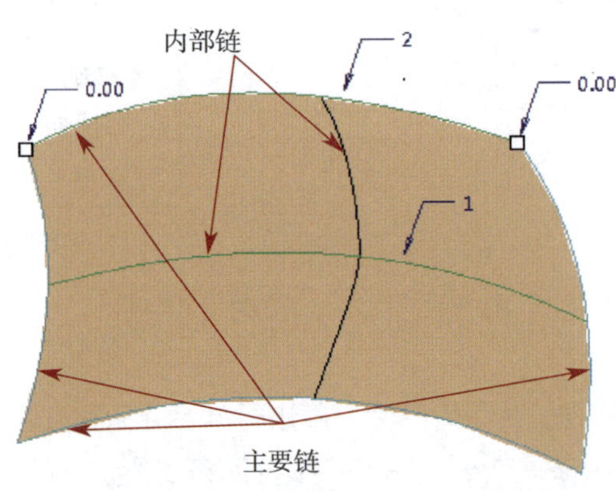

图 5-2-14 采用边界法创建曲面

▼ 表 5-2-3 采用边界法创建曲面的曲线链条件

曲线链条件		图示
主要链	4 条边界曲线中，要求相邻的两条要有交点，线与线连接处不能相切或曲率连续	相邻主要链必须相交且不能相切

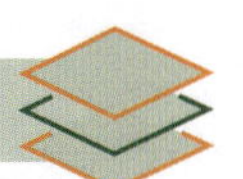

续表

曲线链条件		图示	
内部链	内部曲线必须与两条边界相交，但是不能和相邻的边界相交	正确	错误
内部链	穿过相同边界的内部曲线不能在边界内部相交	正确	错误
内部链	内部曲线和基本边界及其他内部曲线交叉时必有交点，但是内部曲线不能和边界有多于两处相交	正确	错误
内部链	COS 曲线不能作为跨链		

除了标准的四边面外，还经常用到 3 条主要链的曲面情况，又称为三角面。三角面中第一次选取的曲线称为自然边，它的对角点称为退化点。三角面可以无内部曲线，如图 5-2-15a 所示。经过自然边的内部曲线必须经过退化点，如图 5-2-15b 所示；而不经过自然边的内部曲线必须经过其他两条边，如图 5-2-15c 所示。

2. 曲面的编辑

（1）曲面的连接

选择两个相连接的曲面，单击“曲面连接”按钮，可以定义相互之间的连接关系。在曲面边界上会显示曲面之间连接关系的符号，如图 5-2-16 所示。在“样式”命令中，曲面的连接关系主要有 3 种：位置连续连接、相切连接和曲率连续连接，分别以虚线、单箭头线和双箭头线来表示。各种连接关系之间的切换可以通过在连接关系符号上单击右键选择需要的连接方式，或者通过左键单击连接关系符号实现切换。

在定义曲面之间相切连接及曲率连续连接时，构造曲面的曲线之间要符合相应的连接关系。例如，图 5-2-16 中其他边界线与公共边的交点处与相邻面需要保持相切或曲率相等关系。

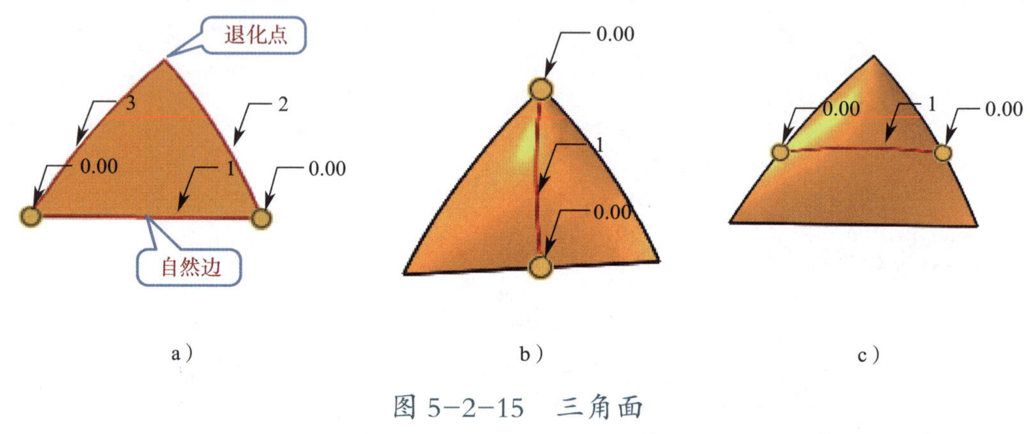

图 5-2-15　三角面

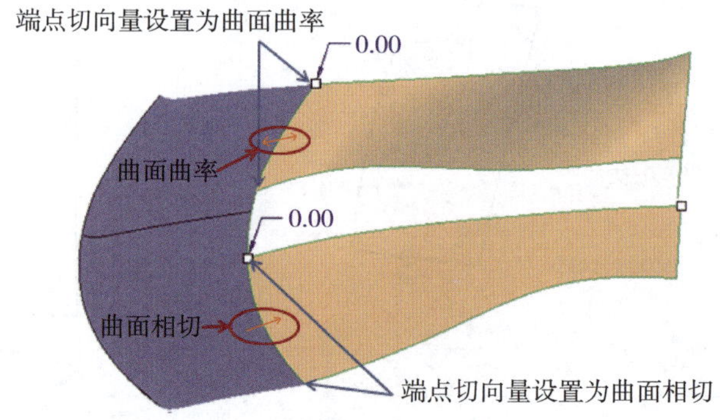

图 5-2-16　曲面连接

（2）拔模相切

除了上述三种连接关系外，还有一种特殊的连接关系，就是拔模相切。这个连接关系可以定义创建的曲面和已有的曲面成某一角度关系，使曲面形成拔模斜度。

创建拔模相切，对构面的曲线有一定的要求，即确定拔模角度的那个方向的构面曲线都要和同一个曲面或基准平面成相同角度的拔模相切连接关系。如图 5-2-17 所示，3 条曲线均和基准平面成 10° 的拔模相切关系。利用这些曲线创建的面就可以与参考曲面或基准平面形成拔模相切的连接关系。

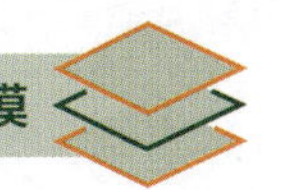

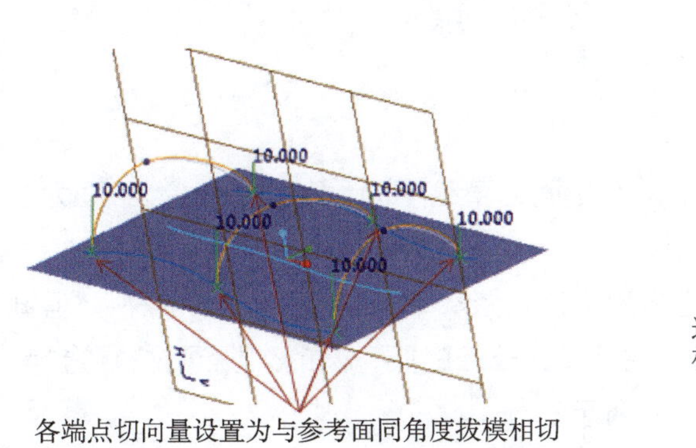

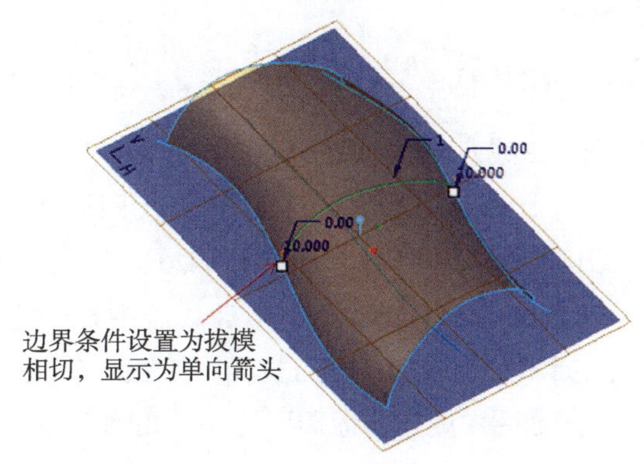

图 5-2-17 曲面拔模相切

拔模相切用一个虚线的单箭头来表示。通过定义拔模相切，就可以在“样式”命令下创建带有拔模斜度的曲面。

（3）曲面的修剪

首先选取要被修剪的一个或多个面组，再选取要用于修剪面组的曲线，如图 5-2-18 所示，最后选取要删除的一侧。如果不选择删除部分，缺省情况下不删除任何曲面部分。

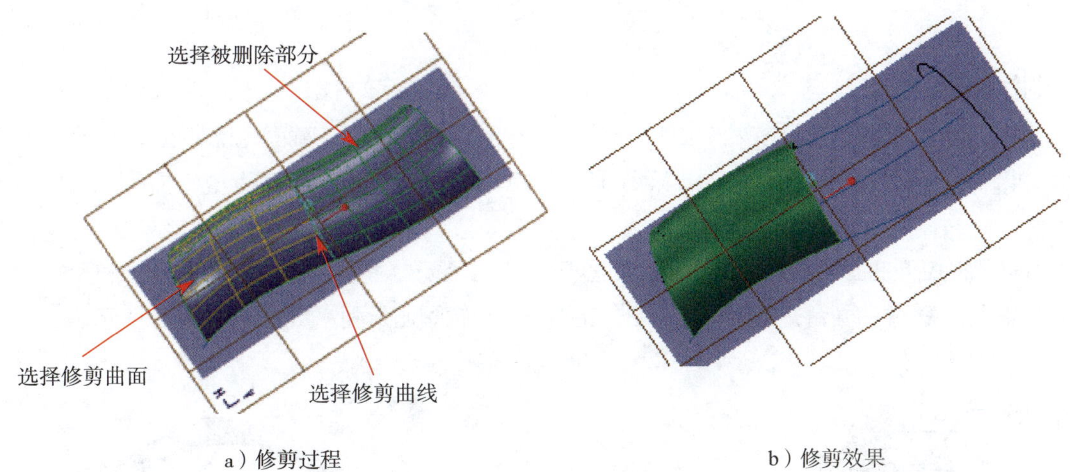

图 5-2-18 曲面的修剪

任务实施

一、新建文件

新建零件类型文件，命名为“fxp”，取消“使用默认模板”，选择模板“mmns_part_solid”，进入零件设计环境。

二、轮圈造型

1. 扫描生成方向盘外圈

（1）单击“草绘”按钮，以 FRONT 基准平面为草绘平面，RIGHT 基准平面为左右方向参考，草绘直径为 320 的圆。

（2）单击“扫描”按钮，选中草绘的圆为轨迹，依次单击“曲面”按钮、“恒截面扫描”按钮、“扫描截面”按钮，绘制直径为 25.5 的圆，圆的外侧通过轨迹参考点，扫描后生成方向盘环形外圈，如图 5-2-19 所示。

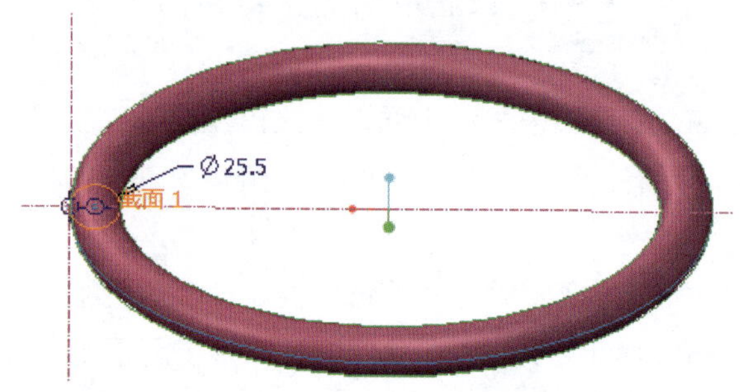

图 5-2-19　方向盘外圈

2. 制作轮圈切除面

（1）利用“拉伸”工具，拉伸形成图 5-2-20a 所示曲面，截面轮廓如图中所示，尺寸 85 为圆心到 RIGHT 面的距离。以 RIGHT 面为镜像基准，将拉伸特征镜像，如图 5-2-20b 所示。

（2）将拉伸曲面与扫描曲面合并，如图 5-2-21a 所示，得到“合并 1”曲面，然后将“合并 1”曲面与镜像曲面合并得到“合并 2”曲面，形成轮圈切除面，如图 5-2-21b 所示。

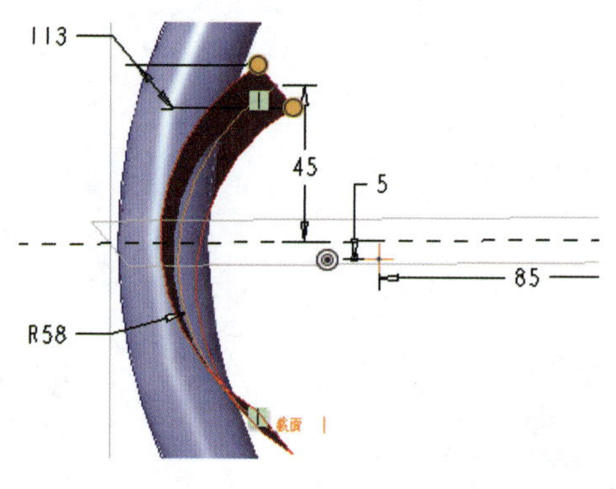

a）拉伸曲面

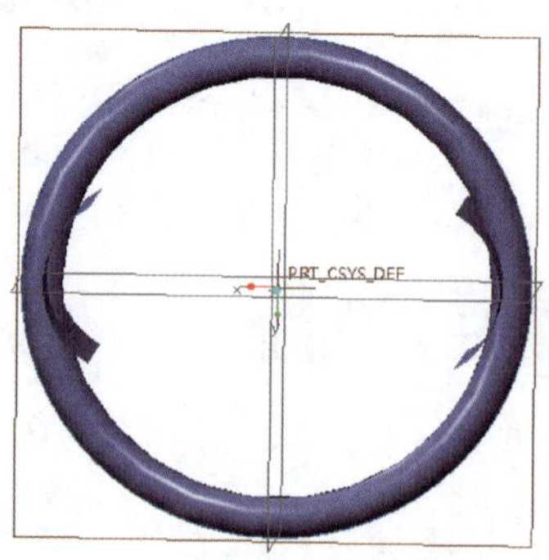

b）镜像曲面

图 5-2-20　曲面拉伸与镜像

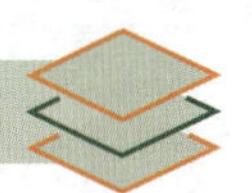

a）“合并1”曲面

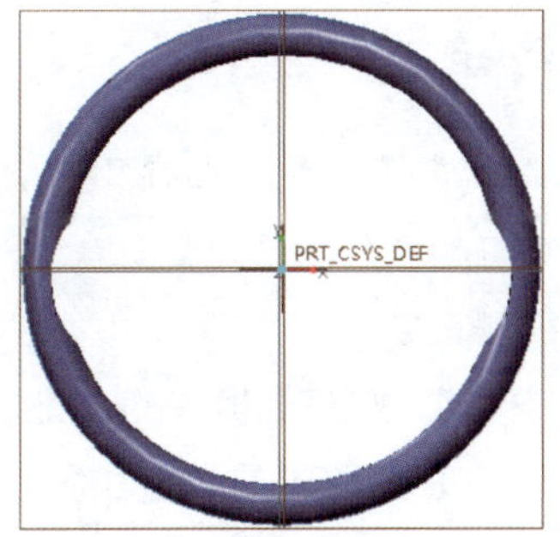

b）“合并2”曲面

图 5-2-21　曲面合并

三、利用“样式”命令创建轮辐曲面

1. 创建轮廓曲线

单击“样式”按钮，进入“样式”操控面板，单击“设置工作平面”按钮，选择 FRONT 面，将 FRONT 面设置为工作平面。在显示控制工具条中单击“活动平面方向”按钮，将工作平面调为屏幕方向，绘制如图 5-2-22 所示的系列曲线。具体绘制过程如下：

（1）绘制第一条曲线链

单击“样式”操控面板中的“曲线”按钮，进入“造型：曲线”操控面板，选择“创建平面曲线”按钮。将鼠标移至模型轮圈缺口处，按住 <Shift> 键，当鼠标显示“+”时，选中缺口与活动平面相交的端点作为曲线端点；然后插入自由点；选择曲线终点时，靠近 RIGHT 面，按住 <Shift> 键，将终点放置到 RIGHT 面上。单击“确定”按钮，完成“曲线 1”的创建，如图 5-2-23 所示。

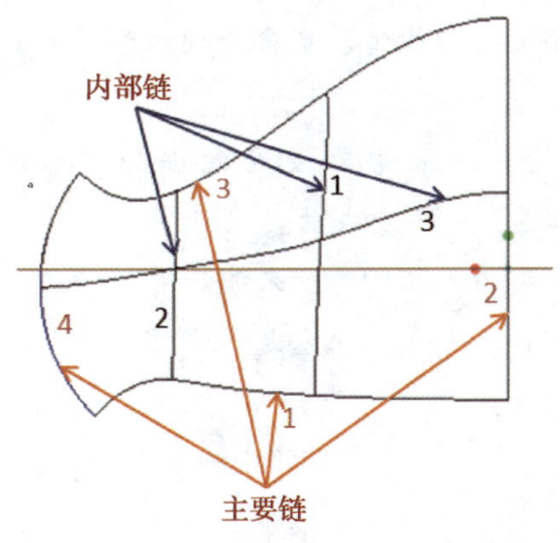

图 5-2-22　轮辐构面曲线链

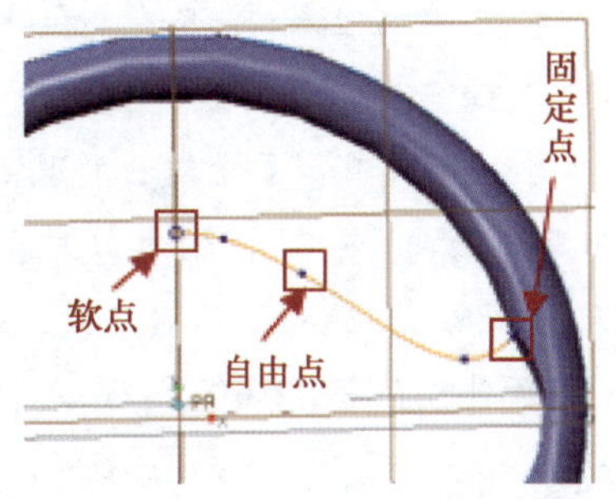

图 5-2-23　“曲线 1”绘制

小提示

曲线绘制过程中如点选择不当，不能更改位置，可以单击“返回”按钮，重新选择点，或者在编辑曲线时修改。

（2）编辑曲线

单击“样式”操控面板中的“曲线编辑”按钮，进入“造型：曲线编辑”操控面板。

选中曲线，用鼠标拖动自由点，调整曲线形状。单击曲线起点，可显示切向量，如图 5-2-24 所示。在切向量上单击右键，在弹出的快捷菜单中选择“曲面相切”，单击轮圈曲面，使曲线与轮圈曲面相切。在另一端点，依次选择法向、RIGHT 面，使曲线与 RIGHT 面垂直。

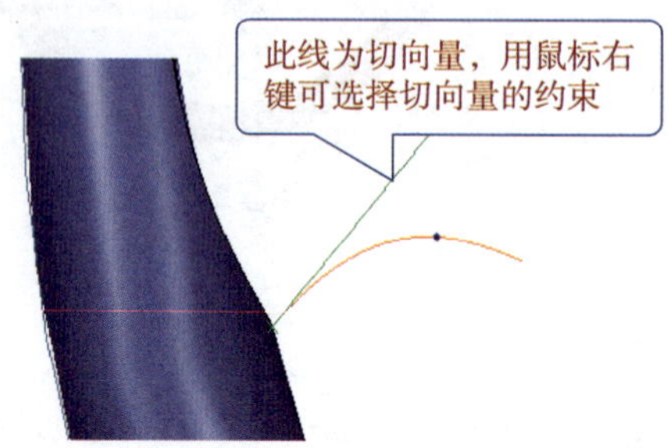

图 5-2-24 设置约束

（3）绘制其他曲线链

利用同样方法绘制除了主要链 4 之外的其他曲线链。其中，绘制主要链 2 要选择 RIGHT 面为活动平面。绘制内部链 1 及内部链 2，需要通过 RIGHT 面偏移设置活动平面，可在“样式”操控面板中单击“设置活动平面”按钮下方的溢出按钮，选中“内部平面”，在弹出的“基准平面”对话框中设置基准平面。

小提示

1）绘制内部链 1 或内部链 2 时，也可以单击“曲线”按钮，进入“造型：曲线”操控面板，单击“创建平面曲线”按钮，激活下方的“参考”选项卡，在选项卡中选择参考基准平面为 RIGHT，输入偏移距离，建立活动平面。

2）各曲线端点必须相交，内部链 3 与主要链 2、4 及另外两条内部链 1 和 2 都要相交。绘制曲线时，要按住 <Shift> 键，并将鼠标移到需要相交的曲线上，观察并确保形成的点是软点。

3）主要链 2 及内部链 1 和内部链 2 的端点切向量约束都要设置成法向，选择与 FRONT 面垂直，否则最后生成曲面镜像时就不能平滑过渡或不能成功。

4）主要链 1 和主要链 3 的端点切向量要分别与轮圈曲面相切（如果曲线做的合适，也可选择曲面曲率，曲面的过渡质量会更好），与 RIGHT 面垂直。注意是“曲面相切”选项而不是“相切”选项，后者只是线对线而不是对面的相切。

最后生成的各曲线如图 5-2-25 所示。

2. 创建曲面

（1）单击“曲面”按钮，进入“造型：曲面”操控面板。激活“主要链收集器” 4链，选择 4 条主要链。然后单击“内部链收集器” 3链，选择 3 条内部链。

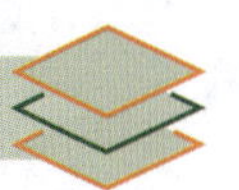

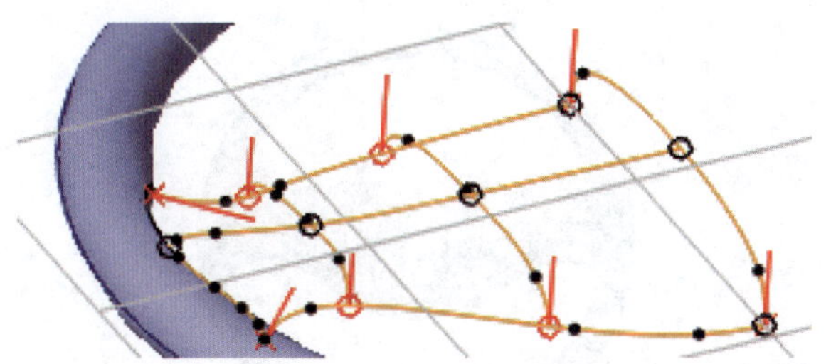

图 5-2-25 曲面构成链

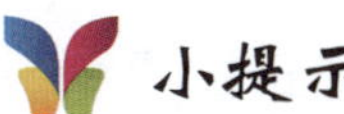

小提示

也可单击下方“参考”按钮，打开“参考”选项卡，根据选项卡提示选择曲线链。

（2）单击“确定”按钮，完成曲面创建，如图 5-2-26 所示。单击“确定”按钮，退出“样式”命令，在模型树中可看到名为“样式 1”的特征。

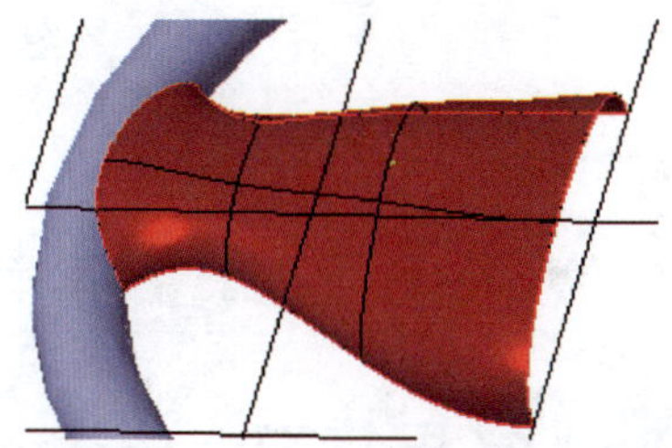

图 5-2-26 “样式 1”曲面

四、曲面编辑

1. 镜像曲面

以 FRONT 面为基准将步骤三中完成的“样式 1”曲面进行镜像，得到“镜像 2”曲面。将“镜像 2”曲面及“样式 1”曲面同时选中，以 RIGHT 面为基准进行镜像，得到“镜像 3”曲面，如图 5-2-27 所示。

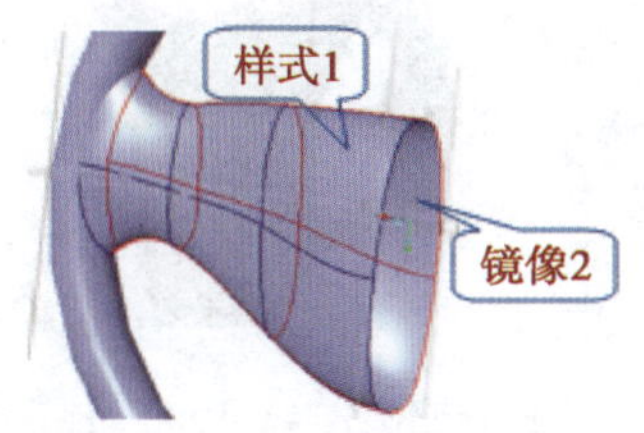

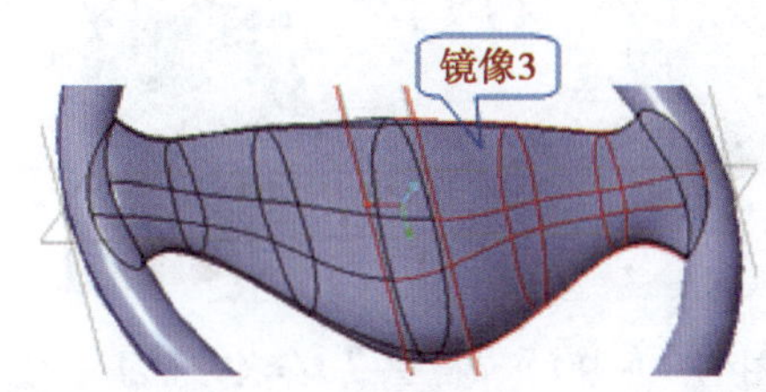

图 5-2-27 曲面镜像

2. 曲面合并及实体化

依次将各表面合并：首先将“样式 1”曲面与“镜像 2”曲面合并得到“合并 3”曲面，将“镜像 3”中两曲面合并得到“合并 4”曲面；然后将“合并 3”与“合并 4”曲面合并得到“合并 5”曲面；最后将“合并 5”与“合并 2”（轮圈）曲面合并，得到“合并 6”曲面。至此，整个方向盘形成一个完整封闭曲面。

将曲面“合并 6”选中，单击“实体化”按钮，将曲面“合并 6”实体化，完成方向盘建模，如图 5-2-28 所示。

图 5-2-28　方向盘生成效果图

五、保存文件

模型创建完毕，单击“保存”按钮保存文件到工作目录。

 拓展练习

1. 创建扫描混合曲面，并拉伸切除中间部分，然后利用“样式”命令，构建图 5-2-29 所示曲线后创建曲面与已有曲面相切。

2. 综合利用所学曲面造型知识，参考表 5-2-4 所列步骤完成图 5-2-30 所示手电筒造型，尺寸自拟。

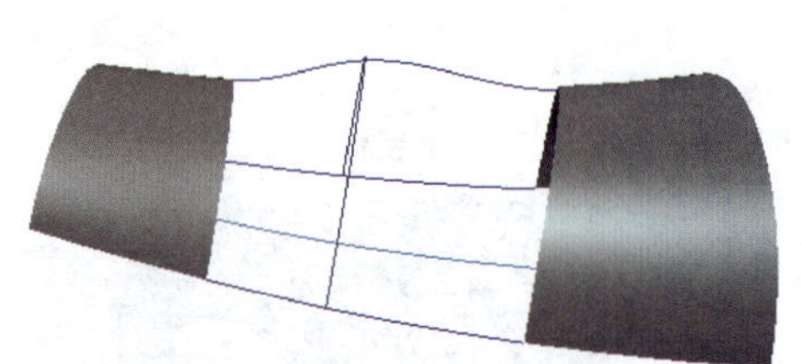

图 5-2-29　“样式”命令练习

图 5-2-30　手电筒造型

▼ 表 5-2-4　手电筒的造型

（1）旋转生成灯罩	（2）创建基准平面，绘制半圆腰线
	PRT_CSYS_DEF 85.000 草绘 1 R63.000

续表

（3）利用“样式”命令创建轮廓曲线，边界约束条件设置为法向	（4）利用“样式”命令创建图示 3 个曲面	（5）手柄与筒身合并，得到“合并 1”曲面	（6）“合并 1”曲面与灯罩合并，得到“合并 2”曲面
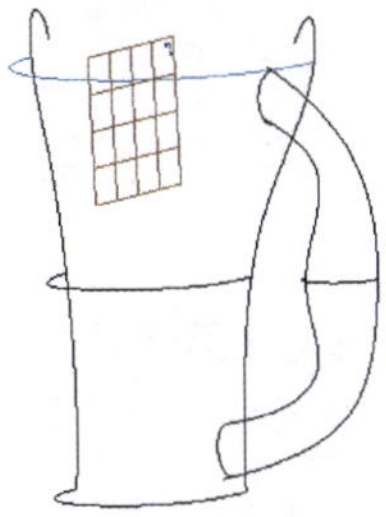	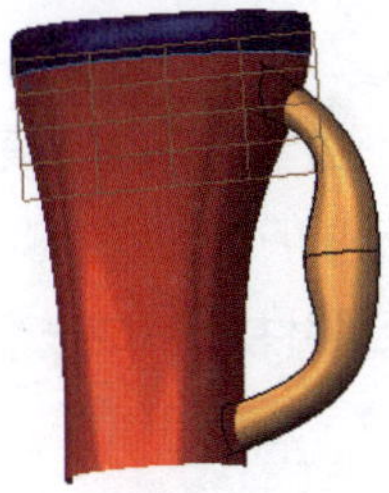		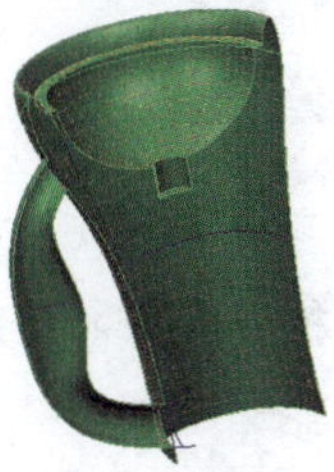
（7）将“合并 2”曲面镜像，并合并	（8）底面填充	（9）合并底面	（10）底边倒圆角
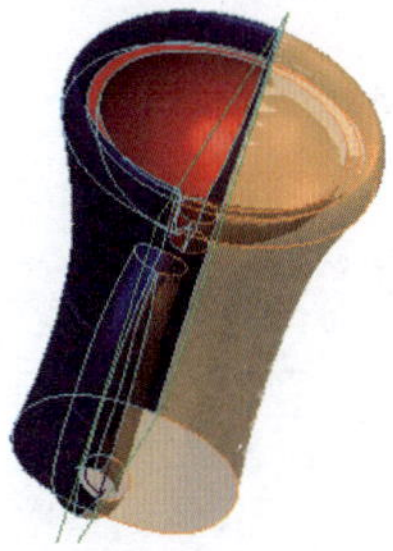	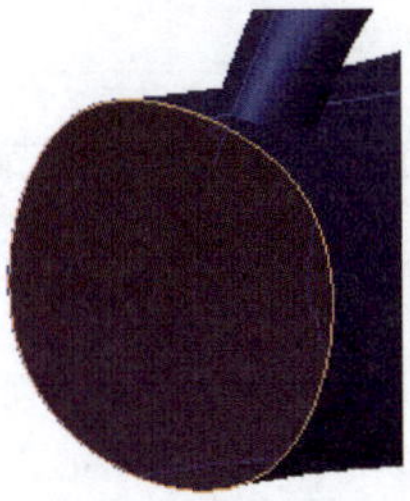		
（11）曲面加厚		（12）渲染	

项目六

组件装配与设计

产品是由零件组成的，完成零件设计后，将零件按设计要求的约束条件或连接方式装配在一起才能形成一个机构装置或完整的产品。在 Creo 中，模型装配的过程就是按照一定的约束条件或连接方式，将各零件组装成一个整体并能满足设计功能的过程。

任务 1　平口钳的装配

学习目标

1. 能创建装配文件，熟悉装配环境界面。
2. 熟悉装配的约束类型，能选用恰当的约束方式正确装配元件。
3. 能通过分解或组合的不同方式显示装配组件模型。

任务描述

图 6-1-1 所示平口钳是机械加工中的通用夹具，它由一系列的零件组装而成，其中零件模型已经完成，要求通过 Creo 生成平口钳的装配模型。

像平口钳一样，大多数产品都是由一系列的零件组装而成。在 Creo 中完成各零件的设计后，可在装配环境中进行零件的装配以生成组件或成品，并可对装配件进行修改、分析以及生成爆炸图。本任务以平口钳为载体，学习装配模型的组建。

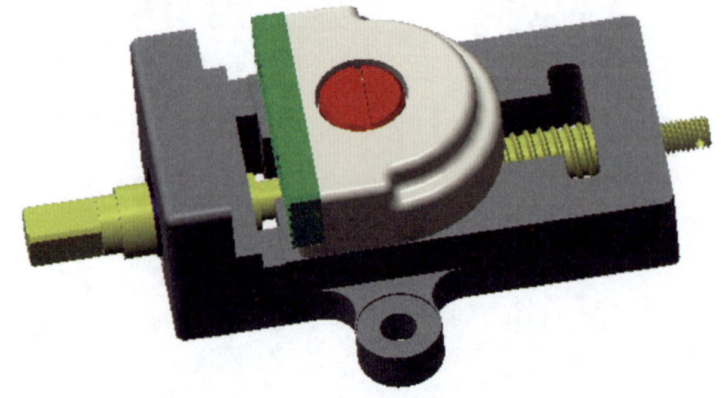

图 6-1-1　平口钳

知识准备

一、装配文件的创建

启动 Creo，选择“文件”→“新建”命令，或在快速访问工具栏中单击“新建”按钮，弹出如图 6-1-2 所示的“新建”对话框。在对话框中选择类型为“装配”，子类型为“设计”，输入文件名，取消勾选“使用默认模板”，单击“确定”按钮。在弹出的“新文件选项”对话框中选择所需的模板（按国内标准通常采用“mmns_asm_design”模板），单击“确定”按钮，即可进入如图 6-1-3 所示的装配工作界面。

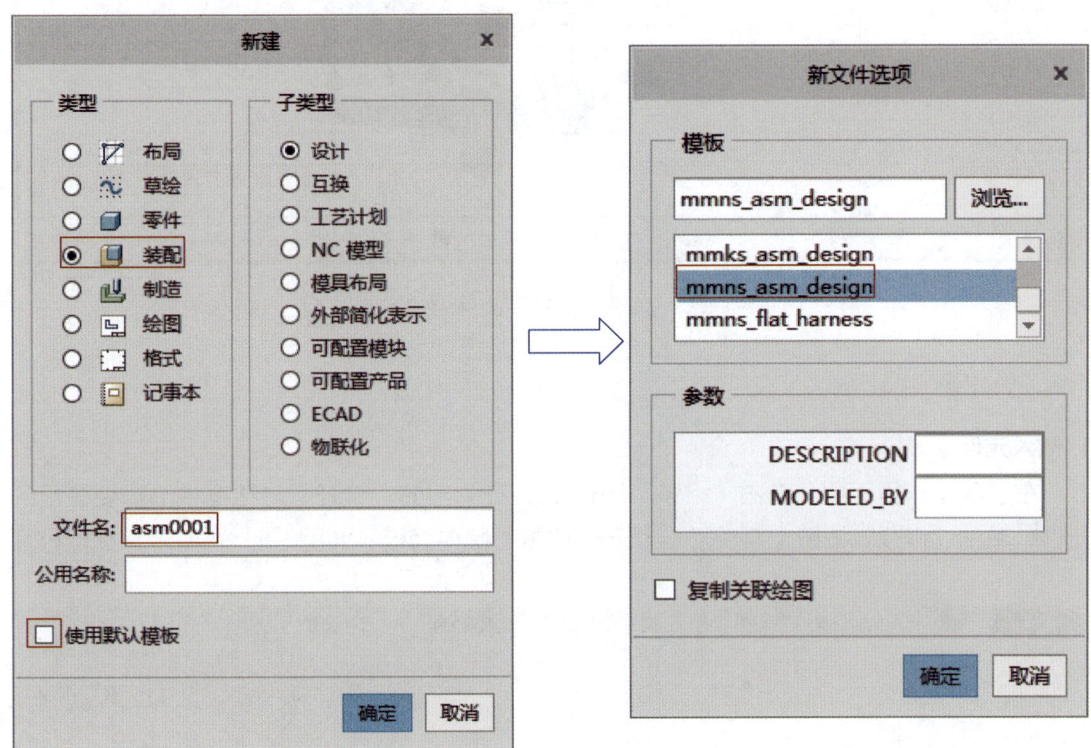

图 6-1-2　新建装配文件

二、装配工作界面

Creo 的装配工作界面与零件设计界面布局基本相似，只是在“模型”选项卡中增加了与装配相关的“元件”工具组，模型树中显示的是组成元件，如图 6-1-3 所示。“元件”工具组中的“组装”按钮用来装配已经创建好的元件；“创建”按钮用于进入零件设计界面，以创建新的元件或者在元件上创建新的特征；“拖动”按钮则用于组件中手动拖动元件做相对运动，将在项目七中着重介绍。“模型显示”工具组增添了“分解视图”按钮及“编辑位置”按钮。

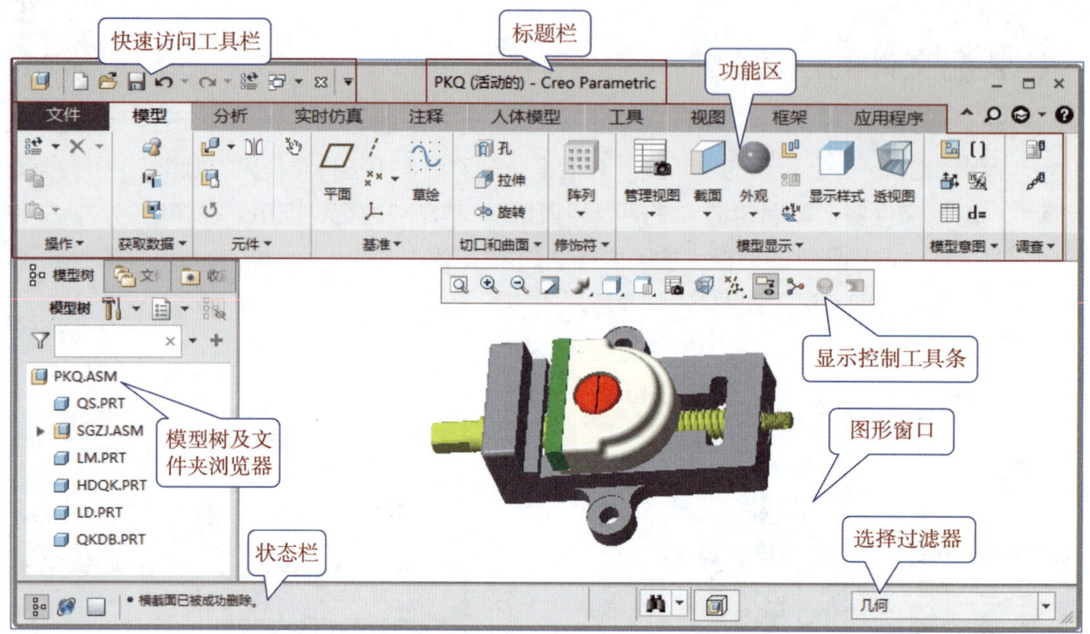

图 6-1-3 装配工作界面主要功能区域

三、元件装配

1. 装入元件

在装配工作界面中，单击“组装”按钮，在弹出的“打开”对话框中选择要装配的元件，单击“打开”按钮，系统显示“元件放置”操控面板，如图 6-1-4 所示。在操控面

图 6-1-4 “元件放置”操控面板

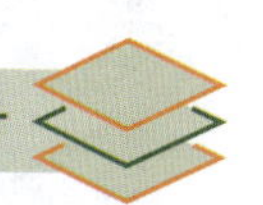

板中可以放置元件，选择装配参考元素，显示元件的屏幕窗口、装配的约束及装配状态等。操控面板中常用工具的功能见表 6-1-1。

▼ 表 6-1-1 “元件放置”操控面板中工具及其功能

面板工具	功能
用户定义	约束类型列表，常用于选择机构连接的约束方式，以使元件满足一定的相互运动关系
自动	关系类型列表，用于选择元件间装配时的约束关系，以定义元件之间的相互位置
	显示或不显示 3D 拖动器
状况	显示当前元件的约束状态
	元件单独显示在一个窗口
	元件与组件显示在同一个窗口
放置	定义约束的条件
移动	用于在屏幕上调整装配中元件的位置

2. 元件的移动与调整

导入待装配元件后，系统将以默认的位置来显示，需要通过调整待装配元件的位置以方便添加装配约束。元件的调整可以利用 3D 拖动器，如图 6-1-4 所示，用 3D 拖动器拖动元件可以方便地实现不同方向上的移动与旋转。单击“拖动器”按钮，可以切换 3D 拖动器的显示与隐藏。

元件位置调整还可以通过“移动”选项卡来实现，如图 6-1-5 所示。“运动类型”可选择定向模式、平移、旋转和调整 4 种方式；运动可以相对视图中当前位置设定，也可以设定“运动参考”来定义元件的运动位置；移动可以是平滑连续的，也可以设定运动间隔值。

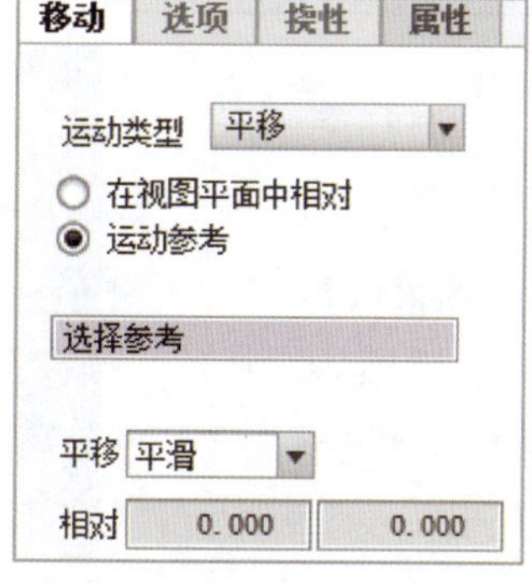

图 6-1-5 “移动”选项卡

3. 约束的设置

“元件放置”操控面板下的“放置”选项卡（图 6-1-4）用于给定导入元件与已装配元件间的约束条件，选项卡左侧显示目前所给定的约束条件及约束参考。单击下方的“新建约束”按钮可以增加一个新的约束条件，在约束或参考上单击右键，可以删除约束或移除参考。约束类型可以在操控面板中选择，也可以在“放置”选项卡的“约束类型”下拉列表中选择，当没有选定约束类型时，系统默认自动约束，然后会根据给出的参考条件自动改变约束类型。常用约束的类型及其含义见表 6-1-2。

▼ 表 6-1-2　常用约束的类型及其含义

约束类型	符号	含义
自动		选取参考，列表中显示可用约束
距离		元件参考从装配参考偏移一定距离
偏转		元件参考与装配参考之间成一定角度
平行		将元件参考定义为与装配参考平行
重合		将元件参考定义为与装配参考重合
法向		将元件参考定义为与装配参考垂直
共面		将元件参考定义为与装配参考共面
居中		元件参考与装配参考居中对正
相切		元件参考定义为与装配参考彼此相切，法向相反
固定		将被移动元件固定到当前位置
默认		用默认的装配坐标系对齐元件坐标系

当约束满足条件时，选项卡下方的“偏移”文本框被激活，可输入参考之间的偏移距离，单击“反向”按钮可以改变偏移方向。

4. 约束状态

面板中“状况”项会显示目前装配的状态。如果装配的状态是“无约束”或“部分约束”，此时退出“元件放置”命令，则模型树中该元件的装配特征符号带有一个小矩形框格，表示装配元件位置没有完全确定，装配的结果不一定是预期的结果，通常需要重新放置元件，新增或修改装配约束，达到“完全约束”条件。

任务实施

一、新建装配文件

1. 新建“pkq”文件夹，将素材“6-1/pkq/yuanjian”文件夹复制到“pkq”文件夹中。打开 Creo 软件，将“pkq”文件夹设置为工作目录，以便装配时调入零件。

2. 单击“新建”按钮，弹出“新建”对话框。在“新建”对话框中选择“装配”类型，默认“设计”子类型，输入文件名“pkq”，取消勾选“使用默认模板”，单击“确定”按钮，进入“新文件选项”对话框，选择“mmns_asm_design”模板，单击“确定”按钮，进入装配工作界面。

二、装配固定钳身

1. 单击“组装”按钮，系统显示“打开”对话框，选择“qs.prt”文件，单击对话框下方的“打开”按钮，调入钳身元件。

2. 系统显示“元件放置”操控面板，在面板的“设置关系类型”下拉列表（初始显示为“自动”）中选择“默认”，以系统默认的方式进行装配，即使钳身零件的坐标系 PRT_CSYS_DEF 与组合件的缺省坐标系 ASM_DEF_CSYS 对齐，如图 6-1-6 所示。

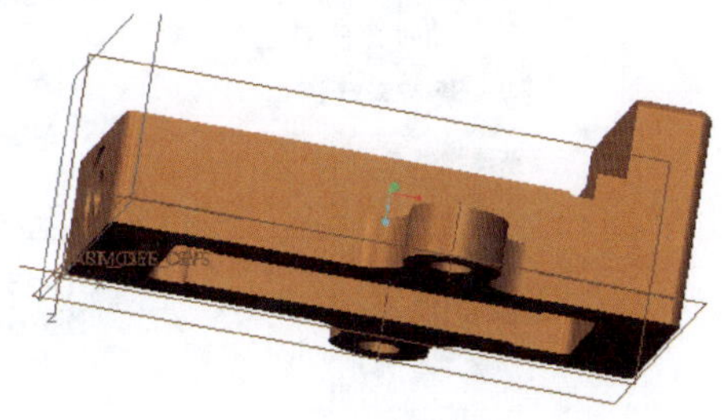

图 6-1-6 钳身零件的装配

3. 单击“保存”按钮，保存装配文件。

三、装配丝杠组件

1. 新建“sgzj.asm”装配文件

单击“新建”按钮，新建一个名为“sgzj.asm”的装配文件，并进入装配工作界面。

2. 装配丝杠

（1）单击“组装”按钮，选择“sg.prt”文件，调入丝杠元件。

（2）系统显示“元件放置”操控面板，在“设置关系类型”下拉列表中选择“默认”，以系统默认的方式进行装配。

3. 装配垫圈

（1）单击“组装”按钮，选择“dq.prt”文件，调入垫圈元件。当元件处于无约束或部分约束时，可通过 3D 拖动器或“移动”选项卡（参见图 6-1-4 及图 6-1-5）移动或旋转垫圈，使其靠近装配位置。

（2）选择“重合”约束类型，选取垫圈上的内圆柱面，再选取丝杠上的配合圆柱面，使内外圆柱面中心重合（或选择两者轴线），如图 6-1-7 所示。

（3）单击并展开“放置”选项卡，可以看到刚建立的“重合”约束集 1；单击“新建约束”按钮，约束类型默认为“自动”，选取垫圈与丝杠配合的端面，系统会根据选取表面自动形成重合约束，确认后完成丝杠和垫圈的装配，如图 6-1-8 所示。

4. 保存装配文件

单击“保存”按钮，保存装配件文件“sgzj.asm”，关闭窗口。

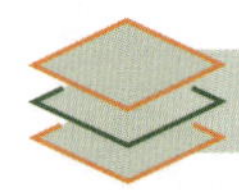

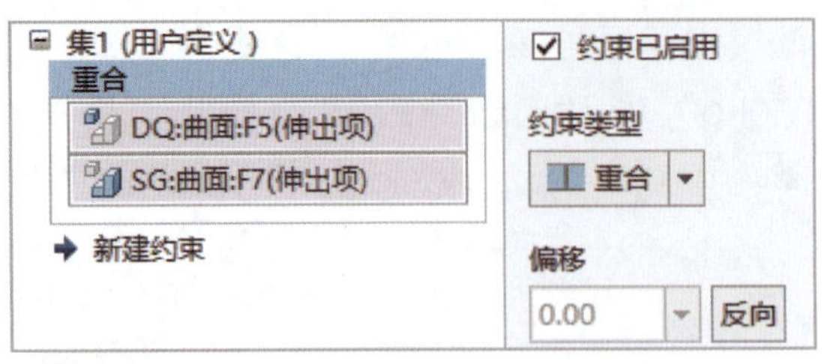

a）

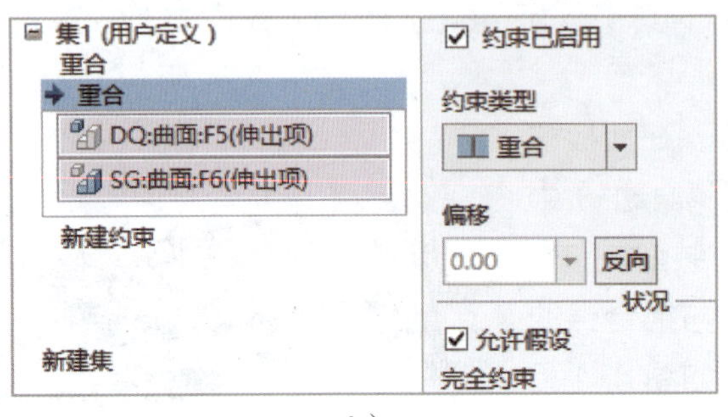

b）

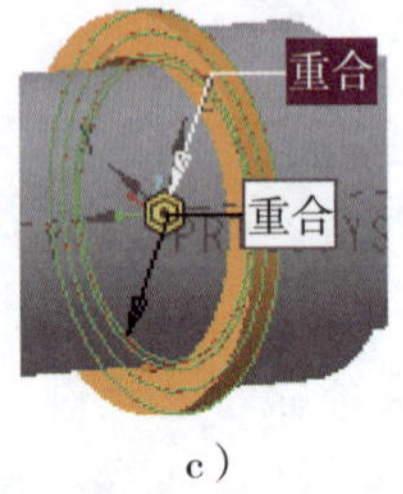

c）

图 6-1-7　丝杠组件的装配

图 6-1-8　丝杠组件

5. 装入子组件“sgzj.asm”

（1）单击“窗口”按钮，激活“pkq.asm”装配文件。单击“组装”按钮，选择“sgzj.asm”文件，调入子组件。

（2）系统显示“元件放置”操控面板，约束类型默认为“自动”，选取丝杠轴线与钳身螺纹孔轴线，约束类型自动转换为“重合”。

（3）单击“放置”选项卡中的“新建约束”按钮，选取垫圈端面与钳身沉孔的端面，约束类型选为“重合”，完成子组件（丝杠和垫圈）的装配，模型如图 6-1-9 所示。

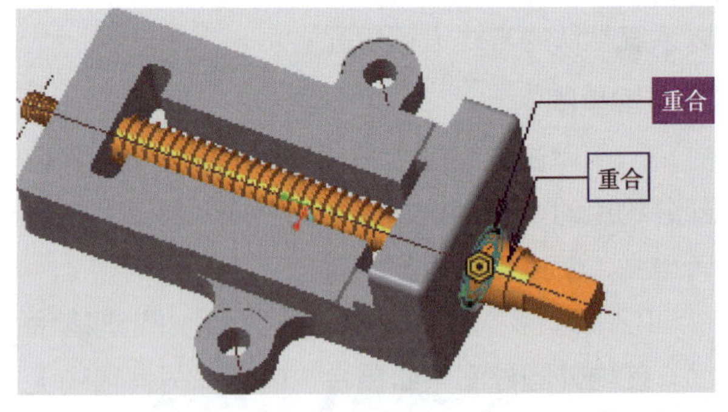

图 6-1-9　装入丝杠组件

说明：一个较复杂的装配组件可以看作由多个子组件装配而成，因而在创建较复杂装配模型时，可以先进行子组件装配，再将各个子组件按照相互的位置关系进行总装配。

四、装配其他元件

1. 装配螺母

（1）单击“组装”按钮，选择“lm.prt”文件，调入螺母元件。在“放置元件”操控面板中，激活“放置”选项卡，选取丝杠轴线、螺母的螺纹孔轴线，建立“重合”约束。

（2）单击“新建约束”按钮，分别选取螺母与钳身贴合面，建立“重合”约束。

（3）单击“新建约束”按钮，选取螺母前端面与钳身端面，选取约束类型为“距离”，输入合适距离数值，建立“距离”约束。

（4）此时，约束状态显示为“完全约束”，单击“确定”按钮后退出，完成螺母的装配，如图 6-1-10 所示。

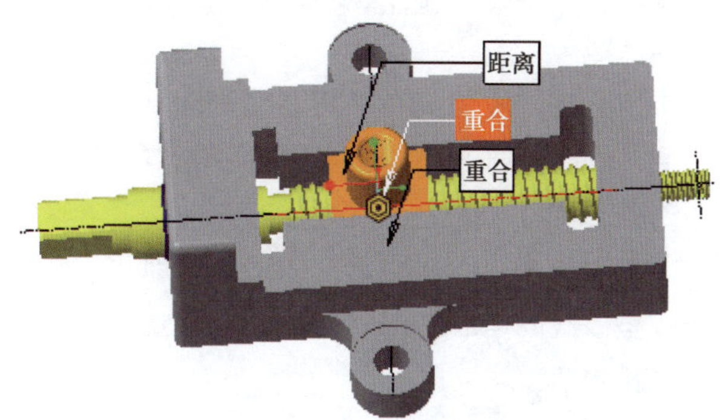

图 6-1-10　装配螺母

2. 装配活动钳口

（1）单击“组装”按钮，选择“hdqk.prt”文件，调入活动钳口元件。

（2）在“放置元件”操控面板中，激活“放置”选项卡，选取活动钳口孔的轴线、螺母的螺纹孔轴线，建立“重合”约束。

（3）单击“新建约束”按钮，分别选取活动钳口底面及固定钳身上表面，建立“重合”约束。

（4）再次单击“新建约束”按钮，选取活动钳口前端面与固定钳身端面，选取约束类型为“平行”，建立“平行”约束。

（5）此时，约束状态为“完全约束”，单击“确定”按钮后退出，完成活动钳口的装配，如图 6-1-11 所示。

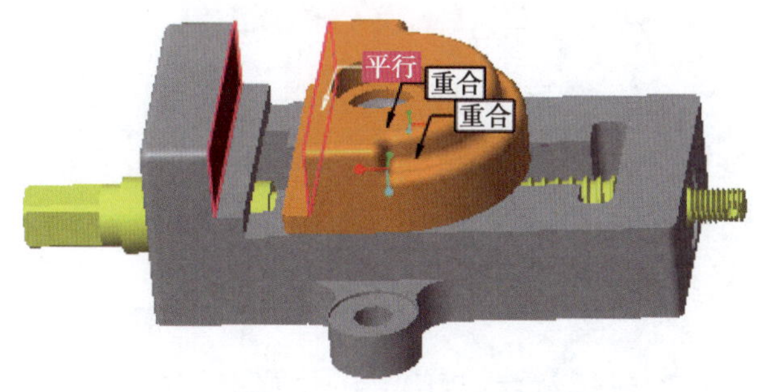

图 6-1-11　装配活动钳口

3. 装配螺钉

（1）单击“组装”按钮，选择“ld.prt”文件，调入螺钉元件。

（2）在“放置元件”操控面板中，激活“放置”选项卡，选取螺钉轴线、螺母竖直螺纹孔轴线，建立“重合”约束。

（3）单击“新建约束”按钮，分别选取螺钉头底面与螺母的螺纹孔端面，建立“重合”约束。

（4）此时，约束状态为“完全约束”，单击“确定”按钮后退出，完成螺钉的装配，如图 6-1-12 所示。

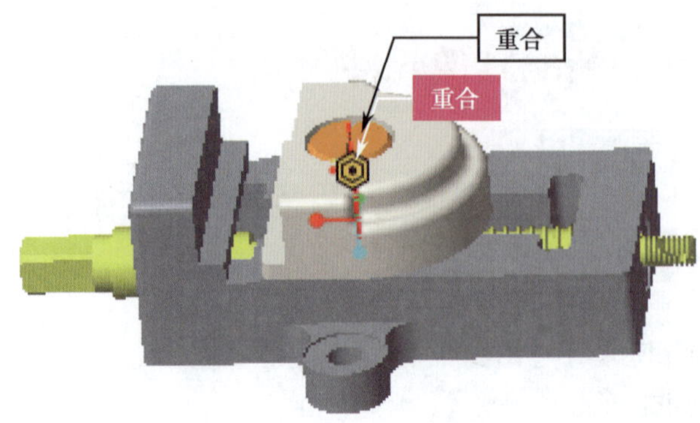

图 6-1-12　装配螺钉

4. 装配活动钳口垫板

（1）单击“组装”按钮，选择“qkdb.prt”文件，调入活动钳口垫板元件。

（2）在“放置元件”操控面板中，激活“放置”选项卡，选取垫板后面与活动钳口前面，建立“重合”约束。

（3）单击“新建约束”按钮，分别选取垫板底面与活动钳口台阶面，建立“重合”约束。

（4）再次单击“新建约束”按钮，选取垫板侧面与活动钳口侧面，建立“重合”约束。

（5）此时，约束状态为“完全约束”，单击“确定”按钮后退出，完成活动钳口垫板的装配，如图 6-1-13 所示。

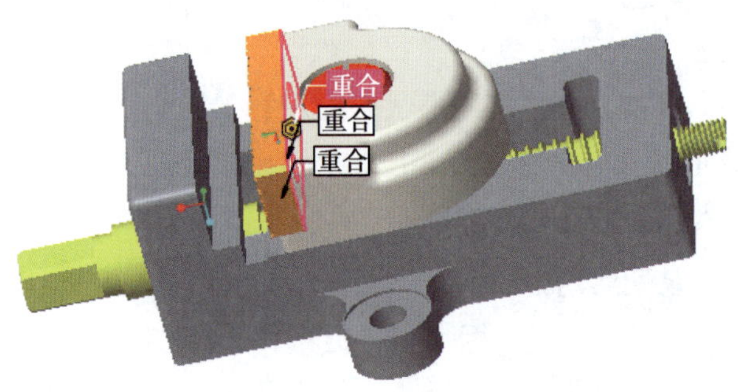

图 6-1-13　装配活动钳口垫板

五、建立平口钳的分解视图

1. 单击“分解视图”按钮，图形窗口中的组件模型呈系统默认的“分解状态”，如图 6-1-14 所示，再次单击“分解视图”按钮，则组件恢复到“组合状态”。

2. 在分解状态下，单击“编辑位置”按钮，则进入“分解工具”操控面板，选定移动参照，选择元件并拖动，对各元件位置进行调整，如图 6-1-15a 所示。

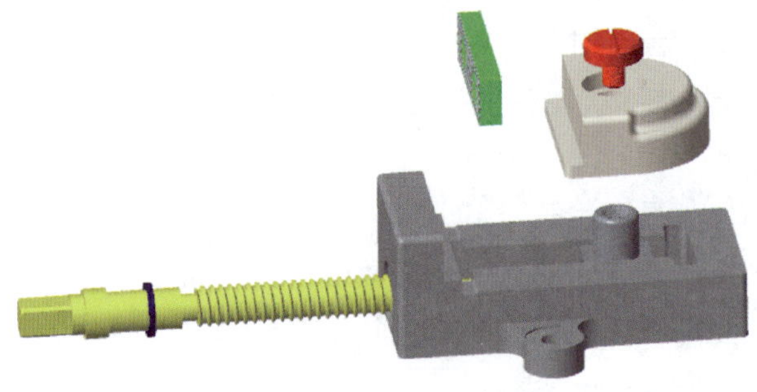

图 6-1-14　分解视图

3. 单击“创建偏移线”按钮，弹出“修饰偏移线”对话框，选中要建立元件关系的参考，单击“应用”按钮，即可建立活动钳口垫板与活动钳口之间的偏移线，如图 6-1-15 所示。

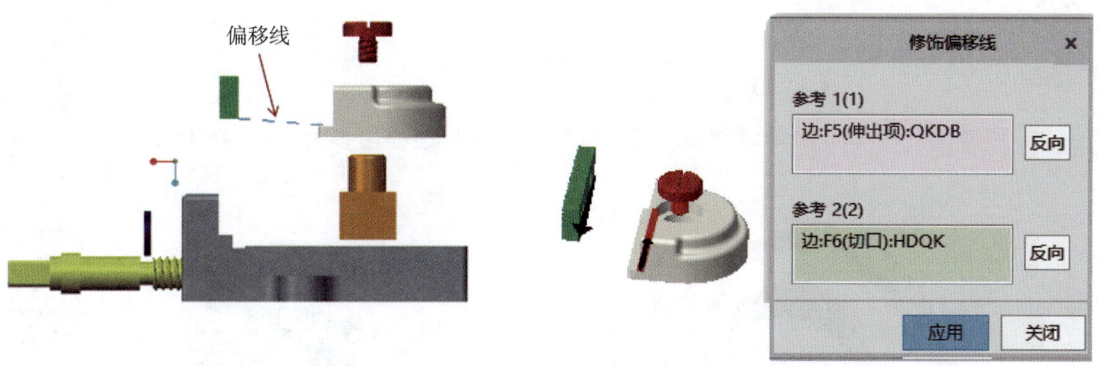

a）元件位置编辑　　b）偏移线设置

图 6-1-15　元件位置编辑及偏移线设置

小提示

偏移线也称偏距线，是为了在分解图中清楚地表示元件间的安装位置关系。在制作产品说明书中的一些插图时，常用偏移线标注元件之间的装配关系。

4. 在组件分解状态下，选中模型中的任意一个元件，单击“切换状况”按钮，可以单独切换选中元件的分解与组合状态。

5. 单击“管理视图”按钮，在弹出的“视图管理器”对话框中单击“分解”→“新建”按钮，新建一个“分解状态”，命名为“fenjie1”。

6. 右键单击“fenjie1”，在弹出的下拉菜单中单击“编辑位置”按钮，可以进入“分解工具”操控面板，对元件位置进行编辑，单击“确定”按钮✔，退出“分解工具”操控面板。

7. 在“视图管理器”对话框中，单击“分解”→“编辑”按钮，在下拉菜单中选择“保存”，将“fenjie1”状态文件保存。

8. 在“视图管理器”对话框中，双击建立的任何一个分解状态，即可在不同的分解状态下切换。

六、文件保存

装配完成后，单击快速访问工具栏中的“保存”按钮，将文件保存到预先设置好的文件夹中，注意装配文件的扩展名为“asm”。

小提示

装配文件与组成元件必须放到一个文件夹中，否则装配文件会因为找不到组成元件而无法打开。

拓展练习

1. 完成图 6-1-16 所示滚动轴承的装配，具体装配过程可参考图 6-1-17。

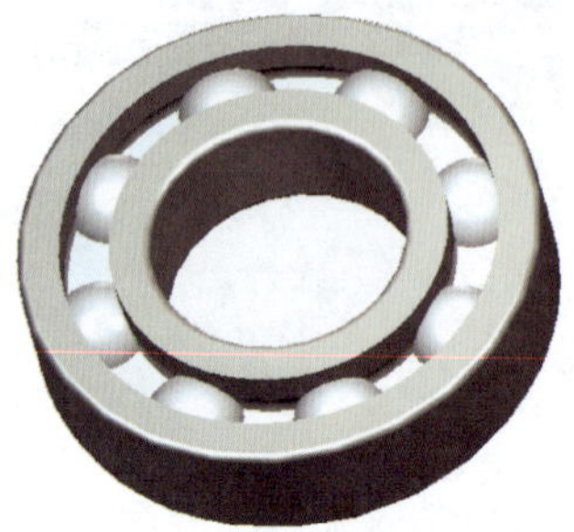

a）滚动轴承组合图

b）滚动轴承分解图

图 6-1-16　滚动轴承

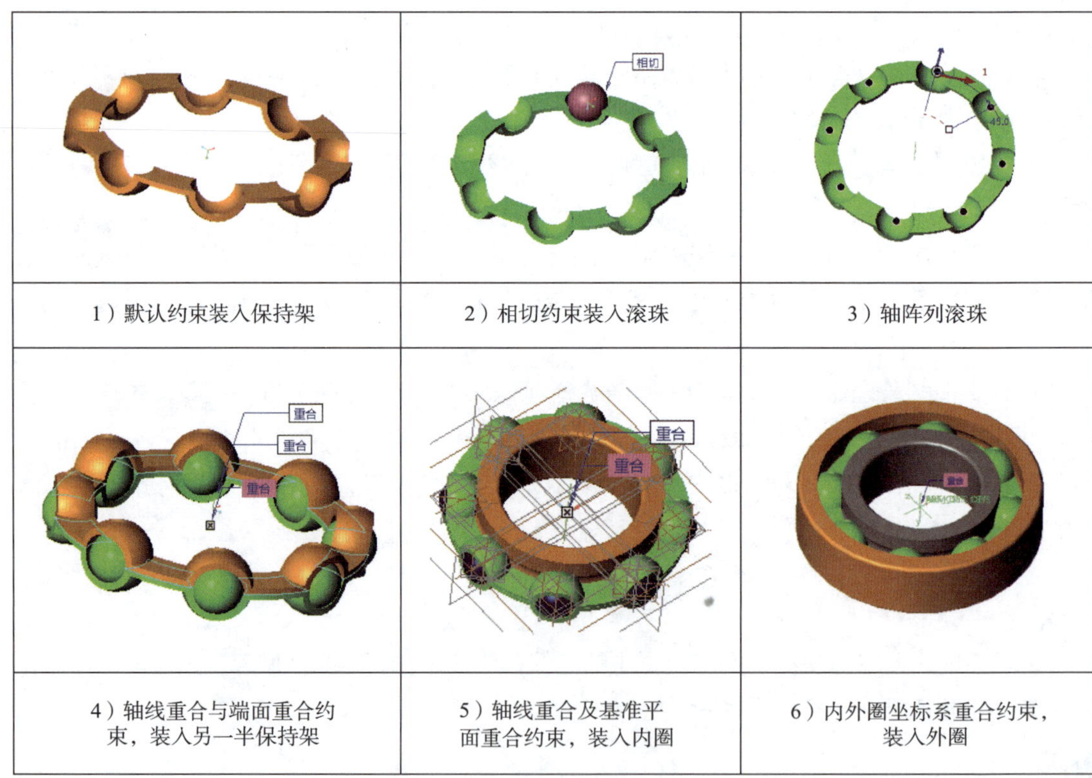

1）默认约束装入保持架	2）相切约束装入滚珠	3）轴阵列滚珠
4）轴线重合与端面重合约束，装入另一半保持架	5）轴线重合及基准平面重合约束，装入内圈	6）内外圈坐标系重合约束，装入外圈

图 6-1-17　滚动轴承装配过程示意图

 小提示

1）滚珠装配后可以转动，因此装配后显示不完全约束。

2）外圈装配采用了坐标系重合约束，利用基准坐标系重合进行约束。

2. 利用素材"6-1/qiufa/yuanjian"文件夹中的元件模型，完成图 6-1-18 所示球形阀门的组装。

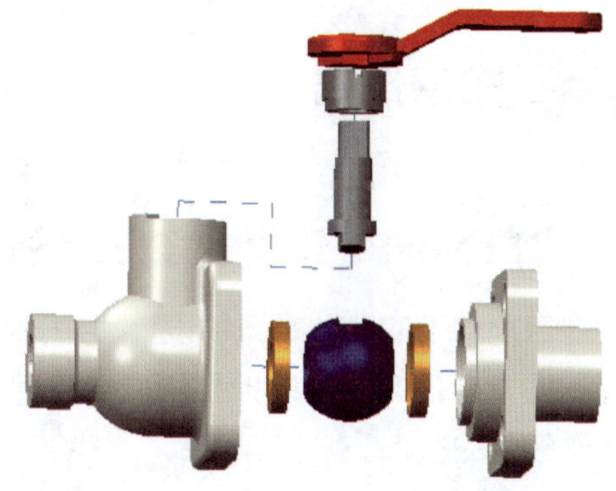

图 6-1-18 球形阀门组件

任务 2 电饼铛的设计

 学习目标

1. 掌握自顶向下的产品设计概念及其设计特点。

2. 掌握利用骨架模型自顶向下的设计方法及一般步骤，能利用骨架模型进行简单结构的产品设计。

3. 了解数据交换的意义，熟悉 Creo 模型数据导入的方法。

4. 能在教师指导下利用骨架模型方法完成电饼铛模型的设计。

 任务描述

自顶向下的设计理念符合大部分产品设计的开发流程，在产品的开发设计中应用非常广泛。

图 6-2-1 所示电饼铛是一种常用炊具，为使电饼铛底座与顶盖的结构统一，避免设计过程中零件结构的不匹配或干涉，减少设计中的数据冲突，电饼铛的设计采用了自顶向下的设计方法。

图 6-2-1 电饼铛模型

知识准备

一、自顶向下设计的理念与特点

自顶向下的设计是一种设计思想，与先进行零件设计，然后再进行装配的自下而上的设计不同，自顶向下的设计是由总体布局、总体结构、部件结构到零件设计的一种自上而下、逐步细化的过程。

自顶向下设计符合大部分产品设计的实际设计流程。如图 6-2-2 所示工程车的设计流程是先确定整车基本参数，然后是整车总布置、部件总布置，最后是零件设计和绘图，这个过程就是自顶向下设计的过程。

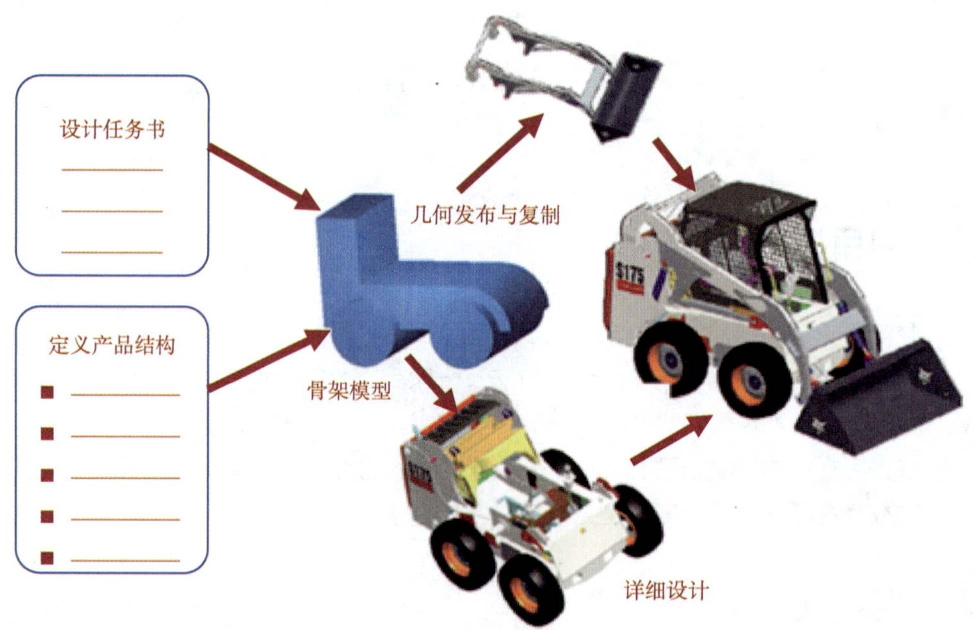

图 6-2-2　自顶向下设计示意图

自顶向下设计有很多优点。在产品质量方面，它实现了设计数据从总体布局向产品装配结构传递，然后再向零件传递，零件之间也可以进行数据传递，保证了装配结构整体数据的关联性及约束信息。在生产管理方面，既可以管理大型组件，又能有效地掌握设计意图，使组织结构明确，能在不同的设计人员或小组间传递相同的设计信息，能让不同的设计部门同步进行产品的设计和开发，达到信息共享及协同设计的目的。

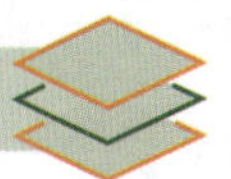

二、利用骨架模型进行自顶向下设计的方法

在 Creo 中，系统提供了骨架模型、二维布局、主控件、产品数据管理等多种方法进行自顶向下设计，本任务采用骨架模型的方法来说明自顶向下的建模过程。

骨架模型的功能在于允许使用者在加入零件之前，先设计好每个零件在产品空间中的静止位置或者运动时的相对位置的结构图。设计好结构图后，再利用结构图将每个零件装配上去，以避免不必要的装配限制冲突，Creo 中将此功能称为骨架模型。它具备以下优点与属性。

1. 集中提供设计数据

骨架模型就是一种“prt”文件。在这个“prt”文件中，定义了一些非实体单元，例如参考面、轴线、点、坐标系、曲线和曲面等，勾画了产品的主要结构、形状和位置等，作为装配的参考和设计零部件的参考。

2. 零部件位置自动变更

零部件的装配是以骨架模型中基准作为参考的，因此零部件的位置会自动跟着骨架模型变化。

3. 减少不必要的父子关系

因为设计中要尽可能地参考骨架模型，不去参考其他零部件，所以可以减少父子关系。

4. 可以任意确定零部件的装配顺序

零部件的装配是以骨架模型作为基准装配的，而不是依赖其他零部件为装配基准，因此可以方便地更改装配顺序。

5. 改变参考控制

通过将设计信息集中在骨架模型中，使零部件设计以骨架作为参考，可以减少对外部参考的依赖。

6. 骨架模型不是实体

骨架模型不是实体，没有质量等物理属性，不出现在装配爆炸图中，在装配工程图的明细栏中也不包含骨架模型。

三、数据交换

借助数据交换功能可在 Creo 和其他支持软件之间及 Creo 应用程序之间进行数据传输或共享，包括将 Creo 文件数据转换为其他格式数据，也包括将其他格式数据转换为 Creo 文件数据。Creo 文件转换为其他格式文件，只需要将文件另存为其他格式的副本，并在需要的情况下设置转换格式即可（参见项目三任务 3）

根据需要可以将其他 CAD 数据文件转换为 Creo 数据文件，也可以将其他 CAD 格式的零件文件作为导入特征插入 Creo 零件中或作为元件装配到 Creo 装配组件中。转换方式如下。

1. 将其他格式的零件文件转换为 Creo 的零件文件

（1）单击“文件”→“打开”按钮或在快速访问工具栏中单击“打开”按钮，弹出“文件打开”对话框。

（2）在对话框中，设置“类型”为“所有文件（*）”，或在下拉列表中选择一个特定的文件类型。

（3）浏览并选择一个相应格式的零件文件，即可打开零件模型，但是此状态下不能进一步建模或编辑。

（4）单击“另存为”→“保存副本”按钮，在弹出的对话框中输入文件名称，将文件保存为“.prt”格式文件。

（5）再次打开，即可在源文件基础上进行进一步建模操作，原模型作为一个带有“导入”标识的导入特征存在。

2. 将其他格式的装配文件转换为 Creo 的装配文件

与零件类型转换步骤相似，只是在保存副本时，需要在弹出的“装配保存为一个副本”对话框中，对装配文件进行设置，可以选择默认保存为“.asm”格式文件。

3. 将其他格式的零件文件或装配文件作为元件装配到 Creo 的装配文件

在装配环境下，其他格式的零件或组件可以作为一个装配元件特征进行装配，其方式与 Creo 元件的装配方式一样，只是需在“打开”对话框时找到对应的文件类型。

4. 将其他格式的零件文件作为一个特征导入 Creo 现有零件

导入步骤与方法后面结合任务实施介绍。

任务实施

一、建立装配文件

打开 Creo 后，单击“新建”按钮，在弹出的“新建”对话框中选择“装配”类型，默认“设计”子类型，命名为“dbc”，取消勾选“使用默认模板”复选框，单击“确定”按钮，在“新文件选项”对话框中选择“mmns_asm_design”模板，单击“确定”按钮，进入装配工作界面。

小提示

装配环境中，如模型树中未显示基准平面，可单击模型树右侧的“设置”按钮，在弹出的下拉菜单中选择“树过滤器”，弹出“模型树项”对话框，从中勾选“特征”，单击“确定”按钮，模型树中显示系统默认的基准平面及坐标系。

二、建立骨架模型特征

单击“创建”按钮，在弹出的“创建元件”对话框中，选择“骨架模型”，子类型选择“标准”，默认名称，单击“确定”按钮，如图 6-2-3a 所示。

a）“创建元件”对话框

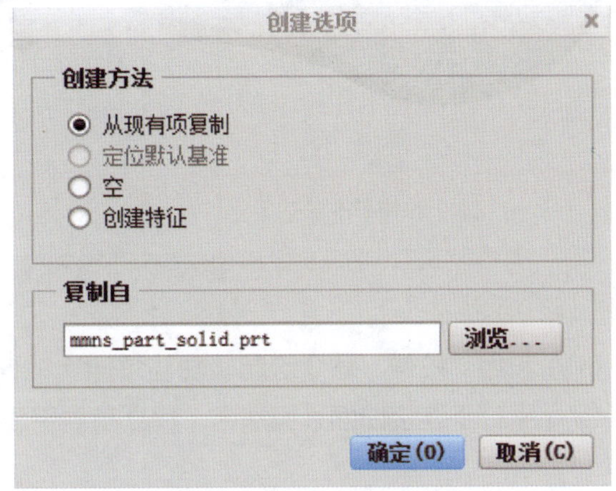

b）“创建选项”对话框

图 6-2-3　元件创建

在新弹出的“创建选项”对话框中，选择“从现有项复制”，单击“浏览”按钮，在 Creo 安装目录下的“templates”文件夹中找到并打开“mmns_part_solid.prt”模板，如图 6-2-3b 所示。

单击“确定”按钮，在装配文件的模型树下会出现名为“DBC_SKEL_.PRT”的特征项，此特征项即为骨架模型特征，名称中的“_SKEL”为骨架模型特征特有标志，图形窗口会显示装配基准平面与骨架特征基准平面。

三、骨架模型设计

在模型树的骨架模型特征“DBC_SKEL_.PRT”上单击，在弹出的浮动工具栏中单击“打开”按钮，进入骨架模型窗口，创建骨架模型。可用两种方法创建骨架模型。

1. 设计骨架模型

（1）利用“拉伸”命令生成如图 6-2-4a 所示实体特征，尺寸自拟。

（2）对拉伸特征进行抽壳，壁厚为 1.5，如图 6-2-4b 所示。

（3）在壳体顶面创建基准平面 DTM1。

（4）在 DTM1 平面上，距离壳体 10 并平行于 TOP 面处，草绘一条几何中心线。

（5）以草绘的中心线为旋转轴，利用“旋转”命令绘制转轴。

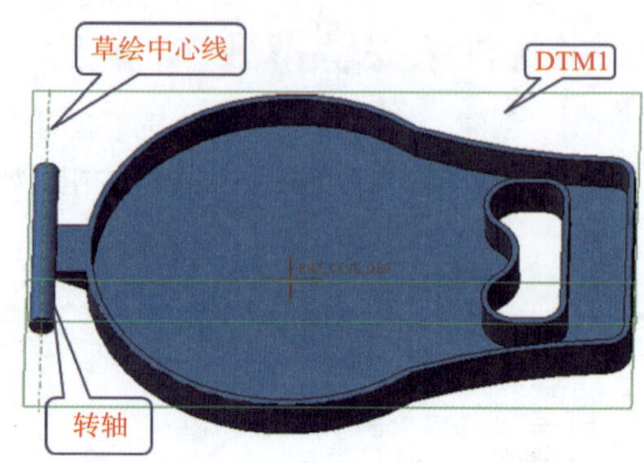

a）拉伸实体　　b）骨架其他结构设计

图 6-2-4　骨架模型设计

（6）利用“拉伸”命令绘制转轴与拉伸 1 的连接部分，如图 6-2-5 所示。

（7）平行于连接曲面，偏移 6，建立基准平面 DTM2。

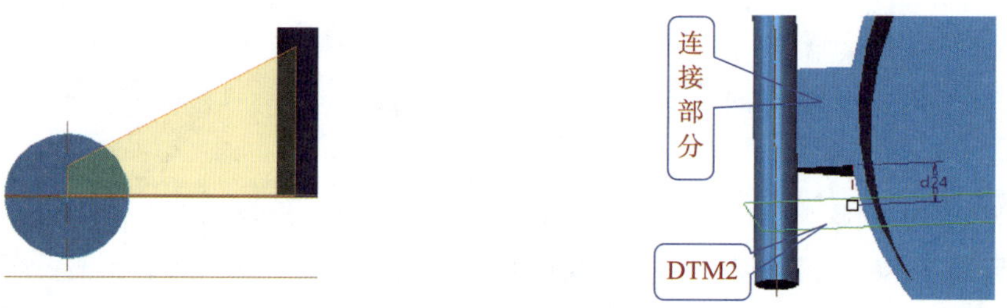

图 6-2-5　连接部分结构

（8）新建草绘，利用“投影”按钮绘制电饼铛轮廓曲线，如图 6-2-6 所示。

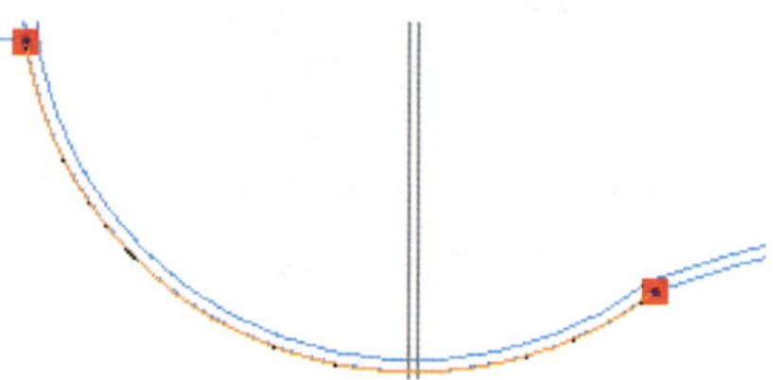

图 6-2-6　电饼铛轮廓曲线

2. 导入模型方法创建骨架模型

（1）单击“模型”→“获取数据”→“导入”按钮，在弹出的“打开”对话框的“类型”下拉列表中，选择“*.sldprt”文件类型。浏览并选择素材“6-2/dbc”文件夹中，预先

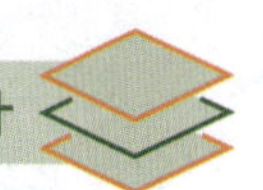

用 SolidWorks 创建的下壳模型“down.sldprt”（模型形状及尺寸与图 6-2-4 相同），单击“导入”按钮，弹出“文件”对话框，如图 6-2-7 所示。

（2）“轮廓”选项采用默认选项“当前配置文件”。

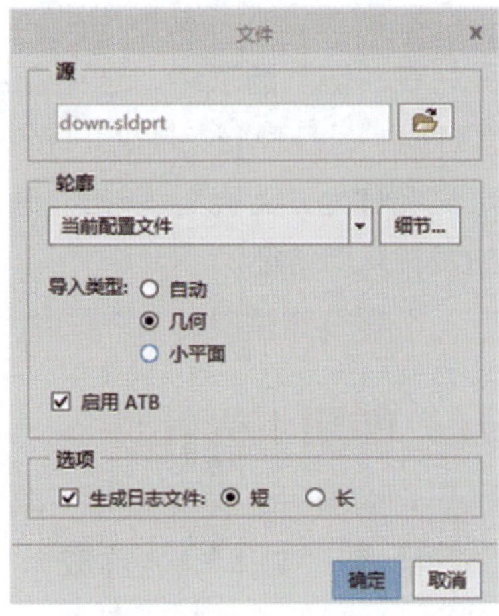

图 6-2-7 “文件”对话框

小提示

单击“细节”→“模型”→“使用模板”→“零件”→“选项”，可选择其他配置文件。

（3）根据需要导入的特征类型可将“导入类型”设置为“几何”“小平面”等或者保留默认选择“自动”，此处选择“几何”。采用默认勾选的“启用 ATB”，即启用关联拓扑总线，用于将原模型中的图元数据转换为 Creo 数据。

（4）选择“生成日志文件”和关联的“短”选项，以在工作目录下生成一个包含导入详细信息的短日志文件。

（5）单击“确定”按钮导入模型，弹出“导入”操控面板，选择导入类型为“实体”或“曲面”，单击“确定”按钮 ✔，即可将模型导入为骨架模型的一个特征，在模型树上显示为带有符号标识的导入特征。

导入模型创建特征的方法也可以用于其他零件的建模。

四、发布几何

1. 单击“模型意图”→“发布几何”按钮，如图 6-2-8a 所示，弹出如图 6-2-8b 所示“发布几何”对话框。激活“曲面集”选项，单击模型树中的“DBC_SKEL_.PRT”，或在模型上选中所有实体曲面。在“属性”选项卡中，设置名称为“下壳”，单击“确定”按钮，完成发布几何，在模型树中出现名为“下壳”的发布特征。

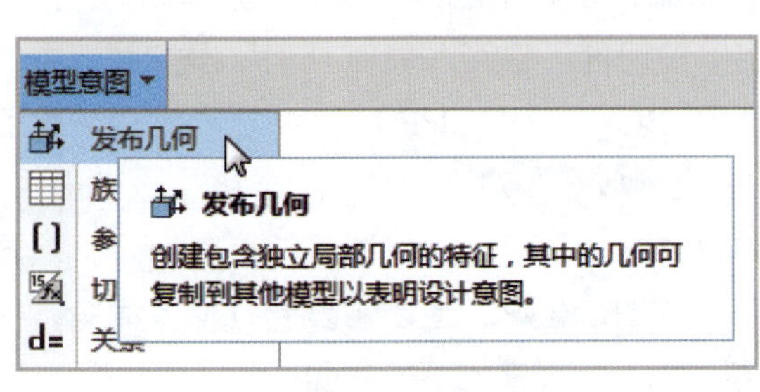

a）发布几何命令

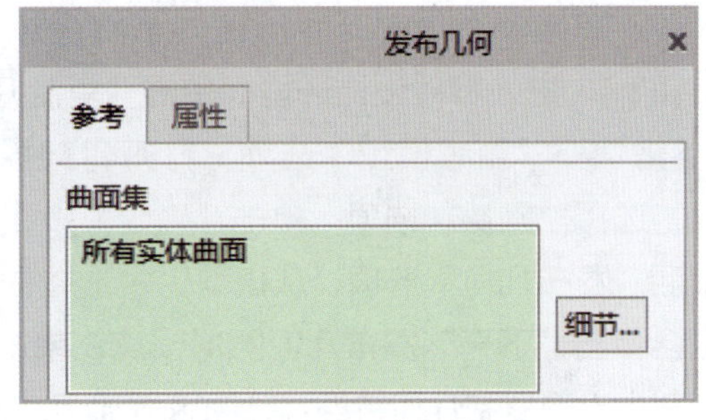

b）“发布几何”对话框

图 6-2-8 发布几何

2. 重新进入“发布几何”对话框，激活“曲面集”选项，选中转轴圆柱面及电饼铛底面；在“链”选项中，选中草绘的电饼铛轮廓线（草绘 2）；在“参考”选项卡中，选中“DTM1”“DTM2”“RIGHT”3 个基准平面以及旋转轴线（草绘 1）；在“属性”选项卡中，定义名称为“上壳”，单击“确定”按钮✔，完成发布几何。模型树中出现名称为“上壳”的发布几何特征。

3. 保存骨架模型文件后退出。

五、创建下壳元件

1. 重新进入装配文件，单击“创建”按钮，在弹出的“创建元件”对话框中选择“零件”和“实体”，名称取为“down”，单击“确定”按钮，如图 6-2-9a 所示。在新弹出的“创建选项”对话框中，单击“浏览”按钮，在 Creo 安装目录下的“templates”文件夹中找到“mmns_part_solid.prt”模板，单击“确定”按钮，进入“元件放置”操控面板，选择“默认”，单击“确定”按钮✔，退出“元件放置”操控面板，模型树中出现名为“down.prt”的元件特征。

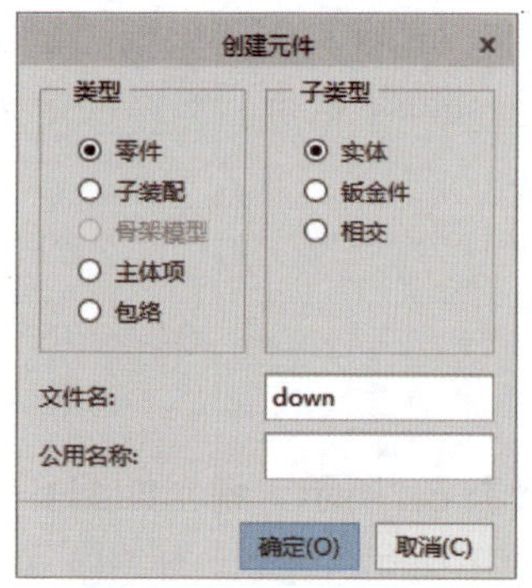

a）“创建元件”对话框

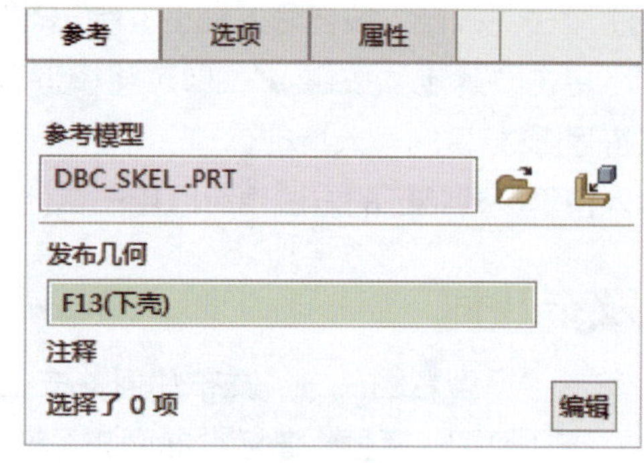

b）“参考”选项卡

图 6-2-9 创建下壳元件

2. 在模型树中的元件特征“down.prt”上单击，在弹出的浮动工具栏中单击“打开”按钮，进入零件设计环境。单击“复制几何”按钮，激活“复制几何”操控面板中的“参考”→“参考模型”选项，打开骨架模型“DBC_SKEL_.PRT”，弹出“放置”对话框，选择“默认”选项，单击“确定”按钮，退出“放置”对话框。在“参考”选项卡中，激活“发布几何”选项，从模型树中选择骨架模型中的“下壳”，如图 6-2-9b 所示，绘图区会弹出“下壳”发布几何图形预览，单击“确定”按钮✔，退出“复制几何”命令，模型树中出现复制几何特征，绘图区域显示从发布几何复制过来的下壳曲面。

3. 选中下壳曲面，单击“实体化”按钮，将下壳曲面实体化，完成下壳元件的创建。因完全复制于骨架模型曲面，故下壳外形与骨架模型相同。

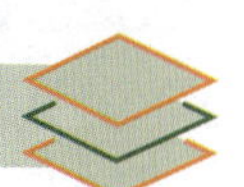

六、创建上壳元件

1. 重新激活装配文件，单击“创建”按钮，在弹出的“创建元件”对话框中选择“零件”和“实体”，名称取为“up”，单击“确定”按钮，在接下来的“创建选项”对话框与“元件放置”操控面板中完成与“下壳”创建同样的设置。

2. 在模型树中刚创建的“up.prt”元件特征上单击，在弹出的浮动工具栏中单击“打开”按钮，进入零件设计环境。单击“复制几何”按钮，在“复制几何”操控面板的“参考”选项卡中，设置“参考模型”为骨架模型“DBC_SKEL_.PRT”，“发布几何”为骨架模型中的“上壳”发布几何，单击“确定”按钮，退出“复制几何”命令。绘图区域显示上壳发布几何特征，如图 6-2-10 所示。

图 6-2-10　复制上壳几何特征

3. 在模型树中的“up.prt”特征上单击右键，选择“打开”选项，进入“up.prt”的零件设计环境。单击“拉伸”按钮，以复制几何中的 DTM1 为草绘平面，利用“投影”按钮将上壳复制几何特征中的底面轮廓投影至该草绘平面，拉伸上壳实体，如图 6-2-11 所示。

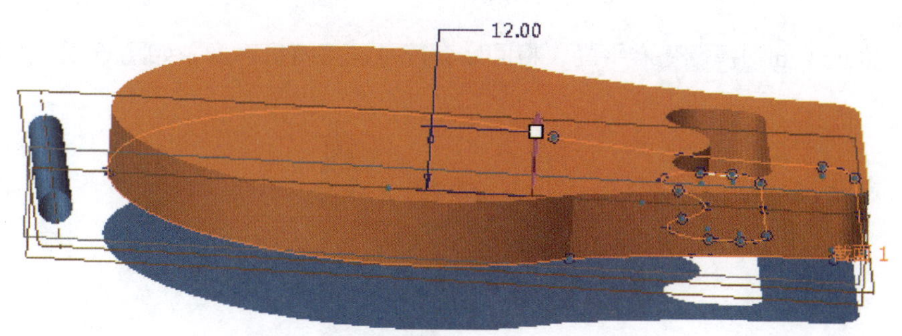

图 6-2-11　拉伸上壳实体

4. 对拉伸实体进行抽壳，厚度与下壳相同，如图 6-2-12 所示。

5. 以发布几何中的轴线为回转轴线，以回转面轮廓线为参考，绘制矩形回转截面，截面与回转面轮廓线之间留有 0.1 的间隙，厚度为 2，长度自拟，旋转生成回转套筒，如图 6-2-13 所示。

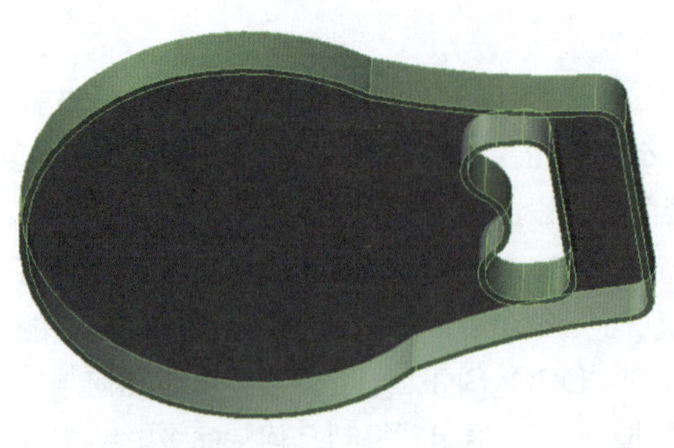

图 6-2-12　上壳抽壳

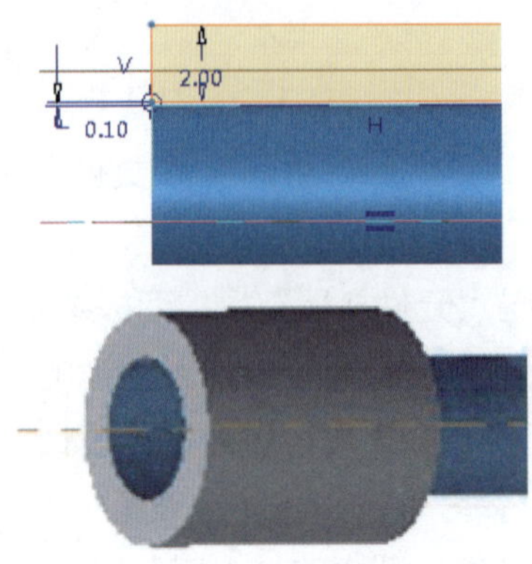

图 6-2-13　旋转生成套筒

6. 以 DTM2 为草绘平面，以回转套筒轮廓为参考，草绘连接部分截面轮廓，拉伸为封闭曲面特征，如图 6-2-14 所示。

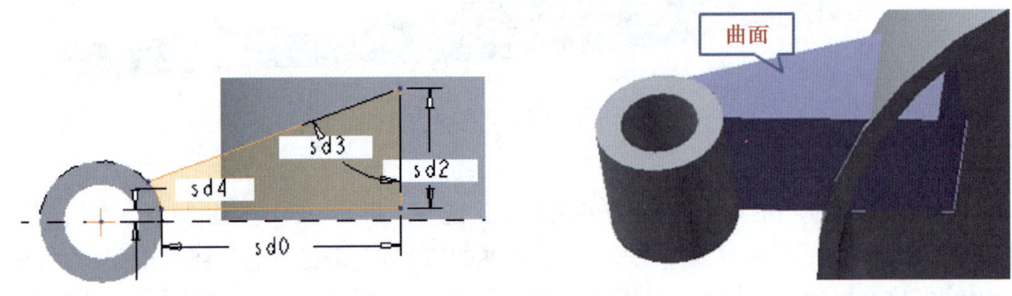

图 6-2-14　拉伸连接部分

7. 以 RIGHT 面为镜像基准平面，将回转套筒及连接特征镜像，如图 6-2-15 所示。

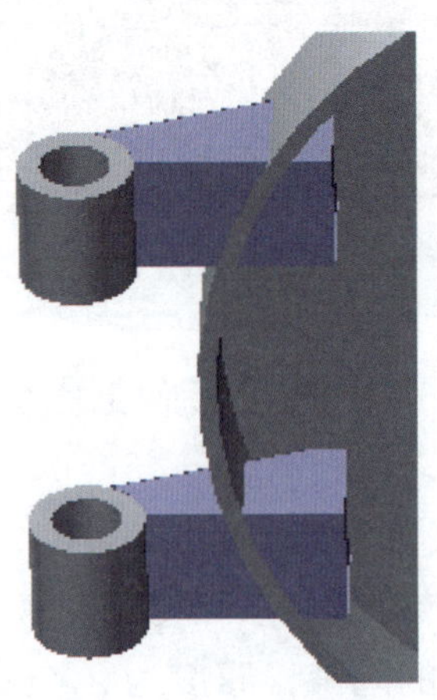

图 6-2-15　镜像特征

8. 复制与合并曲面。将上壳内曲面复制并粘贴，生成复制曲面，如图 6-2-16 所示。将复制曲面与拉伸连接特征合并，裁去多余部分，如图 6-2-17 所示。重复复制并粘贴上壳内曲面，并与镜像后的拉伸连接特征合并。

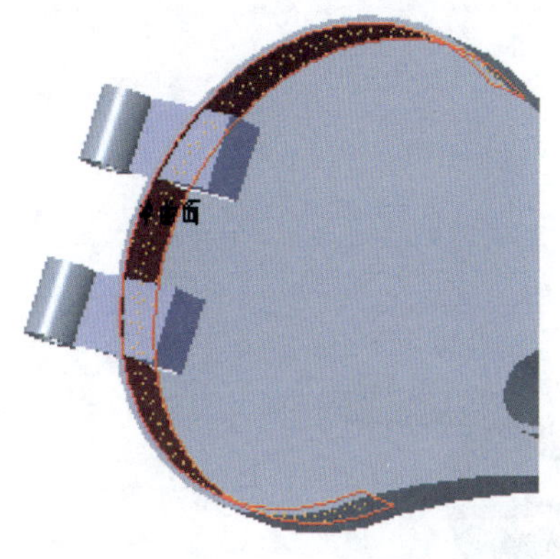

图 6-2-16　复制曲面

图 6-2-17　合并曲面

9. 分别将两个合并后的曲面实体化，如图 6-2-18 所示。至此，完成上壳创建，如图 6-2-19 所示。返回“dbc.asm”文件，可看到创建好的电饼铛模型，如图 6-2-1 所示。

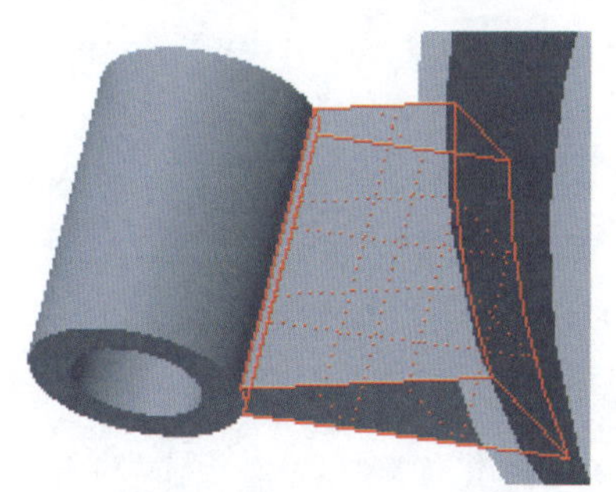

图 6-2-18　曲面实体化

图 6-2-19　上壳

小提示

因为元件都是在骨架模型的基础上创建的，因此修改骨架模型可以改变元件尺寸与形状，并且保证了底座（下壳）与顶盖（上壳）之间的结构关系，而底座与顶盖无父子关系，可以单独修改互不影响。

七、保存文件

设计无问题后保存文件退出，完成电饼铛模型的构建，并可将文件另存为其他 CAD 文件格式类型。

拓展练习

利用骨架模型建模方法，创建如图 6-2-20 所示阀门组件。

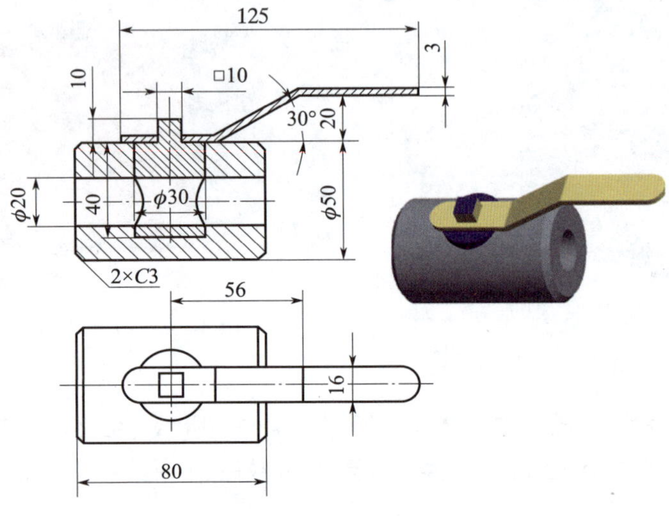

图 6-2-20　阀门组件

项目七

机构的运动分析

在 Creo 的机构模块中，可以对机构装置进行运动仿真及分析，包括机构的碰撞检查、位置分析、运动分析、动态分析等，为检验和进一步改进机构的设计提供参考数据。本项目主要介绍使用 Creo 进行机构运动仿真与分析的一般操作过程。通过本项目的学习，了解 Creo 机构模块的界面和使用方法，掌握使用 Creo 进行机构运动仿真与分析的一般流程。

任务 1　飞机起落架机构分析

学习目标

1. 了解 Creo 机构模块功能。
2. 掌握机构运动副的类型及约束条件。
3. 熟悉伺服电动机的定义及功能，能根据运动要求建立伺服电动机。
4. 能对机构进行仿真运动分析。

任务描述

图 7-1-1 所示为飞机起落架机构模型，本任务要求通过元件模型组装成机构，并通过仿真模拟机构运动，观察机构运动特性及运动中有无干涉。

图 7-1-1　飞机起落架机构模型

知识准备

一、Creo 机构分析功能与流程

在建立模型后，设计者往往需要通过虚拟的手段，在软件环境中模拟现实机构运动，以验证机构运动中有无干涉现象并进行动力分析，这对于提高设计效率、降低成本有很大的作用。Creo 的机构模块是专门用来进行机构运动及动态分析的模块。运动分析通常按照以下工作流程进行。

1. 创建模型：定义主体，生成连接；定义连接轴设置，生成特殊连接。
2. 检查模型：拖动组件，检验所定义的连接是否能产生预期的运动，加入运动分析图元，设定伺服电动机。
3. 准备分析：定义初始位置及其快照，创建测量。
4. 分析模型：定义运动分析，运行。
5. 结果获得：结果回放，干涉检查，查看测量结果等。

二、连接的概念及分类

机构装配后，运动元件之间必须通过一定的运动副连接，使元件之间能按照一定的规律做确定的相对运动。连接就是把元件与元件、元件与组件通过一定的运动副装配在一起，并限制二者的自由度，从而在二者之间建立一个确定的运动关系。

在 Creo 中新建装配文件后，单击“元件”→“组装”按钮，在弹出的“打开”对话框中选择要组装的元件后单击“打开”按钮即进入“元件放置”操控面板，在“设置约束类型”（默认显示“用户定义”）下拉列表中选择需要的连接类型，然后在“放置”选项卡中定义连接所需要的约束，即可定义机构的连接。通常一个连接需要多个约束完成。单击“转换”按钮，可以将已定义的普通约束转换为连接；反之，也可以将连接中的约束转换为普通约束。装配模块提供了 12 种连接类型，见表 7-1-1。

▼ 表 7-1-1　常用机构连接类型

连接类型	连接元件之间的相对运动	需要的约束	元件自由度
刚性	元件或子组件与组件成为一个主体，相互之间（包括子组件内部元件）不再有相互运动	若干个约束集组成的全约束	0
销	元件可以绕指定的轴旋转	一个轴对齐与平移约束	1
滑块	元件可沿轴平移	一个轴对齐约束和一个旋转约束	1

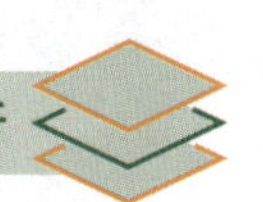

续表

连接类型	连接元件之间的相对运动	需要的约束	元件自由度
圆柱	元件可绕轴旋转同时可沿轴向平移	一个轴对齐约束	2
平面	元件可绕垂直于平面的轴旋转并在平行于平面的两个方向上平移	一个平面约束	3
球	元件可以绕着对齐点任意旋转	一个点对点对齐约束	3
焊缝	元件与组件成为一个主体，元件间不能做相对运动（子组件内部元件不受限制）	一个坐标系重合约束	0
轴承	元件可沿轴线平移并任意方向旋转	一个点对线对齐约束	4
常规	根据需求定义元件的运动	根据运动需要设置约束	不定
6DOF	对元件不做任何约束	无约束	6
万向	可沿坐标原点任意方向旋转但不能移动	坐标对齐约束	3
槽	元件上的点始终沿曲线移动	点与曲线重合约束	1

三、机构界面及各部分功能

在装配环境下定义机构的连接方式后，单击“应用程序”→“机构”按钮，如图 7-1-2 所示。系统进入机构模块环境，其主界面如图 7-1-3 所示。功能区增加了“机构”选项卡，该选项卡包含了机构分析所需的工具命令。模型树下方增加了“机构树”内容，与模型相关的模拟图元都显示在机构树中，每一个选项都与“机构”选项卡中的工具命令相对应，用户既可以直接单击“机构”选项卡中的工具命令创建图元，也可以通过机构树创建图元，并且可以通过机构树编辑或突出显示生成的图元。

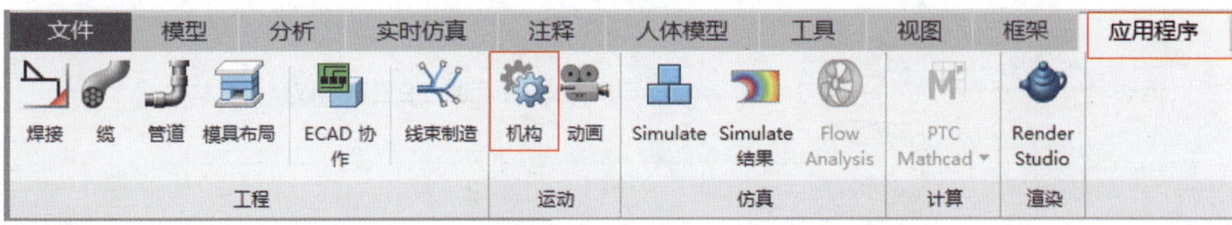

图 7-1-2　由装配环境进入机构模块环境途径

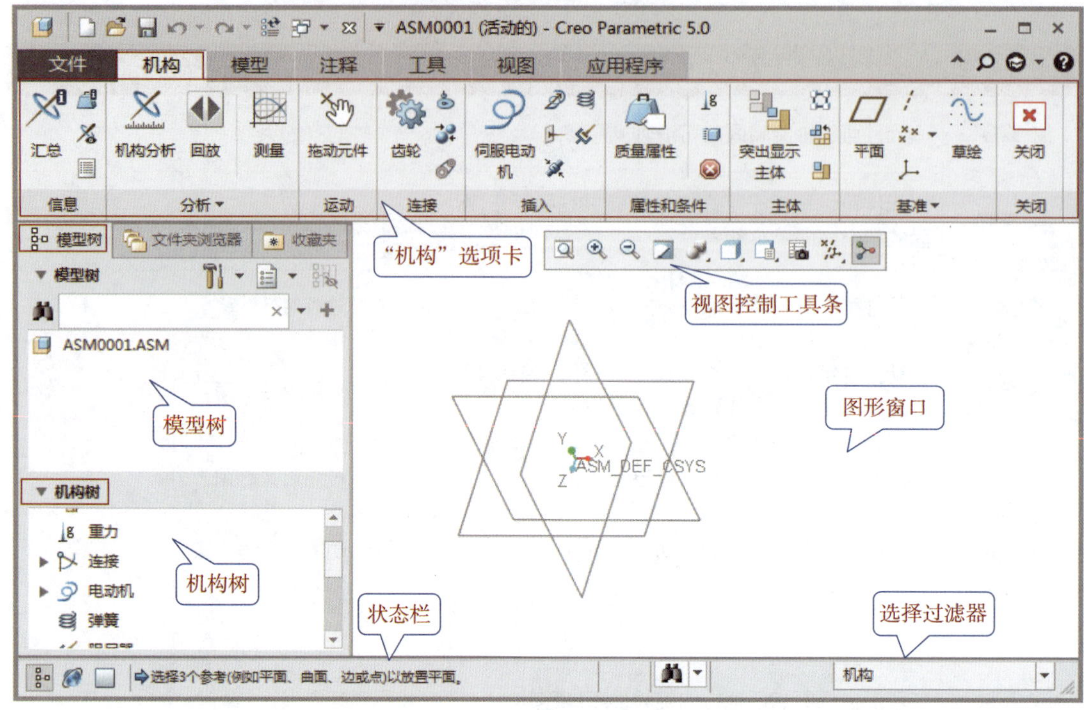

图 7-1-3　机构模块环境

“机构”选项卡中各工具组的主要功能见表 7-1-2。

▼ 表 7-1-2　“机构”选项卡中各工具组的主要功能

工具组名称	工具按钮	主要功能
信息	汇总	显示当前机构分析有关的信息
分析	机构分析　回放　测量	通过定义机构分析、动画回放、分析图形及数据的输出等进行机构分析
运动	拖动元件	手动拖动机构运动，拍摄快照以展示机构位置
连接	齿轮	建立齿轮、凸轮、球、带连接等机构连接

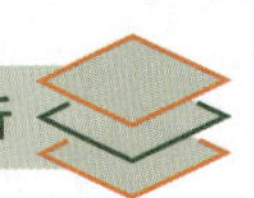

续表

工具组名称	工具按钮	主要功能
插入	伺服电动机	定义电动机及各种负载等动态图元
属性和条件	质量属性	定义元件密度、重力、运动初始状态及终了条件
主体	突出显示主体	显示机构各主体，并对主体之间的连接进行重新定义
基准	平面 草绘	基准及草绘的工具

四、拖动与快照功能

机构连接好以后，可以利用“拖动元件”命令使元件间产生相对运动，以观察元件之间是否有干涉。

单击“拖动元件”按钮，打开图 7-1-4 所示“拖动”对话框，图中符号代表拖动点。选取主体上某一点，该点会突出显示，并随光标在连接类型约束的方向上移动。符号为拖动主体，选中的主体突出显示，并随光标按照元件间的连接关系确定的方向运动。

小提示

不能用“拖动元件”命令拖动基础主体或其上面的点运动。

将元件移至所需位置后，使用“拖动”对话框中的“快照”选项卡，如图 7-1-4a 所示，可保存组件当前的快照，也可显示已保存快照的列表。

使用“拖动”对话框中的“约束”选项卡，可以建立或移除机构连接中的约束，如图 7-1-4b 所示，应用约束后，它的名称会添加到约束列表中。通过选中或清除约束旁复选框的对号☑，可打开和关闭该约束功能。

小提示

在装配放置元件时也可使用“拖动元件”命令在运动的允许范围内拖动未被完全约束的元件或拍取快照。

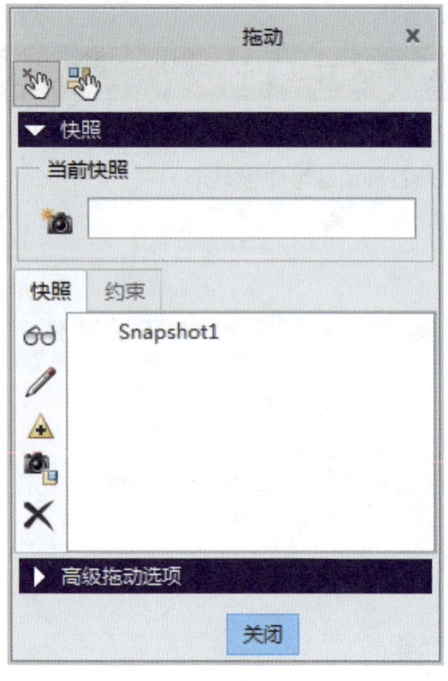

a）快照选用

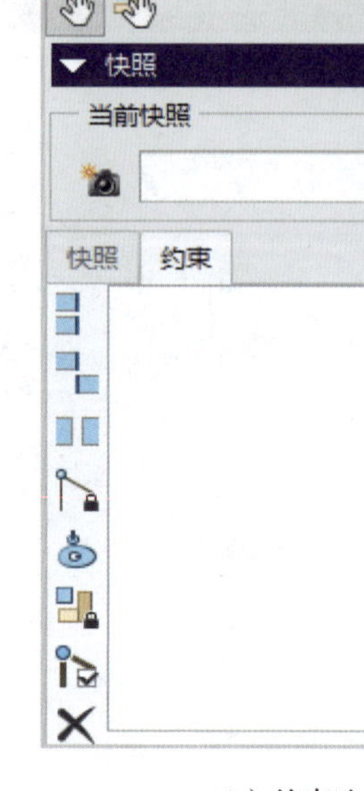

b）约束选用

图 7-1-4 “拖动”对话框

五、伺服电动机

伺服电动机用来在分析时控制机构的位移、运动速度或者加速度。

在功能区单击“伺服电动机”按钮，或者在机构树中的“电动机”→“伺服”选项上单击，再单击弹出的“新建”按钮，即可打开如图 7-1-5 所示的“电动机”操控面板，在该面板中可以定义伺服电动机。

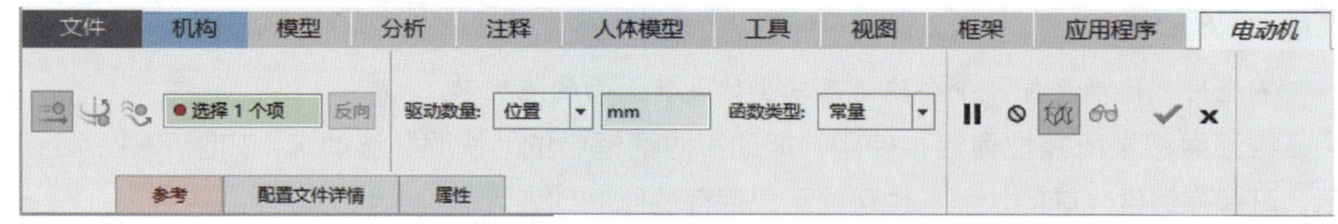

图 7-1-5 “电动机”操控面板

定义伺服电动机需要选择一个连接作为从动图元。操控面板左侧按钮为伺服电动机的运动类型，包括“平移运动”、“旋转运动”与“曲线运动”3 种类型。应用哪种运动类型取决于选择的从动图元类型，当选择机构的一个具有平移自由度的运动连接（如滑块连接）时，为“平移运动”类型，运动元件沿主体的某一指定方向运动；选择具有回转自由度的运动连接（如销连接）时，运动类型为“旋转运动”，使运动元件沿固定轴旋转；选择槽

连接时，运动类型为“曲线运动”。电动机运动方向可以通过“反向”按钮调整。从动图元的选择及运动类型也可以通过激活“参考”选项卡进行设置，如图 7-1-6a 所示。

面板中的“驱动数量”选项用来设置运动参数类型，单击下拉箭头可看到位置、速度、加速度与力 4 种类型。

“函数类型”选项用于定义电动机运动时变量间的函数关系，包含常量、斜坡、余弦等多个给定函数，用户也可以自定义函数。

驱动数量及函数类型的定义也可以通过激活“配置文件详情”选项卡进行设置，如图 7-1-6b 所示。选项卡中的“系数”数据框，可设置参数的初始值。单击选项卡中的图形，可弹出“图形工具”窗口，用来显示运动中变量的函数图形。

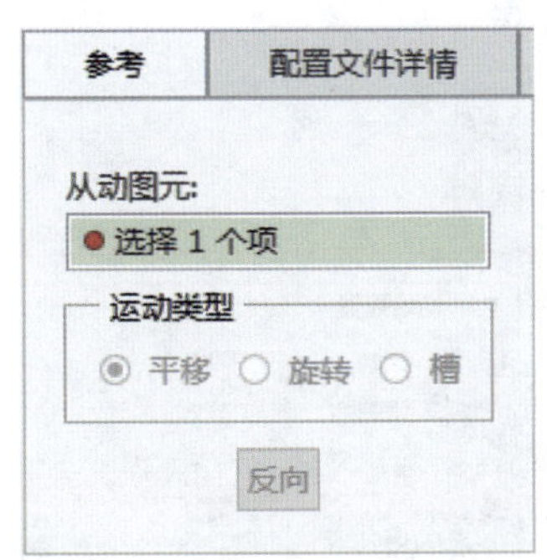

a）“参考”选项卡

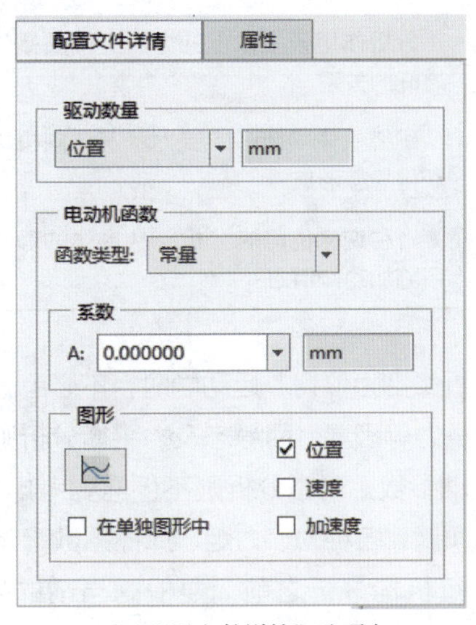

b）“配置文件详情”选项卡

图 7-1-6　定义伺服电动机

六、定义机构分析

当机构模型创建完成并定义伺服电动机后，便可以对机构进行分析。

单击“机构”→“分析”→“机构分析”按钮（或在机构树中单击“分析”按钮，再单击弹出的“新建”按钮），系统弹出图 7-1-7 所示的“分析定义”对话框。

定义机构分析时，可以根据机构的实际运行状况，添加电动机、力 / 扭矩、重力和摩擦等分析条件。

如果只是单纯地模拟机构运行状况、分析机构运动时的干涉，一般的位置分析即可达到目的。但是当需要分析机构中的速度、加速度、静负荷以及其他力学对象时，就需要进行运动学分析、动态分析、静态分析和力平衡分析。表 7-1-3 所列为各种分析类型的应用。对于一个机构，可以建立多组分析，每组分析可以使用不同的伺服电动机和分析环境，分析结果也能单独保存。如果不同的分析涉及不同的机构主体，可以将当前分析中无用的主体锁定，不需要建立单独的机构模型。

▼ 表 7-1-3　机构分析类型及应用

分析类型	应用
位置	分析模拟机构运动，记录机构中各元件的位置数据
运动学	评估机构在伺服电动机驱动下的运动，分析运动中位置、速度以及加速度的变化
动态	分析作用于主体上的力、主体质量与主体运动之间的关系
静态	研究主体平衡时的受力状况，向机构施加力来获得静态形态
力平衡	一种逆向的静态分析，从具体的静态形态获得所施加的作用力

当分析类型为位置、运动学时，不必考虑元件的质量、力及重力等因素，而静态及力平衡分析则无须考虑速度等运动参数。动态分析则不仅需要考虑运动参数，还要考虑质量、各种力、力矩、摩擦系数等参数。

在进行机构分析之前，要根据当前的研究对象，选取正确的分析类型，否则可能达不到分析的目的。例如，要分析某元件的速度和加速度，应选择“运动学”类型，如果选择“位置”类型将无法显示分析结果。

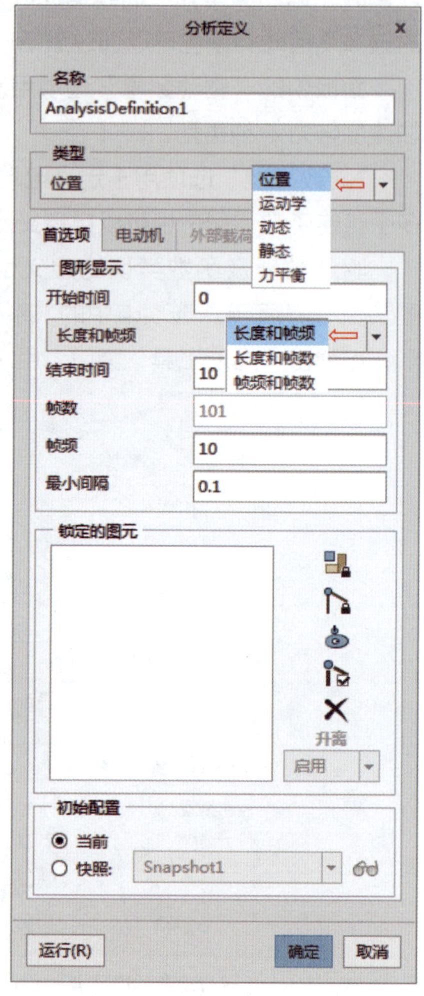

图 7-1-7　“分析定义”对话框

任务实施

一、新建装配文件

1. 打开 Creo，设置工作目录，并将素材“7-1/qiluojia”文件夹放置到工作目录文件夹中，以便调入零件。

2. 新建装配文件，输入文件名“qlj”，在“新文件选项”对话框中选择“mmns_asm_design”模板，建立装配文件，进入装配环境。

二、模型装配

1. 装配机架

单击“组装”按钮，系统显示“打开”对话框，从“liangan”文件夹中选择“jj.prt”，单击“打开”按钮，调入“jj.prt”文件，系统显示“元件放置”操控面板。在“设置关系类型”下拉列表中单击“默认”按钮，以系统默认的方式进行装配，如图 7-1-8 所示。

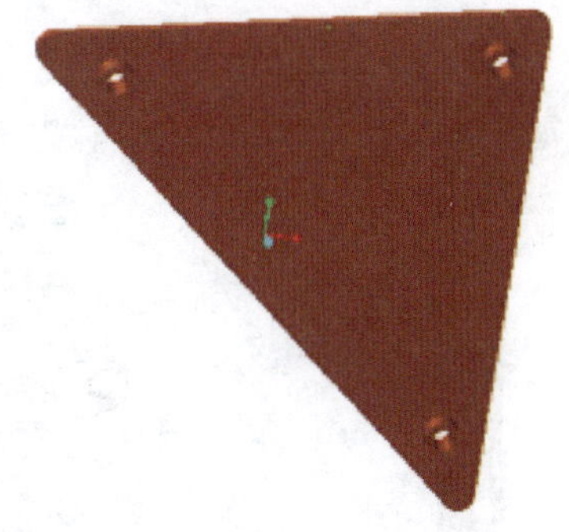
图 7-1-8　装配机架

2. 装配曲柄

单击“组装”按钮，调入曲柄元件，在“元件放置”操控面板的“设置约束类型”下拉列表中选择“销”连接。单击“放置”选项卡，定义销连接需要的“轴”及“平移”两个约束。选取曲柄及机架上孔轴线或者孔的圆柱面建立轴约束，选取曲柄底面及机架上表面建立平移约束，完成销连接定义，如图 7-1-9 所示。

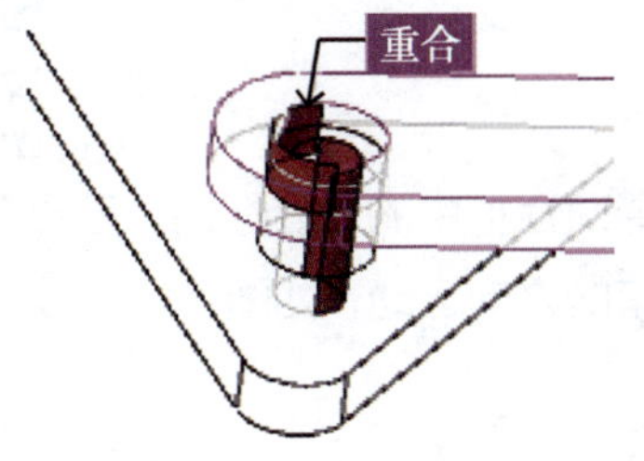

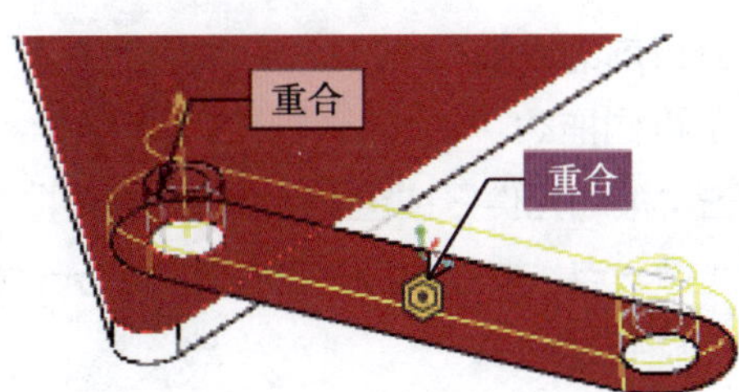

图 7-1-9　装配曲柄

3. 装配连杆

按照曲柄装配步骤装配连杆，连接方式仍然选择“销”连接，装配后如图 7-1-10 所示。

4. 装配脚架

与前述曲柄与连杆只需要一个连接定义不同，脚架需要与连杆及机架分别建立连接。单击“组装”按钮，调入脚架元件，在“元件放置”操控面板的“设置约束类型”下拉列表中，选择“销”连接，定义脚架与机架的销连接，如图 7-1-11a 所示。在“放置”选项卡中选择“新建集”，选项卡内出现新的销连接“Connection_2（销）”，建立脚架与连杆的销连接，如图 7-1-11b 所示，单击“确定”按钮，完成脚架装配。

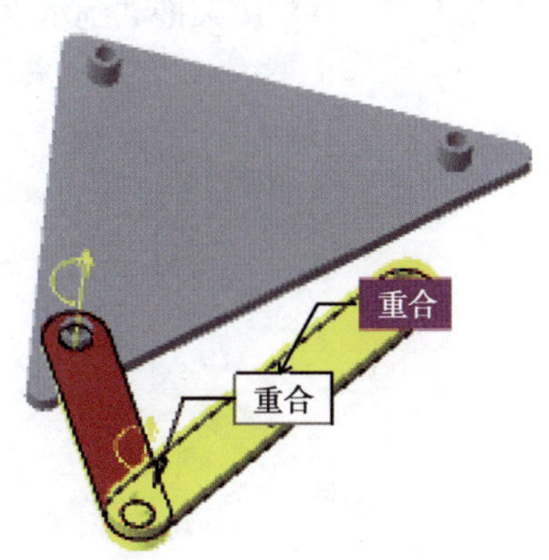

图 7-1-10　装配连杆

5. 装配滚轮

滚轮与脚架的连接仍然属于销连接，在建立“平移”约束时，选择滚轮与脚架的对称基准平面，以使滚轮与脚架位置对称。滚轮装配完毕后的起落架如图 7-1-12 所示。

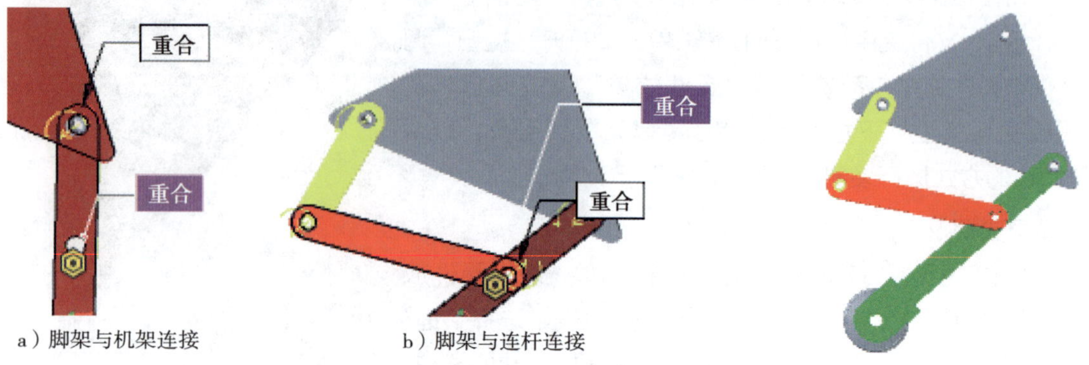

图 7-1-11　装配脚架　　　图 7-1-12　装配滚轮

三、机构分析

1. 运动分析前的准备

（1）机构拖动

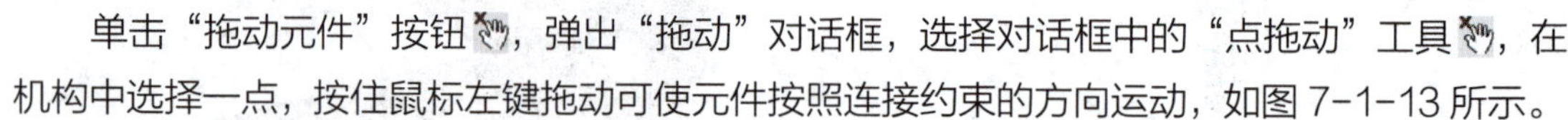

单击“拖动元件”按钮，弹出“拖动”对话框，选择对话框中的“点拖动”工具，在机构中选择一点，按住鼠标左键拖动可使元件按照连接约束的方向运动，如图 7-1-13 所示。

（2）旋转轴设置

此处利用旋转轴设定脚架运动范围。在装配模型树中，选中“JIAOJIA.PRT”，单击浮动工具栏中的“编辑定义”按钮，进入“元件放置”操控面板，在“放置”选项卡的脚架与机架的销钉连接中，单击“旋转轴”约束，选择图 7-1-14 所示基准平面作为旋转轴参考基准面，并将脚架拖动到水平状态。

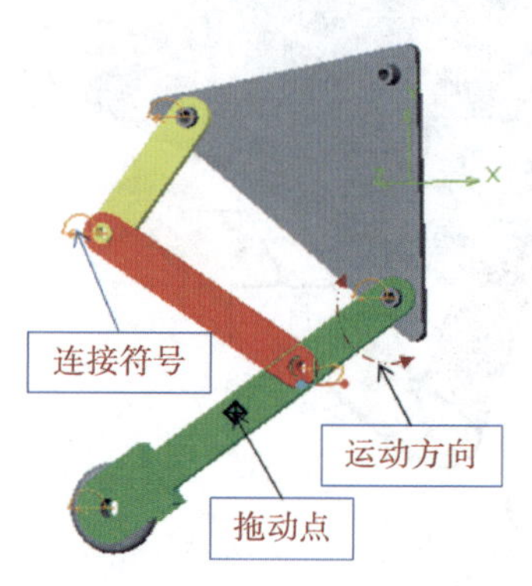

图 7-1-13　拖动分析

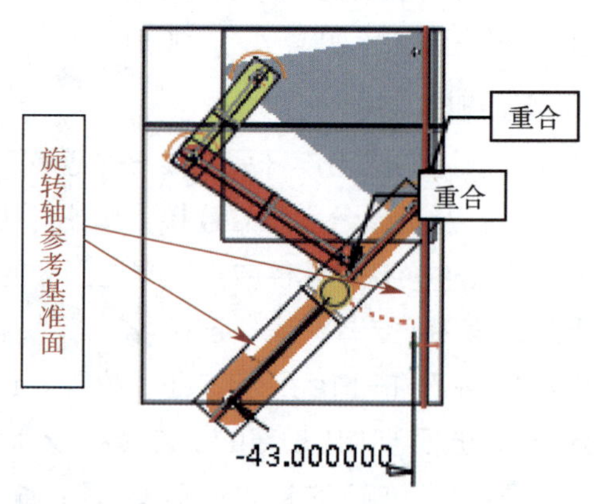

图 7-1-14　旋转轴约束

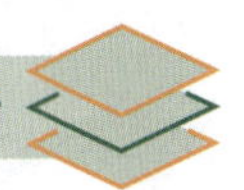

单击选项卡中的“设置零位置”，将当前位置改为零，再将旋转轴的运动范围设置为 0～90°，见表 7-1-4。设置好后，退出编辑定义。重新拖动元件，脚架只能在 0～90° 的范围内运动。

▼ 表 7-1-4　旋转轴运动范围设定

步骤	图示	
当前位置显示	-180.00 >> 0.00 设置零位置	起始位置 终止位置
将当前位置设置为零	当前位置 重新生成值 0.00 >> 0.00 设置零位置	
设置旋转轴运动范围	最小限制 0.00 最大限制 90.00	

（3）设置快照

单击“拖动元件”按钮，将脚架拖动到起始位置，在“拖动”对话框中单击“快照”按钮，建立名称为“Snapshot1”的快照，如图 7-1-15 所示。

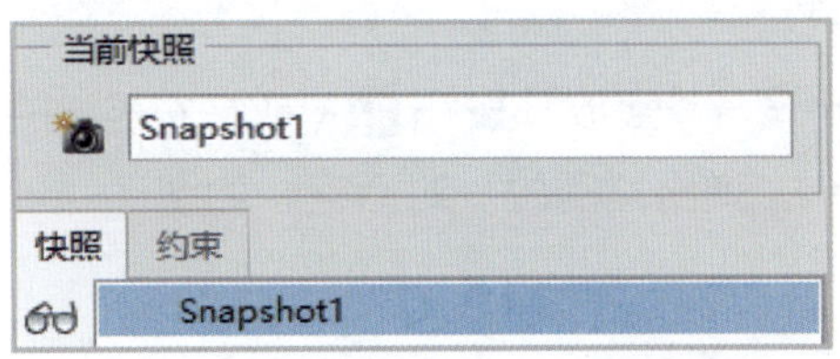

图 7-1-15　设置快照

（4）创建伺服电动机

单击“应用程序”→“机构”按钮，进入机构模块环境。单击“插入”→“伺服电动机”按钮，弹出“电动机”操控面板，单击并展开如图 7-1-16a 所示选项卡。选择曲柄与机架的销连接作为电动机运动轴，系统自动将类型设为“旋转”，单击选项卡中的“反向”按钮，可改变电动机运动方向。

单击并展开如图 7-1-16b 所示“配置文件详情”选项卡，在“驱动数量”下拉列表中选择“角速度”选项，勾选“使用当前位置作为初始值”，“函数类型”设置为“常量”，系数（即角速度）设为 30。设置完毕单击操控面板的“确定”按钮✔，完成电动机定义。在机构树中单击“电动机”→“伺服”，下方出现名为“电动机 1”的伺服电动机，在模型的曲柄连接处显示电动机符号。

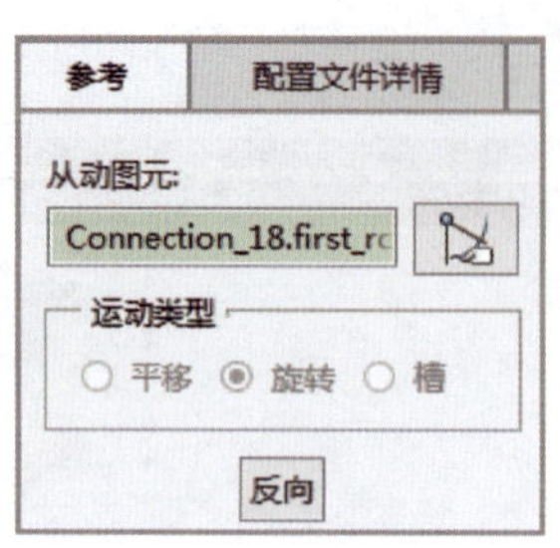

a）“参考”选项卡

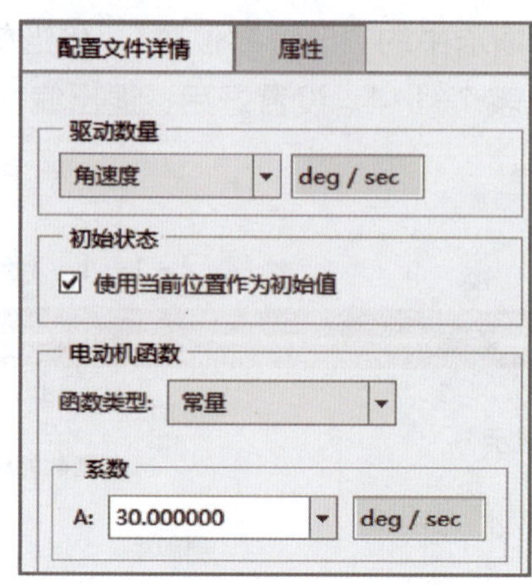

b）“配置文件详情”选项卡

图 7-1-16　定义伺服电动机

2. 机构的运动分析

（1）运动分析的建立与运行

单击“机构分析”按钮，在弹出的“分析定义”对话框中将名称定义为“fenxi1”，类型设为“位置”，时间设为 10，帧数设为 100，如图 7-1-17 所示。

单击对话框中的“电动机”选项卡，然后单击“添加新行”按钮，将已定义好的“电动机 1”添加进来。单击对话框下方的“运行”按钮，可观察起落架的仿真运动。

（2）动画回放与保存

单击“机构”→“分析”→“回放”按钮（或在机构树中单击“回放”按钮，再单击弹出的“播放”按钮），弹出“回放”对话框，如图 7-1-18 所示。

图 7-1-17　“分析定义”对话框

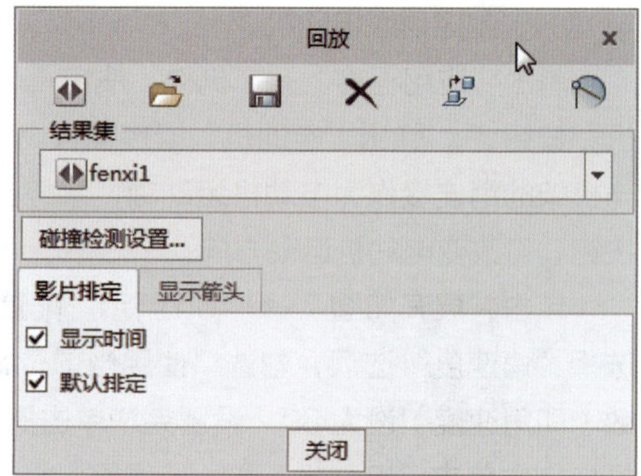

图 7-1-18　“回放”对话框

单击“碰撞检测设置”按钮，设置为“全局碰撞检测”，以检测运动中是否有干涉碰撞，单击“确定”按钮返回。

在“回放”对话框中单击“回放”按钮，下方状态栏中显示系统对机构进行干涉检测，等待检测完毕后进入“动画”播放面板，如图 7-1-19 所示，可设置播放模式，对起落架进行动画播放。

单击“动画”播放面板中的“捕获”按钮，进入“捕获”对话框，如图 7-1-20 所示。定义文件名称，单击“浏览”按钮，在弹出的对话框中确定文件存放位置。设置文件格式、图像大小、播放质量及播放速度后，单击“确定”按钮，可以进行动画演示并捕捉播放过程，作为多媒体文件保存到合适位置，可用多媒体播放器软件播放。

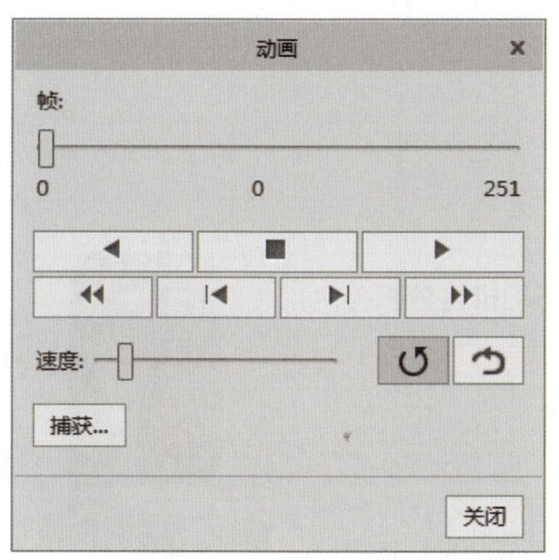

图 7-1-19 “动画”播放面板

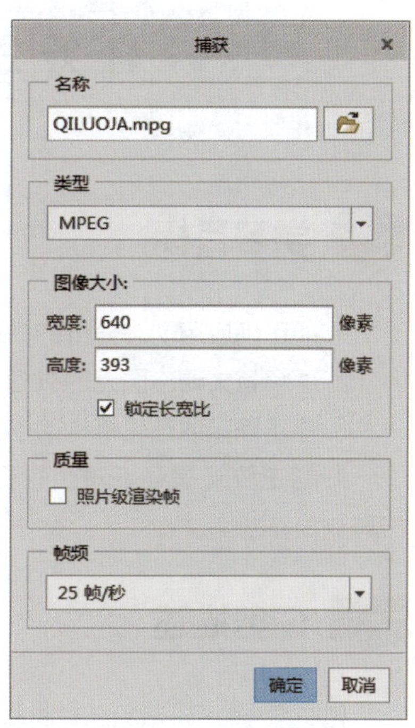

图 7-1-20 “捕捉”对话框

关闭“动画”播放面板，在“回放”对话框中单击“保存”按钮，可将当前动画结果保存，扩展名为“pba”。单击“打开”按钮，可选择并播放一个已经保存的结果。

关闭“回放”对话框后，单击功能区中的“关闭”按钮，完成起落架的机构分析，并保存文件到工作目录。

拓展练习

建立图 7-1-21 所示连杆机构，对连杆做拖动练习，并进行运动仿真。

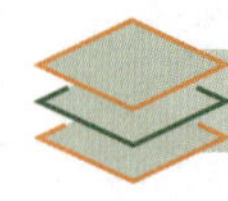

图 7-1-21　连杆机构

任务 2　凸轮机构动力分析

学习目标

1. 能正确应用动态分析的命令。
2. 理解有关动态图元的概念及定义方法。
3. 能正确描述凸轮机构的连接特点及定义方法。
4. 能在教师指导下对凸轮机构进行负载状态下的机构分析与仿真。

任务描述

如图 7-2-1 所示为凸轮机构模型，本任务要求完成凸轮机构组装，并对凸轮机构在载荷状态下的动力特性进行分析。通过本任务的学习，学会分析机构在外部载荷及内部阻尼条件下的运动特性。

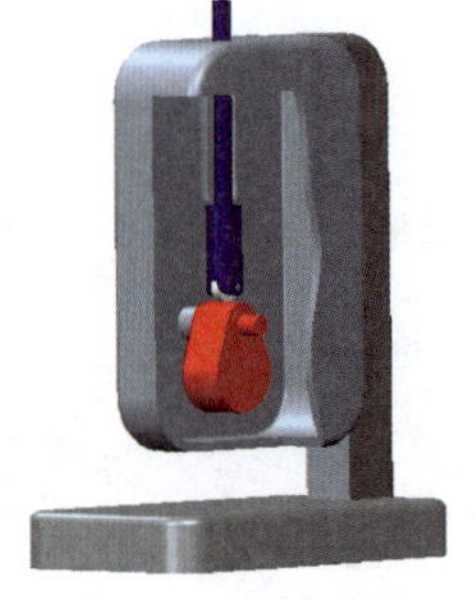

图 7-2-1　凸轮机构模型

知识准备

一、动态分析

动态分析用来分析验证机构运动时，作用在元件上的力、元件质量与元件运动之间的关系。

单击“机构”→“机构分析”按钮，弹出“分析定义”对话框，如图 7-2-2 所示。

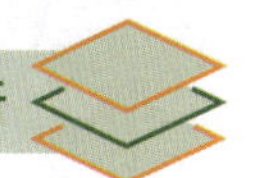

在对话框中对分析命名，设置类型为“动态”，即可进入动态分析。

进行动态分析时应注意以下几点。

1. 在“首选项”选项卡下方的“初始配置”中，可以选择预先定义好的初始条件及终止条件，如图 7-2-3 所示。

2. 在“电动机”选项卡中，可添加伺服电动机或执行电动机。

3. 激活“外部载荷”选项卡，可添加执行电动机、力或力矩。

4. 在“外部载荷”选项卡下方，可勾选“启用重力”及“启用所有摩擦”，以考虑重力和摩擦力对运动的影响。

图 7-2-2　动态分析

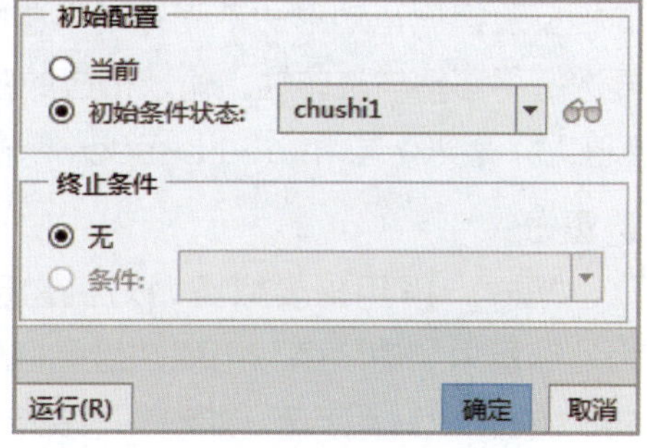

图 7-2-3　初始条件

二、动态图元

动态图元包括伺服电动机、重力、执行电动机、弹簧、阻尼器、力 / 扭矩、衬套载荷和质量属性等，见表 7-2-1。其主要用于动态分析时给机构赋予运动的动力或负荷。动态图元显示在“机构”选项卡中的“插入”工具组与“属性和条件”工具组以及机构树中。

▼ 表 7-2-1　动态图元的图形符号

伺服电动机	重力	执行电动机	弹簧	阻尼器	力 / 扭矩	衬套载荷	质量属性

1. 执行电动机、力 / 扭矩

工具组中的“执行电动机”在机构树“电动机”展开项下又称为“力”，它可向机构施加特定的负载，即通过对平移或旋转运动轴施加力或力矩而驱动机构运动。

“力 / 扭矩”用来模拟外部力与力矩对机构运动的影响。通常表示机构与另一主体的动态交互作用，并且是在机构的零件与机构外部图元接触时产生的。力总表现为推力或拉力，它可导致对象更改其平移运动。例如，手指推盒子的力将使盒子根据推力的方向移动。扭矩由能改变机构旋转状态或使零件扭曲的力产生，如在盒子顶部施加的使其进行旋转的力即可产生扭矩。

力和扭矩被视为电动机特征，它们与电动机的定义方式相同。单击“执行电动机”按钮或“力 / 扭矩”按钮都可以进入“电动机”操控面板进行设置。当选择的“从动图元”为运动轴时生成“执行电动机”，选择的“从动图元”为主体几何时生成“力与力矩”。当选择参考变化时，三者之间可以相互转换。

2. 阻尼器

“阻尼器”是一种负荷类型工具，用来模拟真实机构运动中受到的阻尼力。阻尼器产生的力会消耗运动机构的能量并阻碍其运动。例如，可使用阻尼器代表将液体推入柱腔时使活塞运动减速的黏性力。阻尼力始终和应用该阻尼器的图元的速度成比例，且与运动方向相反。根据运动形式不同有“平移阻尼器”与“旋转阻尼器”，在选择参照时分别需要选择平移轴与旋转轴，输入相应的阻尼系数 *C*，对应的常用单位分别为 N · sec/mm（牛顿 · 秒 / 毫米）与 mm · N · sec/deg（毫米 · 牛顿 · 秒 / 度）。

3. 重力

“重力”用来模拟重力对机构运动的影响。其值一般为地球重力加速度值，出现在绘图区的紫色箭头表示重力方向，如图 7-2-4 所示。如箭头与实际重力方向不一致，则在对话框的“方向”栏中更改 *X*、*Y*、*Z* 值，改变其方向，如图 7-2-4 所示，*X*、*Y*、*Z* 方向分别赋值为 0、0、1，则重力沿 *Z* 轴正方向。

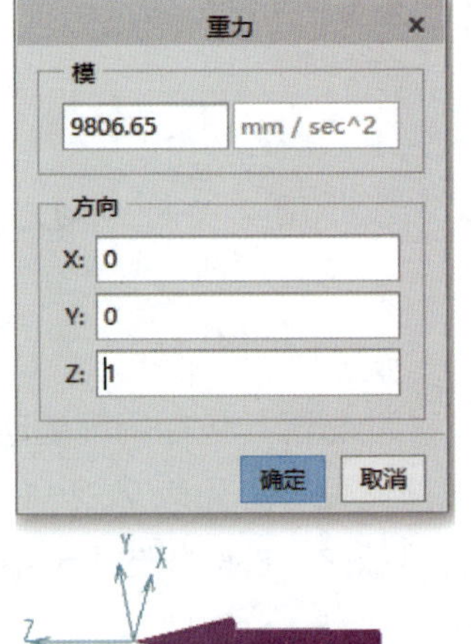

图 7-2-4　重力及其方向

三、凸轮连接

1. 高级连接类型

在机构模式下，Creo 定义了齿轮连接、凸轮连接、3D 连接、带连接 4 种常用机构的连接方式，便于在机构分析时，采用这几种连接定义机构及其运动，本任务只介绍凸轮连接，其他几种连接可以参考凸轮连接。

2. 凸轮连接的建立

单击“机构”→“连接”→“凸轮”按钮（或在机构树中单击“连接”→“凸轮”，再单击弹出的“新建”按钮），则会弹出“凸轮从动机构连接定义”对话框，如图 7-2-5a 所示。单击“凸轮 1”，再单击选择箭头，会弹出“选择”对话框，从模型中选择凸轮曲

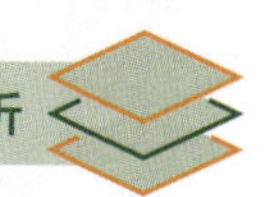

面或曲线，单击“确定”按钮，可定义凸轮 1。用与定义凸轮 1 相同的方法可定义凸轮 2，要注意凸轮曲面方向，如果方向不合适，单击“反向”按钮进行调整。

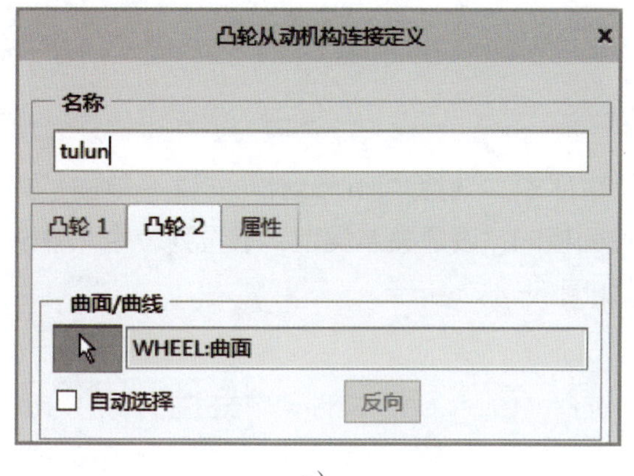

a）

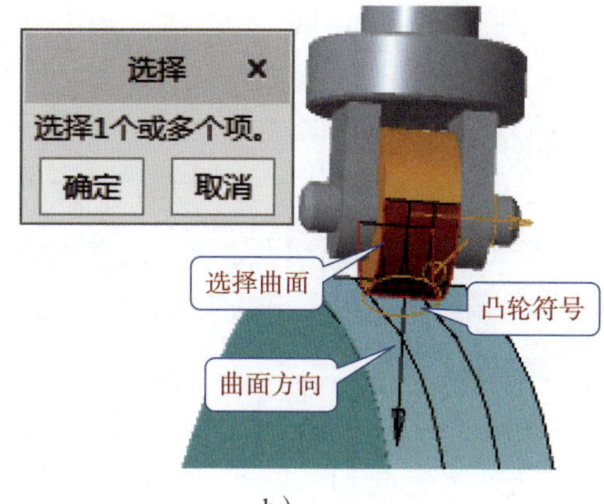

b）

图 7-2-5　定义凸轮

3. 凸轮属性

图 7-2-6 所示“属性”选项卡中的“启用升离”用来模拟凸轮间的弹性碰撞属性，恢复系数 e 可在 0～1 之间变化，其大小取决于材料属性、主体几何以及碰撞速度等因素，e 值越大，则碰撞中能量损失越小。取消勾选“启用升离”，则从动件与凸轮始终不分离。μ_s 与 μ_k 分别为凸轮间的静摩擦系数与动摩擦系数。

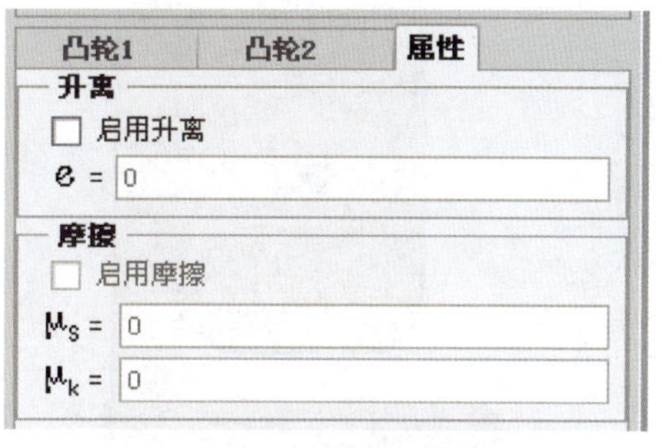

图 7-2-6　凸轮属性定义

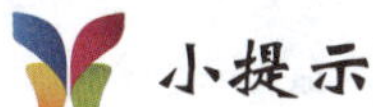

小提示

（1）凸轮连接中，曲面或曲线必须光滑、曲率连续。

（2）每个凸轮只能有一个从动件，如果要建立一个具有多个从动件的凸轮，建模时必须为每个凸轮副定义新的机构连接。

（3）可以在拖曳操作中使用凸轮连接。

任务实施

一、新建装配文件

1. 打开 Creo，设置工作目录，并将素材“7-2/tulun”文件夹放置到工作目录下，以便调入零件。

2. 新建装配文件，输入文件名“tulun”，在“新文件选项”对话框中选择“mmns_asm_design”模板，进入装配环境。

二、模型装配

1. 装配凸轮机座

单击“组装”按钮，系统显示“打开”对话框，选择“jizuo.prt”文件，单击“打开”按钮，调入凸轮机座。在“元件放置”操控面板的“设置关系类型”下拉列表中，单击“默认”按钮，以系统默认的方式进行装配，如图 7-2-7 所示。

2. 装配凸轮

单击“组装”按钮，在“打开”对话框中选择“tulun.prt”文件，单击“打开”按钮，调入凸轮。在“元件放置”操控面板的“设置约束类型”下拉列表中选择“销”连接，单击并展开“放置”选项卡，选取凸轮孔与机座上凸轮装配圆柱销轴线或者圆柱面建立轴约束；选取凸轮底面及圆柱销台阶面建立平移约束，完成销连接定义，如图 7-2-8 所示。

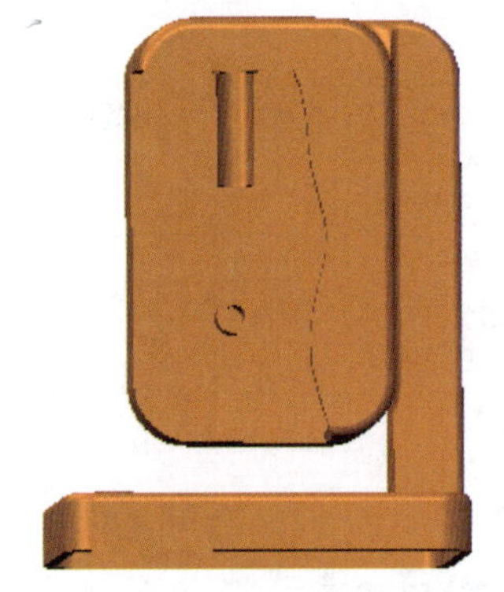

图 7-2-7　装配凸轮机座

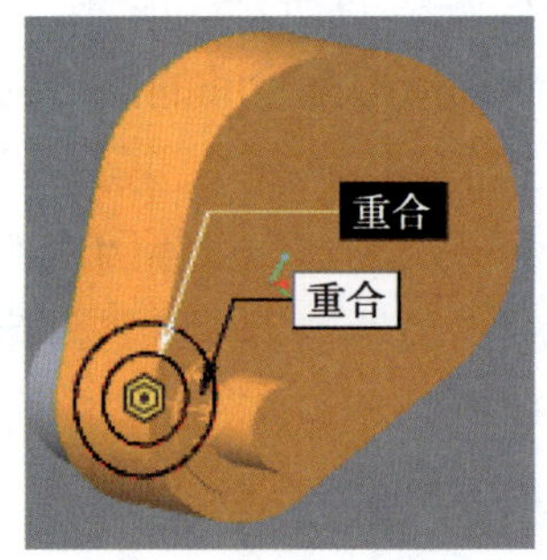

图 7-2-8　装配凸轮

3. 装配从动杆

凸轮工作时，从动杆沿着凸轮机座的滑孔做直线往复运动，故其与机座之间属于滑块连接。单击“组装”按钮，在“打开”对话框中选择“congdonggan.prt”文件，单击“打开”按钮，调入从动杆。在“元件放置”操控面板的“设置约束类型”下拉列表中选择“滑块”连接，激活“放置”选项卡，为滑块连接定义“轴对齐”及“旋转”两个约束。选择滑孔与滑杆的轴线或者对应的圆柱面，可建立轴对齐约束。选择从动杆上通过滑杆轴线及销孔轴线的基准平面、机座上通过滑孔轴线且与前端面平行的基准平面，作为旋转约束参考，如图 7-2-9a 所示，完成从动杆的滑块连接。单击下方“平移轴”，在右侧的对话框中

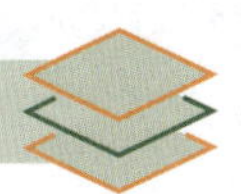

单击“动态特性”，在弹出的对话框中启用并设置从动杆运动的摩擦系数，μ_s、μ_k 分别为滑杆的静摩擦系数与动摩擦系数，如图 7-2-9b 所示。

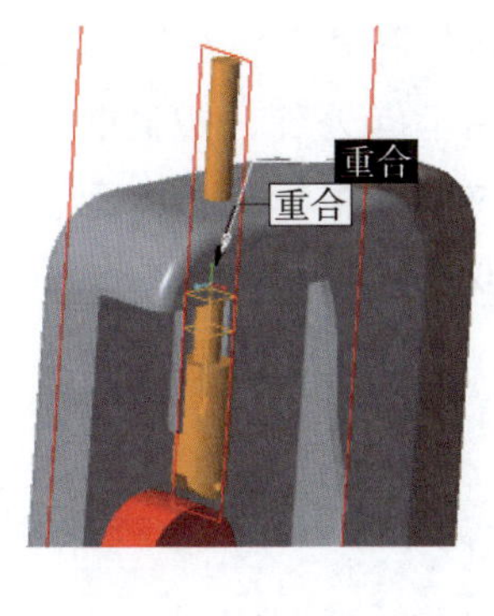

a）

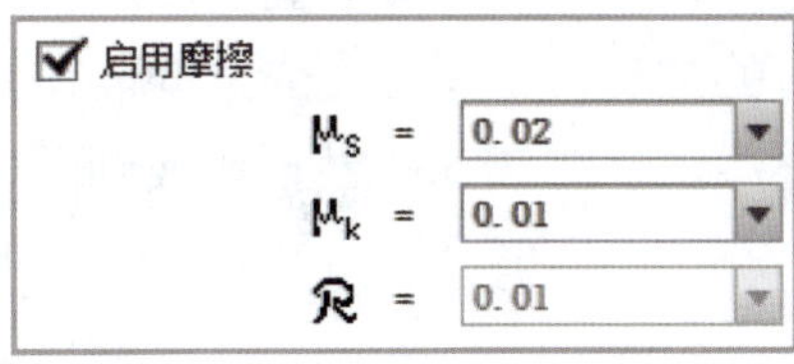

b）

图 7-2-9　装配从动杆

4. 装配滚轮

滚轮与从动杆的连接仍然属于销连接，选择滚轮孔及从动杆销孔的轴线或圆柱面作为参考，建立轴约束；选择滚轮及从动杆滚轮槽的对称基准平面，作为平移约束的参考基准平面，以使滚轮与从动杆滚轮槽位置对称，如图 7-2-10 所示。

5. 装配销钉

销钉对从动杆没有相对运动，可采用“刚性”连接。在“放置”选项卡中，设置两个重合约束，一个是销钉轴线与销孔轴线重合，一个是从动杆圆柱面与销钉端面重合，如图 7-2-11 所示，最后完成销钉的装配。

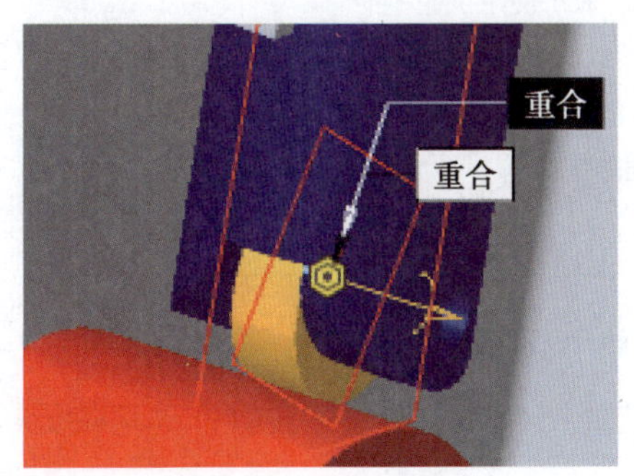

图 7-2-10　装配滚轮

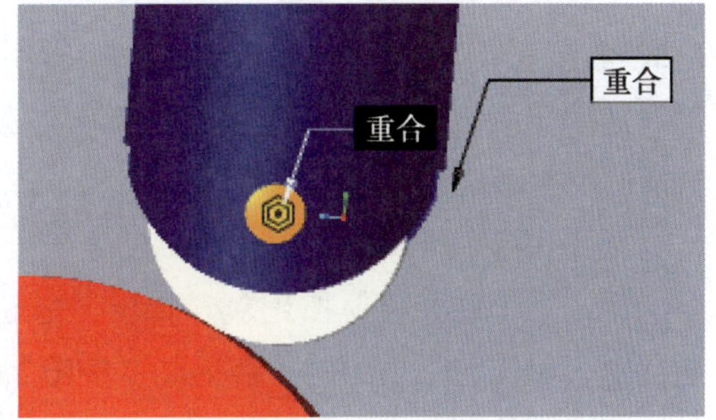

图 7-2-11　装配销钉

三、运动分析

单击“应用程序”→“机构”按钮，进入机构模块环境。

1. 机构特性定义

（1）定义凸轮

单击“凸轮”按钮，弹出“凸轮从动机构连接定义”对话框，如图 7-2-12 所示。将凸轮名称定义为“tulun”，依次单击“凸轮 1”和“选择”符号，在模型中选择凸轮的曲面作为凸轮 1 的连接曲面。注意曲面的箭头方向是否指向外部，如果指向错误，可单击下方的“反向”按钮改变方向。在弹出的“选择”对话框中单击“确定”按钮或中键完成选择。单击“凸轮 2”，切换到凸轮 2 的定义，选取滚轮圆柱面作为凸轮 2 的连接曲面。

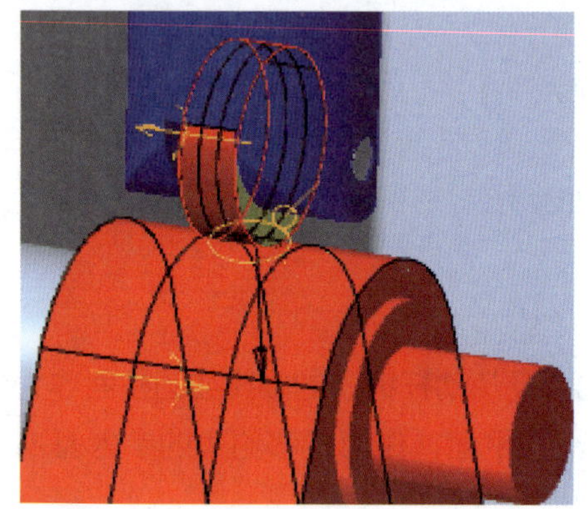

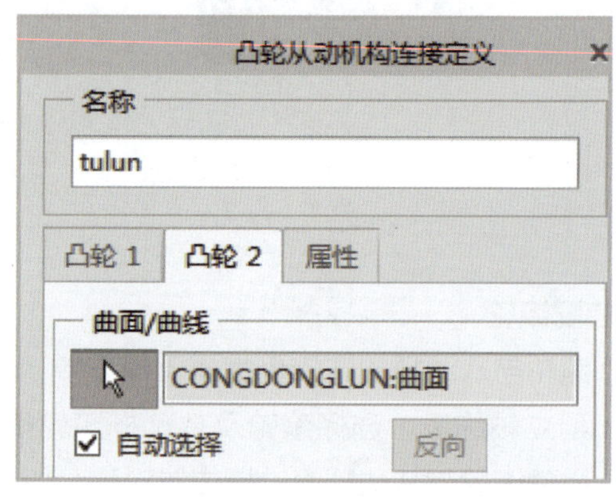

图 7-2-12 定义凸轮

单击并展开“属性”选项卡，取消勾选“启用升离”复选框，使从动杆运动中与凸轮始终贴合，如图 7-2-13 所示。单击对话框的“确定”按钮完成凸轮的定义，在模型中凸轮轴上显示凸轮连接符号。单击机构树中的“连接”→“凸轮”，可看到刚创建的名为“tulun”的运动图元。

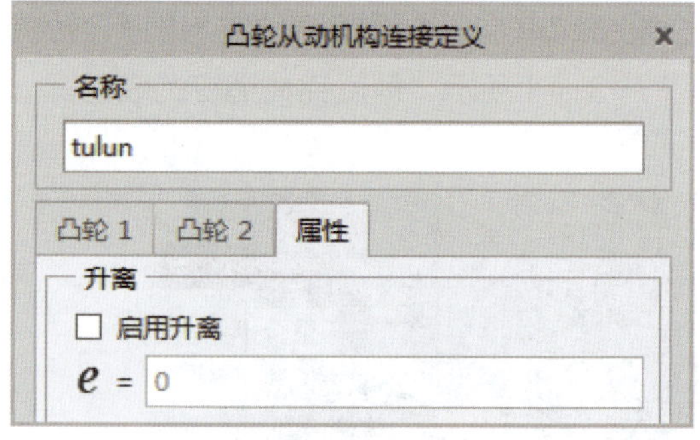

图 7-2-13 凸轮属性定义

（2）设置快照

单击“拖动元件”按钮，弹出“拖动”对话框，单击对话框中的“点拖动”按钮，在机构中选择一点，按住鼠标左键拖动可使元件按照连接约束的方向运动。

将凸轮拖动到对称面竖直位置，单击“快照”按钮，在“拖动”对话框中激活“约束”选项卡，单击其下方的“对齐两个图元”按钮，选择凸轮及从动杆的对称基准平面，单击“确定”按钮，建立快照“Snapshot1”，如图 7-2-14a 所示。

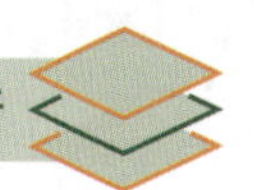

再依次单击“快照”→“约束”→“定向两个曲面”按钮 ，选择“Snapshot1”中的两个基准平面，单击下方“重新连接”按钮 ，在激活的框格中输入 150，使两个基准平面偏转 150°，单击“确定”按钮，建立快照“Snapshot2”，如图 7-2-14b 所示，单击“关闭”按钮退出“拖动”对话框。

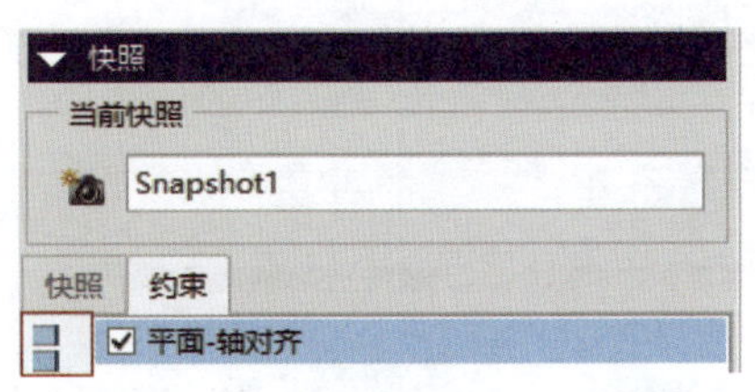

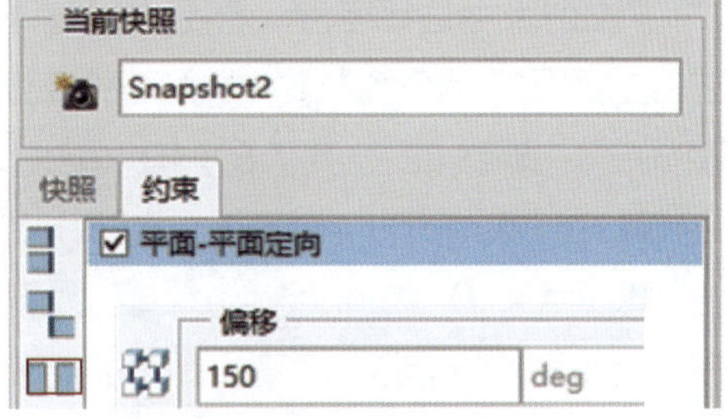

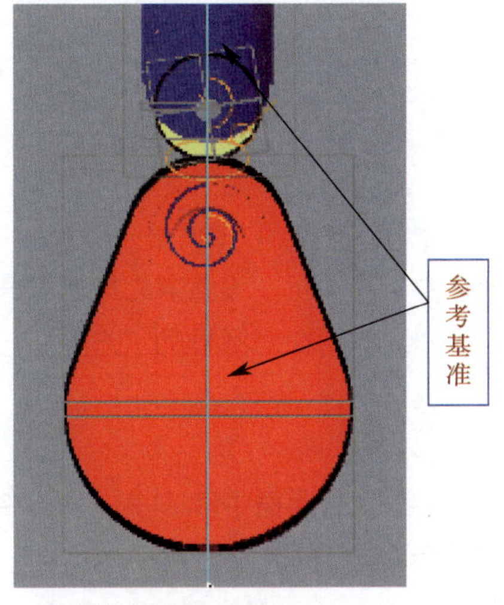

a）建立快照“Snapshot1”

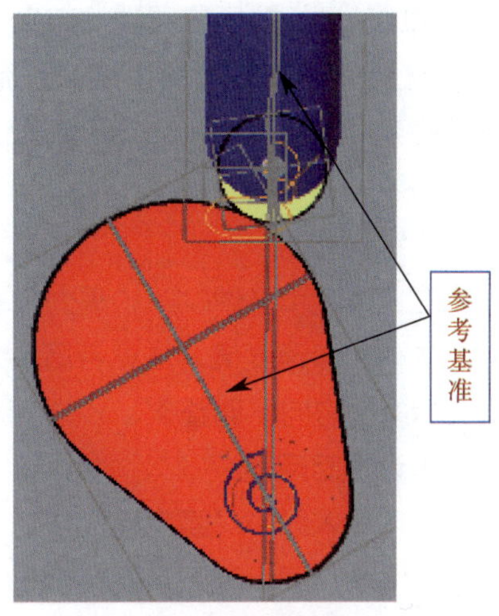

b）建立快照“Snapshot2”

图 7-2-14　设置快照

（3）设置初始条件

单击“属性和条件”→“初始条件”按钮 ，在弹出的如图 7-2-15 所示的“初始条件定义”对话框中，输入初始条件名称“chushi1”。在“快照”下拉列表中，选择快照“Snapshot1”为初始状态，单击“确定”按钮，建立一个名为“chushi1”的初始条件。同样方法新建一个初始条件“chushi2”，以“Snapshot2”为初始状态。

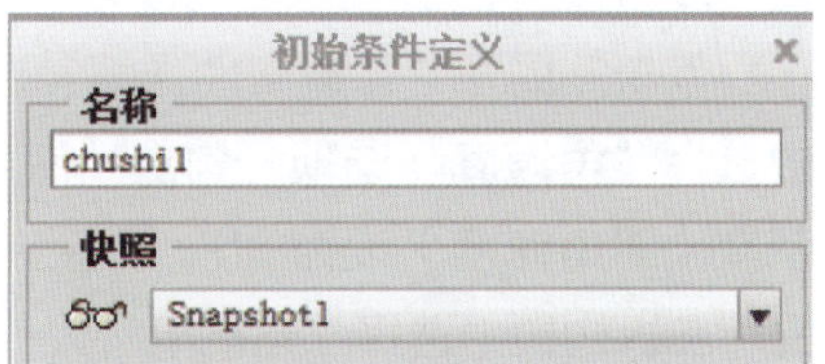

图 7-2-15　设置初始条件

（4）定义质量

单击“属性和条件”→“质量属性”按钮，弹出如图 7-2-16 所示的“质量属性”对话框，在模型上单击从动杆，对话框的零件选项中出现从动杆名称。在“定义属性”下拉列表中选择密度，然后在“基本属性”选项组的“密度”栏中输入密度值“7.8e-09”，即铁的密度 7.8×10^{3}kg/m^{3}，此处使用 tonne/mm^{3}（吨每立方毫米）作单位，1kg/m^{3}=10^{-12}tonne/mm^{3}。因为从动杆的尺寸已定，确定了密度，则下方将自动显示从动杆的体积与质量，单击“应用”按钮，完成从动杆的质量属性的定义。以同样方法定义凸轮及滚轮的密度，设置完毕单击“确定”按钮，退出“质量属性”对话框。

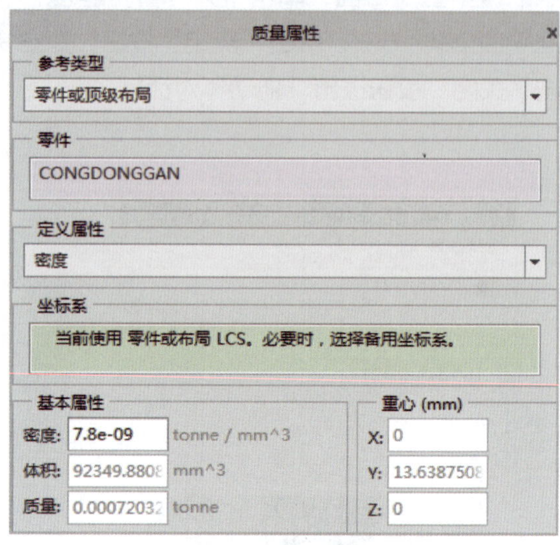

图 7-2-16　定义质量属性

（5）定义重力

单击“属性和条件”→“重力”按钮，弹出“重力”对话框。设置重力加速度值，默认为地球重力加速度值。注意若箭头方向与重力方向不一致，则在对话框的“方向”一栏中根据实际重力方向，调整 *X*、*Y*、*Z* 值，更改重力方向。

（6）设置阻尼器

单击“插入”→“阻尼器”按钮，在弹出的“阻尼器”对话框中取 *C* 为 1.5，单位取为“N · sec/mm”，设置从动杆与机座之间运动时的阻尼值。

（7）创建伺服电动机

单击“插入”→“伺服电动机”按钮，进入“电动机”操控面板。激活面板的“参考”选项卡中的“从动图元”选框，选择凸轮与机架的销连接作为电动机运动轴，系统自动将类型设为“旋转”，如图 7-2-17a 所示，单击对话框中的“反向”按钮，可改变电动机运动方向。

单击并展开“配置文件详情”选项卡，如图 7-2-17b 所示，在“驱动数量”下拉列表中选择“角速度”选项，勾选“使用当前位置作为初始值”，“函数类型”设置为“常量”，系数（即角速度）设为 30。设置完毕单击操控面板的“确定”按钮，完成电动机的定义。在机构树中选择“电动机”→“伺服”，下方出现名为“电动机 1”的伺服电动机，在模型的机架销连接处可以看到电动机符号。为了与后面创建的执行电动机区分，可将名字改为“伺服电动机”。

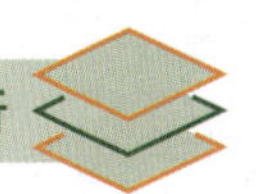

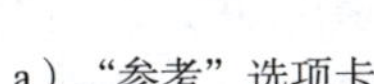
a）“参考”选项卡

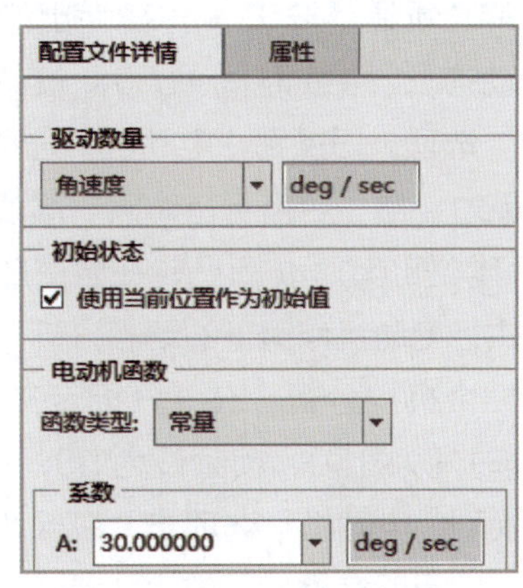

b）“配置文件详情”选项卡

图 7-2-17　定义伺服电动机

（8）创建执行电动机

单击“插入”→“执行电动机”按钮，再次打开“电动机”操控面板。激活面板的“参考”选项卡中的“从动图元”选框，仍然选择凸轮与机架的销连接作为电动机运动轴，系统自动将类型设为“旋转”，如图 7-2-17a 所示，与伺服电动机不同之处在“驱动数量”选项中，系统自动将运动参数设置为“扭矩”。单击并展开“配置文件详情”选项卡，勾选“使用当前位置作为初始值”，“函数类型”设置为“常量”，系数（即扭矩值）设为 50，设置完毕单击操控面板的“确定”按钮，完成执行电动机的定义。在机构树中选择“电动机”→“力”，下方出现名为“电动机 2”的执行电动机，将名字改为“执行电动机”。

2. 建立机构分析

（1）运动分析

单击“机构分析”按钮，弹出“分析定义”对话框，如图 7-2-18 所示，定义分析名称为“fenxi1”，类型设为“运动学”，时间设为 25，帧频设为 50。

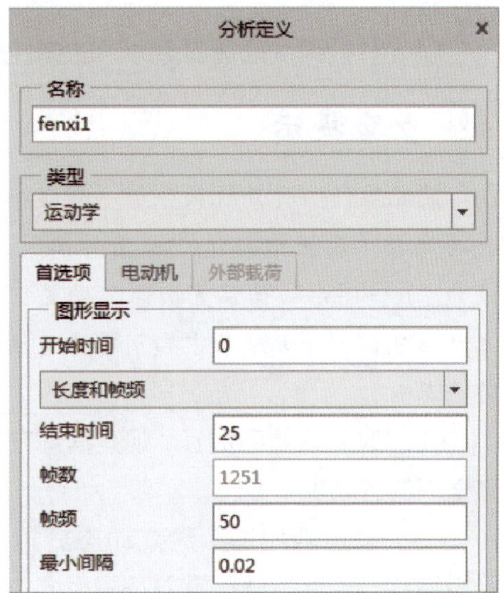

图 7-2-18　定义运动分析

单击并展开对话框中的“电动机”选项卡，系统默认已添加定义好的伺服电动机“dianji1”。单击下方的“运行”按钮，系统对运动进行分析计算后，可观察凸轮的仿真运动。单击“确定”按钮，完成运动分析“fenxi1”的创建。

（2）重力作用下的动态分析

单击机构树中的“机构分析”按钮，再

单击弹出的“新建”按钮 ，在弹出的“分析定义”对话框中，设置名称为“Zhongli”，类型为“动态”，持续时间为50，帧频为50，在对话框下方的“初始配置”中，激活“chushi2”选项。切换到“电动机”选项卡，删除所有电动机。在“外部载荷”选项中，选中“启用重力”与“启用所有摩擦”选项，单击下方的“运行”按钮，系统对运动进行分析计算后，可以通过动画仿真凸轮在自重及摩擦力状态下的运动情况。

（3）执行电动机作用下的动态分析

新建一个机构分析，在“分析定义”对话框中，设置名称为“zhixing”，类型为“动态”，持续时间为150，帧频设为50，在对话框下方的“初始配置”中，激活“chushi1”选项。切换到“电动机”选项卡，只保留执行电动机。在“外部载荷”选项中，选中“启用重力”与“启用所有摩擦”选项，单击下方的“运行”按钮，系统对运动进行分析计算后，可以仿真凸轮在执行电动机及重力与摩擦力作用状态下的运动情况。

（4）定义其他分析

通过改变分析中的参数，观察机构在不同载荷状态下的运行情况。

（5）动画回放

单击“回放”按钮 ，弹出“回放”对话框，可对机构分析进行仿真播放或捕捉仿真录像。

完成对凸轮的仿真分析后将文件保存到工作目录。

拓展练习

打开素材“7-2/baichui/collapse.asm”，如图7-2-19所示，进行以下状态下的碰撞运动分析。

（1）分析弹性摆锤在重力下的弹性碰撞运动。

步骤提示

装配组件→打开机构分析→两碰撞球之间建立凸轮连接（属性中勾选“启用升离”，恢复系数e设为1）→图示初始位置快照，设置初始条件→建立动态分析，外部载荷中启用重力（注意重力方向是否正确）。

（2）改变恢复系数e，观察摆锤在非完全弹性碰撞下的运动。

（3）设置阻尼器，建立动态分析，启用重力及阻尼器，观察摆锤在重力及阻尼器作用下的碰撞运动。

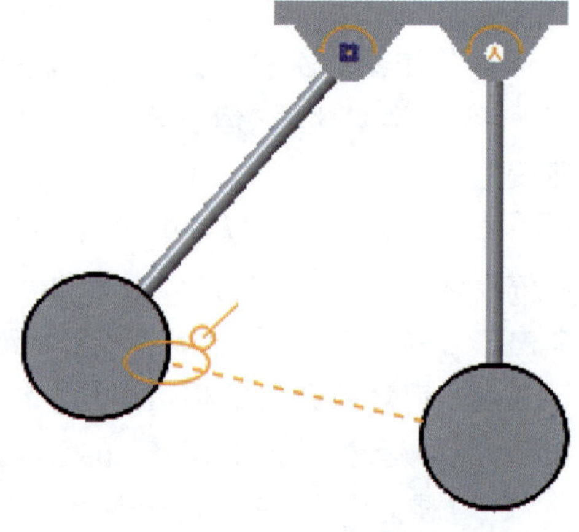

图7-2-19　摆锤碰撞运动分析

项目八

工程图的创建

零件设计最常用的方法是使用三维模型直接建模，但在产品研发、设计、制造等过程中，二维工程图也是技术人员进行交流的常用工具，因而二维工程图的创建是产品设计、加工过程中的重要组成部分。本项目将通过创建阀体零件图与平口钳装配图，掌握由三维模型创建二维工程图的一般过程。

任务 1　阀体零件图的创建

学习目标

1. 能正确创建工程图文件并对绘图环境进行简单设置。

2. 掌握一般视图、投影视图的生成方法，并能通过三维模型创建一般基本视图。

3. 能利用剖视图、辅助视图、局部放大图等多种视图表达方法，准确表达零件的结构形状。

4. 掌握在视图中标注各种图素的方法和技巧，能正确对图形进行尺寸及其他技术标注。

任务描述

图 8-1-1 所示为一阀体零件图（由 Creo 根据阀体三维模型生成，未显示图幅边框及标题栏）。本任务要求根据阀体三维模型生成阀体零件图，并正确标注尺寸及相关技术要求。通过本任务的学习，熟练掌握由三维模型创建零件工程图的一般过程与方法、视图的表达技巧、工程图尺寸及其他技术要求的标注方法。

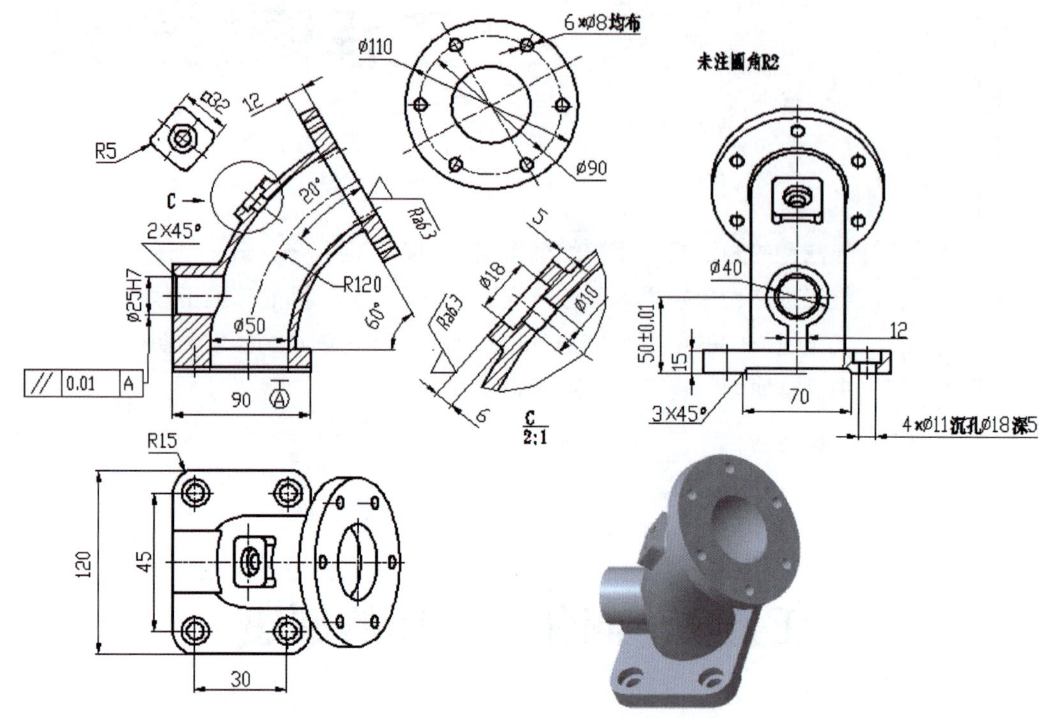

图 8-1-1　阀体零件图

知识准备

一、新建工程图文件

1. 将模型文件放到工作目录中，在“文件”菜单栏下或快速访问工具栏中单击“新建”按钮。

2. 在弹出的图 8-1-2a 所示“新建”对话框中，进行下列操作。

（1）选中“类型”区域中的“绘图”选项。

小提示

“草绘”和“绘图”是两个不同的概念。“草绘”是指三维建模过程中创建的二维平面轮廓；“绘图”指的是绘制工程图。

（2）在“文件名”文本框中输入工程图的文件名，例如 drw0001。

（3）取消选中“使用默认模板”复选框，即不使用默认的模板。

（4）在对话框中单击“确定”按钮，系统弹出图 8-1-2b 所示的“新建绘图”对话框，其中各选项的功能说明如下。

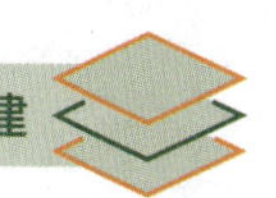

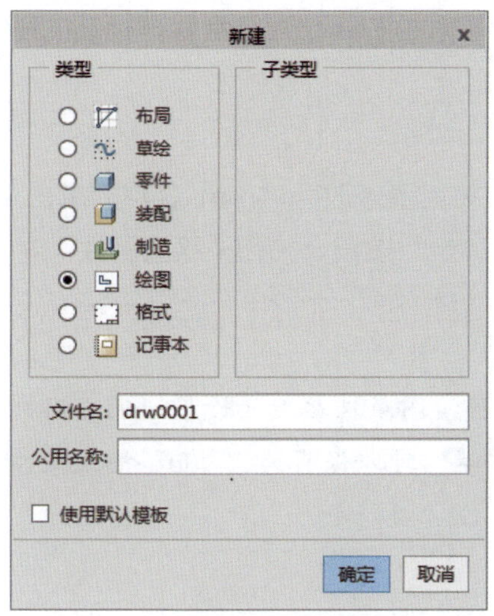

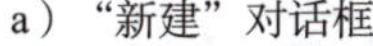
a）“新建”对话框

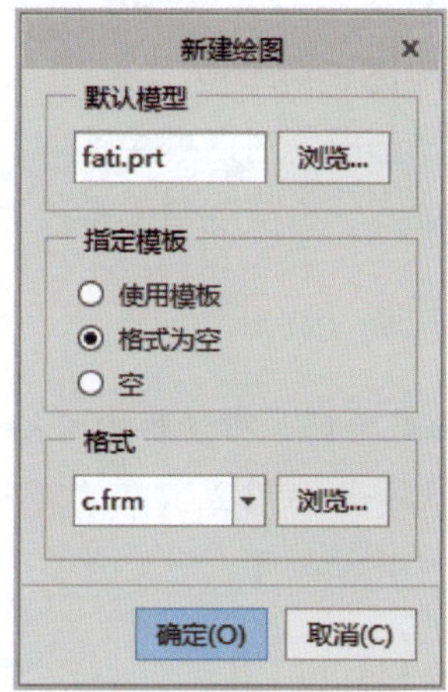

b）“新建绘图”对话框

图 8-1-2　新建工程图文件

1）“默认模型”区域用来选取要生成工程图的零件或装配模型，一般系统会默认选取当前活动的模型，如果要选取其他模型，可单击“浏览”按钮，找到用户预存的模型文件。

2）“指定模板”区域用来选取工程图模板。选中“使用模板”选项，可以在弹出的“模板”区域的文件列表中选取所需模板，或单击“浏览”按钮选取所需的模板文件。

选中“格式为空”选项，可以在弹出的“格式”区域下拉列表中选取所需文件格式，或单击“浏览”按钮选取所需的文件格式，并将其打开，打开的绘图文件只使用其图框格式，不指定模板。

选中“空”选项后，打开的绘图文件既不指定模板，也不指定图框格式。需要在“方向”区域中选取图纸方向，如纵向或横向；可在“大小”区域的下拉列表中选择标准幅面尺寸；选择“可变”可自定义非标准图纸幅面尺寸。

3）在“新建绘图”对话框中单击“确定”按钮，系统将自动进入工程图环境。

二、设置工程图环境

1. 设置第一视角画法

Creo 工程图默认采用的是第三视角画法，需要先设置为符合国家标准要求的第一视角画法。设置方法如下：

（1）选择“文件”→“准备”→“绘图属性”，打开“绘图属性”对话框，在“详细信息选项”下单击“更改”按钮。

（2）在弹出的“选项”对话框中输入“projection_type”，将其值修改为“fist_angle”，然后单击“添加 / 更改”按钮，将系统默认的第三视角画法修改为符合我国标准的第一视角画法，单击“应用”按钮完成设置。

2. 设置绘图长度单位

在“选项”对话框中输入“drawing_units”，将其值修改为“mm”，然后单击“添加 / 更改”按钮，将英制单位修改为公制单位，单击“确定”按钮，关闭“绘图属性”对话框。

小提示

“绘图属性”对话框中有绘图时可能用到的各种绘图属性参数的设置选项，用户可以根据自身需要进行设置。在“选项”对话框下设置完毕，可以保存为“*.dtl”格式文件，再次使用时可直接打开。

三、创建视图

视图的创建主要利用“布局”选项卡的“模型视图”工具组中的工具完成。其含义及示例见表 8-1-1。

▼ 表 8-1-1 “模型视图”工具组中常用工具的含义及示例

视图类型	符号	含义	示例
普通视图		在工程图中放置普通视图，不受其他视图影响，常用作主视图	普通视图
投影视图		从已存在视图的水平或垂直方向投影生成的视图，与其父视图保持对齐到其投影方向上，通常用来添加基本视图	投影视图
辅助视图		沿所选视图的一个斜面或倾斜基准平面的法线方向生成的视图，与其父视图保持对齐到其投影方向上，也称斜视图	辅助视图

续表

视图类型	符号	含义	示例
局部放大图		选取已存在视图的局部位置并放大生成的视图，也称详细视图	A; A/3:1; 局部放大图
旋转视图		是垂直于现有视图的一个横截面，绕切割平面投影旋转 90° 生成的断面图	旋转视图

小提示

Creo 工程图中的“旋转视图”类似于标准制图中的断面图，而不是旋转剖视图。

1. 普通视图的创建

在工程图中放置的第一个视图称为普通视图，普通视图常被用作主视图。根据普通视图可以创建投影视图、辅助视图等。

单击“布局”→“普通视图”按钮，在弹出的对话框中选取“无组合状态”选项，单击“确定”按钮，并在绘图区中选取一点单击作为放置点，则在绘图区出现零件普通视图，同时弹出图 8-1-3 所示“绘图视图”对话框，用来对普通视图进行设置。设置完毕单击对话框中的“确定”按钮，退出对话框。当需要重新对视图进行设置时，可在对应的视图上双击，打开该视图的“绘图视图”对话框。

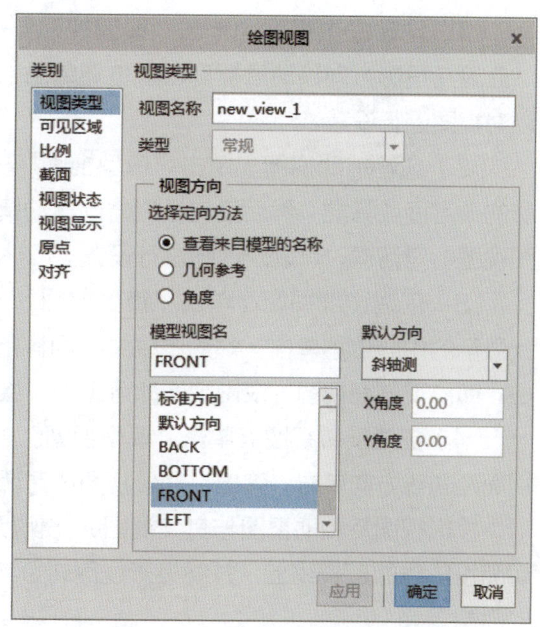

图 8-1-3 “绘图视图”对话框

在“绘图视图”对话框中，左侧的“类别”选项栏为视图的不同设置类别，单击任意选项，在右侧将显示对应选项下的对话内容。如图 8-1-3 所示“绘图视图”对话框中，选中“类别”选项栏中的“视图类型”，则右侧对话内容有“视图名称”“类型”“视图方向”等，分别用来定义视图名称、视图类型、选择或自定义视图的方向。对话框中部分类别选项的功能见表 8-1-2。

▼ 表 8-1-2 “绘图视图”对话框中部分类别选项的功能

类别	功能
视图类型	设置视图的名称、类型及方向
可见区域	定义视图的可见类型，包括全视图（全剖视图）、半视图（半剖视图）、局部视图（局部剖视图）和破断视图（断面图）
比例	设置视图显示比例的属性
截面	创建各种剖视图或断面图
视图状态	在装配图中设置元件的组合与分解状态
视图显示	设置包括视图显示的样式等属性
原点	设置视图原点的放置位置
对齐	设置视图的对齐方式

2. 其他类型视图的创建

（1）创建投影视图。单击“模型视图”→“投影视图”按钮，在其父视图上单击，然后沿其投影方向移动鼠标到合适位置单击，即出现投影视图及其“绘图视图”对话框，可以对视图进行设置。

（2）创建辅助视图。单击“模型视图”→“辅助视图”按钮，在其父视图上单击投影的参考面或基准，然后沿其投影方向移动鼠标到合适位置单击，即出现辅助视图及其“绘图视图”对话框，可以对视图进行设置。

（3）创建详细视图。单击“模型视图”→“详细视图”按钮，在其父视图上需要放大显示的中心位置单击，然后围绕中心用样条曲线绘制放大范围，之后在绘图区合适位置单击，即出现详细视图。双击视图即可出现“绘图视图”对话框，可以对视图进行设置。

（4）创建旋转视图。单击“模型视图”→“旋转视图”按钮，选中其父视图，在剖切面延长线方向单击，弹出“旋转视图”对话框，选取或新建剖切截面，即出现旋转视图。

投影视图及辅助视图与其父视图的比例相同，且默认与父视图保持对齐；旋转视图在剖切面投影线的延长线上，并绕投影线翻转 90°；详细视图可独立于父视图移动，不受投影方向限制。

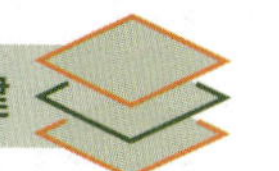

四、剖视图与剖截面

1. 剖视图概述

在工程图中，经常使用剖视图来表达零件或组件的截面特征。剖视图一般分为全剖视图、半剖视图、局部剖视图、旋转剖视图和阶梯剖视图等，表达这些剖视图需要具备相应的剖截面。

2. 剖截面

剖截面即剖切面，也称 X 截面或横截面，它的主要作用是查看模型剖切的内部形状和结构。创建剖截面一般有两种方法：一是创建剖视图的过程中创建剖截面；二是在三维模型中创建剖截面，工程图中创建剖视图时直接选用三维模型中创建好的剖截面。在模型中创建剖截面与在工程图中创建剖截面方法类似，在模型中创建剖截面更加直观。

3. 剖截面的创建步骤

以图 8-1-4 所示偏移剖截面（即阶梯剖截面）为例，说明在三维模型文件中创建剖截面的步骤。

（1）打开 Creo 零件模型文件，在“视图”选项卡中单击“截面”按钮，选择截面类型即可进入“截面”操控面板。也可以在视图控制工具条中单击“视图管理器”按钮，在弹出的“视图管理器”对话框中单击“截面”，进入截面操作，如图 8-1-5 所示。

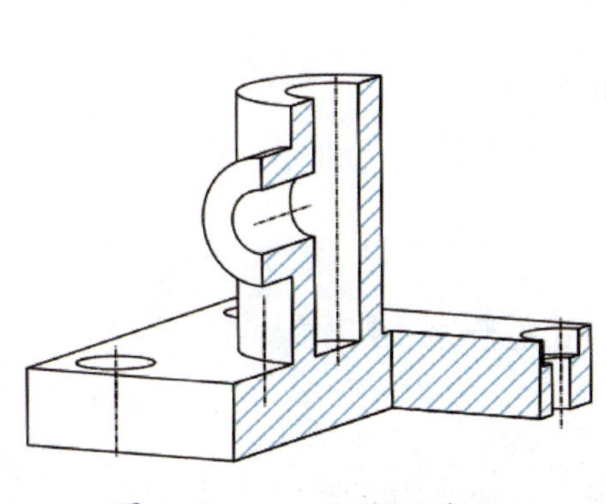
图 8-1-4　偏移剖截面

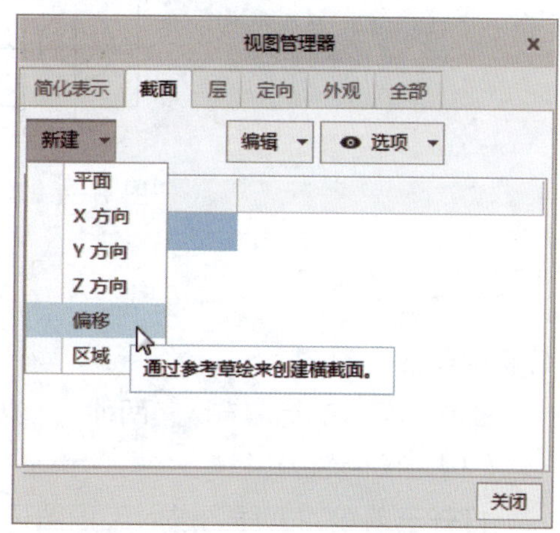

图 8-1-5　“视图管理器”对话框

（2）单击“新建”按钮，在弹出的下拉菜单中选择要创建的偏移剖截面类型，输入剖截面名称，按回车键后弹出“截面”操控面板，如图 8-1-6 所示。

（3）在“草绘”选项卡中定义草绘平面，绘制如图 8-1-7 所示剖截面轮廓线。剖截面位置设置完毕，单击操控面板中的“确定”按钮，即可完成如图 8-1-4 所示偏移剖截面的创建。

剖视图的创建过程详见任务实施。

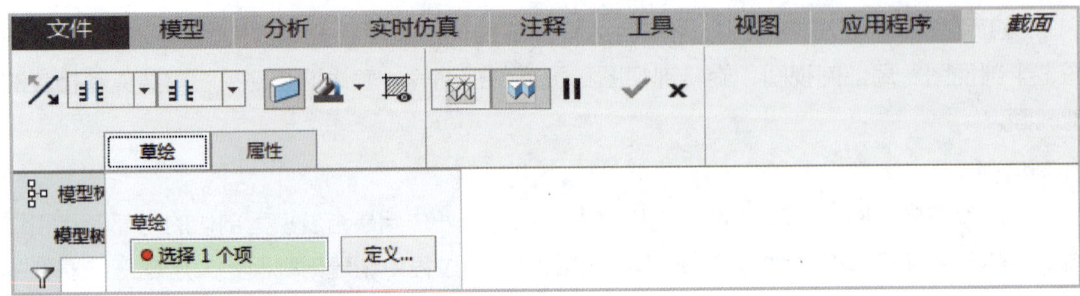

图 8-1-6 “截面”操控面板

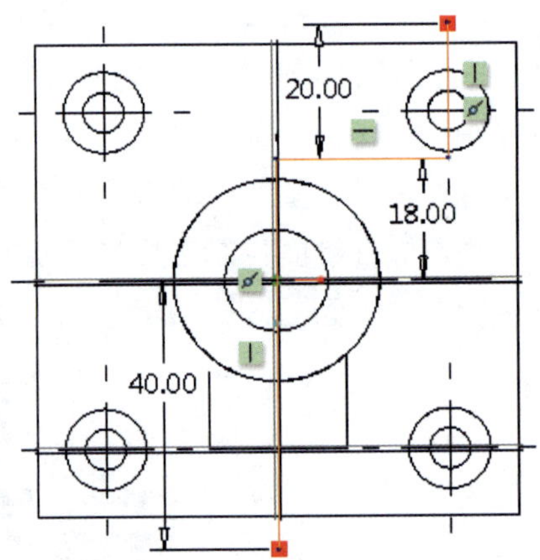

图 8-1-7 草绘剖截面轮廓线

五、尺寸标注

1. 标注尺寸

工程图尺寸的标注方法有两种：一是自动标注尺寸，二是手动标注尺寸。

（1）自动标注尺寸

打开已创建的工程图进入工程图环境后，在“注释”选项卡中单击“显示模型注释”按钮，打开“显示模型注释”对话框，该对话框包括 6 个选项卡，分别对应了模型尺寸、模型几何公差、模型注解、模型表面粗糙度、模型符号、模型基准等基本功能，如图 8-1-8 所示。

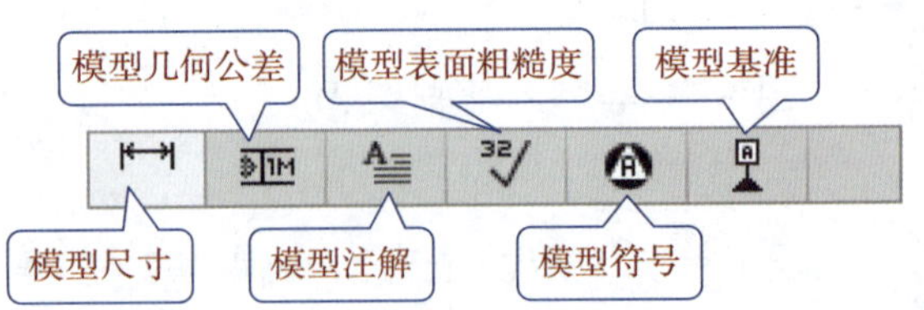

图 8-1-8 “显示模型注释”对话框的 6 个选项卡

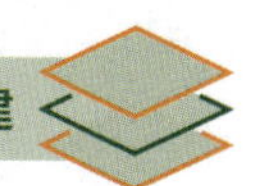

单击“显示模型尺寸”按钮，再单击所要标注的视图，视图上会显示系统自动标注的尺寸，在对话框中会列出所有尺寸，用户可根据需要勾选需要标注的尺寸，关闭对话框后这些尺寸标注将会保留，用户可根据需要对尺寸进行拖动重新排列布局。图 8-1-9 所示为素材“8-1/jietizhou.drw”工程图通过自动显示生成的尺寸。

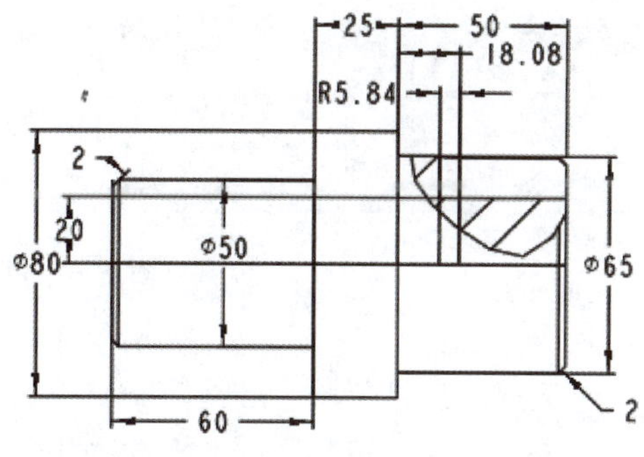

图 8-1-9 自动标注的尺寸

（2）手动标注尺寸

如需要的尺寸没有显示在合适的视图上，则需要手动标注尺寸。如要将图 8-1-9 中零件尺寸手动标注为图 8-1-10 所示样式，则单击“尺寸”按钮，弹出如图 8-1-11 所示“选择参考”对话框，单击选中要标注尺寸的图元或者按住 <Ctrl> 键选择尺寸两边界，在适当位置单击鼠标中键放置尺寸，就可显示标注的尺寸。

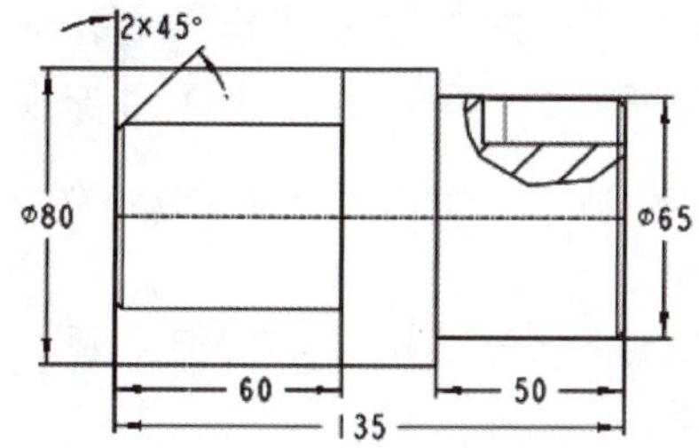

图 8-1-10 手动标注尺寸

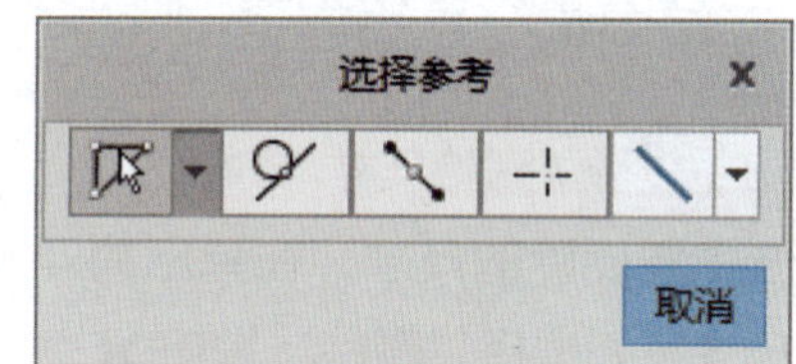

图 8-1-11 “选择参考”对话框

2. 编辑尺寸

无论自动标注的尺寸，还是手动标注的尺寸，都需要进一步修改完善，例如尺寸位置移动、尺寸的直径符号和公差的添加、多余尺寸的拭除或删除等。

小提示

视图的创建与编辑需要在“布局”选项卡中进行，尺寸及其他标注是在“注释”选项卡中进行。

（1）修改尺寸

单击选中尺寸对象，则可以打开“尺寸”操控面板，如图 8-1-12 所示，在操控面板中可根据需要对尺寸的标注属性进行修改，此状态下该尺寸突出显示。在绘图区空白处单击，则退出“尺寸”操控面板。

在未进行参数设定情况下，操控面板中尺寸的“公差”默认是对称的，且不能被激活修改，需要在“绘图属性”中修改尺寸属性参数。

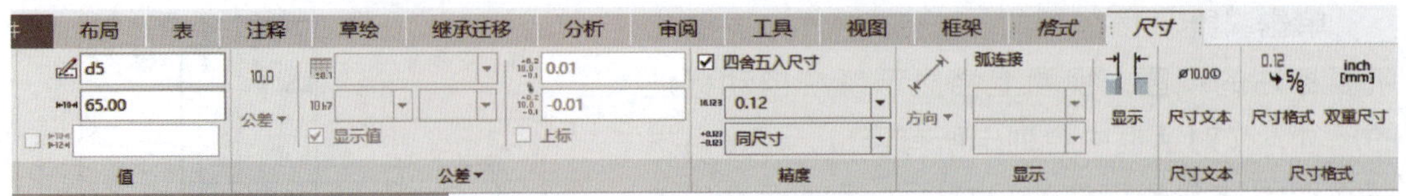

图 8-1-12 “尺寸”操控面板

选择“文件”→“准备”→“绘图属性”，打开“绘图属性”对话框，在“详细信息选项”下，单击“更改”选项，在弹出的“选项”对话框中下方的“选项”一栏中输入“tol_display”，并将其值设定为“yes”，然后依次单击“添加 / 更改”按钮和“确定”按钮，关闭“绘图属性”对话框。再次打开“尺寸”操控面板后，会发现“公差”项被激活，可以选择不同的尺寸公差模式。

（2）移动尺寸

同一视图中移动尺寸的方法：单击选中尺寸，该尺寸突出显示，按住鼠标将尺寸移到适当位置后松开鼠标即可。

不同视图中移动尺寸的方法：单击选中尺寸，该尺寸变为红色（可按住 <Ctrl> 键多选），在弹出的浮动工具栏中选择“移动到视图”按钮，再用鼠标选择目标视图即可。

（3）拭除 / 删除尺寸

选中要删除的尺寸，在弹出的浮动工具栏中选择“拭除”按钮，再次单击，即可拭除该尺寸；如选择“删除”按钮，则可将选中尺寸删除。

六、表面粗糙度和几何公差的标注

工程图除了标注尺寸外，还有表面粗糙度、几何公差等技术要求的标注。

1. 表面粗糙度的标注

单击“注释”→“表面粗糙度”按钮，初次单击时，会弹出“打开”对话框，可以在软件安装目录下的“generic”“machinend”“un machinend”3 个文件夹中，查找含有“一般符号”“去除材料所得表面粗糙度符号”“非去除材料所得表面粗糙度符号”的 3 类符号文件。文件选好后单击“确定”按钮，退出“打开”对话框，弹出如图 8-1-13 所示的“表面粗糙度”对话框，可对标注的表面粗糙度进行设置。除了初次标注表面粗糙度外，单击“表面粗糙度”按钮，都是直接弹出“表面粗糙度”对话框，单击对话框中“符号名”选项框右侧的“浏览”按钮，可以重新选择表面粗糙度符号。

以标注如图 8-1-14 所示表面粗糙度为例，“模型”选项框采用默认设置，单击“符号名”选项框右侧的“浏览”按钮，在“打开”对话框中选择“machinend”文件夹中的“standard1.sym”文件；在“类型”选项框中选择“垂直于图元”。在对话框的“可变文本”选项卡中修改表面粗糙度的数值。在视图上选择标注对象，按下鼠标中键，放置符号。

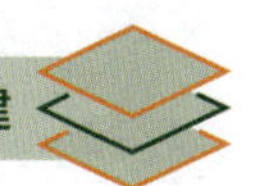

依次选择需要标注的图元并放置符号，当所有表面粗糙度符号标注完毕后，单击“确定”按钮，完成表面粗糙度的标注。

图 8-1-13 “表面粗糙度”对话框

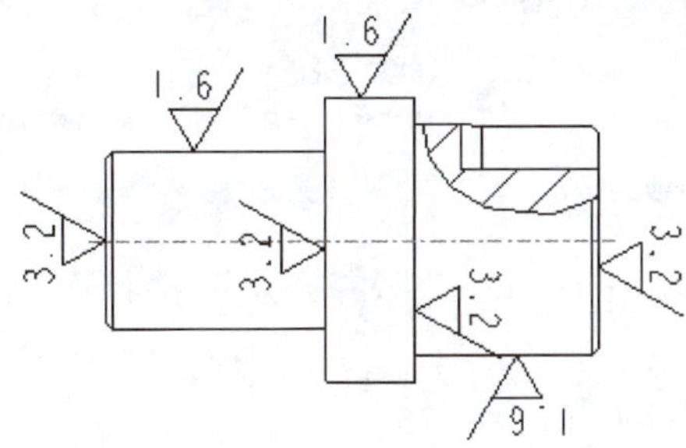

图 8-1-14 表面粗糙度标注示例

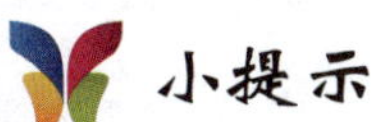

小提示

Creo 中的一些符号及标注与国家标准略有不同，可在符号库制作或制作专门的配置文件，也可以绘制完成后转到其他 CAD 软件中进行修改，相应内容此处不再做介绍。

2. 几何公差的标注

（1）创建基准特征符号（基准符号）

单击“注释”→“基准特征符号”按钮，选择基准放置对象（可以是边线、尺寸线、尺寸界限或已有几何公差符号），单击放置，移动鼠标可以拖动指引线长度，单击中键生成基准符号，弹出“基准特征”操控面板，可以设置基准符号名称字母、附加文字及指引线形式等。设置完毕单击，即可完成图 8-1-15 中基准符号的创建。

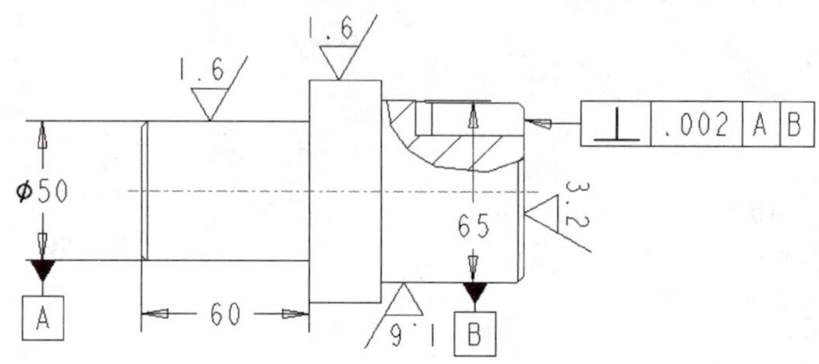

图 8-1-15　几何公差标注示例

（2）标注几何公差

单击“注释”→“几何公差”按钮，移动鼠标即出现几何公差预览符号，单击几何公差的放置对象，拖动到合适位置后，单击鼠标中键，放置几何公差符号，弹出“几何公差”操控面板，如图 8-1-16 所示。可根据操控面板内容与提示进行几何公差内容的编辑标注，如图 8-1-15 所示。

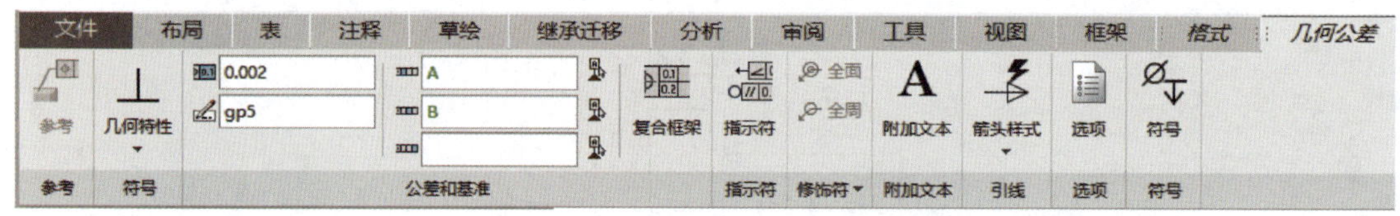

图 8-1-16　“几何公差”操控面板

任务实施

一、创建绘图文件

1. 设置工作目录并打开模型文件

新建“fati”文件夹，将模型文件“fati.prt”放到该文件夹中。打开 Creo 软件，设置该文件夹为工作目录，并打开模型文件。

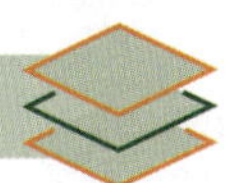

2. 创建工程图文件

单击“新建”按钮，在“新建”对话框的“类型”区域中选择“绘图”，在“文件名”文本框中输入工程图文件名“fati”，取消勾选“使用默认模板”，单击“确定”按钮后，进入“新建绘图”对话框。在“默认模型”选项中，将“fati.prt”设置为默认模型；在“指定模板”选项中，选择“格式为空”，单击“浏览”按钮，在“打开”对话框中选择系统自带的“c.form”绘图格式，单击“打开”按钮，再单击“新建绘图”对话框中的“确定”按钮，完成工程图文件的创建，进入工程图环境。

3. 设置绘图属性

（1）选择“文件”→“准备”→“绘图属性”，打开“绘图属性”对话框，在“详细信息选项”下单击“更改”按钮。

（2）在弹出的“选项”对话框中输入“projection_type”，将其值修改为“fist_angle”，然后单击“添加 / 更改”按钮，将系统默认的第三视角画法修改为符合我国标准的第一视角画法。

（3）在“选项”对话框中输入“drawing_units”，将其值修改为“mm”，然后单击“添加 / 更改”按钮，将英制单位修改为公制单位。

（4）同样方法，将“tol_display”的值设定为“yes”，允许几何公差编辑；“text_height”的值修改为 3.5，使文本高度为 3.5；“arrow_style”的值修改为“filled”，使箭头样式为实心填充形式；“draw_arrow_length”的值修改为 4，使尺寸箭头长度为 4；“draw_arrow_width”的值修改为 1，使箭头宽度为 1。

（5）单击“确定”按钮，关闭“绘图属性”对话框。

二、创建视图

1. 创建阀体基本视图

（1）创建阀体主视图

1）单击“布局”→“普通视图”按钮，在弹出的对话框中选取“无组合状态”选项，单击“确定”按钮。在绘图区中选取一点作为放置点，则在绘图区出现零件普通视图，同时系统弹出“绘图视图”对话框。

2）在“类别”选项栏中选择“视图类型”，在“模型视图名”选项中选择 FRONT 基准平面作为主视图方向，单击“应用”按钮。

3）选取“类别”→“比例”→“自定义比例”，在其后的文本框中输入比例值“1.0”，单击“应用”按钮。

4）选取“类别”→“视图显示”→“显示样式”→“消隐”按钮，在“相切边显示样式”下拉列表中选取“默认”选项，其他参数采用系统默认值，单击对话框的“确定”按钮，创建主视图，如图 8-1-17 所示。

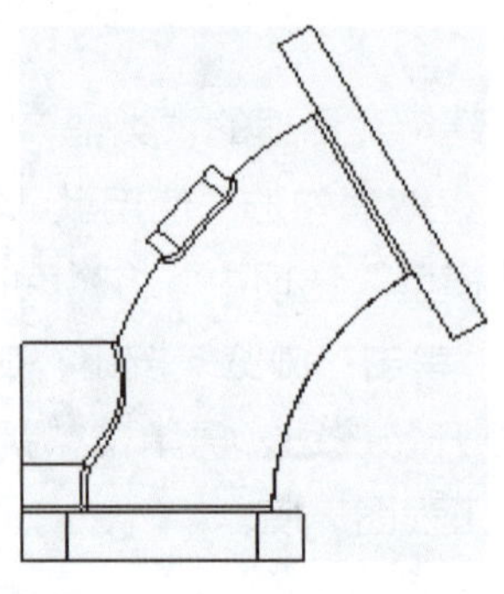

图 8-1-17 主视图

（2）创建阀体俯视图

1）选取主视图，在弹出的浮动工具栏中单击“投影视图”按钮，或单击“模型视图”→“投影视图”按钮，在主视图下方的图形区内空白处选取一点单击，出现俯视图图形。

2）双击俯视图，在弹出的“绘图视图”对话框中选取“类别”→“视图显示”→“显示样式”→“消隐”按钮，在“相切边显示样式”下拉列表中选取“默认”选项，其他参数采用系统默认值，单击对话框的“确定”按钮，创建俯视图，如图 8-1-18 所示。

（3）按照步骤（2）同样的方法创建左视图，如图 8-1-19 所示。

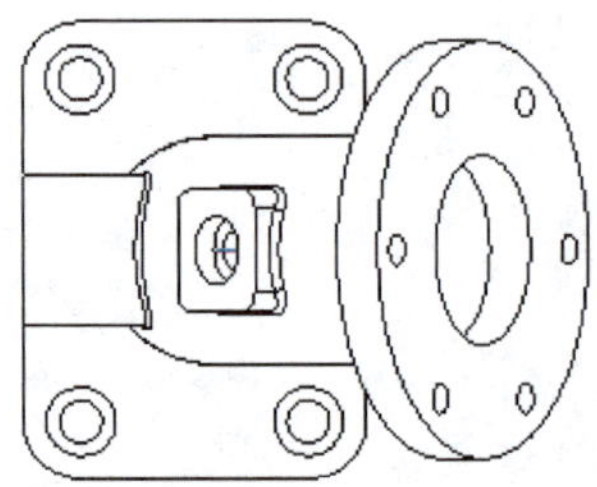

图 8-1-18 俯视图

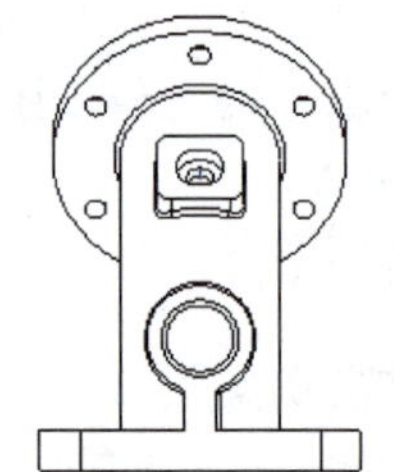

图 8-1-19 左视图

小提示

创建视图之前，可以在视图控制工具条的“显示样式”下拉列表中选中“消隐”选项，使视图显示样式默认为消隐状态。

（4）创建主视图全剖视图

双击主视图，在弹出的“绘图视图”对话框中，依次选取“类别”→“截面”→“2D 横截面”→“+”→“新建”，如图 8-1-20a 所示。弹出图 8-1-20b 所示的“菜单管理器”对话框，选中“平面”及“单一”两项，单击“完成”按钮。在新弹出的“输入横截面名称”对话框中，输入截面名称“A”，按回车键。根据提示选中 FRONT 面作为剖截面，“绘

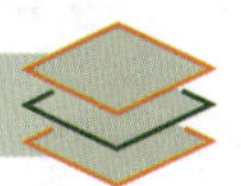

图视图”对话框中的“剖切区域”选项采用默认设置“完整”，单击“确定”按钮，可见主视图的全剖视图，如图 8-1-21 所示。在剖视图上双击剖面线，在弹出的“修改剖面线”菜单管理器中可以对剖面线的间距、方向等属性进行修改。

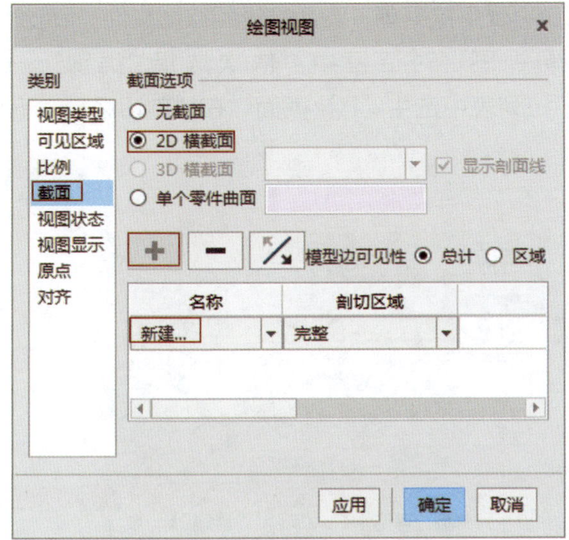

a）“绘图视图”对话框

b）“菜单管理器”对话框

图 8-1-20　创建剖截面

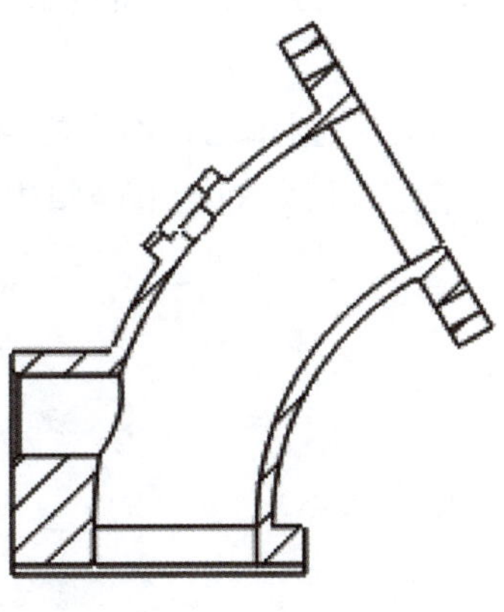

图 8-1-21　全剖视图

（5）创建左视图的局部剖视图

这里选用在模型中创建剖截面的方法。

1）在快速访问工具栏中，单击“窗口”下拉菜单，激活并进入模型文件“fati.prt”。

2）单击“平面”按钮，按住 <Ctrl> 键，选中底板上沿长度方向的两台阶孔的轴线，创建基准平面。

3）单击“视图管理器”按钮，弹出“视图管理器”对话框，如图 8-1-5 所示。选择“截面”→“新建”，在弹出的下拉菜单中选择“平面”，输入截面名称“B”，按回车键，在弹出的“截面”操控面板中，激活“草绘”选项卡，选择刚创建的基准平面，单击操控面板中的“确定”按钮✔，即可创建新的截面 B。

4）在快速访问工具栏中，单击“窗口”下拉菜单，激活并返回绘图文件“fati.drw”。

5）双击左视图，在弹出的“绘图视图”对话框中，依次选择“类别”→“截面”→“2D 横截面”→“+”，在名称下拉列表中选中“B”截面，在“剖切区域”下拉列表中选择“局部”，如图 8-1-22 所示。

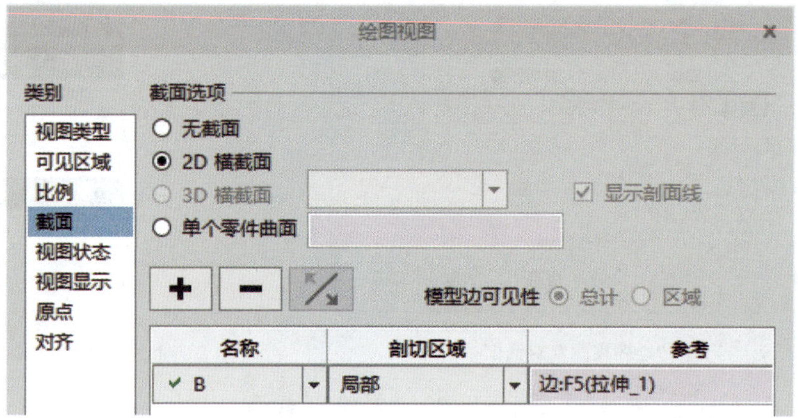

图 8-1-22　创建横截面

6）在左视图中底座沉头孔的中心位置单击，然后围绕中心用样条曲线绘制剖切区域边界，如图 8-1-23a 所示。在“绘图视图”对话框中单击“确定”按钮，得到如图 8-1-23b 所示局部剖视图。

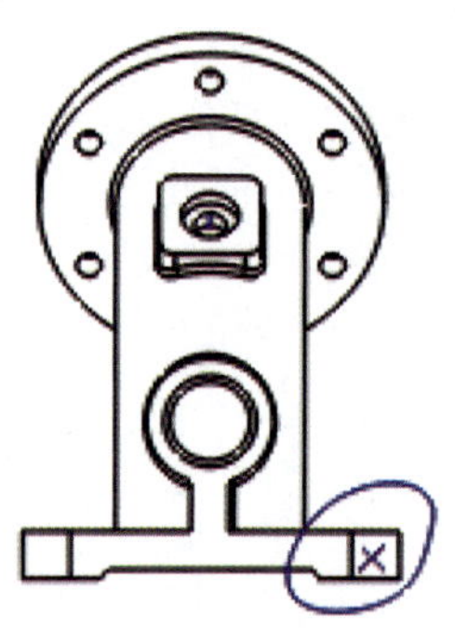

a）绘制剖切范围

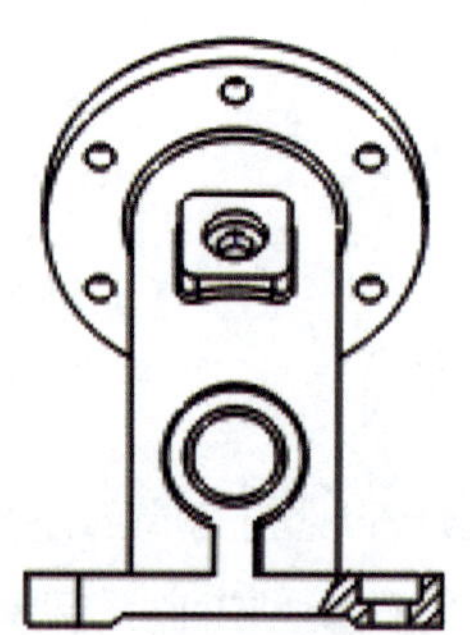

b）局部剖视图

图 8-1-23　左视图局部剖视图

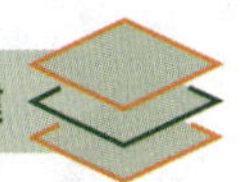

2. 创建其他视图

（1）创建法兰盘辅助视图

1）选中主视图，单击“模型视图”→“辅助视图”按钮，单击法兰盘上表面轮廓，选择绘图中心点，出现法兰盘辅助视图，将视图移动到合适位置，如图 8-1-24a 所示。

2）双击辅助视图，打开“绘图视图”对话框，在“视图显示”中将显示样式设置为消隐。在“可见区域”中，勾选“在 Z 方向上修剪视图”，选中法兰盘外圆，将法兰盘外的部分修剪掉，得到斜向局部视图，如图 8-1-24b 所示。

a）未修剪

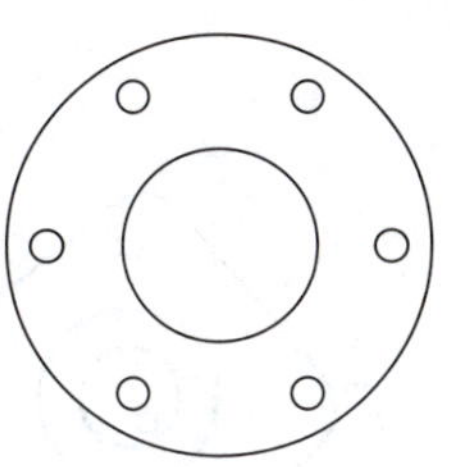

b）消隐并修剪

图 8-1-24　法兰盘辅助视图

（2）创建斜向凸台局部放大图

单击“模型视图”→“局部放大图”按钮，在主视图上凸台的中心位置单击，绘制封闭样条曲线确定放大范围，单击中键；选择局部放大图的放置点并单击，出现如图 8-1-25 所示局部放大图。双击局部放大图，可在弹出的“绘图视图”对话框中修改其放大比例。

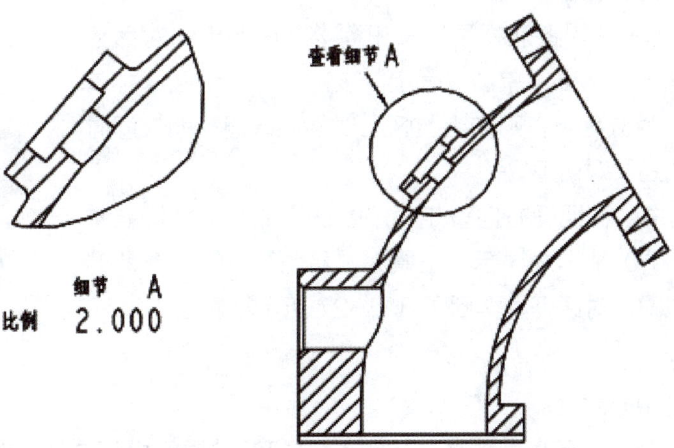

图 8-1-25　斜向凸台局部放大图

（3）创建斜向凸台的辅助视图

1）选中主视图，单击“模型视图”→“辅助视图”按钮，然后单击凸台上表面轮廓线，选择视图放置中心点，出现凸台的辅助视图，移动鼠标将其移动到合适位置，单击放置视图。

2）双击辅助视图，打开“绘图视图”对话框，在“视图显示”中将显示样式设置为消隐。在“可见区域”中，选择“局部视图”，在视图上单击选择凸台轮廓内部一点作为参考点，然后围绕凸台轮廓绘制封闭样条曲线；选中“在 Z 方向上修剪视图”，鼠标选中凸台的一条轮廓线，将凸台轮廓外的视图部分修剪掉，如图 8-1-26 所示。

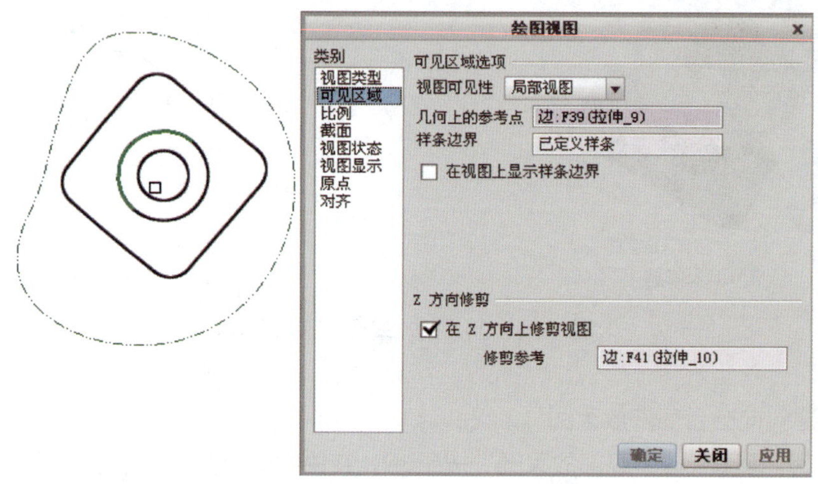

图 8-1-26 创建斜向凸台辅助视图

（4）创建阀体的轴测图

1）单击“布局”→“普通视图”按钮，在弹出的对话框中选取“无组合状态”选项，单击“确定”按钮，并在绘图区中单击，以选取一点作为放置点，则在绘图区出现零件普通视图，同时系统弹出“绘图视图”对话框。

2）在对话框中，将视图方向设定为“默认方向”或“标准方向”，比例设置为 1.0，“样式显示”设置为“着色”，单击“确定”按钮退出“绘图视图”对话框，得到图 8-1-27 所示轴测图。

图 8-1-27 轴测图

3. 显示绘图中心线

（1）显示模型中心线

单击“注释”→“显示模型注释”按钮，打开“显示模型注释”对话框，单击“显示模型基准”按钮，在各视图中单击选中需要显示的中心线，或在对话框的列表中勾选需要保留的中心线，当一个视图中的中心线选择完毕后，单击“应用”按钮。所有视图中心线

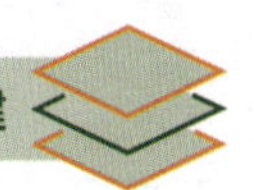

都选择完后，单击“确定”按钮退出。

（2）绘制中心线

1）单击“草绘”选项卡标签，在展开的选项卡中单击“草绘”→“构造圆”按钮，在弹出的“捕捉参考”对话框（图 8-1-28a）中单击箭头，在法兰盘辅助视图中选取法兰盘的中心孔与一个均布小孔为参考，单击鼠标中键，结束选取，通过选中参考绘制小圆中心分布的构造圆。双击绘制的构造圆，弹出“修改线造型”对话框，在对话框的“样式”下拉列表中选择“中心线”，依次单击“应用”→“关闭”按钮，结果如图 8-1-28b 所示。

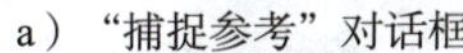
a）“捕捉参考”对话框

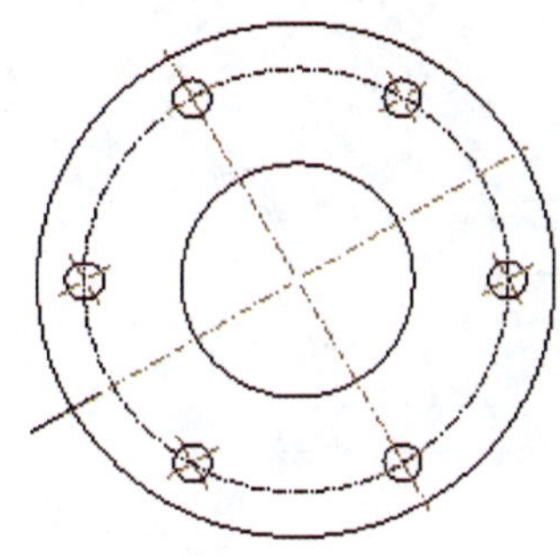
b）法兰盘小孔均布中心线

图 8-1-28　绘制法兰盘小孔均布中心线

2）单击“草绘”→“边”→“使用边”按钮，在模型树中选择阀体管道扫描轨迹“草绘 1”，在弹出的浮动工具栏中单击“线型”按钮，弹出“修改线造型”对话框，将线的样式改为中心线，并在模型树中将“草绘 1”隐藏。

3）选中草绘曲线，单击“组”→“与视图相关”按钮，使草绘与视图一体，与视图一起缩放或移动。

4. 调整视图的位置并保存视图

（1）在创建完视图后，如果布局不合适、视图间距太大或太小，可以移动、调整视图的位置。

（2）返回“布局”选项卡，选中要移动的视图，当选项卡中的“锁定视图移动”按钮处于凹进状态时，图形不能移动，单击按钮可以取消“锁定视图移动”功能；或者选中视图后单击右键，在系统弹出的快捷菜单中单击取消“锁定视图移动”命令。“锁定视图移动”功能取消后，即可选中视图进行拖动。

小提示

在移动父视图时，由其投影产生的子视图也会相应地一起移动；而子视图只能沿其投影方向移动，移动时不影响父视图的位置。

至此，工程图的主要视图已创建完成，如图 8-1-29 所示。在“文件”下拉菜单中单击“保存”按钮，保存视图。

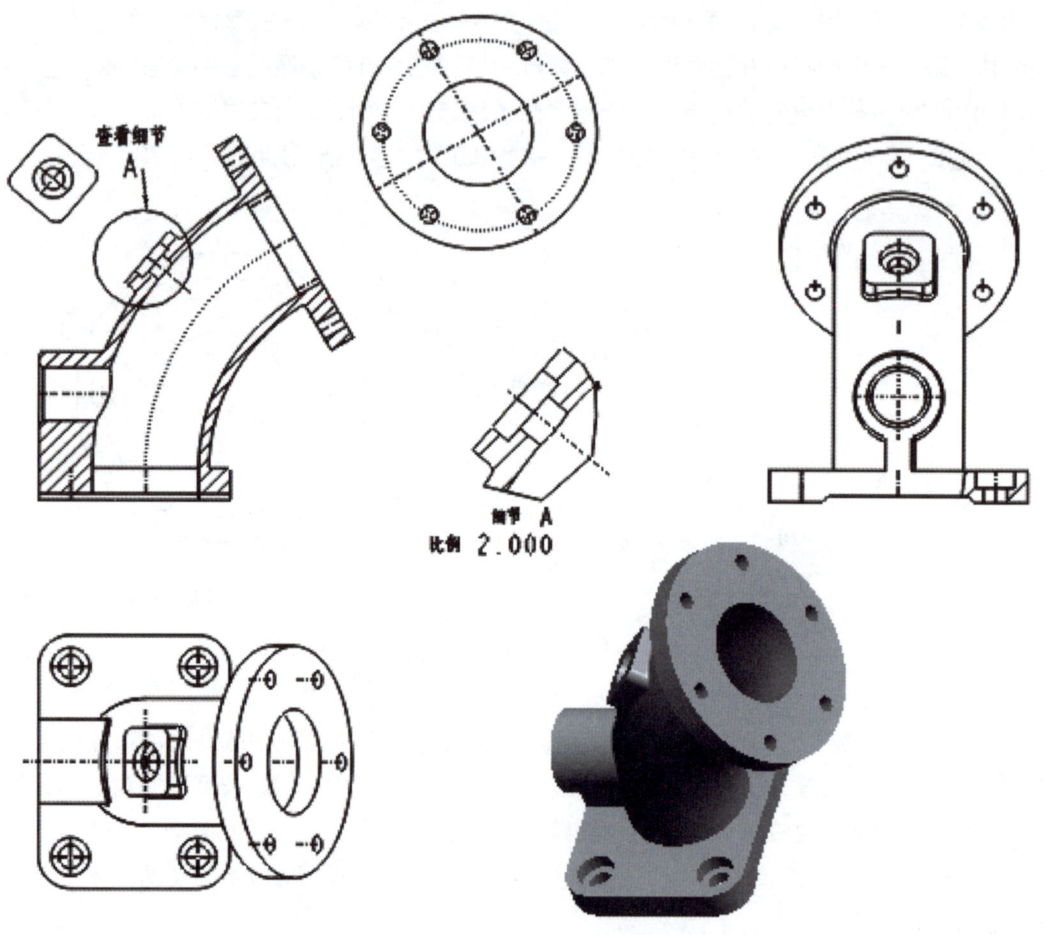

图 8-1-29 阀体视图

小提示

视图的创建与修改在“布局”选项卡中操作；模型中心线显示在“注释”选项卡中操作；绘制中心线在“草绘”选项卡中操作。

三、标注和调整尺寸

1. 利用自动注释标注尺寸

切换到“注释”选项卡，单击“显示模型注释”按钮，打开“显示模型注释”对话框，单击“显示模型尺寸”按钮，再单击所要标注的视图，在“显示模型注释”对话

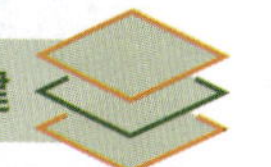

框中，勾选视图中需要保留的尺寸，单击“应用”按钮，生成如图 8-1-30 所示尺寸标注。当所有视图需要保留的尺寸都选中后，单击“确定”按钮，关闭对话框，拖动尺寸，重新排列位置。

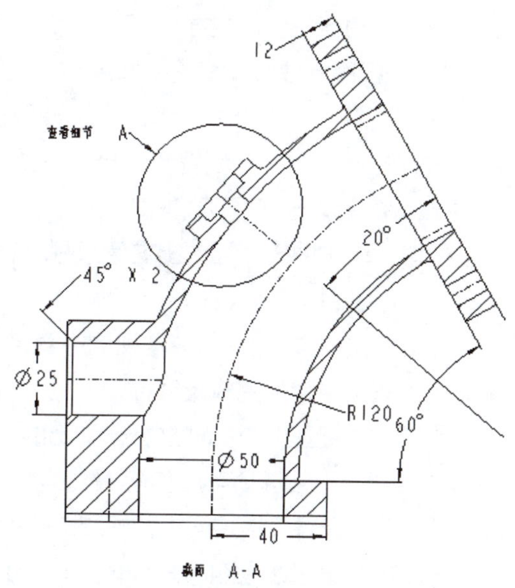

图 8-1-30 利用自动注释标注主视图尺寸

2. 手动修改或标注尺寸

自动标注的尺寸往往满足不了工程图需求，需要用户补充修改。

（1）自动标注尺寸的修改

1）主视图尺寸 *ϕ*25 的公差代号标注

在尺寸 *ϕ*25 上单击，弹出“尺寸”操控面板，单击“尺寸文本”选项，添加后缀“H7”，在绘图区空白处单击，退出“尺寸”操控面板，为尺寸 *ϕ*25 添加公差代号，如图 8-1-31a 所示。

2）凸台辅助视图尺寸的修改

单击尺寸 32，在弹出的“尺寸”操控面板中单击“尺寸文本”选项，单击选中前缀框格，在下方的“符号”栏中选择符号“□”，在绘图区空白处单击，退出“尺寸”操控面板，为尺寸 32 添加前缀“□”，如图 8-1-31b 所示。

3）左视图尺寸 50 的公差标注

在尺寸 50 上单击，弹出“尺寸”操控面板，在“公差”下拉列表中将公差模式设置为“对称”，在公差框格中输入 0.01，在绘图区空白处单击，退出“尺寸”操控面板，为尺寸 50 添加公差，如图 8-1-31c 所示。

4）左视图孔尺寸 4 × *ϕ* 18 的前缀标注

单击尺寸 *ϕ*18，在弹出的“尺寸”操控面板中单击“尺寸文本”选项，单击选中前缀框格，添加前缀“4 ×”，在绘图区空白处单击，退出“尺寸”操控面板，如图 8-1-31d 所示。

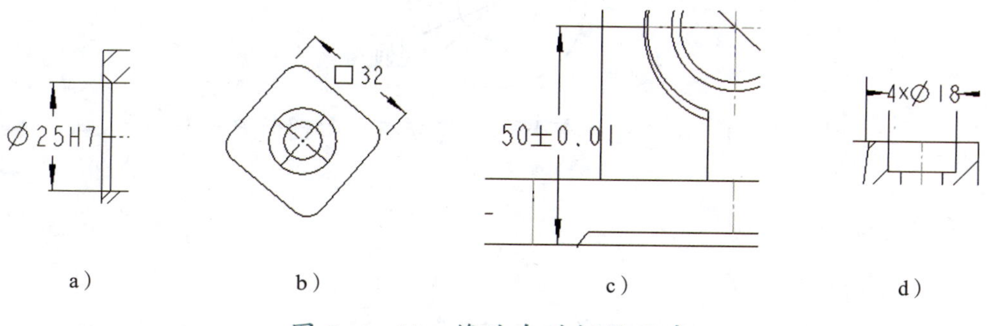

图 8-1-31 修改自动标注尺寸

（2）手动标注未注尺寸

1）主视图标注阀体弯管壁厚尺寸

在“注释”选项卡中，单击“尺寸”按钮，此时系统会弹出“选择参考”对话框。选择“圆或圆弧切线”选项，按住 <Ctrl> 键，选取图 8-1-32 所示的两条边线，鼠标移到合适位置，单击中键，标注出壁厚尺寸 5。

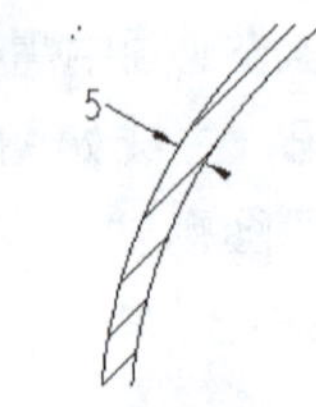

图 8-1-32　标注阀体弯管壁厚尺寸

2）左视图标注 4 × ϕ11

①按住 <Ctrl> 键，选中左视图中直径为 11 的小孔的两条轮廓线，双击中键，完成尺寸标注。

②单击刚标注的小孔尺寸，在弹出的“尺寸”操控面板中，单击“尺寸文本”选项，添加前缀“4 × ϕ”，在绘图区空白处单击，退出“尺寸”操控面板，标注结果如图 8-1-33 所示。

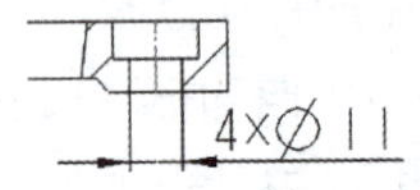

图 8-1-33　标注孔径尺寸 4 × ϕ11

3）法兰盘辅助视图标注均布小孔尺寸

①在“注释”选项卡中，单击“尺寸”按钮，系统弹出“选择参考”对话框，选择“圆或圆弧切线”选项，选中 ϕ8 小孔圆，然后双击中键，完成尺寸标注。

②在刚标注的 ϕ8 尺寸上单击，弹出“尺寸”操控面板，单击“尺寸文本”选项，添加前缀“6 × ”、后缀“均布”，在绘图区空白处单击，退出“尺寸”操控面板，完成法兰盘分布小孔的尺寸标注，如图 8-1-34 所示。

4）法兰盘辅助视图分布中心圆尺寸标注

①在“注释”选项卡中，单击“尺寸”按钮，系统弹出“选择参考”对话框，选择“圆或圆弧切线”选项，选中前面绘制的小孔分布中心圆，然后双击中键，完成尺寸标注。

②单击刚标注的尺寸，弹出“尺寸”操控面板，在“值”工具组中，勾选“尺寸的覆盖值”，输入 90，在绘图区空白处单击，退出“尺寸”操控面板，标注法兰小孔分布中心圆的尺寸，如图 8-1-34 所示。

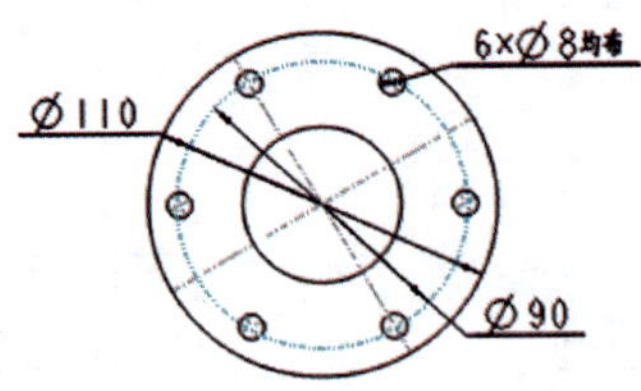

图 8-1-34　法兰盘分布小孔及其分布中心圆的尺寸标注

四、标注几何公差

1. 创建基准符号

在“注释”选项卡中，单击“基准特征符号”按钮，选中主视图底面轮廓线单击放置基准符号，移动鼠标拖动指引线长度，单击中键生成基准符号，在弹出的“基准特征”操控面板中使用默认符号“A”，在绘图区空白处单击，退出基准符号创建，效果如图 8-1-35 所示。

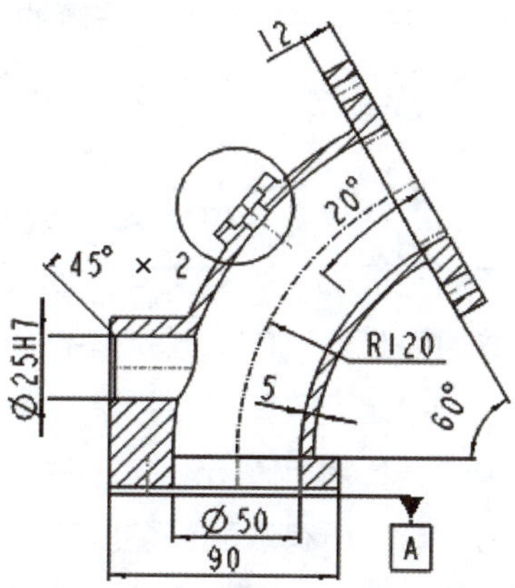

图 8-1-35　创建基准符号

2. 创建与编辑几何公差

（1）在“注释”选项卡中单击“几何公差”按钮，移动鼠标，出现几何公差预览符号，在主视图中选中尺寸 ϕ25 作为几何公差放置对象，拖动到合适位置后，单击鼠标中键，放置几何公差符号，弹出“几何公差”操控面板，如图 8-1-36 所示。在“几何特性”下拉列表中，选择“平行度”//选项，公差值设置为 0.01，第一基准栏使用默认基准符号 A，如图 8-1-36 所示。

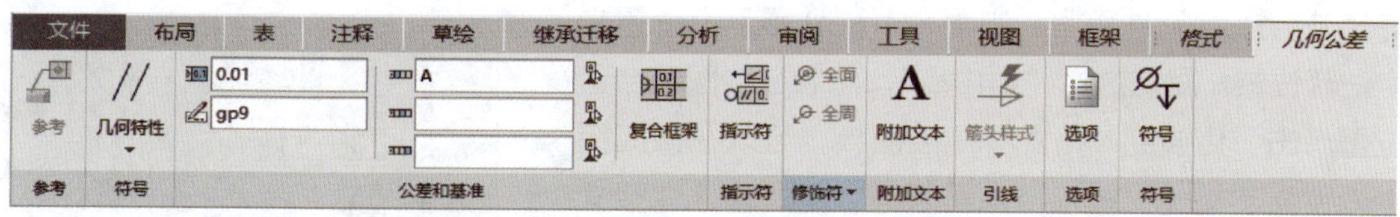

图 8-1-36　“几何公差”操控面板

（2）在绘图区空白处单击，退出操控面板。将几何公差符号拖动到合适的位置，标注效果如图 8-1-37 所示。

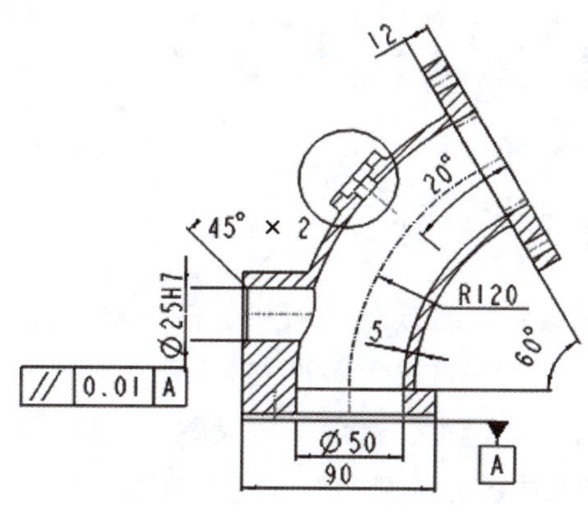

图 8-1-37　几何公差标注

五、标注表面粗糙度

1. 在“注释”选项卡中单击“表面粗糙度”按钮，在弹出的“表面粗糙度”对话框中单击“符号名”选项框右侧的“浏览”按钮，在“打开”对话框中选择“machinend”文件夹中的“standard1.sym”文件，然后单击对话框的“打开”按钮，返回“表面粗糙度”对话框。

2. 在“表面粗糙度”对话框的“放置”→“类型”下拉列表中，选择“垂直于图元”。在对话框的“可变文本”选项卡中修改表面粗糙度的数值为 3.2。单击选择凸台平面投影线为附着边，按下鼠标中键，放置表面粗糙度符号，如图 8-1-38 所示。单击选择其他图元，按下鼠标中键放置表面粗糙度符号，直到所有表面粗糙度符号标注完毕，单击“确定”按钮，完成表面粗糙度的标注。

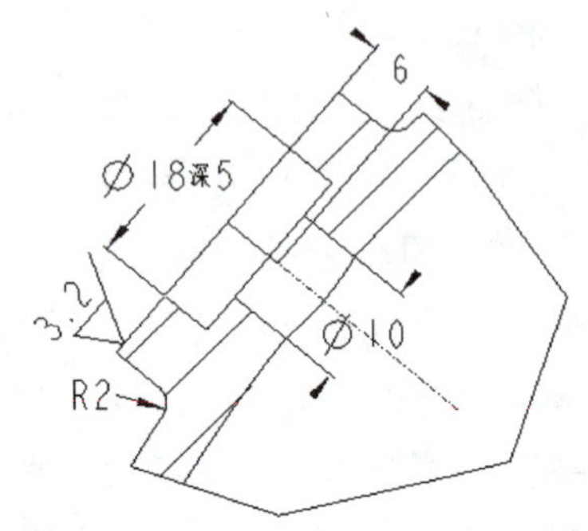

图 8-1-38　表面粗糙度的标注

六、标注文字注释

1. 在“注释”选项卡中，单击“注解”按钮，弹出“选择点”对话框，如图 8-1-39 所示，设置文字注释位置。默认选择“自由点”，然后在绘图区合适位置单击，切换到“格式”操控面板，可以在该面板中设置文字格式，输入特殊符号等。此处输入注释文字“未注圆角 R2”，注释完毕后，在绘图区空白处单击，完成文字注释。当需要修改文字注释时，可双击注释文字切换到如图 8-1-40 所示“格式”操控面板，对文字内容及样式进行修改。

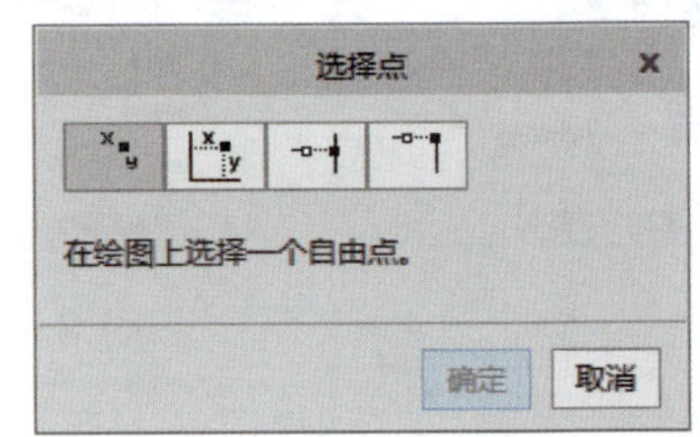

图 8-1-39　“选择点”对话框

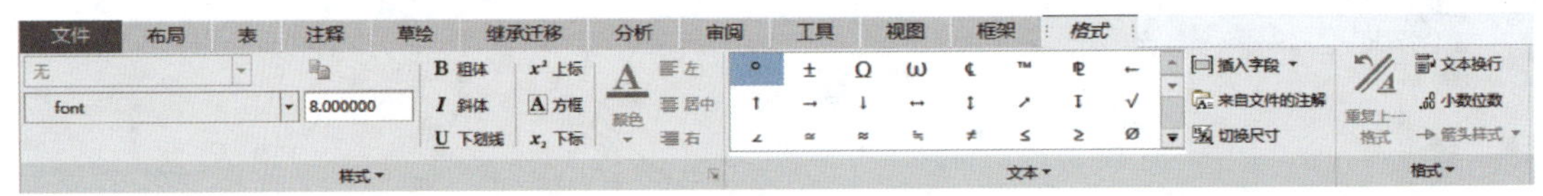

图 8-1-40　“格式”操控面板

2. 单击主视图中的标识“查看细节 A”，在弹出的快捷工具栏中选中“删除”按钮✕，删除标识。同样，单击并删除局部放大图中的标识“细节 A，比例 2.000”。单击“注解”按钮，弹出“选择点”对话框，在局部放大图下方选择合适点，输入放大图的比例“2∶1”，并在绘图区空白处单击，完成局部放大图的注释。

七、保存工程图

1. 保存“.drw”格式文件

绘制及标注完毕的工程图如图 8-1-1 所示。在“文件”菜单或快速访问工具栏中，单击

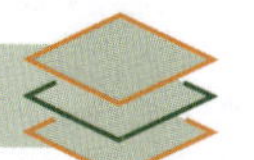

“保存”按钮，保存工程图。在工作目录中可以看到名为“fati.drw”的文件，“.drw”为 Creo 工程图文件格式后缀。

小提示

因工程图文件与其模型文件是关联的，应保存在同一目录文件夹下，当模型文件更改名称或移到其他位置时，工程图文件会由于找不到参考模型而无法打开。

2. 将工程图另存为“.dwg”格式文件

单击“文件”菜单中的“另存为”按钮，在弹出的“保存副本”对话框中选择“类型”下拉列表中的“DWG（*.dwg）”选项，再单击“确定”按钮。

随后弹出“DWG 的导出环境”对话框，如图 8-1-41 所示，在对话框中给文件命名，并选择 DWG 版本，其他选项采用默认值，单击“确定”或“导出”按钮，可将工程图输出为“.dwg”格式文件，并可应用 AutoCAD 等软件进行编辑。

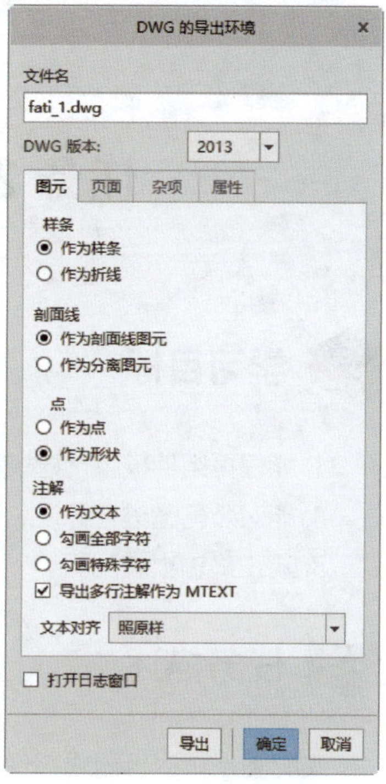

图 8-1-41 “DWG 的导出环境”对话框

拓展练习

创建如图 8-1-42 所示管接头模型（尺寸自拟），并绘制工程图。

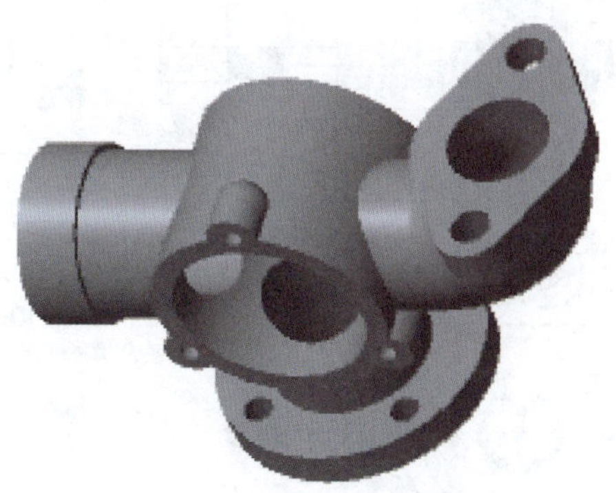

图 8-1-42 管接头模型

任务 2　平口钳装配图的创建

学习目标

1. 能根据组件模型创建装配图。
2. 能对装配图进行标注，并能创建明细栏与球标。
3. 能正确输出装配图。

任务描述

装配图是表达机器或部件工作原理、运动方式、零件间连接及其装配关系的图样，它是生产中的主要技术文件之一。根据技术分析及装配制造的需要，本任务的内容是输出前面所创建平口钳组件模型的工程图样，如图 8-2-1 所示。

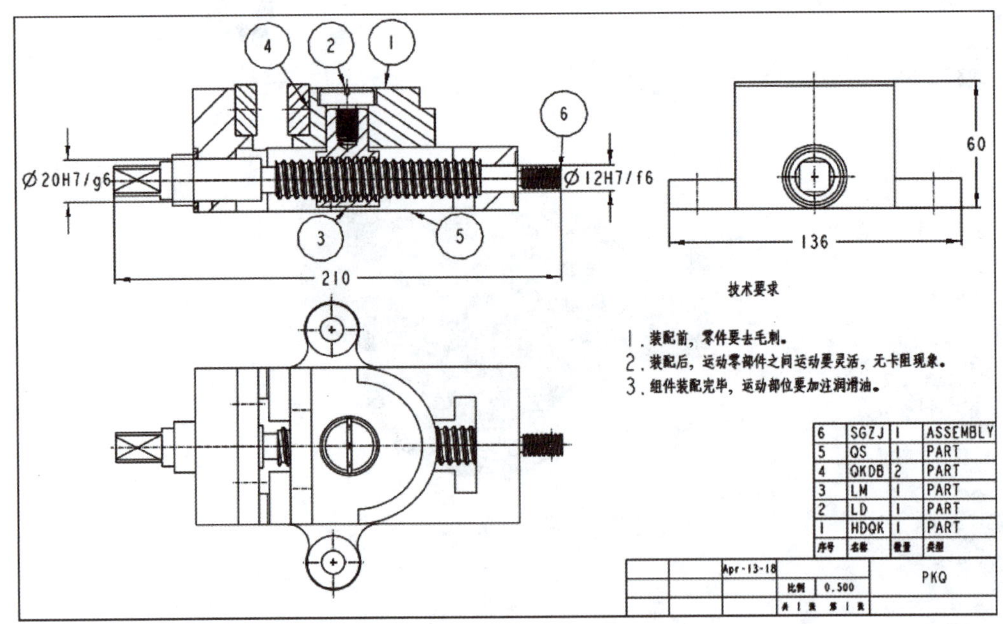

图 8-2-1　平口钳装配图

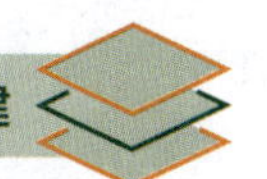

知识准备

在 Creo 中，装配图与零件图界面相同，没有根本区别，只是装配图有与零件图不同的表达方式与内容。

一、视图的分解与组合

由项目六中的相关装配知识可知，组合体的模型可以采用组合模式与分解模式表达，在装配图中，视图也可以采用组合模式与分解模式两种表达方式。

创建工程图文件，单击“普通视图”按钮 ，创建主视图。在弹出的“选择组合状态”对话框中有“无组合状态”及“全部默认”两个选项，选择前者视图显示为组合模式，选择后者视图会显示系统默认的分解模式。

选择“无组合状态”模式后，单击“确定”按钮，绘图区出现模型视图，同时弹出“绘图视图”对话框。在对话框中依次选取“类别”→“视图类型”→“视图方向”，勾选“几何参考”，在模型中选择合适的基准平面以确定视图的方向。

在对话框的“类别”选项中，选中“视图显示”→“显示样式”→“消隐”。

在对话框的“类别”选项中，选中“视图状态”，如图 8-2-2a 所示。在对话框中设置视图组合状态为“无组合状态”，并在“分解视图”选项中，勾选“视图中的分解元件”，可以在“装配分解状态”下拉列表中，选择装配组件中已定义的分解状态。单击“自定义分解状态”按钮，会弹出如图 8-2-2b 所示的“分解位置”对话框与图 8-2-2c 所示的自定义分解菜单管理器。在“分解位置”对话框中，可通过移动元件，定义装配体中元件的位置。在菜单管理器中，单击“位置”，可以重新选择元件进行分解位置设置；单击“分解状况”展开项下的“切换分解”选项，可以选中元件使其在分解状态与取消分解状态之间转换。

平口钳自定义的分解状态如图 8-2-3 所示。

二、明细栏及球标的创建

1. 明细栏与重复区域

装配图中所有零部件都必须编写序号，并在标题栏上方填写与图中序号一致的明细栏（又称明细表、BOM 表），用以表明各零部件的名称、数量、装配等级、材料等内容。

明细栏可以采用普通表格方式创建，文字输入形式填写；也可以采用重复区域及报告符号，利用组件创建过程中的参数自动填写。

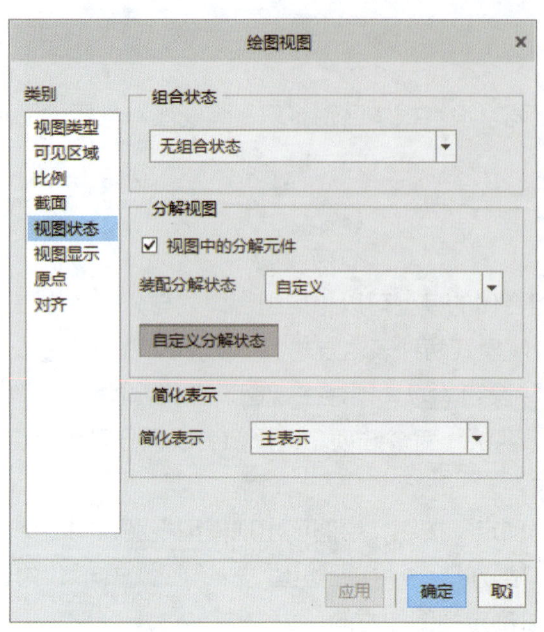

a）“视图状态”选项内容

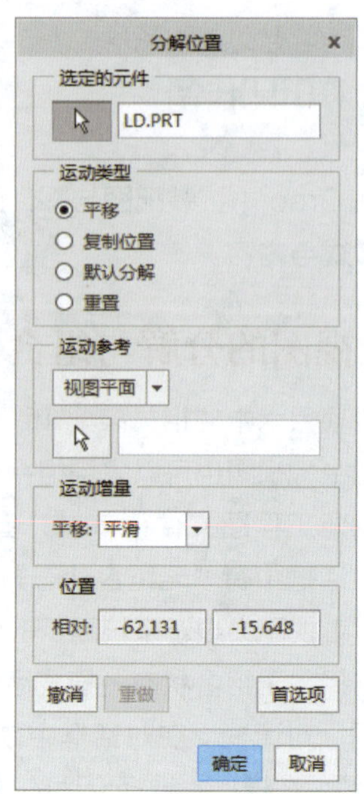

b）“分解位置”对话框

c）自定义分解菜单管理器

图 8-2-2　自定义分解状态

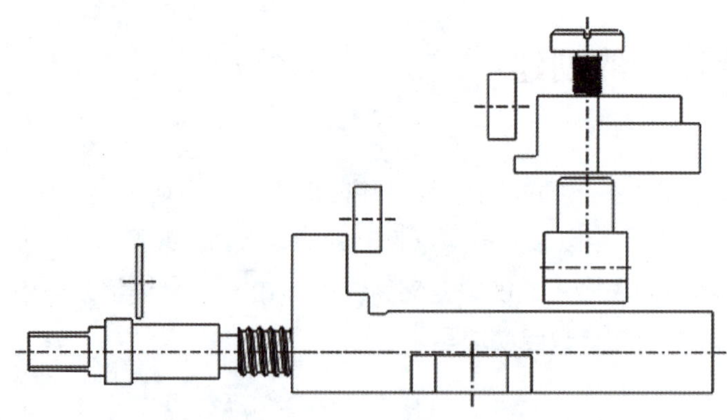

图 8-2-3　平口钳分解视图

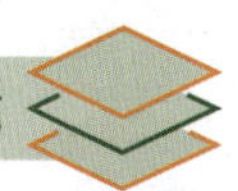

所谓重复区域，就是表中可以根据用户指定的变量进行填充的部分，以显示模型中所有符合条件的数据。重复区域的信息是由报告符号来决定的，它们以文本的形式填充到重复区域内的表格中。

动态展开收缩是重复区域的最大特点，例如重复区域相关的装配有 20 个零件时，利用报告符号在重复区域的一个表格内输入零件名称报告符号“asm.mbr.name”，在表更新时即可自动展开成 20 行，以便为每个零件名称创建一个对应的单元格。以做一个有两个元件的组件明细为例，如图 8-2-4a 所示，上面一行定义为重复区域，在区域中的各个单元格输入报告符号（报告符号可能会溢出框格，不必考虑）。更新表时，会自动生成如图 8-2-4b 所示表格。正是因为这个重要特性，重复区域非常适用于自动生成装配图的明细栏。

rpt.index	asm.mbr.name	rpt.qty
序号	名称	数量

a）报告符号

2	TQS	1
1	TQG	1
序号	名称	数量

b）明细栏

图 8-2-4　重复区域

2. 报告符号

在重复区域的任意表格中双击，系统会弹出“报告符号”对话框，如图 8-2-5 所示。

对话框中的项目就是报告符号，所谓的报告符号，实际上就是一个参数，这个参数会自动根据对应的模型更新它的值，不同的模型有不同的对应值。报告符号右边有“…”符号的，表明这个符号有子项可以展开，单击以后会出现与图 8-2-5 类似的子对话框。

报告符号有很多，常用报告符号及其含义见表 8-2-1。

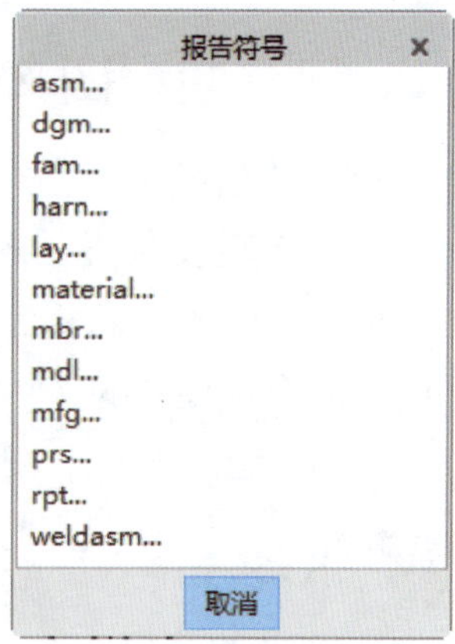

图 8-2-5　“报告符号”对话框

▼ 表 8-2-1　常用报告符号及其含义

报告符号	含义
asm.mbr.name	装配中的成员名称
asm.mbr.type	装配中的成员类型（Assembly 或 Part）
asm.mbr.（user defined）	装配中的成员的用户自定义参数
rpt.index	报表的索引号

续表

报告符号	含义
rpt.qty	报表中的成员数量
rpt.level	报表中的成员所处的装配等级
rpt.rel.（user defined）	报表关系中的用户自定义参数

3. 球标

球标指的是装配图中的圆形注解，如图 8-2-6 所示。球标序号与明细栏中的元件序号一致，并且箭头分别指向对应的元件。

要在装配图中创建球标，首先需有一个与之对应的明细栏，且在明细栏重复区域中应至少包含索引号和模型名称的报告符号。

有关明细栏及球标的创建步骤在任务实施过程中结合实例具体介绍。

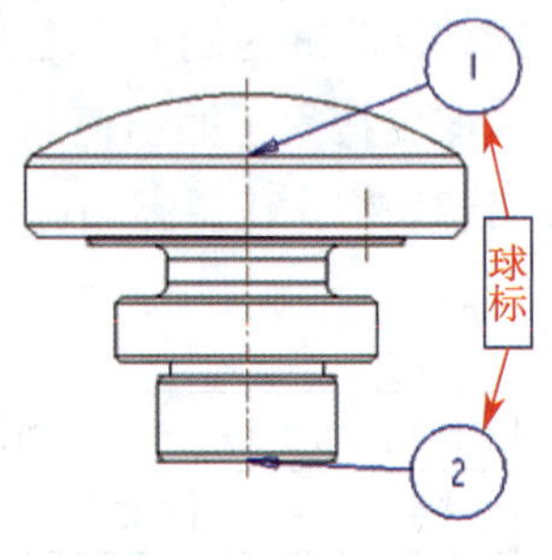

图 8-2-6　球标

任务实施

一、建立装配图文件

1. 设置工作目录

（1）新建文件夹，将平口钳组件及相关元件的模型文件放置到文件夹中。打开 Creo，在功能区中单击“选择工作目录”按钮，在弹出的“选择工作目录”对话框中，将工作目录设置到刚建立的文件夹。

（2）单击“打开”按钮，打开工作目录中的装配文件“pkq.asm”。

小提示

（1）一定要将装配元件、组件及工程图文件放到一个文件夹中，便于工程图的创建与修改。

（2）为了简化装配图，装配元件中的圆角、倒角等工艺特征可在其模型文件的特征树中选中，并在浮动工具栏中单击“隐含”按钮将其设置成隐含特征。隐含特征在模型文件打开后默认不显示在特征树中，此时可在其导航器的“设置”下拉菜单中单击“树过滤器”，在弹出的“模型树项”对话框中勾选“隐含的对象”，即可在模型树中显示隐含特征。单击隐含特征，在浮动工具栏中单击“恢复”按钮，可将隐含特征恢复。

2. 创建装配图文件

（1）在快速访问工具栏中单击“新建”按钮，系统弹出“新建”对话框。

（2）在“新建”对话框的“类型”区域中选中“绘图”选项，在“文件名”文本框中输

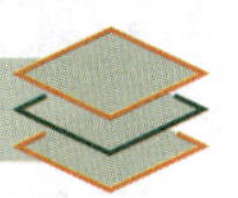

入文件名“pkq”，取消勾选“使用默认模板”复选框，单击“确定”按钮。

（3）在弹出的“新建绘图”对话框中选择“格式为空”选项，单击“格式”下列列表右侧的“浏览”按钮，在工作目录中选择系统自带的“c.frm”格式文件后，单击“确定”按钮，进入预先设定好格式的工程图环境。

3. 设置绘图属性

（1）选择“文件”→“准备”→“绘图属性”，打开“绘图属性”对话框，在“详细信息选项”下单击“更改”按钮，进入“选项”对话框。

（2）单击“选项”对话框中的“打开配置文件”按钮 ，浏览并选择上一任务中保存的“*.dtl”文件，设置绘图属性，单击“确定”按钮，关闭“绘图属性”对话框。

二、创建装配图

1. 创建三视图

（1）在“布局”选项卡中单击“绘图模型”按钮 ，在弹出的菜单管理器中单击“添加模型”，找到“PKQ.ASM”组件作为当前绘图模型，单击“完成 / 返回”，返回到绘图界面。

（2）在视图控制工具条的“显示样式”下拉列表中选择“消隐” 选项，使视图显示样式默认为消隐状态。

（3）在“布局”选项卡中单击“普通视图”按钮 ，在弹出的“选择组合状态”对话框中单击“无组合状态”，单击“确定”按钮。

（4）在绘图区的适当位置单击，则出现平口钳视图，并且弹出“绘图视图”对话框，在对话框中设置主视图方位，比例值设为 1.0，设置完成后单击“确定”按钮，生成如图 8-2-7 所示主视图。单击“布局”选项卡中的“锁定视图移动”按钮 ，或在主视图上单击右键，选择快捷菜单中的“锁定视图移动”解锁主视图，拖动主视图以调整主视图位置。

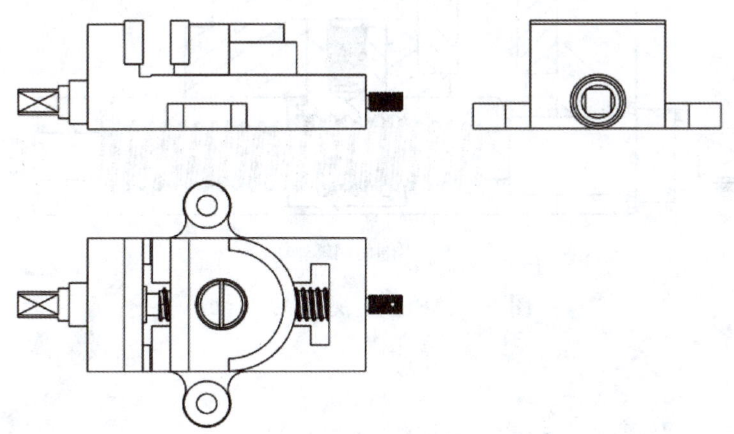

图 8-2-7　平口钳的三视图

（5）选中主视图，单击“投影视图”按钮，鼠标移至主视图右侧单击，创建左视图。再次选中主视图，单击“投影视图”按钮，鼠标移至主视图下方单击，创建俯视图。打开“草绘”选项卡，在主视图与俯视图中分别绘制丝杠端部小平面细实线，并使之与视图相关联。最后形成平口钳的三视图，如图 8-2-7 所示。

2. 创建主视图剖视图

（1）双击主视图，系统弹出“绘图视图”对话框。

（2）选择“类别”→“截面”→“2D 横截面”，将“模型边可见性”设置为“总计”，然后单击“添加”按钮，在“名称”下拉列表中选取剖截面“A”（A 剖截面选为通过丝杠轴线的基准平面，可预先在组件模型环境中创建），单击“确定”按钮，生成图 8-2-8a 所示剖视图。

（3）修改主视图的剖面线

视图中通过轴线的回转元件被剖开，与装配图绘图规则不相符，需要修改剖视图。在主视图中任一剖面线位置双击，系统弹出“修改剖面线”菜单管理器。选择“拾取”命令，在工程图或模型树中，选择丝杠及螺钉元件，单击“确定”按钮。在菜单管理器中选择“排除”命令，再选择下方的“完成”选项，取消对丝杠及螺钉的剖切，如图 8-2-8b 所示。

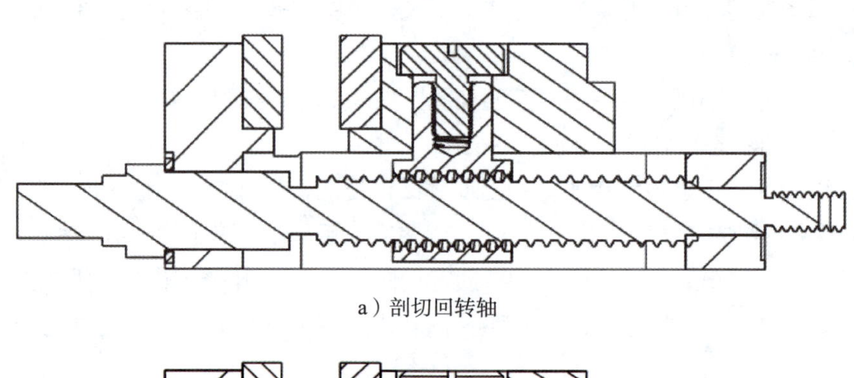

a）剖切回转轴

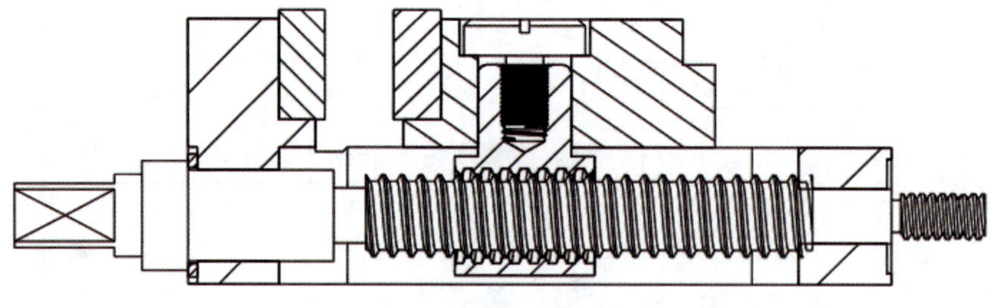

b）不剖切回转轴

图 8-2-8　主视图的剖切

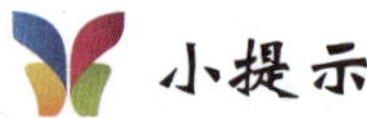

小提示

当模型组件发生改变时，工程图相应结构会同步发生改变。

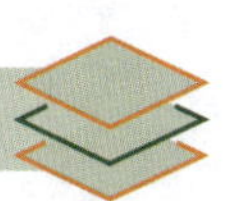

三、装配图的标注

单击功能区中的“注释”选项卡标签，打开“注释”选项卡。

1. 显示轴线

单击“显示模型注释”按钮，在弹出的对话框中单击“显示模型基准”按钮，单击需要显示轴线的视图，在视图中选中需要显示的轴线或直接勾选对话框中对应的轴线，当所有视图中需要显示的轴线都被选中后，单击“确定”按钮，退出对话框。

小提示

当需要显示某元件的轴线时，可在模型树中选中该元件并单击右键选择“显示模型注释”，在弹出的对话框中勾选该元件的轴线，即可在所有视图中显示选中的轴线。

2. 标注尺寸

单击“尺寸”按钮，弹出“选择参考”对话框，在模型视图中按下 <Ctrl> 键选中需要标注尺寸的边界图元，对平口钳的长、宽、高总体尺寸分别进行标注。

选中丝杠与钳身前端孔的配合处，标注尺寸 ϕ20。在“尺寸”操控面板中单击“尺寸文本”，输入后缀“H7/g6”，则在尺寸中显示配合尺寸及公差代号 ϕ20H7/g6。以同样方法在丝杠与钳身后端孔的配合处输入配合尺寸 ϕ12H7/f6。

3. 文字输入

单击“注解”按钮，弹出“选择点”对话框，在绘图区中合适位置单击输入点，切换到“格式”操控面板，设置文本样式并在工具条中输入需要标注的技术要求文字。

四、明细栏及球标的创建

1. 创建明细栏

单击功能区中的“表”选项卡标签，切换到“表”选项卡。在选项卡中单击“表”按钮下拉菜单中的“插入表”选项，弹出“插入表”对话框，如图 8-2-9 所示。设置表的属性，选择方向为左向上增长，单击“确定”按钮，弹出“选择点”对话框，将鼠标移到标题栏右上角顶点单击放置表格，创建如图 8-2-10 所示表格，并在底行输入图示文字。

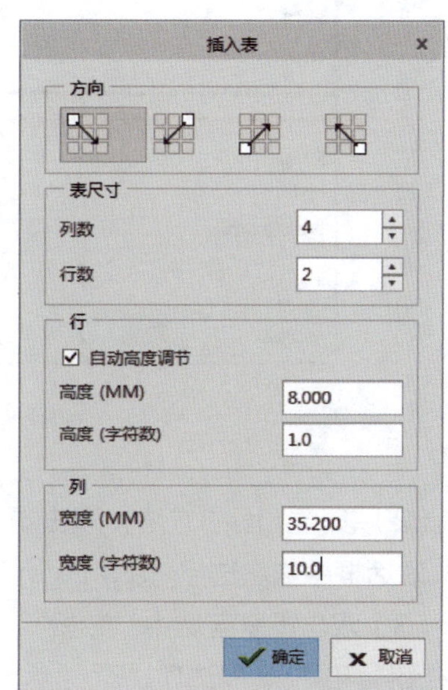

图 8-2-9 “插入表”对话框

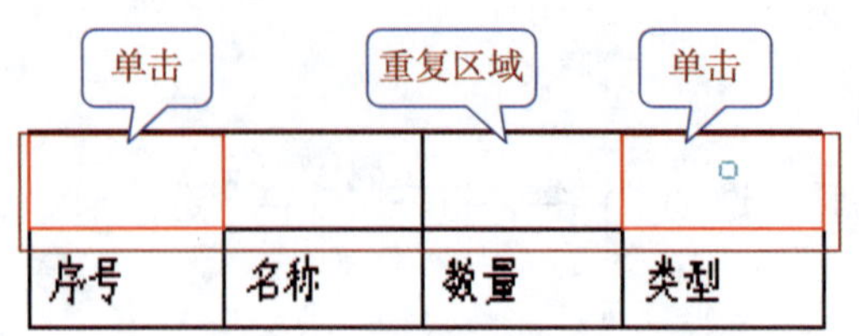

图 8-2-10　设置重复区域

2. 设置重复区域

单击“表”选项卡中的“重复区域”按钮，在弹出的菜单管理器中选择“添加”，在下面的“区域类型”中选择“简单”。系统提示“定位区域的角”，单击选取图 8-2-10 所示的两个单元格，单击菜单管理器中的“完成”，系统自动将两单元格间的区域定义为重复区域。如果不需要重复区域，则可以单击“重复区域”按钮，在弹出的菜单管理器中选择“移除”，选中要移除的重复区域，单击“完成”，可以撤销重复区域。

3. 输入报表参数

（1）双击重复区域中“序号”所在列的单元格（即“序号”上方的单元格），在弹出的如图 8-2-11 所示的“报告符号”对话框中依次选取“rpt”和“index”选项。

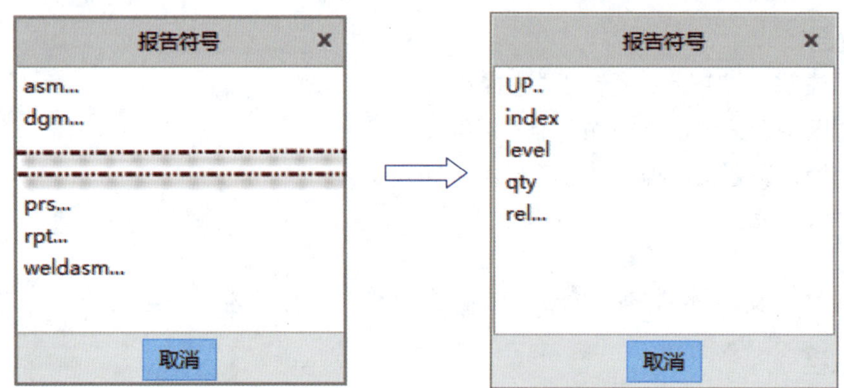

图 8-2-11　输入报告符号

（2）按照上面的方法，双击重复区域中“名称”所在列的单元格，在弹出的“报告符号”对话框中依次选择“asm”“mbr”和“name”选项。

（3）双击重复区域中“数量”所在列的单元格，在弹出的“报告符号”对话框中依次选择“rpt”和“qty”选项。

（4）双击重复区域中“等级”所在列的单元格，在弹出的“报告符号”对话框中依次选择“asm”“mbr”和“type”选项。生成表如图 8-2-12 所示。如表中报告符号重叠或溢出表格，暂时不必考虑。

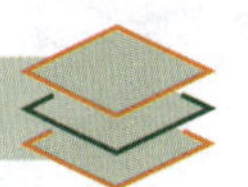

rpt.index	asm.mbr.name	rpt.qty	asm.mbr.type
序号	名称	数量	类型

图 8-2-12　重复区域与报告符号

（5）单击“表”选项卡中的“更新表”按钮，自动更新表格内容，生成如图 8-2-13 所示明细栏。

6	SGZJ	1	ASSEMBLY
5	QS	1	PART
4	QKDB	1	PART
3	LM	1	PART
2	LD	1	PART
1	HDQK	1	PART
序号	名称	数量	类型

图 8-2-13　明细栏

小提示

1）设置了重复区域后，双击重复区域的单元格，会弹出“报告符号”对话框以输入报表参数；双击非重复区域的单元格，则弹出“格式”对话框，可以输入或修改文本。

2）在更新表后，可双击自动生成的文本，在弹出的“文本样式”对话框中重新设置文本的样式。

3）明细栏中重复区域属性默认为“多重记录”，即只要零件出现一次，则在明细栏中增加一行，不管零件是否重复出现，数量栏中不会显示零件数量。如需显示数量，需要单击“重复区域”按钮，在弹出的菜单管理器中选择“属性”，选中定义的重复区域后，在管理器的“区域属性”中选中“无多重记录”。

4. 创建球标

在“表”选项卡中，单击“创建球标”按钮，从弹出的下拉列表中选择“创建球标 - 全部”，则视图中自动生成与明细栏中序号相对应的球标。拖动球标符号可调整其位置，效果如图 8-2-14 所示。

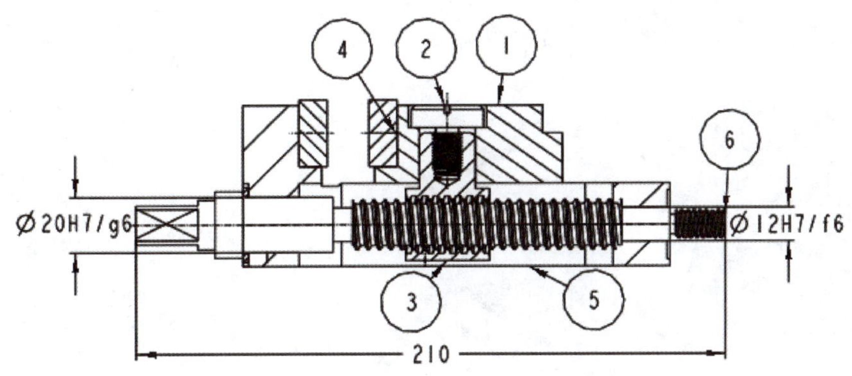

图 8-2-14　平口钳球标

小提示

（1）Creo 中有全部、按视图、按元件、按元件和视图、按记录等几种创建球标的方法，可根据图纸布局及标注需要选择合适的球标标注方法。

（2）系统创建的球标是根据明细栏按元件创建的，球标的数量等于组件中元件的数量。用户可根据需要对同一个元件在不同视图中创建参考球标，参考球标符号上标有“REF”（参考）字样。

（3）利用“合并球标”工具可以将两个球标合并到一起标注，也可以将合并后的球标利用“球标分离”工具进行分离。

五、文件的保存

装配图绘制效果如图 8-2-1 所示。单击“保存”按钮，保存文件到工作目录文件夹中。

拓展练习

绘制项目六任务 1 中图 6-1-18 所示球形阀门组件的装配图。